北大社普通高等教育"十三五"数字化建设规划教材
国家级精品课程配套教材

高等数学

(第二版)(下)

本书资源使用说明

黄立宏　主编

内 容 简 介

本书分为上、下两册.上册包含函数、极限与连续,一元函数微分学,一元函数微分学的应用,一元函数积分学,一元函数积分学的应用,常微分方程,以及几种常用的曲线、积分表等内容.下册包含向量与空间解析几何,多元函数微分学,多元函数微分学的应用,多元函数积分学(Ⅰ),多元函数积分学(Ⅱ),无穷级数等内容.除每节配有与该节内容对应的习题外,每章后还配有综合性习题、自测题,书末附有习题参考答案与提示,便于教与学.

本书结构严谨,条理清晰,叙述准确、精练,符号使用标准、规范,例题与习题等均经过精选,难度适中且题型丰富.本书纸质内容与数字教学内容一体化设计,紧密配合,便于学生自主学习.

本书可供综合性大学、高等理工科学校、高等师范学校(非数学专业)的学生使用.

总　序

　　数学是人一生中学得最多的一门功课. 中小学里就已开设了很多数学课程,涉及算术、平面几何、三角、代数、立体几何、解析几何等众多科目,看起来洋洋大观、琳琅满目,但均属于初等数学的范畴,实际上只能用来解决一些相对简单的问题,面对现实世界中一些复杂的情况则往往无能为力. 正因为如此,在大学学习阶段,专攻数学专业的学生不必说了,就是对于广大非数学专业的学生,也都必须选学一些数学基础课程,花相当多的时间和精力学习高等数学,这就对非数学专业的大学数学基础课程教材提出了高质量的要求.

　　这些年来,各种大学数学基础课程教材已经林林总总地出版了许多,但平心而论,除少数精品以外,大多均偏于雷同,难以使人满意. 而学习数学这门学科,关键又在理解与熟练,同一类型的教材只须精读一本好的就足够了. 因此,精选并推出一些优秀的大学数学基础课程教材,就理所当然地成为编写出版"大学数学系列教材"这一套丛书的宗旨.

　　大学数学基础课程的名目并不多,所涵盖的内容又大体上相似,但教材的编写不仅仅是材料的堆积和梳理,更体现编写者的教学思想和理念. 对于同一门课程,应该鼓励有不同风格的教材来诠释和体现;针对不同程度的教学对象,也应该采用不同层次的教材来教学. 特别是,大学非数学专业是一个相当广泛的概念,对分属工程类、经管类、医药类、农林类、社科类甚至文史类的众多大学生,不分青红皂白、一刀切地采用统一的数学教材进行教学,很难密切联系有关专业的实际,很难充分针对有关专业的迫切需要和特殊要求,是不值得提倡的. 相反,通过教材编写者和相应专业工作者的密切结合和协作,针对专业特点编写出来的教材,才能特色鲜明、有血有肉,才能深受欢迎,并产生重要而深远的影响. 这是各专业的大学数学基础课程教材应有的定位和标准,也是大家的迫切期望,但却是当前明显的短板,因而使我们对这一套丛书可以大有作为有了足够的信心和依据.

　　说得更远一些,我们一些教师往往把数学看成定义、公式、定理及证明的堆积,千方百计地要把这些知识灌输到学生大脑中去,但却忘记了有关数学最根本的三点. 一是数学知识的来龙去脉——从哪里来,又可以到哪里去. 割断数学与生动活泼的现实世界的血肉联系,学生就不会有学习数学的持续的积极性. 二是数学的精神实质和思想方法. 只讲知识,不讲精神,只讲技巧,不讲思想,学生就不可能学到数学的精髓,不可能对数学有真正的领悟. 三是数学的人文内涵. 数学在人类认识世界和改造世界的过程中起着关键的、不可替代的作用,是人类文明的坚实基础和重要支柱. 不自觉地接受数学文化的熏陶,是不可能真正走近数学、了解数学、领悟数学并热爱数学的. 在数学教学中抓住了上面这三点,就抓住了数学的灵魂,学生对数学的学习就一定会更有成效. 但客观地说,现有的大学数学基础课程教材,能够真正体现这三点要求的,恐怕为数不多. 这一现实为大学数学基础课程教材的编写提供了广阔的发展空间,很多探索有待进行,很多经验有待总结,可以说任重而道远. 从这个意义上说,由北京大学出版社推出的这一套丛书实际上已经为一批有特色、高品质的大学数学基础课程教材的面世搭建了一个很好的平台,特别值得称道,相信也一定会得到各方面广泛而有力的支持.

特为之序.

李大潜

第二版前言

数学是一门重要而应用广泛的学科,被誉为锻炼思维的体操和人类智慧之冠上最明亮的宝石.不仅如此,数学还是各类科学和技术的基础,它的应用几乎涉及所有的学科领域,对世界文化的发展有着深远的影响.高等学校作为培育人才的摇篮,其数学课程的开设也就具有特别重要的意义.

近年来,随着我国经济建设与科学技术的迅速发展,高等教育进入了一个飞速发展时期,已经突破了以前的精英式教育模式,发展为一种在终身学习的大背景下极具创造和再创性的基础学科教育.高等学校教育教学理念不断更新,教学改革不断深入,办学规模不断扩大,数学课程开设的专业覆盖面也不断增大.党的二十大报告首次将教育、科技、人才工作专门作为一个独立章节进行系统阐述和部署,明确指出:"教育、科技、人才是全面建设社会主义现代化国家的基础性、战略性支撑."这让广大教师深受鼓舞,更要勇担"为党育人,为国育才"的重任,迎来一个大有可为的新时代.为了适应这一发展需要,经众多高校的数学教师多次研究讨论,我们联合编写了一套高质量的高等学校非数学类专业的大学数学系列教材.

本教材自第一版出版至今,历经多年教学实践的检验,得到了国内广大院校教师及学生的认可,广大同行也提出了很多宝贵意见.编者在第一版的基础上,反复整合各院校老师、学生的不同需求,对书中部分内容进行了修订.

本教材是为普通高等学校非数学专业学生编写的,也可供各类需要提高数学素质和能力的人员使用.为了适应分层次教学的需要,选修内容用*号标出.教材中,概念、定理及理论叙述准确、精练,符号使用标准、规范,知识点突出,难点分散,证明和计算过程严谨,例题、习题等均经过精选,具有代表性和启发性.

本书分为上、下两册.上册含函数、极限与连续,一元函数微分学,一元函数微分学的应用,一元函数积分学,一元函数积分学的应用,常微分方程,以及几种常用的曲线、积分表等内容.下册含向量与空间解析几何,多元函数微分学,多元函数微分学的应用,多元函数积分学(Ⅰ),多元函数积分学(Ⅱ),无穷级数等内容.本书纸质内容与数字教学内容一体化设计,紧密配合,便于学生自主学习.

《高等数学(第二版)(下)》由黄立宏任主编,参与编写和讨论的人员有刘璟忠、向绪言、汤琼、陈国华、马群威、邢智勇、熊新生、谭艳祥、阳红英、杨刚、彭向阳、任勇等,并得到了北京大学出版社的大力支持.本书的编写还得到了著名数学家侯振挺教授的悉心指导,沈辉、吴浪、邓之豪、苏娟、沈小亮、滕京霖、苏文春、吴友成构建了全书配套的数字资源,在此一并表示衷心的感谢.

  书中难免有不妥之处,希望使用本书的教师和学生提出宝贵意见或建议.

编　者

作者简介

目 录

第七章 向量与空间解析几何 1
第一节 空间直角坐标系 2
一、空间直角坐标系(2) 二、空间中两点间的距离(4) 习题 7-1(4)
第二节 向量及其运算 5
一、向量及其线性运算(5) 二、向量的坐标表示(7)
三、向量的数量积与向量积(13) 习题 7-2(18)
第三节 空间平面与空间直线 19
一、空间平面的方程(19) 二、空间直线的方程(22)
三、平面与直线的位置关系(24) 习题 7-3(28)
第四节 空间曲面与空间曲线 29
一、空间曲面的方程(29) 二、旋转曲面(32) 三、二次曲面举例(34)
四、空间曲线的方程(37) 习题 7-4(40)
习题七 41

第八章 多元函数微分学 44
第一节 多元函数的基本概念 45
一、平面点集(45) 二、n 维空间(46) 三、多元函数的定义(47)
四、多元复合函数及隐函数(49) 习题 8-1(49)
第二节 多元函数的极限与连续性 50
一、多元函数的极限(50) 二、多元函数的连续性(53)
习题 8-2(55)
第三节 偏导数 55
一、偏导数的定义及其计算法(55) 二、高阶偏导数(59)
习题 8-3(61)
第四节 全微分及其应用 61
一、全微分的定义(61) *二、全微分的应用举例(66)
习题 8-4(68)
第五节 多元复合函数的微分法 69
一、多元复合函数的求导法则(69) 二、一阶全微分形式不变性(73)

习题 8-5(74)

第六节　隐函数的导数 ··· 75
一、一个方程的情形(75)　二、方程组的情形(78)
习题 8-6(81)

*第七节　二元函数的泰勒公式 ··· 81
习题 8-7(84)

习题八 ·· 85

第九章　多元函数微分学的应用 ·· 87

第一节　空间曲线的切线与法平面 ··· 88
习题 9-1(90)

第二节　空间曲面的切平面与法线 ··· 91
习题 9-2(94)

第三节　方向导数 ··· 95
习题 9-3(97)

第四节　多元函数的极值及其求法 ··· 97
一、多元函数的极值及最值(98)　二、条件极值(101)
习题 9-4(103)

习题九 ·· 104

第十章　多元函数积分学(Ⅰ) ·· 106

第一节　二重积分 ··· 107
一、二重积分的概念(107)　二、二重积分的性质(110)
三、二重积分的计算(111)　四、二重积分的换元法(116)
习题 10-1(124)

*第二节　反常二重积分 ·· 126
一、无界区域的反常二重积分(126)　二、无界函数的反常二重积分(127)
习题 10-2(128)

第三节　三重积分 ··· 129
一、三重积分的概念(129)　二、三重积分的计算(130)
三、三重积分的换元法(133)　习题 10-3(139)

第四节　重积分的应用 ··· 140
一、空间曲面的面积(141)　二、平面薄片的质心(143)
三、平面薄片的转动惯量(144)　四、平面薄片对质点的引力(145)
习题 10-4(146)

第五节　对弧长的曲线积分 147
　　一、对弧长的曲线积分的概念(147)　二、对弧长的曲线积分的性质(148)
　　三、对弧长的曲线积分的计算法(149)　习题 10-5(152)
第六节　对面积的曲面积分 152
　　一、对面积的曲面积分的概念(153)　二、对面积的曲面积分的计算法(154)
　　习题 10-6(156)
*第七节　黎曼积分小结 157
习题十 159

第十一章　多元函数积分学(Ⅱ) 162

第一节　对坐标的曲线积分的概念与性质 163
　　一、引例——变力沿曲线所做的功(163)　二、对坐标的曲线积分的概念(164)
　　三、对坐标的曲线积分的性质(165)
第二节　对坐标的曲线积分的计算 166
　　习题 11-2(171)
第三节　曲线积分与路径无关的条件 172
　　一、格林公式(172)　二、平面上曲线积分与路径无关的条件(177)
　　三、全微分方程(181)　习题 11-3(184)
第四节　对坐标的曲面积分的概念 185
　　一、有向曲面的概念(185)　二、引例——流向曲面一侧的流量(186)
　　三、对坐标的曲面积分的概念(187)
第五节　对坐标的曲面积分的计算 189
　　习题 11-5(191)
第六节　高斯公式与斯托克斯公式 192
　　一、高斯公式(192)　二、斯托克斯公式(194)　习题 11-6(195)
第七节　两类曲线积分、两类曲面积分之间的联系 196
　　一、两类曲线积分之间的联系(196)　二、两类曲面积分之间的联系(197)
　*三、高斯公式、斯托克斯公式的另一种表示(199)　习题 11-7(201)
习题十一 202

第十二章　无穷级数 205

第一节　常数项级数的概念与性质 206
　　一、常数项级数的概念(206)　二、常数项级数的性质(209)
　*三、柯西收敛准则(210)　习题 12-1(212)

第二节　正项级数敛散性判别法 ··· 212
　　习题 12-2(219)

第三节　任意项级数敛散性判别法 ··· 219
　　一、交错级数敛散性判别法(219)　二、绝对收敛与条件收敛(221)
　　习题 12-3(225)

第四节　函数项级数 ··· 225
　　一、函数项级数的概念(226)　二、幂级数及其敛散性(227)
　　三、幂级数的和函数的性质(231)　四、幂级数的运算(233)
　　习题 12-4(234)

第五节　函数展开成幂级数 ··· 235
　　一、泰勒级数(235)　二、函数展开成幂级数(237)
　　三、函数的幂级数展开式在近似计算中的应用(243)
　　*四、函数的幂级数展开式在微分方程求解中的应用(246)
　　习题 12-5(249)

第六节　傅里叶级数 ··· 249
　　一、三角级数、三角函数系的正交性(250)　二、周期函数展开成傅里叶级数(251)
　　三、非周期函数的傅里叶展开(256)　四、任意区间上的傅里叶级数(258)
　　习题 12-6(260)

习题十二 ··· 261

习题参考答案与提示 ··· 264

第七章
向量与空间解析几何

空间解析几何是多元函数微积分学必备的基础知识.本章首先建立空间直角坐标系;然后引进具有广泛应用的向量及其运算,并以它为工具,讨论空间的平面和直线;最后介绍空间曲面和空间曲线的一些基本内容.

课程思政案例　　知识框图

第一节 空间直角坐标系

平面解析几何是我们已经熟悉的内容. 所谓解析几何就是用解析的,或者说代数的方法来研究几何问题. 这是数学史上一场伟大的革命. 引起这场革命的正是坐标系的建立. 代数运算的基本对象是数,几何图形的基本元素是点. 正如我们在平面解析几何中所见到的那样,通过建立平面直角坐标系,使几何中平面上的点与代数中的有序数组之间建立一一对应关系. 在此基础上,引入运动的观点,使平面曲线和方程对应,从而使我们能够运用代数方法去研究几何问题. 同样,要运用代数方法去研究空间中的图形 —— 空间曲面和空间曲线,就必须建立空间中的点与有序数组之间的对应关系.

一、空间直角坐标系

空间直角坐标系是平面直角坐标系的推广. 过空间中一个定点 O,作三条两两相互垂直的数轴,它们都以点 O 为原点. 这三条数轴分别叫作 x 轴(横轴)、y 轴(纵轴)、z 轴(竖轴),统称为**坐标轴**,它们的正向按右手法则确定,即以右手握住 z 轴,当右手的四根手指从 x 轴的正向以 $\dfrac{\pi}{2}$ 角度转向 y 轴的正向时,大拇指的指向就是 z 轴的正向(见图 7-1). 这样的三条坐标轴就组成了一个**空间直角坐标系** $Oxyz$,其中点 O 叫作该空间直角坐标系的**原点**.

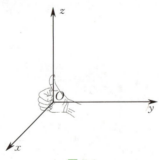

图 7-1

三条坐标轴两两分别确定一个平面,这样定出的三个相互垂直的平面:xOy 平面、yOz 平面、zOx 平面,统称为**坐标面**. 三个坐标面把空间分成八个部分,称为八个**卦限**:上半空间($z>0$)中,从含有 x 轴、y 轴、z 轴正半轴的那个卦限数起,按逆时针方向分别叫作Ⅰ,Ⅱ,Ⅲ,Ⅳ卦限;下半空间($z<0$)中,与Ⅰ,Ⅱ,Ⅲ,Ⅳ卦限依次对应的部分叫作Ⅴ,Ⅵ,Ⅶ,Ⅷ卦限(见图 7-2).

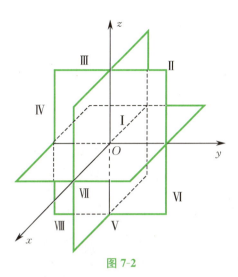

图 7-2

确定了空间直角坐标系后,就可以建立空间中的点与有序数组之间的对应关系.

设 M 为空间中的一点,过点 M 作三个平面分别垂直于三条坐标轴,它们与 x 轴、y 轴、z 轴的交点依次为 P,Q,R(见图 7-3). 这三点在 x 轴、y 轴、z 轴上的坐标依次为 x,y,z. 这样,空间中的一点 M 就唯一地确定了一个有序数组 (x,y,z), 称之为点 M 的**直角坐标**(简称**坐标**),并依次把 x,y,z 叫作点 M 的**横坐标**、**纵坐标**、**竖坐标**. 坐标为 (x,y,z) 的点 M,通常记为 $M(x,y,z)$.

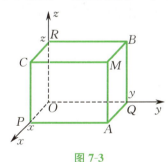

图 7-3

反过来,给定了一个有序数组 (x,y,z),我们可以在 x 轴上取坐标为 x 的点 P,在 y 轴上取坐标为 y 的点 Q,在 z 轴上取坐标为 z 的点 R,然后过点 P,Q,R 分别作 x 轴、y 轴、z 轴的垂直平面. 这三个平面的交点 M 就是具有坐标 (x,y,z) 的点(见图 7-3),从而对应于一个有序数组 (x,y,z),必有空间中一个确定的点 M. 这样,就建立了空间中的点 M 和有序数组 (x,y,z) 之间的一一对应关系.

如图 7-3 所示,x 轴、y 轴、z 轴上的点的坐标分别为 $P(x,0,0)$, $Q(0,y,0)$, $R(0,0,z)$;xOy 平面、yOz 平面、zOx 平面上的点的坐标分别为 $A(x,y,0)$, $B(0,y,z)$, $C(x,0,z)$;原点 O 的坐标为 $O(0,0,0)$. 它们各自具有一定的特征,应注意区分.

二、空间中两点间的距离

设 $M_1(x_1,y_1,z_1), M_2(x_2,y_2,z_2)$ 为空间中的两点. 为了用两点的坐标来表达它们间的距离 d, 我们过点 M_1, M_2 各作三个分别垂直于三条坐标轴的平面. 这六个平面围成一个以线段 M_1M_2 为对角线的长方体(见图 7-4). 根据勾股定理, 有

$$|M_1M_2|^2 = |M_1N|^2 + |NM_2|^2$$
$$= |M_1P|^2 + |M_1Q|^2 + |M_1R|^2.$$

因为

$$|M_1P| = |P_1P_2| = |x_2 - x_1|,$$
$$|M_1Q| = |Q_1Q_2| = |y_2 - y_1|,$$
$$|M_1R| = |R_1R_2| = |z_2 - z_1|,$$

所以

$$d = |M_1M_2| = \sqrt{(x_2-x_1)^2 + (y_2-y_1)^2 + (z_2-z_1)^2}.$$

这就是**空间中两点间的距离公式**.

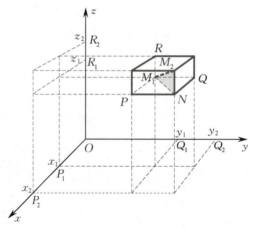

图 7-4

特别地, 点 $M(x,y,z)$ 与原点 $O(0,0,0)$ 的距离为

$$d = |OM| = \sqrt{x^2 + y^2 + z^2}.$$

习题 7-1

1. 在空间直角坐标系中, 定出下列点的位置:

$$A(1,2,3); \quad B(-2,3,4); \quad C(2,-3,-4);$$
$$D(3,4,0); \quad E(0,4,3); \quad F(3,0,0).$$

2. xOy 平面上的点的坐标有什么特点? yOz 平面上的点呢? zOx 平面上的点呢?
3. x 轴上的点的坐标有什么特点? y 轴上的点呢? z 轴上的点呢?

4. 求下列各对点间的距离：
(1) $(0,0,0),(2,3,4)$；
(2) $(0,0,0),(2,-3,-4)$；
(3) $(-2,3,-4),(1,0,3)$；
(4) $(4,-2,3),(-2,1,3)$.
5. 求点 $(4,-3,5)$ 到原点和各坐标轴的距离.
6. 在 z 轴上求一点，使得该点与两点 $A(-4,1,7)$ 和 $B(3,5,-2)$ 的距离相等.
7. 试证：以三点 $A(4,1,9),B(10,-1,6),C(2,4,3)$ 为顶点的三角形是等腰直角三角形.

第二节　向量及其运算

一、向量及其线性运算

1. 向量的概念

我们曾经遇到的物理量有两种：一种是只有大小的量，叫作**数量**或**标量**，如时间、温度、距离、质量等；另一种是不仅有大小，而且还有方向的量，叫作**向量**或**矢量**，如速度、加速度、力等.

在数学上，往往用一条有向线段来表示向量，有向线段的长度表示向量的大小，有向线段的方向表示向量的方向. 如图 7-5 所示，以点 M_1 为起点、点 M_2 为终点的有向线段所表示的向量，用记号 $\overrightarrow{M_1M_2}$ 表示. 有时也用黑体字母或上面加箭头的字母来表示向量，如 a,b,i,u 或 $\vec{a},\vec{b},\vec{i},\vec{u}$ 等.

图 7-5

向量的大小叫作向量的**模**. 向量 $\overrightarrow{M_1M_2}$ 或 a 的模分别记为 $|\overrightarrow{M_1M_2}|$ 或 $|a|$. 在研究向量的运算时，会用到以下几个特殊向量及向量相等的概念.

单位向量　模等于 1 的向量称为单位向量.

逆向量或**负向量**　与向量 a 的模相等而方向相反的向量称为 a 的逆向量或负向量，记为 $-a$.

零向量　模等于 0 的向量称为零向量，记作 **0**. 零向量没有确定的方向，也可以说它的方向是任意的.

向量相等　对于两个向量 a 与 b，如果它们的方向相同且模相等，就说这两个向量相等，记为 $a=b$.

自由向量　与起点位置无关的向量称为自由向量(向量在空间平行移动后所得向量与原向量相等).

我们所研究的向量均为自由向量. 今后,必要时可以把一个向量平行移动到空间中任一位置.

2. 向量的线性运算

(1) 向量的加、减法.

仿照物理学中力的合成,我们可按如下方式定义向量的加、减法.

定义 1　设 a,b 为两个非零向量,把 a,b 平行移动,使它们的起点重合于点 M,并以 a,b 为邻边作平行四边形,把以点 M 为起点的对角线向量 $\overrightarrow{MN}$ 定义为 a 与 b 的**和**,记作 $a+b$(见图 7-6). 这种用平行四边形的对角线来定义两个向量的和的方法,叫作**平行四边形法则**.

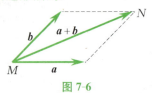

图 7-6

由于平行四边形的对边平行且相等,因此从图 7-6 可以看出,$a+b$ 也可以按下列方法得出:把向量 b 平行移动,使它的起点与向量 a 的终点重合,这时从 a 的起点到 b 的终点的有向线段 $\overrightarrow{MN}$ 就表示 a 与 b 的和 $a+b$(见图 7-7). 这种定义两个向量的和的方法叫作**三角形法则**.

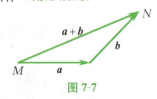

图 7-7

定义 2　设 a,b 为两个非零向量,b 的逆向量为 $-b$. 称 a 与 $-b$ 的和向量为 a 与 b 的**差向量**(简称**差**),即
$$a-b=a+(-b).$$

按定义容易用作图法得到向量 a 与 b 的差. 把 a 与 b 的起点放在一起,则由 b 的终点到 a 的终点的向量就是 a 与 b 的差 $a-b$(见图 7-8).

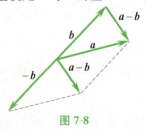

图 7-8

在定义 1 与定义 2 中,我们都假设 a,b 为非零向量,其实这只是为了几何直观的需要,事实上 a,b 都可以是零向量. 根据零向量的定义,我们可以将零向量看成一个可取任意方向的点,这样就可以约定:

任何向量与零向量的和与差都等于该向量本身.

向量的加法满足下列**运算性质**:

$$a+b=b+a; \quad (交换律)$$
$$(a+b)+c=a+(b+c); \quad (结合律)$$
$$a+0=a, \quad a+(-a)=0.$$

(2) 向量与数的乘法.

定义 3　设 λ 是一个实数,向量 a 与数 λ 的**乘积** λa 是一个这样的向量:

当 $\lambda>0$ 时,λa 的方向与 a 的方向相同,它的模等于 $|a|$ 的 λ 倍,即 $|\lambda a|=\lambda|a|$;

当 $\lambda<0$ 时,λa 的方向与 a 的方向相反,它的模等于 $|a|$ 的 $|\lambda|$ 倍,即 $|\lambda a|=|\lambda||a|$;

当 $\lambda=0$ 时,λa 是零向量,即 $\lambda a=0$.

向量与数的乘法满足下列**运算性质**(λ,μ 为实数):

$$\lambda(\mu a)=(\lambda\mu)a; \quad (结合律)$$
$$(\lambda+\mu)a=\lambda a+\mu a; \quad (分配律)$$
$$\lambda(a+b)=\lambda a+\lambda b. \quad (分配律)$$

设 e_a 是方向与向量 a 相同的单位向量(e_a 称为 a 方向的单位向量),则根据向量与数的乘积的定义,可以将向量 a 写成

$$a=|a|e_a.$$

这样就把一个向量的大小和方向都明显地表示出来了. 由此,若 a 为非零向量,则

$$e_a=\frac{a}{|a|}.$$

也就是说,把一个非零向量除以它的模就得到与它同方向的单位向量.

二、向量的坐标表示

1. 向量在数轴上的投影

为了用分析方法来研究向量,需要引进向量在数轴上的投影的概念.

(1) 两个向量的夹角.

设 a,b 为两个非零向量,任取空间中的一点 O,作 $\overrightarrow{OA}=a,\overrightarrow{OB}=b$,则称这两个向量正向间的夹角 θ 为向量 a 与 b 的**夹角**(见图 7-9),记作

$$\theta=(\widehat{a,b}) \quad 或 \quad \theta=(\widehat{b,a}), \quad 0\leqslant\theta\leqslant\pi.$$

当 a 与 b 同向时,$\theta=0$;当 a 与 b 反向时,$\theta=\pi$. 当 a,b 中有一个零向量时,规定 $(\widehat{a,b})$ 可取 0 至 π 之间的任何值.

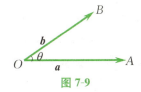

图 7-9

(2) 点在数轴上的投影.

为了表达方便,若无特别声明,不妨设数轴为 x 轴. 过点 A 作与 x 轴垂直的平面,交 x 轴于点 A',则点 A' 称为点 A 在 x 轴上的**投影**(见图 7-10). 点 A 和 A' 之间的距离称为点 A 到 x 轴的距离.

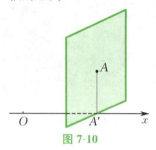

图 7-10

(3) 向量在数轴上的投影.

首先,我们引进数轴上的有向线段的值的概念.

设 $\overrightarrow{AB}$ 是 x 轴上的有向线段. 如果实数 λ 满足 $|\lambda|=|\overrightarrow{AB}|$,且 $\overrightarrow{AB}$ 与 x 轴同向时 λ 是正的,$\overrightarrow{AB}$ 与 x 轴反向时 λ 是负的,那么 λ 叫作 x 轴上**有向线段 $\overrightarrow{AB}$ 的值**,记作 AB,即 $\lambda=AB$.

设点 A,B 在 x 轴上的投影分别为点 A',B'(见图 7-11),则有向线段 $\overrightarrow{A'B'}$ 的值 $A'B'$ 称为向量 $\overrightarrow{AB}$ 在 x 轴上的投影,记作 $\text{Prj}_x\overrightarrow{AB}=A'B'$,它是一个数量. 这时,$x$ 轴叫作**投影轴**.

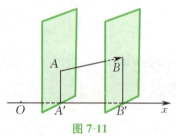

图 7-11

这里应特别指出的是:投影不是向量,也不是长度,而是数量,它可正,可负,也可以是 0.

类似地,可定义一个向量 $\boldsymbol{a}$ 在另一个向量 $\boldsymbol{b}$ 上的投影 $\text{Prj}_b\boldsymbol{a}$.

关于向量的投影,有下面两个定理.

定理 1 向量 $\overrightarrow{AB}$ 在 x 轴上的投影等于 $\overrightarrow{AB}$ 的模乘以 x 轴与 $\overrightarrow{AB}$ 的夹角 α 的余弦,即

$$\text{Prj}_x\overrightarrow{AB}=|\overrightarrow{AB}|\cos\alpha.$$

证 过点 A 作与 x 轴平行且有相同正向的 x' 轴,则 x 轴与向量 $\overrightarrow{AB}$ 的夹角 α 等于 x' 轴与向量 $\overrightarrow{AB}$ 的夹角(见图 7-12),从而有

$$\text{Prj}_x\overrightarrow{AB}=\text{Prj}_{x'}\overrightarrow{AB}=AB''=|\overrightarrow{AB}|\cos\alpha,$$

其中点 B'' 是点 B 在 x' 轴上的投影.

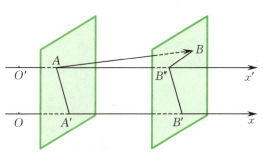

图 7-12

在定理 1 中，显然，当 α 是锐角时，$\operatorname{Prj}_x \overrightarrow{AB}$ 为正值；当 α 是钝角时，$\operatorname{Prj}_x \overrightarrow{AB}$ 为负值；当 α 是直角时，$\operatorname{Prj}_x \overrightarrow{AB}$ 为 0.

定理 2 两个向量的和在某条数轴上的投影等于这两个向量在该数轴上投影的和，即

$$\operatorname{Prj}_x(\boldsymbol{a}_1 + \boldsymbol{a}_2) = \operatorname{Prj}_x \boldsymbol{a}_1 + \operatorname{Prj}_x \boldsymbol{a}_2.$$

证 设有两个向量 $\boldsymbol{a}_1, \boldsymbol{a}_2$ 及 x 轴. 作 $\overrightarrow{AB} = \boldsymbol{a}_1, \overrightarrow{BC} = \boldsymbol{a}_2$，设点 A', B', C' 分别为点 A, B, C 在 x 轴上的投影，由图 7-13 可以看到

$$\operatorname{Prj}_x(\boldsymbol{a}_1 + \boldsymbol{a}_2) = \operatorname{Prj}_x(\overrightarrow{AB} + \overrightarrow{BC}) = \operatorname{Prj}_x \overrightarrow{AC} = A'C',$$

而

$$\operatorname{Prj}_x \boldsymbol{a}_1 + \operatorname{Prj}_x \boldsymbol{a}_2 = \operatorname{Prj}_x \overrightarrow{AB} + \operatorname{Prj}_x \overrightarrow{BC} = A'B' + B'C' = A'C',$$

所以

$$\operatorname{Prj}_x(\boldsymbol{a}_1 + \boldsymbol{a}_2) = \operatorname{Prj}_x \boldsymbol{a}_1 + \operatorname{Prj}_x \boldsymbol{a}_2.$$

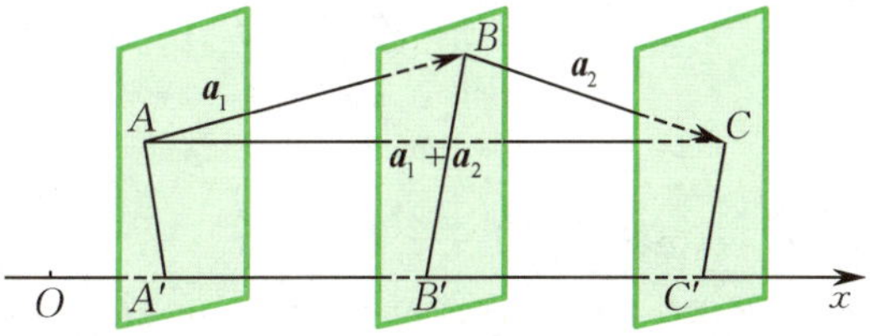

图 7-13

显然，定理 2 可推广到有限多个向量的情形，即

$$\operatorname{Prj}_x(\boldsymbol{a}_1 + \boldsymbol{a}_2 + \cdots + \boldsymbol{a}_n) = \operatorname{Prj}_x \boldsymbol{a}_1 + \operatorname{Prj}_x \boldsymbol{a}_2 + \cdots + \operatorname{Prj}_x \boldsymbol{a}_n.$$

2. 向量的坐标表示

（1）向量的分解.

设有空间直角坐标系 $Oxyz$，以 $\boldsymbol{i}, \boldsymbol{j}, \boldsymbol{k}$ 分别表示沿 x 轴、y 轴、z 轴正向的单位向量，并称它们为这一坐标系的**基本单位向量**. 起点固定在原点 O、终点为点 M 的向量 $\boldsymbol{r} = \overrightarrow{OM}$，称为点 M 的**向径**.

设向径 $\boldsymbol{r} = \overrightarrow{OM}$ 的终点 M 的坐标为 (x, y, z). 过点 M 分别作与三条坐标轴垂直的平面，依次交 x 轴、y 轴、z 轴于点 P, Q, R（见图 7-14）. 根据向量的加法，有

$$\boldsymbol{r} = \overrightarrow{OM} = \overrightarrow{OP} + \overrightarrow{PM'} + \overrightarrow{M'M}.$$

又

$$\overrightarrow{PM'} = \overrightarrow{OR}, \quad \overrightarrow{M'M} = \overrightarrow{OQ},$$

所以
$$r = \overrightarrow{OP} + \overrightarrow{OQ} + \overrightarrow{OR}.$$
向量 $\overrightarrow{OP}, \overrightarrow{OQ}, \overrightarrow{OR}$ 分别称为向径 r 在 x 轴、y 轴、z 轴上的分向量. 根据向量与数的乘积的定义, 可得
$$\overrightarrow{OP} = x\boldsymbol{i}, \quad \overrightarrow{OQ} = y\boldsymbol{j}, \quad \overrightarrow{OR} = z\boldsymbol{k}.$$
因此, 有
$$r = x\boldsymbol{i} + y\boldsymbol{j} + z\boldsymbol{k}.$$
这就是向径 r 在坐标系中的分解式, 其中 x, y, z 分别是向径 r 在 x 轴、y 轴、z 轴上的投影.

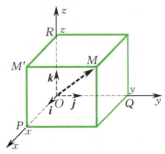

图 7-14

一般地, 设向量 $\boldsymbol{a} = \overrightarrow{M_1M_2}$, 点 M_1, M_2 的坐标分别为 $(x_1, y_1, z_1), (x_2, y_2, z_2)$, 如图 7-15 所示. 由于
$$\overrightarrow{M_1M_2} = \overrightarrow{OM_2} - \overrightarrow{OM_1} = r_2 - r_1,$$
而
$$r_2 = x_2\boldsymbol{i} + y_2\boldsymbol{j} + z_2\boldsymbol{k},$$
$$r_1 = x_1\boldsymbol{i} + y_1\boldsymbol{j} + z_1\boldsymbol{k},$$
因此
$$\boldsymbol{a} = \overrightarrow{M_1M_2} = (x_2\boldsymbol{i} + y_2\boldsymbol{j} + z_2\boldsymbol{k}) - (x_1\boldsymbol{i} + y_1\boldsymbol{j} + z_1\boldsymbol{k})$$
$$= (x_2 - x_1)\boldsymbol{i} + (y_2 - y_1)\boldsymbol{j} + (z_2 - z_1)\boldsymbol{k}.$$
上式称为 **向量 $\boldsymbol{a}$ 按基本单位向量的分解式**, 这里
$$a_x = x_2 - x_1, \quad a_y = y_2 - y_1, \quad a_z = z_2 - z_1$$
分别是 $\boldsymbol{a}$ 在 x 轴、y 轴、z 轴上的投影. 我们也可以将 $\boldsymbol{a}$ 的分解式写成
$$\boldsymbol{a} = a_x\boldsymbol{i} + a_y\boldsymbol{j} + a_z\boldsymbol{k}.$$

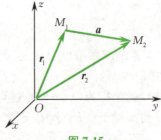

图 7-15

(2) 向量的坐标表示.

将向量 a 分别在 x 轴、y 轴、z 轴上的投影 a_x, a_y, a_z 称为向量 a 的**坐标**,并将 a 表示为
$$a = (a_x, a_y, a_z).$$
上式叫作向量 a 的**坐标表示式**,从而基本单位向量的坐标表示式为
$$i = (1,0,0), \quad j = (0,1,0), \quad k = (0,0,1).$$
零向量的坐标表示式为 $\mathbf{0} = (0,0,0)$.

起点为 $M_1(x_1, y_1, z_1)$、终点为 $M_2(x_2, y_2, z_2)$ 的向量 $\overrightarrow{M_1 M_2}$ 的坐标表示式为
$$\overrightarrow{M_1 M_2} = (x_2 - x_1, y_2 - y_1, z_2 - z_1).$$
特别地,点 M 的向径 $\overrightarrow{OM}$ 的坐标就是终点 M 的坐标,即
$$\overrightarrow{OM} = (x, y, z).$$

(3) 向量的模与方向余弦的坐标表示式.

向量可以用它的模和方向来表示,也可以用它的坐标来表示. 为了找出向量的坐标与向量的模、方向之间的联系,下面先介绍一种表达空间方向的方法.

与平面解析几何里用倾角表示直线对坐标轴的倾斜程度相类似,我们可以用向量 $a = \overrightarrow{M_1 M_2}$ 分别与 x 轴、y 轴、z 轴(正向)的夹角 α, β, γ 来表示此向量的方向,并规定 $0 \leqslant \alpha \leqslant \pi, 0 \leqslant \beta \leqslant \pi, 0 \leqslant \gamma \leqslant \pi$(见图 7-16). α, β, γ 叫作 a 的**方向角**.

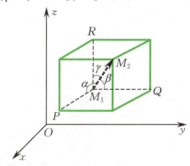

图 7-16

过点 M_1, M_2 各作垂直于三条坐标轴的平面,如图 7-16 所示. 可以看出,
$$\begin{aligned} a_x &= M_1 P = |\overrightarrow{M_1 M_2}| \cos\alpha = |a| \cos\alpha, \\ a_y &= M_1 Q = |\overrightarrow{M_1 M_2}| \cos\beta = |a| \cos\beta, \\ a_z &= M_1 R = |\overrightarrow{M_1 M_2}| \cos\gamma = |a| \cos\gamma. \end{aligned} \quad (7\text{-}2\text{-}1)$$

公式(7-2-1)中出现的不是方向角 α, β, γ 本身,而是它们的余弦,因而通常也用数组 $\cos\alpha, \cos\beta, \cos\gamma$ 来表示向量 a 的方向,叫作 a 的**方向余弦**.

把公式(7-2-1)代入向量 a 的坐标表示式,就可以用 a 的模及方向余弦来表示 a:
$$a = |a|(\cos\alpha \, i + \cos\beta \, j + \cos\gamma \, k). \quad (7\text{-}2\text{-}2)$$
而 a 的模为
$$|a| = |\overrightarrow{M_1 M_2}| = \sqrt{|M_1 P|^2 + |M_1 Q|^2 + |M_1 R|^2},$$
由此得 a 的模的坐标表示式
$$|a| = \sqrt{a_x^2 + a_y^2 + a_z^2}. \quad (7\text{-}2\text{-}3)$$

再把式(7-2-3)代入式(7-2-1),可得 a 的方向余弦的坐标表示式

$$\begin{cases} \cos\alpha = \dfrac{a_x}{\sqrt{a_x^2+a_y^2+a_z^2}}, \\ \cos\beta = \dfrac{a_y}{\sqrt{a_x^2+a_y^2+a_z^2}}, \\ \cos\gamma = \dfrac{a_z}{\sqrt{a_x^2+a_y^2+a_z^2}}. \end{cases} \quad (7\text{-}2\text{-}4)$$

把公式(7-2-4)的三个等式两边分别平方后相加,便得到

$$\cos^2\alpha + \cos^2\beta + \cos^2\gamma = 1,$$

即任一向量 a 的方向余弦的平方和等于 1. 由此可见,任一向量 a 的方向余弦所组成的向量 $(\cos\alpha,\cos\beta,\cos\gamma)$ 是与 a 同方向的单位向量,即

$$e_a = \cos\alpha \, \boldsymbol{i} + \cos\beta \, \boldsymbol{j} + \cos\gamma \, \boldsymbol{k}.$$

例 1 已知两点 $P_1(2,-2,5)$ 及 $P_2(-1,6,7)$,试求:

(1) $\overrightarrow{P_1P_2}$ 在三条坐标轴上的投影及分解式;

(2) $\overrightarrow{P_1P_2}$ 的模;

(3) $\overrightarrow{P_1P_2}$ 方向的单位向量 $e_{\overrightarrow{P_1P_2}}$;

(4) $\overrightarrow{P_1P_2}$ 的方向余弦.

解 (1) 因 $\overrightarrow{P_1P_2}=(-3,8,2)$,故 $\overrightarrow{P_1P_2}$ 在 x 轴、y 轴、z 轴上的投影分别为

$$a_x = -3, \quad a_y = 8, \quad a_z = 2,$$

从而 $\overrightarrow{P_1P_2}$ 的分解式为

$$\overrightarrow{P_1P_2} = -3\boldsymbol{i} + 8\boldsymbol{j} + 2\boldsymbol{k}.$$

(2) $|\overrightarrow{P_1P_2}| = \sqrt{(-3)^2+8^2+2^2} = \sqrt{77}$.

(3) $e_{\overrightarrow{P_1P_2}} = \dfrac{1}{\sqrt{77}}(-3,8,2)$.

(4) $\cos\alpha = \dfrac{a_x}{|\overrightarrow{P_1P_2}|} = \dfrac{-3}{\sqrt{77}}$, $\cos\beta = \dfrac{a_y}{|\overrightarrow{P_1P_2}|} = \dfrac{8}{\sqrt{77}}$, $\cos\gamma = \dfrac{a_z}{|\overrightarrow{P_1P_2}|} = \dfrac{2}{\sqrt{77}}$.

(4) 用坐标进行向量的线性运算.

利用向量的分解式,向量的线性运算可以化为代数运算.

设 λ 是一个实数,向量 $\boldsymbol{a}=a_x\boldsymbol{i}+a_y\boldsymbol{j}+a_z\boldsymbol{k}$, $\boldsymbol{b}=b_x\boldsymbol{i}+b_y\boldsymbol{j}+b_z\boldsymbol{k}$,则

$$\boldsymbol{a} \pm \boldsymbol{b} = (a_x\boldsymbol{i}+a_y\boldsymbol{j}+a_z\boldsymbol{k}) \pm (b_x\boldsymbol{i}+b_y\boldsymbol{j}+b_z\boldsymbol{k})$$

$$= (a_x \pm b_x)\boldsymbol{i} + (a_y \pm b_y)\boldsymbol{j} + (a_z \pm b_z)\boldsymbol{k},$$

$$\lambda\boldsymbol{a} = \lambda(a_x\boldsymbol{i}+a_y\boldsymbol{j}+a_z\boldsymbol{k}) = \lambda a_x\boldsymbol{i} + \lambda a_y\boldsymbol{j} + \lambda a_z\boldsymbol{k},$$

或者

$$(a_x, a_y, a_z) \pm (b_x, b_y, b_z) = (a_x \pm b_x, a_y \pm b_y, a_z \pm b_z),$$
$$\lambda(a_x, a_y, a_z) = (\lambda a_x, \lambda a_y, \lambda a_z).$$

这就是说,两个向量之和(或差)的坐标等于两个向量同名坐标之和(或差);数与向量的乘积等于此数乘以向量的每一个坐标.

例 2 从点 $A(2,-1,7)$ 沿向量 $\boldsymbol{a}=8\boldsymbol{i}+9\boldsymbol{j}-12\boldsymbol{k}$ 的方向取线段 AB,使得 $|\overrightarrow{AB}|=34$,求点 B 的坐标.

解 设点 B 的坐标为 (x,y,z),则
$$\overrightarrow{AB} = (x-2)\boldsymbol{i} + (y+1)\boldsymbol{j} + (z-7)\boldsymbol{k}.$$
按题意可知 $\overrightarrow{AB}$ 方向的单位向量与 $\boldsymbol{a}$ 方向的单位向量相等,即
$$\boldsymbol{e}_{\overrightarrow{AB}} = \boldsymbol{e}_{\boldsymbol{a}}.$$
而 $|\overrightarrow{AB}|=34, |\boldsymbol{a}|=\sqrt{8^2+9^2+(-12)^2}=17$,所以
$$\boldsymbol{e}_{\overrightarrow{AB}} = \boldsymbol{e}_{\boldsymbol{a}} = \frac{\boldsymbol{a}}{|\boldsymbol{a}|} = \frac{1}{17}(8,9,-12),$$
从而
$$\overrightarrow{AB} = |\overrightarrow{AB}|\boldsymbol{e}_{\overrightarrow{AB}} = 2(8,9,-12) = (16,18,-24).$$
比较 $\overrightarrow{AB}$ 的两种不同表达式,得
$$x-2=16, \quad y+1=18, \quad z-7=-24,$$
解得
$$x=18, \quad y=17, \quad z=-17.$$
因此,点 B 的坐标为 $(18,17,-17)$.

例 3 已知向量 $\boldsymbol{a}=2\boldsymbol{i}-\boldsymbol{j}+2\boldsymbol{k}, \boldsymbol{b}=3\boldsymbol{i}+4\boldsymbol{j}-5\boldsymbol{k}$,求 $3\boldsymbol{a}-\boldsymbol{b}$ 方向的单位向量.

解 记 $\boldsymbol{c}=3\boldsymbol{a}-\boldsymbol{b}$. 因为
$$\boldsymbol{c} = 3\boldsymbol{a}-\boldsymbol{b} = 3(2\boldsymbol{i}-\boldsymbol{j}+2\boldsymbol{k}) - (3\boldsymbol{i}+4\boldsymbol{j}-5\boldsymbol{k}) = 3\boldsymbol{i}-7\boldsymbol{j}+11\boldsymbol{k},$$
所以
$$|\boldsymbol{c}| = \sqrt{3^2+(-7)^2+11^2} = \sqrt{179}.$$
于是
$$\boldsymbol{e}_c = \frac{\boldsymbol{c}}{|\boldsymbol{c}|} = \frac{3\boldsymbol{a}-\boldsymbol{b}}{|3\boldsymbol{a}-\boldsymbol{b}|} = \frac{1}{\sqrt{179}}(3\boldsymbol{i}-7\boldsymbol{j}+11\boldsymbol{k}).$$

三、向量的数量积与向量积

1. 向量的数量积

在物理学中,我们知道当物体在力 $\boldsymbol{F}$ 的作用下(见图 7-17)产生位移 $\boldsymbol{s}$ 时,力 $\boldsymbol{F}$ 所做的功为

$$W = |F||s|\cos(\widehat{F,s}).$$

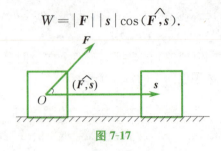

图 7-17

这样,由两个向量 F 和 s 决定了一个数量 $|F||s|\cos(\widehat{F,s})$. 根据这一实际背景,我们把由两个向量 F 和 s 所确定的数量 $|F||s|\cos(\widehat{F,s})$ 定义为 F 与 s 的数量积.

定义 4 两个向量 a,b 的模与它们的夹角余弦的乘积叫作 a 与 b 的**数量积**,记为 $a \cdot b$,即

$$a \cdot b = |a||b|\cos(\widehat{a,b}).$$

因上式中的 $|b|\cos(\widehat{a,b})$ 是向量 b 在向量 a 上的投影,故数量积又可表示为

$$a \cdot b = |a|\text{Prj}_a b.$$

同样,有

$$a \cdot b = |b|\text{Prj}_b a.$$

数量积满足下列**运算性质**(λ 为实数):

(1) $a \cdot b = b \cdot a$;　　　　　　　　(交换律)

(2) $a \cdot (b+c) = a \cdot b + a \cdot c$;　　　(分配律)

(3) $(\lambda a) \cdot b = \lambda(a \cdot b) = a \cdot (\lambda b)$. (结合律)

由数量积的定义,容易得出下面的**结论**:

(1) $a \cdot a = |a|^2$;

(2) 两个非零向量 a,b 相互垂直的充要条件是 $a \cdot b = 0$.

2. 数量积的坐标表示式

设向量

$$a = a_x i + a_y j + a_z k, \quad b = b_x i + b_y j + b_z k.$$

由于基本单位向量 i,j,k 两两相互垂直,因此

$$i \cdot j = j \cdot k = k \cdot i = j \cdot i = k \cdot j = i \cdot k = 0.$$

又因为 i,j,k 的模都是 1,所以

$$i \cdot i = j \cdot j = k \cdot k = 1.$$

因此,根据数量积的运算性质可得

$$a \cdot b = a_x b_x + a_y b_y + a_z b_z,$$

即两个向量的数量积等于它们同名坐标的乘积之和. 这就是**数量积的坐标表示式**.

由于 $\boldsymbol{a}\cdot\boldsymbol{b}=|\boldsymbol{a}||\boldsymbol{b}|\cos(\widehat{\boldsymbol{a},\boldsymbol{b}})$，因此当 $\boldsymbol{a},\boldsymbol{b}$ 都是非零向量时，有

$$\cos(\widehat{\boldsymbol{a},\boldsymbol{b}})=\frac{\boldsymbol{a}\cdot\boldsymbol{b}}{|\boldsymbol{a}||\boldsymbol{b}|}=\frac{a_xb_x+a_yb_y+a_zb_z}{\sqrt{a_x^2+a_y^2+a_z^2}\sqrt{b_x^2+b_y^2+b_z^2}}.$$

这就是两个向量夹角的**余弦公式**. 从这个公式可以看出，两个非零向量相互垂直的**充要条件**是

$$a_xb_x+a_yb_y+a_zb_z=0. \tag{7-2-5}$$

例 4 求向量 $\boldsymbol{a}=(3,-2,2\sqrt{3})$ 与 $\boldsymbol{b}=(3,0,0)$ 的夹角.

解 因为

$$\boldsymbol{a}\cdot\boldsymbol{b}=3\cdot3+(-2)\cdot0+2\sqrt{3}\cdot0=9,$$
$$|\boldsymbol{a}|=\sqrt{3^2+(-2)^2+(2\sqrt{3})^2}=5,$$
$$|\boldsymbol{b}|=3,$$

所以

$$\cos(\widehat{\boldsymbol{a},\boldsymbol{b}})=\frac{\boldsymbol{a}\cdot\boldsymbol{b}}{|\boldsymbol{a}||\boldsymbol{b}|}=\frac{9}{5\cdot3}=\frac{3}{5}.$$

故其夹角

$$(\widehat{\boldsymbol{a},\boldsymbol{b}})=\arccos\frac{3}{5}.$$

例 5 求向量 $\boldsymbol{a}=(4,-1,2)$ 在向量 $\boldsymbol{b}=(3,1,0)$ 上的投影.

解 因为

$$\boldsymbol{a}\cdot\boldsymbol{b}=4\cdot3+(-1)\cdot1+2\cdot0=11,$$
$$|\boldsymbol{b}|=\sqrt{3^2+1^2+0^2}=\sqrt{10},$$

所以

$$\mathrm{Prj}_{\boldsymbol{b}}\boldsymbol{a}=\frac{\boldsymbol{a}\cdot\boldsymbol{b}}{|\boldsymbol{b}|}=\frac{11}{\sqrt{10}}=\frac{11\sqrt{10}}{10}.$$

例 6 在 xOy 平面上求一个单位向量，使得它与向量 $\boldsymbol{p}=(-4,3,7)$ 垂直.

解 设所求的向量为 (a,b,c)，因为它在 xOy 平面上，所以 $c=0$. 又 $(a,b,0)$ 与向量 $\boldsymbol{p}=(-4,3,7)$ 垂直，且是单位向量，故有

$$-4a+3b=0, \quad a^2+b^2=1.$$

由此解得

$$a=\frac{3}{5}, \ b=\frac{4}{5} \quad \text{或} \quad a=-\frac{3}{5}, \ b=-\frac{4}{5},$$

因此所求的向量为

$$\left(\frac{3}{5},\frac{4}{5},0\right) \quad \text{或} \quad \left(-\frac{3}{5},-\frac{4}{5},0\right).$$

3. 向量的向量积

在研究物体转动问题时,不但要考虑此物体所受的力,还要分析这些力所产生的力矩.下面举例说明表示力矩的方法.

设点 O 为杠杆 L 的支点,有一个力 $\boldsymbol{F}$ 作用于该杠杆上点 P 处,$\boldsymbol{F}$ 与向量 $\overrightarrow{OP}$ 的夹角为 θ(见图 7-18).由物理学知道,力 $\boldsymbol{F}$ 对支点 O 的力矩是一个向量 $\boldsymbol{M}$,它的模为

$$|\boldsymbol{M}|=|OQ||\boldsymbol{F}|=|\overrightarrow{OP}||\boldsymbol{F}|\sin\theta,$$

而方向垂直于 $\overrightarrow{OP}$ 与 $\boldsymbol{F}$ 所确定的平面($\boldsymbol{M}$ 既垂直于 $\overrightarrow{OP}$,又垂直于 $\boldsymbol{F}$),且按右手法则确定,即当右手的四根手指从 $\overrightarrow{OP}$ 以不超过 π 的角转向 $\boldsymbol{F}$ 时,大拇指的指向就是 $\boldsymbol{M}$ 的方向.

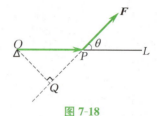

图 7-18

由两个已知向量按上述规则来确定另一个向量,这在其他一些物理问题中也会遇到,将其中的关系抽象出来就是向量的向量积概念.

定义 5 设 $\boldsymbol{a},\boldsymbol{b}$ 为两个向量.若向量 $\boldsymbol{c}$ 满足:

(1) $|\boldsymbol{c}|=|\boldsymbol{a}||\boldsymbol{b}|\sin(\widehat{\boldsymbol{a},\boldsymbol{b}})$,即 $|\boldsymbol{c}|$ 为以 $\boldsymbol{a},\boldsymbol{b}$ 为邻边的平行四边形的面积,

(2) $\boldsymbol{c}$ 的方向垂直于 $\boldsymbol{a},\boldsymbol{b}$ 所确定的平面,并且按顺序 $\boldsymbol{a},\boldsymbol{b},\boldsymbol{c}$ 符合右手法则,

则称 $\boldsymbol{c}$ 为 $\boldsymbol{a}$ 与 $\boldsymbol{b}$ 的**向量积**,记作 $\boldsymbol{a}\times\boldsymbol{b}$(见图 7-19),即

$$\boldsymbol{c}=\boldsymbol{a}\times\boldsymbol{b}.$$

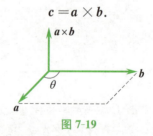

图 7-19

向量积满足下列**运算性质**(λ 为实数):

(1) $\boldsymbol{a}\times\boldsymbol{b}=-\boldsymbol{b}\times\boldsymbol{a}$ (向量积不满足交换律);

(2) $(\boldsymbol{a}+\boldsymbol{b})\times\boldsymbol{c}=\boldsymbol{a}\times\boldsymbol{c}+\boldsymbol{b}\times\boldsymbol{c}$;

(3) $(\lambda\boldsymbol{a})\times\boldsymbol{b}=\boldsymbol{a}\times(\lambda\boldsymbol{b})=\lambda(\boldsymbol{a}\times\boldsymbol{b})$.

由向量积的定义,容易得出下面**结论**:

(1) $\boldsymbol{a}\times\boldsymbol{a}=\boldsymbol{0}$;

(2) 两个非零向量 $\boldsymbol{a},\boldsymbol{b}$ 相互平行的充要条件是 $\boldsymbol{a}\times\boldsymbol{b}=\boldsymbol{0}$.

4. 向量积的坐标表示式

设向量 $\boldsymbol{a}=a_x\boldsymbol{i}+a_y\boldsymbol{j}+a_z\boldsymbol{k}$,$\boldsymbol{b}=b_x\boldsymbol{i}+b_y\boldsymbol{j}+b_z\boldsymbol{k}$,则

$$\boldsymbol{a} \times \boldsymbol{b} = (a_x\boldsymbol{i} + a_y\boldsymbol{j} + a_z\boldsymbol{k}) \times (b_x\boldsymbol{i} + b_y\boldsymbol{j} + b_z\boldsymbol{k})$$
$$= a_xb_x(\boldsymbol{i} \times \boldsymbol{i}) + a_xb_y(\boldsymbol{i} \times \boldsymbol{j}) + a_xb_z(\boldsymbol{i} \times \boldsymbol{k})$$
$$+ a_yb_x(\boldsymbol{j} \times \boldsymbol{i}) + a_yb_y(\boldsymbol{j} \times \boldsymbol{j}) + a_yb_z(\boldsymbol{j} \times \boldsymbol{k})$$
$$+ a_zb_x(\boldsymbol{k} \times \boldsymbol{i}) + a_zb_y(\boldsymbol{k} \times \boldsymbol{j}) + a_zb_z(\boldsymbol{k} \times \boldsymbol{k}).$$

由于
$$\boldsymbol{i} \times \boldsymbol{i} = \boldsymbol{j} \times \boldsymbol{j} = \boldsymbol{k} \times \boldsymbol{k} = \boldsymbol{0},$$
$$\boldsymbol{i} \times \boldsymbol{j} = \boldsymbol{k}, \quad \boldsymbol{j} \times \boldsymbol{k} = \boldsymbol{i},$$
$$\boldsymbol{k} \times \boldsymbol{i} = \boldsymbol{j}, \quad \boldsymbol{j} \times \boldsymbol{i} = -\boldsymbol{k},$$
$$\boldsymbol{k} \times \boldsymbol{j} = -\boldsymbol{i}, \quad \boldsymbol{i} \times \boldsymbol{k} = -\boldsymbol{j},$$

因此
$$\boldsymbol{a} \times \boldsymbol{b} = (a_yb_z - a_zb_y)\boldsymbol{i} + (a_zb_x - a_xb_z)\boldsymbol{j} + (a_xb_y - a_yb_x)\boldsymbol{k}.$$

这就是**向量积的坐标表示式**. 这个公式可以用行列式(行列式的定义及简单运算见上册的附录)写成下列便于记忆的形式,即

$$\boldsymbol{a} \times \boldsymbol{b} = \begin{vmatrix} \boldsymbol{i} & \boldsymbol{j} & \boldsymbol{k} \\ a_x & a_y & a_z \\ b_x & b_y & b_z \end{vmatrix}.$$

从这个公式可以看出,两个非零向量 $\boldsymbol{a}, \boldsymbol{b}$ 相互平行的**充要条件**是
$$a_yb_z - a_zb_y = 0, \quad a_zb_x - a_xb_z = 0, \quad a_xb_y - a_yb_x = 0$$

或
$$\frac{a_x}{b_x} = \frac{a_y}{b_y} = \frac{a_z}{b_z}. \tag{7-2-6}$$

这里分母为 0 时,规定分子也为 0.

例 7 设向量 $\boldsymbol{a} = 2\boldsymbol{i} + \boldsymbol{j} - \boldsymbol{k}, \boldsymbol{b} = \boldsymbol{i} - \boldsymbol{j} + 2\boldsymbol{k}$,计算 $\boldsymbol{a} \times \boldsymbol{b}$.

解 $\boldsymbol{a} \times \boldsymbol{b} = \begin{vmatrix} \boldsymbol{i} & \boldsymbol{j} & \boldsymbol{k} \\ 2 & 1 & -1 \\ 1 & -1 & 2 \end{vmatrix}$
$$= [1 \cdot 2 - (-1) \cdot (-1)]\boldsymbol{i} + [(-1) \cdot 1 - 2 \cdot 2]\boldsymbol{j} + [2 \cdot (-1) - 1 \cdot 1]\boldsymbol{k}$$
$$= \boldsymbol{i} - 5\boldsymbol{j} - 3\boldsymbol{k}.$$

例 8 求以三点 $A(1,2,3), B(3,4,5), C(2,4,7)$ 为顶点的三角形的面积 S.

解 根据向量积的定义,可知所求的三角形面积 S 等于
$$\frac{1}{2}|\overrightarrow{AB} \times \overrightarrow{AC}|.$$

因为
$$\overrightarrow{AB} = 2\boldsymbol{i} + 2\boldsymbol{j} + 2\boldsymbol{k}, \quad \overrightarrow{AC} = \boldsymbol{i} + 2\boldsymbol{j} + 4\boldsymbol{k},$$
$$\overrightarrow{AB} \times \overrightarrow{AC} = \begin{vmatrix} \boldsymbol{i} & \boldsymbol{j} & \boldsymbol{k} \\ 2 & 2 & 2 \\ 1 & 2 & 4 \end{vmatrix} = 4\boldsymbol{i} - 6\boldsymbol{j} + 2\boldsymbol{k},$$

所以
$$S=\frac{1}{2}|\overrightarrow{AB}\times\overrightarrow{AC}|=\frac{1}{2}\sqrt{4^2+(-6)^2+2^2}=\sqrt{14}.$$

例 9 已知向量 $a=(2,1,1)$，$b=(1,-1,1)$，求与 a 和 b 都垂直的单位向量.

解 设 $c=a\times b$，则 c 同时垂直于 a 和 b. 于是，c 方向的单位向量就是所求的单位向量. 因为
$$c=a\times b=2i-j-3k,$$
$$|c|=\sqrt{2^2+(-1)^2+(-3)^2}=\sqrt{14},$$
所以所求的单位向量为
$$e_c=\frac{c}{|c|}=\left(\frac{2}{\sqrt{14}},-\frac{1}{\sqrt{14}},-\frac{3}{\sqrt{14}}\right)$$
与
$$-e_c=\left(-\frac{2}{\sqrt{14}},\frac{1}{\sqrt{14}},\frac{3}{\sqrt{14}}\right).$$

习题 7-2

1. 验证：$(a+b)+c=a+(b+c)$.
2. 设向量 $u=a-b+2c, v=-a+3b-c$，试用向量 a,b,c 表示 $2u-3v$.
3. 把 $\triangle ABC$ 的边 BC 五等分，设分点依次为 D_1, D_2, D_3, D_4，再把各分点与点 A 连接，试以向量 $\overrightarrow{AB}=c, \overrightarrow{BC}=a$ 表示向量 $\overrightarrow{D_1A}, \overrightarrow{D_2A}, \overrightarrow{D_3A}, \overrightarrow{D_4A}$.
4. 设向量 $\overrightarrow{OM}$ 的模是 4，它与投影轴的夹角是 $60°$，求该向量在投影轴上的投影.
5. 一个向量的终点为点 $B(2,-1,7)$，它在 x 轴、y 轴、z 轴上的投影依次是 $4,-4,7$，求该向量的起点 A 的坐标.
6. 一个向量的起点是 $P_1(4,0,5)$，终点是 $P_2(7,1,3)$，试求：
   (1) $\overrightarrow{P_1P_2}$ 在各坐标轴上的投影； (2) $\overrightarrow{P_1P_2}$ 的模；
   (3) $\overrightarrow{P_1P_2}$ 方向的单位向量； (4) $\overrightarrow{P_1P_2}$ 的方向余弦.
7. 设三个力 $\boldsymbol{F}_1=(1,2,3), \boldsymbol{F}_2=(-2,3,-4), \boldsymbol{F}_3=(3,-4,5)$ 同时作用于一点，求合力 $\boldsymbol{F}$ 的大小和方向余弦.
8. 求出向量 $a=i+j+k, b=2i-3j+5k, c=-2i-j+2k$ 的模，并分别用单位向量 e_a, e_b, e_c 来表示 a,b,c.
9. 设向量 $m=3i+5j+8k, n=2i-4j-7k, p=5i+j-4k$，求向量 $a=4m+3n-p$ 在 x 轴上的投影及在 y 轴上的分向量.
10. 已知单位向量 a 与 x 轴正向夹角为 $\dfrac{\pi}{3}$，与其在 xOy 平面上的投影向量的夹角为 $\dfrac{\pi}{4}$，试求向量 a.
11. 已知两点 $M_1(2,5,-3), M_2(3,-2,5)$，点 M 在线段 M_1M_2 上，且 $\overrightarrow{M_1M}=3\overrightarrow{MM_2}$，求向径 $\overrightarrow{OM}$ 的坐标.

12. 已知点 P 到点 $A(0,0,12)$ 的距离是 7，$\overrightarrow{OP}$ 的方向余弦是 $\frac{2}{7},\frac{3}{7},\frac{6}{7}$，求点 P 的坐标．

13. 已知向量 $\boldsymbol{a}$ 与 $\boldsymbol{b}$ 的夹角为 $\varphi=\frac{2\pi}{3}$，且 $|\boldsymbol{a}|=3$，$|\boldsymbol{b}|=4$，计算：
   (1) $\boldsymbol{a}\cdot\boldsymbol{b}$；
   (2) $(3\boldsymbol{a}-2\boldsymbol{b})\cdot(\boldsymbol{a}+2\boldsymbol{b})$．

14. 已知向量 $\boldsymbol{a}=(4,-2,4)$，$\boldsymbol{b}=(6,-3,2)$，计算：
   (1) $\boldsymbol{a}\cdot\boldsymbol{b}$；
   (2) $(2\boldsymbol{a}-3\boldsymbol{b})\cdot(\boldsymbol{a}+\boldsymbol{b})$；
   (3) $|\boldsymbol{a}-\boldsymbol{b}|^{2}$．

15. 已知向量 $\boldsymbol{a}=3\boldsymbol{i}+2\boldsymbol{j}-\boldsymbol{k}$，$\boldsymbol{b}=\boldsymbol{i}-\boldsymbol{j}+2\boldsymbol{k}$，求：
   (1) $\boldsymbol{a}\times\boldsymbol{b}$；
   (2) $2\boldsymbol{a}\times7\boldsymbol{b}$；
   (3) $7\boldsymbol{b}\times2\boldsymbol{a}$；
   (4) $\boldsymbol{a}\times\boldsymbol{a}$．

16. 已知向量 $\boldsymbol{a},\boldsymbol{b}$ 相互垂直，且 $|\boldsymbol{a}|=3$，$|\boldsymbol{b}|=4$，计算：
   (1) $|(\boldsymbol{a}+\boldsymbol{b})\times(\boldsymbol{a}-\boldsymbol{b})|$；
   (2) $|(3\boldsymbol{a}+\boldsymbol{b})\times(\boldsymbol{a}-2\boldsymbol{b})|$．

第三节 空间平面与空间直线

本节将以向量为工具，在空间直角坐标系中建立最简单的空间图形——空间平面与空间直线的代数方程．

一、空间平面的方程

垂直于平面的非零向量叫作平面的**法向量**．容易得到，平面上的任一向量都与平面的法向量垂直．

由中学立体几何知识我们知道，过空间中的一点可以作且只能作一个平面垂直于一条已知直线，因此当平面 Π 上的一点 M_0 和平面 Π 的法向量 $\boldsymbol{n}$ 为已知时，平面 Π 的位置就完全确定了．

设 $M_0(x_0,y_0,z_0)$ 是平面 Π 上的一个已知点，$\boldsymbol{n}=(A,B,C)$ 是平面 Π 的法向量（见图 7-20），$M(x,y,z)$ 是平面 Π 上的任一点，那么向量 $\overrightarrow{M_0M}$ 必与平面 Π 的法向量 $\boldsymbol{n}$ 垂直，即它们的数量积等于 0：$\boldsymbol{n}\cdot\overrightarrow{M_0M}=0$．由于 $\boldsymbol{n}=(A,B,C)$，$\overrightarrow{M_0M}=(x-x_0,y-y_0,z-z_0)$，因此有

$$A(x-x_0)+B(y-y_0)+C(z-z_0)=0. \qquad (7\text{-}3\text{-}1)$$

因为所给的条件是已知一个定点 $M_0(x_0,y_0,z_0)$ 和一个法向量 $\boldsymbol{n}=(A,B,C)$，所以方程 (7-3-1) 叫作**平面的点法式方程**．

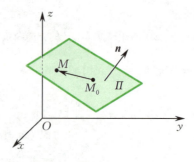

图 7-20

例 1 求过点 $(2,-3,0)$ 且法向量为 $\mathbf{n}=(1,-2,3)$ 的平面方程.

解 根据平面的点法式方程,所求的平面方程为
$$(x-2)-2(y+3)+3z=0,$$
化简得
$$x-2y+3z-8=0.$$

将方程(7-3-1)化简,得
$$Ax+By+Cz+D=0, \tag{7-3-2}$$
其中 $D=-Ax_0-By_0-Cz_0$. 由于方程(7-3-1)是 x,y,z 的一次方程,因此任何平面都可以用三元一次方程来表示.

反过来,对于任给的一个形如方程(7-3-2)的三元一次方程,我们取满足该方程的一组解 x_0,y_0,z_0,则
$$Ax_0+By_0+Cz_0+D=0. \tag{7-3-3}$$
由方程(7-3-2)减去方程(7-3-3),得
$$A(x-x_0)+B(y-y_0)+C(z-z_0)=0. \tag{7-3-4}$$
把方程(7-3-4)与方程(7-3-1)相比较,便知方程(7-3-4)是通过点 $M_0(x_0,y_0,z_0)$,且以 $\mathbf{n}=(A,B,C)$ 为法向量的平面方程. 因为方程(7-3-2)与方程(7-3-4)同解,所以任意一个三元一次方程(7-3-2)的图形是一个平面. 方程(7-3-2)称为**平面的一般方程**,其中 x,y,z 的系数就是该平面的法向量 $\mathbf{n}$ 的坐标,即 $\mathbf{n}=(A,B,C)$.

例 2 如图 7-21 所示,平面 Π 在 x 轴、y 轴、z 轴上的截距分别为 a,b,c,求此平面的方程(设 $a\neq 0,b\neq 0,c\neq 0$).

解 因为 a,b,c 分别表示平面 Π 在 x 轴、y 轴、z 轴上的截距,所以平面 Π 过三点 $A(a,0,0),B(0,b,0),C(0,0,c)$,且这三点不在一条直线上.

先找出平面 Π 的法向量 $\mathbf{n}$. 由于法向量 $\mathbf{n}$ 与向量 $\overrightarrow{AB},\overrightarrow{AC}$ 都垂直,可取 $\mathbf{n}=\overrightarrow{AB}\times\overrightarrow{AC}$,而 $\overrightarrow{AB}=(-a,b,0),\overrightarrow{AC}=(-a,0,c)$,因此得

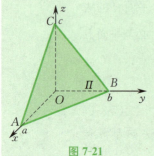

图 7-21

$$n = \overrightarrow{AB} \times \overrightarrow{AC} = \begin{vmatrix} \boldsymbol{i} & \boldsymbol{j} & \boldsymbol{k} \\ -a & b & 0 \\ -a & 0 & c \end{vmatrix} = bc\boldsymbol{i} + ac\boldsymbol{j} + ab\boldsymbol{k}.$$

再根据平面的点法式方程,得平面 Ⅱ 的方程
$$bc(x-a) + ac(y-0) + ab(z-0) = 0.$$
由于 $a \neq 0, b \neq 0, c \neq 0$,因此上式可改写成
$$\frac{x}{a} + \frac{y}{b} + \frac{z}{c} = 1. \tag{7-3-5}$$

方程(7-3-5)叫作**平面的截距式方程**.

下面我们讨论一些**特殊位置**的平面方程.

(1) 过原点的平面方程.

因为平面过原点,所以将 $x = y = z = 0$ 代入方程(7-3-2),得 $D = 0$. 故过原点的平面方程为
$$Ax + By + Cz = 0, \tag{7-3-6}$$
其特点是常数项 $D = 0$.

(2) 平行于坐标轴的平面方程(平面过坐标轴看作平行于坐标轴的特殊情形).

如果平面平行于 x 轴,则平面的法向量 $\boldsymbol{n} = (A, B, C)$ 与 x 轴的单位向量 $\boldsymbol{i} = (1, 0, 0)$ 垂直. 故
$$\boldsymbol{n} \cdot \boldsymbol{i} = 0,$$
即
$$A \cdot 1 + B \cdot 0 + C \cdot 0 = 0.$$
由此有
$$A = 0,$$
从而平行于 x 轴的平面方程为
$$By + Cz + D = 0,$$
其特点是方程中不含 x.

类似地,平行于 y 轴的平面方程为
$$Ax + Cz + D = 0;$$
平行于 z 轴的平面方程为
$$Ax + By + D = 0.$$

(3) 过坐标轴的平面方程.

过坐标轴的平面必过原点,且与该坐标轴平行. 根据上面讨论的结果,可得过 x 轴的平面方程为
$$By + Cz = 0;$$
过 y 轴的平面方程为
$$Ax + Cz = 0;$$

过 z 轴的平面方程为
$$Ax+By=0.$$

(4) 垂直于坐标轴的平面方程.

如果平面垂直于 z 轴,则平面的法向量 $\boldsymbol{n}$ 可取与 z 轴平行的任一非零向量 $(0,0,C)$. 故垂直于 z 轴的平面方程为 $Cz+D=0$.

类似地,垂直于 x 轴的平面方程为 $Ax+D=0$,垂直于 y 轴的平面方程为 $By+D=0$;而 $z=0$ 表示 xOy 平面,$x=0$ 表示 yOz 平面,$y=0$ 表示 zOx 平面.

例 3 指出下列平面位置的特点,并作出其图形:
(1) $x+y=4$; (2) $z=2$.

解 (1) 平面 $x+y=4$ 的方程中不含 z 的项,因此该平面平行于 z 轴(见图 7-22).
(2) 平面 $z=2$ 过点 $(0,0,2)$ 且垂直于 z 轴(见图 7-23).

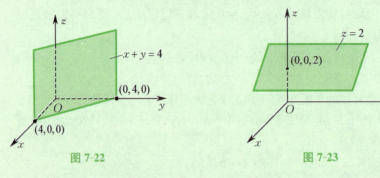

图 7-22   图 7-23

二、空间直线的方程

空间中的一条直线 L 可以看作某两个不重合的相交平面 Π_1 和 Π_2 的交线. 若平面 Π_1 和 Π_2 的方程分别是
$$A_1x+B_1y+C_1z+D_1=0$$
和
$$A_2x+B_2y+C_2z+D_2=0,$$
那么直线 L 上任何点的坐标应同时满足方程组
$$\begin{cases} A_1x+B_1y+C_1z+D_1=0, \\ A_2x+B_2y+C_2z+D_2=0. \end{cases} \tag{7-3-7}$$

反过来,如果点 M 不在直线 L 上,那么它不可能同时在平面 Π_1 和 Π_2 上,所以它的坐标就不会满足方程组(7-3-7). 因此,可以用方程组(7-3-7)来描述直线 L. 方程组(7-3-7)称为**直线的一般方程**.

过空间中一条直线 L 的平面可以有无穷多个,我们只要在这无穷多个平面中任取两个,把它们的方程联立起来就得到该直线的一般方程.

在平面解析几何中,我们知道,xOy 平面上的一个定点和一个非零向量就可确定一条直线. 在空间解析几何中的情形也是一样. 设空间中的直线 L 过定点 $M_0(x_0,y_0,z_0)$，且平行于非零向量
$$s = m\boldsymbol{i} + n\boldsymbol{j} + p\boldsymbol{k} = (m,n,p),$$
这时直线 L 的位置就完全确定了(见图 7-24). 下面我们来求这条直线的方程.

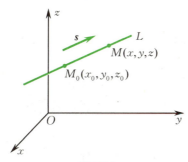

图 7-24

设点 $M(x,y,z)$ 是直线 L 上任一点. 因为直线 L 平行于向量 s, 所以向量
$$\overrightarrow{M_0M} = (x-x_0)\boldsymbol{i} + (y-y_0)\boldsymbol{j} + (z-z_0)\boldsymbol{k}$$
平行于 s. 由两个向量平行的充要条件式(7-2-6)有
$$\frac{x-x_0}{m} = \frac{y-y_0}{n} = \frac{z-z_0}{p}. \tag{7-3-8}$$

方程(7-3-8)称为**直线的对称式方程**，也称为**直线的标准式方程**，这里向量 $s = (m,n,p)$ 称为**直线的方向向量**，s 的坐标 m,n,p 称为**直线的方向数**.

在建立直线 L 的标准式方程(7-3-8)时，我们用到了向量 $\overrightarrow{M_0M}$ 平行于向量 s 的充要条件，即这两个向量的对应坐标成比例. 如果我们设这个比例系数为 t，则有
$$\frac{x-x_0}{m} = \frac{y-y_0}{n} = \frac{z-z_0}{p} = t,$$
从而有
$$\begin{cases} x = x_0 + mt, \\ y = y_0 + nt, \\ z = z_0 + pt. \end{cases} \tag{7-3-9}$$

当 t 从 $-\infty$ 变到 $+\infty$ 时，方程(7-3-9)就表示过点 $M_0(x_0,y_0,z_0)$ 的直线. 方程(7-3-9)称为**直线的参数方程**，其中 t 为参数.

例 4 求过两点 $M_1(x_1,y_1,z_1), M_2(x_2,y_2,z_2)$ 的直线的方程.

解 可以取该直线的方向向量为
$$s = \overrightarrow{M_1M_2} = (x_2-x_1, y_2-y_1, z_2-z_1).$$

由直线的标准式方程可知,该直线的方程为

$$\frac{x-x_1}{x_2-x_1}=\frac{y-y_1}{y_2-y_1}=\frac{z-z_1}{z_2-z_1}.$$

上式称为**直线的两点式方程**.

例5 用标准式方程及参数方程表示直线

$$L:\begin{cases} x+y+z+1=0, \\ 2x+y+3z+4=0. \end{cases}$$

解 为了寻找直线 L 的方向向量 s,在直线 L 上找出两点即可.令 $x_0=1$,代入直线 L 的方程,得

$$y_0=0, \quad z_0=-2;$$

令 $x_1=0$,代入直线 L 的方程,得

$$y_1=\frac{1}{2}, \quad z_1=-\frac{3}{2}.$$

故点 $A(1,0,-2)$ 与 $B\left(0,\frac{1}{2},-\frac{3}{2}\right)$ 在直线 L 上.

可以取方向向量 $s=\overrightarrow{AB}=\left(-1,\frac{1}{2},\frac{1}{2}\right)$,因此直线 L 的标准式方程为

$$\frac{x-1}{-2}=\frac{y}{1}=\frac{z+2}{1},$$

参数方程为

$$\begin{cases} x=1-2t, \\ y=t, \\ z=-2+t. \end{cases}$$

注意 例5提供了化直线的一般方程为标准式方程和参数方程的方法.

三、平面与直线的位置关系

1. 两个平面的夹角及平行、垂直的条件

设平面 Π_1 与 Π_2 的法向量分别为 $\boldsymbol{n}_1=(A_1,B_1,C_1)$ 与 $\boldsymbol{n}_2=(A_2,B_2,C_2)$.如果这两个平面相交,它们之间有两个互补的二面角(见图 7-25),其中一个二面角与向量 $\boldsymbol{n}_1,\boldsymbol{n}_2$ 的夹角相等.我们把两个平面的法向量的夹角称为**两个平面的夹角**(这里指锐角或直角).根据两个向量夹角的余弦公式,平面 Π_1 与 Π_2 的夹角 θ 的余弦为

$$\cos\theta=\frac{|\boldsymbol{n}_1\cdot\boldsymbol{n}_2|}{|\boldsymbol{n}_1||\boldsymbol{n}_2|}=\frac{|A_1A_2+B_1B_2+C_1C_2|}{\sqrt{A_1^2+B_1^2+C_1^2}\sqrt{A_2^2+B_2^2+C_2^2}}. \quad (7\text{-}3\text{-}10)$$

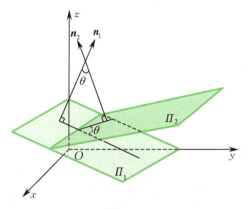

图 7-25

从两个非零向量垂直、平行的条件立即推得两个平面 Π_1,Π_2 相互垂直、平行的条件:

平面 Π_1,Π_2 相互垂直的**充要条件**是
$$A_1A_2+B_1B_2+C_1C_2=0, \tag{7-3-11}$$
平面 Π_1,Π_2 相互平行的**充要条件**是
$$\frac{A_1}{A_2}=\frac{B_1}{B_2}=\frac{C_1}{C_2}\neq\frac{D_1}{D_2}. \tag{7-3-12}$$

例 6 设平面 Π_1,Π_2 的方程分别为 $x-y+2z-6=0, 2x+y+z-5=0$,求它们的夹角 θ.

解 平面 Π_1,Π_2 的法向量分别为 $\boldsymbol{n}_1=(1,-1,2), \boldsymbol{n}_2=(2,1,1)$,于是
$$\cos\theta=\frac{|\boldsymbol{n}_1\cdot\boldsymbol{n}_2|}{|\boldsymbol{n}_1||\boldsymbol{n}_2|}=\frac{|1\cdot2+(-1)\cdot1+2\cdot1|}{\sqrt{1^2+(-1)^2+2^2}\sqrt{2^2+1^2+1^2}}=\frac{1}{2}.$$

所以,平面 Π_1 与 Π_2 的夹角为 $\theta=\arccos\frac{1}{2}=\frac{\pi}{3}$.

例 7 求过点 $P_1(1,1,1)$ 和 $P_2(0,1,-1)$ 且垂直于平面 $x+y+z=0$ 的平面方程.

解 平面 $x+y+z=0$ 的法向量为 $\boldsymbol{n}_1=(1,1,1)$,且向量 $\overrightarrow{P_1P_2}=(-1,0,-2)$ 在所求的平面上.设所求平面的法向量为 $\boldsymbol{n}$,则 $\boldsymbol{n}$ 同时垂直于 $\overrightarrow{P_1P_2}$ 及 $\boldsymbol{n}_1$,所以可取
$$\boldsymbol{n}=\boldsymbol{n}_1\times\overrightarrow{P_1P_2}=\begin{vmatrix} \boldsymbol{i} & \boldsymbol{j} & \boldsymbol{k} \\ 1 & 1 & 1 \\ -1 & 0 & -2 \end{vmatrix}=-2\boldsymbol{i}+\boldsymbol{j}+\boldsymbol{k}.$$

故所求的平面方程为
$$-2(x-1)+(y-1)+(z-1)=0,$$
化简得
$$2x-y-z=0.$$

2. 两条直线的夹角及平行、垂直的条件

设两条直线 L_1 和 L_2 的标准式方程分别为

$$\frac{x-x_1}{m_1}=\frac{y-y_1}{n_1}=\frac{z-z_1}{p_1}$$

和

$$\frac{x-x_2}{m_2}=\frac{y-y_2}{n_2}=\frac{z-z_2}{p_2},$$

两条直线的方向向量 $\boldsymbol{s}_1=(m_1,n_1,p_1)$ 与 $\boldsymbol{s}_2=(m_2,n_2,p_2)$ 的夹角称为**两条直线的夹角**(这里指锐角或直角),记作 θ,则

$$\cos\theta=\frac{|\boldsymbol{s}_1\cdot\boldsymbol{s}_2|}{|\boldsymbol{s}_1||\boldsymbol{s}_2|}=\frac{|m_1m_2+n_1n_2+p_1p_2|}{\sqrt{m_1^2+n_1^2+p_1^2}\sqrt{m_2^2+n_2^2+p_2^2}}. \tag{7-3-13}$$

由此推出,直线 L_1,L_2 相互垂直的**充要条件**是

$$m_1m_2+n_1n_2+p_1p_2=0, \tag{7-3-14}$$

直线 L_1,L_2 相互平行的**充要条件**是

$$\frac{m_1}{m_2}=\frac{n_1}{n_2}=\frac{p_1}{p_2}. \tag{7-3-15}$$

例 8 求直线 $L_1:\dfrac{x-1}{1}=\dfrac{y}{-4}=\dfrac{z+3}{1}$ 和 $L_2:\dfrac{x}{2}=\dfrac{y+2}{-2}=\dfrac{z}{-1}$ 的夹角.

解 直线 L_1 的方向向量为 $\boldsymbol{s}_1=(1,-4,1)$,直线 L_2 的方向向量为 $\boldsymbol{s}_2=(2,-2,-1)$,故直线 L_1 与 L_2 的夹角 θ 的余弦为

$$\cos\theta=\frac{|\boldsymbol{s}_1\cdot\boldsymbol{s}_2|}{|\boldsymbol{s}_1||\boldsymbol{s}_2|}=\frac{|1\cdot2+(-4)\cdot(-2)+1\cdot(-1)|}{\sqrt{1^2+(-4)^2+1^2}\sqrt{2^2+(-2)^2+(-1)^2}}=\frac{\sqrt{2}}{2},$$

所以

$$\theta=\arccos\frac{\sqrt{2}}{2}=\frac{\pi}{4}.$$

例 9 求过点 $(2,0,-1)$ 且与直线

$$\begin{cases}2x-3y+z-6=0,\\ 4x-2y+3z+9=0\end{cases}$$

平行的直线方程.

解 所求的直线与已知直线平行,其方向向量可取为

$$\boldsymbol{s}=\boldsymbol{n}_1\times\boldsymbol{n}_2=\begin{vmatrix}\boldsymbol{i}&\boldsymbol{j}&\boldsymbol{k}\\ 2&-3&1\\ 4&-2&3\end{vmatrix}=-7\boldsymbol{i}-2\boldsymbol{j}+8\boldsymbol{k},$$

其中 $\boldsymbol{n}_1=(2,-3,1),\boldsymbol{n}_2=(4,-2,3)$ 为已知直线方程对应的两个平面的法向量.根据直线的标准式方程,所求的直线方程为

$$\frac{x-2}{-7}=\frac{y}{-2}=\frac{z+1}{8}.$$

例 10 求过点 $P(2,1,3)$ 且与直线 $\dfrac{x+1}{3}=\dfrac{y-1}{2}=\dfrac{z}{-1}$ 垂直相交的直线方程.

解 已知的直线的方向向量为 $\boldsymbol{s}=(3,2,-1)$. 由题意知, 可以设两条直线的交点为 $Q(-1+3t,1+2t,-t)$, 则
$$\overrightarrow{PQ}=(-3+3t,2t,-t-3).$$
因为 $\overrightarrow{PQ}$ 与 $\boldsymbol{s}$ 垂直, 所以 $\overrightarrow{PQ}\cdot\boldsymbol{s}=0$, 即
$$(-3+3t)\cdot 3+2t\cdot 2+(-t-3)\cdot(-1)=0,$$
解得 $t=\dfrac{3}{7}$. 于是 $\overrightarrow{PQ}=-\dfrac{6}{7}(2,-1,4)$, 故可取所求直线的方向向量为 $\boldsymbol{s}_1=(2,-1,4)$. 根据直线的标准式方程, 所求的直线方程为
$$\dfrac{x-2}{2}=\dfrac{y-1}{-1}=\dfrac{z-3}{4}.$$

3. 直线与平面的夹角及平行、垂直的条件

过平面 Π 外一点 A 作垂直于平面 Π 的垂线交平面 Π 于点 A', 则点 A' 称为**点 A 在平面 Π 上的投影**, 点 A 和 A' 间的距离称为**点 A 到平面 Π 的距离**. 设直线 L 上相异两点 A_1 和 A_2 在平面 Π 上的投影分别为点 A_1' 和 A_2'. 若点 A_1' 与 A_2' 不重合, 则称过点 A_1' 和 A_2' 的直线为**直线 L 在平面 Π 上的投影**. 若点 A_1' 与 A_2' 重合, 则必有直线 L 垂直于平面 Π. 此时, 直线 L 上任一点在平面 Π 上的投影都为同一点, 我们说直线 L 在平面 Π 上的投影退化为一点. 直线 L 与它在平面 Π 上的投影所成的角 θ 称为**直线 L 与平面 Π 的夹角**(见图 7-26). 一般取 $0\leqslant\theta\leqslant\dfrac{\pi}{2}$, 且当直线 L 与平面 Π 垂直时, 取 $\theta=\dfrac{\pi}{2}$.

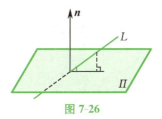

图 7-26

设直线 L 的方程为
$$\dfrac{x-x_0}{m}=\dfrac{y-y_0}{n}=\dfrac{z-z_0}{p},$$
其方向向量为 $\boldsymbol{s}=(m,n,p)$; 平面 Π 的方程为
$$Ax+By+Cz+D=0,$$
其法向量为 $\boldsymbol{n}=(A,B,C)$, 则
$$\cos\left(\dfrac{\pi}{2}-\theta\right)=\dfrac{|\boldsymbol{n}\cdot\boldsymbol{s}|}{|\boldsymbol{n}||\boldsymbol{s}|},$$
即

$$\sin\theta = \frac{|Am + Bn + Cp|}{\sqrt{A^2 + B^2 + C^2}\sqrt{m^2 + n^2 + p^2}}. \tag{7-3-16}$$

由此可知，直线 L 与平面 Π 平行的**充要条件**是

$$Am + Bn + Cp = 0, \tag{7-3-17}$$

直线 L 与平面 Π 垂直的**充要条件**是

$$\frac{A}{m} = \frac{B}{n} = \frac{C}{p}. \tag{7-3-18}$$

例 11 设平面 Π 的方程为 $Ax + By + Cz + D = 0$，$M_1(x_1, y_1, z_1)$ 是平面 Π 外的一点，求点 M_1 到平面 Π 的距离．

解 在平面 Π 上取一点 $M_0(x_0, y_0, z_0)$（见图 7-27），则点 M_1 到平面 Π 的距离为

$$d = |\operatorname{Prj}_{\boldsymbol{n}} \overrightarrow{M_0 M_1}| = \frac{|\boldsymbol{n} \cdot \overrightarrow{M_0 M_1}|}{|\boldsymbol{n}|},$$

其中 $\boldsymbol{n}$ 是平面 Π 的法向量，即 $\boldsymbol{n} = (A, B, C)$，而

$$|\boldsymbol{n} \cdot \overrightarrow{M_0 M_1}| = |A(x_1 - x_0) + B(y_1 - y_0) + C(z_1 - z_0)|$$
$$= |Ax_1 + By_1 + Cz_1 - Ax_0 - By_0 - Cz_0|.$$

由于点 $M_0(x_0, y_0, z_0)$ 在平面 Π 上，因此

$$Ax_0 + By_0 + Cz_0 + D = 0,$$

即

$$Ax_0 + By_0 + Cz_0 = -D.$$

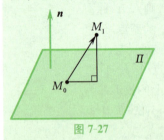

图 7-27

由此可得

$$|\boldsymbol{n} \cdot \overrightarrow{M_0 M_1}| = |Ax_1 + By_1 + Cz_1 + D|,$$

所以

$$d = \frac{|Ax_1 + By_1 + Cz_1 + D|}{\sqrt{A^2 + B^2 + C^2}}. \tag{7-3-19}$$

式 (7-3-19) 称为**点到平面的距离公式**．

习题 7-3

1. 求过点 $(4, 1, -2)$ 且与平面 $3x - 2y + 6z = 11$ 平行的平面方程．
2. 求过点 $M_0(1, 7, -3)$ 且与连接原点到点 M_0 的线段 OM_0 垂直的平面方程．
3. 设平面过点 $(1, 2, -1)$ 且在 x 轴和 z 轴上的截距都等于在 y 轴上的截距的两倍，求此平面方程．
4. 求过三点 $(1, 1, -1), (-2, -2, 2), (1, -1, 2)$ 的平面方程．
5. 指出下列平面的特殊位置，并画出其图形：

    (1) $y = 0$；　　　　　　　　　　(2) $3x - 1 = 0$；

(3) $2x - 3y - 6 = 0$;   (4) $x - y = 0$;

(5) $2x - 3y + 4z = 0$.

6. 求过两点$(1,1,1),(2,2,2)$且垂直于平面$x+y-z=0$的平面方程.

7. 求过下列已知点的直线方程：

(1) $(1,-2,1),(3,1,-1)$;   (2) $(3,-1,0),(1,0,-3)$.

8. 求直线 $\begin{cases} 2x+3y-z-4=0, \\ 3x-5y+2z+1=0 \end{cases}$ 的标准式方程和参数方程.

9. 确定参数k的值，使平面$x+ky-2z=9$分别满足下列条件：

(1) 过点$(5,-4,6)$;   (2) 与平面$2x-3y+z=0$成$\dfrac{\pi}{4}$的角.

10. 确定下列平面方程中l和m的值，使其分别满足：

(1) 平面$2x+ly+3z-5=0$与$mx-6y-z+2=0$平行；

(2) 平面$3x-5y+lz-3=0$与$x+3y+2z+5=0$垂直.

11. 求过点$(1,-1,1)$且垂直于平面$x-y+z-1=0$和$2x+y+z+1=0$的平面方程.

12. 求平行于平面$3x-y+7z=5$且垂直于向量$\boldsymbol{i}-\boldsymbol{j}+2\boldsymbol{k}$的单位向量.

13. 求下列各对直线的夹角：

(1) $\begin{cases} 5x-3y+3z-9=0, \\ 3x-2y+z-1=0 \end{cases}$ 和 $\begin{cases} 2x+2y-z+23=0, \\ 3x+8y+z-18=0 \end{cases}$；

(2) $\dfrac{x-2}{4}=\dfrac{y-3}{-12}=\dfrac{z-1}{3}$ 和 $\begin{cases} \dfrac{y-3}{-1}=\dfrac{z-8}{-2}, \\ x=1. \end{cases}$

14. 求下列直线与平面的交点：

(1) $\dfrac{x-1}{1}=\dfrac{y+1}{-2}=\dfrac{z}{6}$ 与 $2x+3y+z-1=0$;

(2) $\dfrac{x+2}{2}=\dfrac{y-1}{3}=\dfrac{z-3}{2}$ 与 $x+2y-2z+6=0$.

15. 求点$(1,2,1)$到平面$x+2y+2z-10=0$的距离.

习题答案

第四节　空间曲面与空间曲线

一、空间曲面的方程

平面解析几何把曲线看作动点的轨迹. 类似地，空间解析几何把曲面当作一个动点或一条动曲线按一定规律运动而产生的轨迹.

一般地，如果曲面 S 与三元方程 $F(x,y,z)=0$ 之间存在如下关系：

(1) 曲面 S 上任一点的坐标都满足方程 $F(x,y,z)=0$，

(2) 不在曲面 S 上的点的坐标都不满足方程 $F(x,y,z)=0$，即满足方程的点都在曲面上，

那么称 $F(x,y,z)=0$ 为**曲面 S 的方程**，而称曲面 S 为**方程 $F(x,y,z)=0$ 的图形**。

第三节所考察的平面是空间曲面的特殊形式，是最简单的空间曲面；所考察的直线是空间曲线的特殊形式，是最简单的空间曲线。我们建立了它们的一些常见形式的方程。在这里，我们将介绍几种常见类型的曲面及其方程。

1. 球面方程

与空间中的一个定点 M_0 的距离恒定的动点的轨迹称为**球面**，其中点 M_0 称为球面的**球心**，恒定的距离称为球面的**半径**。

例 1 建立球心在点 $M_0(x_0,y_0,z_0)$、半径为 R 的球面方程。

解 设点 $M(x,y,z)$ 是球面上的任一点，则
$$|M_0M|=R.$$
由于
$$|M_0M|=\sqrt{(x-x_0)^2+(y-y_0)^2+(z-z_0)^2},$$
因此
$$\sqrt{(x-x_0)^2+(y-y_0)^2+(z-z_0)^2}=R.$$
上式两边平方，得
$$(x-x_0)^2+(y-y_0)^2+(z-z_0)^2=R^2. \tag{7-4-1}$$
显然，球面上的点的坐标满足这个方程，而不在球面上的点的坐标不满足这个方程。所以，方程 (7-4-1) 就是以点 $M_0(x_0,y_0,z_0)$ 为球心、R 为半径的球面方程。

如果点 M_0 为原点，即 $x_0=y_0=z_0=0$，这时球面方程为
$$x^2+y^2+z^2=R^2. \tag{7-4-2}$$

若记 $A=-2x_0, B=-2y_0, C=-2z_0, D=x_0^2+y_0^2+z_0^2-R^2$，则方程 (7-4-1) 可化为
$$x^2+y^2+z^2+Ax+By+Cz+D=0. \tag{7-4-3}$$

方程 (7-4-3) 称为**球面的一般方程**。

由方程 (7-4-3) 可以看出，球面的方程是关于 x, y, z 的二次方程，其中 x^2, y^2, z^2 三项的系数相等，并且没有 xy, yz, zx 的项。

对于形如方程 (7-4-3) 的一般方程，我们有下面几个**结论**：

(1) 当 $A^2+B^2+C^2-4D>0$ 时，方程 (7-4-3) 表示一个球面；

(2) 当 $A^2+B^2+C^2-4D=0$ 时，方程 (7-4-3) 只表示一个点；

(3) 当 $A^2+B^2+C^2-4D<0$ 时，方程 (7-4-3) 不能表示任何图形，或者说它表示一个虚球面。

> **例 2** 方程 $x^2+y^2+z^2-2x+4y=0$ 表示怎样的曲面?
>
> **解** 通过配方,原方程可以改写为
> $$(x-1)^2+(y+2)^2+z^2=5.$$
> 与方程(7-4-1)比较,可知原方程表示球心在点 $M_0(1,-2,0)$、半径为 $R=\sqrt{5}$ 的球面.

2. 柱面

设给定一条曲线 C 及直线 l,则平行于直线 l 且沿曲线 C 移动的直线 L 所形成的曲面叫作**柱面**,其中曲线 C 叫作柱面的**准线**,动直线 L 叫作柱面的**母线**(见图 7-28).

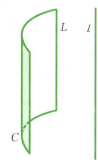

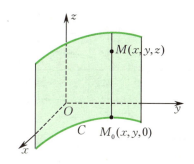

图 7-28　　　　　图 7-29

如果一个柱面的准线是 xOy 平面上的曲线 C,其方程为
$$f(x,y)=0, \tag{7-4-4}$$
柱面的母线平行于 z 轴,则方程 $f(x,y)=0$ 就是这一柱面的方程(见图 7-29). 事实上,在此柱面上任取一点 $M(x,y,z)$,过点 M 作直线平行于 z 轴,此直线与 xOy 平面相交于点 $M_0(x,y,0)$,点 M_0 就是点 M 在 xOy 平面上的投影. 于是,点 M_0 必落在准线 C 上,它在 xOy 平面上的坐标 (x,y) 必满足方程 $f(x,y)=0$. 这个方程不含 z 的项,所以点 M 的坐标 (x,y,z) 也满足方程 $f(x,y)=0$. 因此,在空间直角坐标系中,方程 $f(x,y)=0$ 所表示的图形就是母线平行于 z 轴的柱面.

同理可知,只含 y,z 而不含 x 的方程 $\varphi(y,z)=0$ 和只含 x,z 而不含 y 的方程 $\psi(x,z)=0$,分别表示母线平行于 x 轴和 y 轴的柱面.

注意到在上述三个柱面方程中都缺少一个变量,缺少哪一个变量,该柱面的母线就平行于哪一个变量对应的坐标轴.

例如,方程 $x^2+y^2=a^2(a>0)$,$\dfrac{x^2}{a^2}+\dfrac{y^2}{b^2}=1(a>0,b>0)$,$\dfrac{x^2}{a^2}-\dfrac{y^2}{b^2}=1$ $(a>0,b>0)$,$x^2=2py(p>0)$ 均表示母线平行于 z 轴的柱面,其准线可分别取为 xOy 平面内的圆 $x^2+y^2=a^2$、椭圆 $\dfrac{x^2}{a^2}+\dfrac{y^2}{b^2}=1$、双曲线 $\dfrac{x^2}{a^2}-\dfrac{y^2}{b^2}=1$、抛物线 $x^2=2py$,所以我们分别称它们为**圆柱面**、**椭圆柱面**、**双曲柱面**、**抛物柱面**(见图 7-30). 因为它们的方程都是二次的,所以它们统称为**二次柱面**.

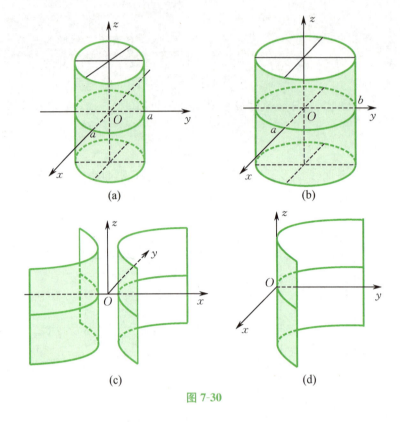

图 7-30

二、旋转曲面

一条平面曲线 C 绕着该平面内一条定直线 l 旋转一周所形成的曲面叫作**旋转曲面**,其中曲线 C 叫作旋转曲面的母线,直线 l 叫作旋转曲面的**轴**.

设在 yOz 平面上有一条已知曲线 C,它的方程为 $f(y,z)=0$. 将该曲线绕 z 轴旋转一周,就得到一个以 z 轴为轴的旋转曲面(见图 7-31). 现在来求这个旋转曲面的方程.

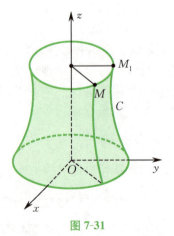

图 7-31

在该旋转曲面上任取一点 $M(x,y,z)$,并且设这一点是母线 C 上的点

$M_1(0, y_1, z_1)$ 绕 z 轴旋转而得到的,则点 M 与 M_1 的 z 坐标相同,且它们到 z 轴的距离相等,即有

$$\begin{cases} z = z_1, \\ \sqrt{x^2 + y^2} = |y_1|. \end{cases}$$

因为点 M_1 在曲线 C 上,所以

$$f(y_1, z_1) = 0.$$

将上述关系代入这个方程中,得

$$f(\pm\sqrt{x^2 + y^2}, z) = 0. \tag{7-4-5}$$

因此,该旋转曲面上任一点 M 的坐标 (x, y, z) 都满足方程(7-4-5). 如果点 $M(x, y, z)$ 不在旋转曲面上,它的坐标就不满足方程(7-4-5). 所以,方程(7-4-5)就是该**旋转曲面的方程**.

从上述推导过程可以发现:只要在曲线 C 的方程 $f(y, z) = 0$ 中将变量 y 换成 $\pm\sqrt{x^2 + y^2}$,便可得曲线 C 绕 z 轴旋转一周所形成的旋转曲面的方程

$$f(\pm\sqrt{x^2 + y^2}, z) = 0.$$

同理,曲线 C 绕 y 轴旋转一周所形成的旋转曲面的方程为

$$f(y, \pm\sqrt{x^2 + z^2}) = 0. \tag{7-4-6}$$

对于其他坐标面上的曲线,绕该坐标面内任一坐标轴旋转一周所形成的旋转曲面的方程可用类似的方法求得.

特别地,一条直线绕与它相交的一条定直线旋转一周就形成圆锥面,其中动直线与定直线的交点叫作圆锥面的**顶点**(见图 7-32).

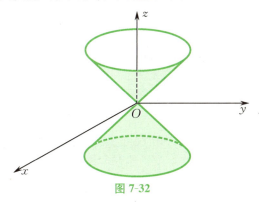

图 7-32

例3 求 yOz 平面上的直线 $z = ky$ 绕 z 轴旋转一周所形成的旋转曲面的方程.

解 因为旋转曲面的轴为 z 轴,所以只要将方程 $z = ky$ 中的 y 改成 $\pm\sqrt{x^2 + y^2}$,便得到旋转曲面 —— 圆锥面的方程

$$z = \pm k\sqrt{x^2 + y^2}$$

或

$$z^2 = k^2(x^2+y^2).$$

三、二次曲面举例

在空间直角坐标系中,方程 $F(x,y,z)=0$ 一般代表曲面,若 $F(x,y,z)=0$ 为一次方程,则它代表一次曲面,即平面;若 $F(x,y,z)=0$ 为二次方程,则它所表示的曲面称为**二次曲面**. 如何通过方程去了解它所表示的曲面的形状呢? 我们可以利用坐标面或平行于坐标面的平面与曲面相截,通过考察其交线(截痕)的方法,从不同的角度去了解曲面的形状,然后加以综合,从而了解整个曲面的形状. 这种方法叫作**截痕法**. 下面我们用截痕法来研究几种二次曲面的形状.

1. 椭球面

方程

$$\frac{x^2}{a^2}+\frac{y^2}{b^2}+\frac{z^2}{c^2}=1 \tag{7-4-7}$$

所表示的曲面叫作**椭球面**,其中 $a>0, b>0, c>0$.

由方程(7-4-7)可知

$$\frac{x^2}{a^2}\leqslant 1,\quad \frac{y^2}{b^2}\leqslant 1,\quad \frac{z^2}{c^2}\leqslant 1,$$

即

$$|x|\leqslant a,\quad |y|\leqslant b,\quad |z|\leqslant c.$$

这说明,这一椭球面完全包含在 $x=\pm a, y=\pm b, z=\pm c$ 这六个平面所围成的长方体内. a,b,c 叫作**椭球面的半轴**.

用三个坐标面截这一椭球面,所得的截痕都是椭圆,即

$$\begin{cases}\dfrac{x^2}{a^2}+\dfrac{y^2}{b^2}=1,\\ z=0;\end{cases}\quad \begin{cases}\dfrac{y^2}{b^2}+\dfrac{z^2}{c^2}=1,\\ x=0;\end{cases}\quad \begin{cases}\dfrac{x^2}{a^2}+\dfrac{z^2}{c^2}=1,\\ y=0.\end{cases}$$

用平行于 xOy 平面的平面 $z=h(0<|h|\leqslant c)$ 截这一椭球面,所得的截痕为椭圆,即

$$\begin{cases}\dfrac{x^2}{a^2}+\dfrac{y^2}{b^2}=1-\dfrac{h^2}{c^2},\\ z=h,\end{cases}$$

这一椭圆的半轴为 $\dfrac{a}{c}\sqrt{c^2-h^2}$ 与 $\dfrac{b}{c}\sqrt{c^2-h^2}$. 当 $|h|$ 由 0 逐渐增大到 c 时,椭圆由大变小,最后(当 $|h|=c$ 时)缩成一点[顶点:$(0,0,c),(0,0,-c)$];如果 $|h|>c$,则平面 $z=h$ 不与这一椭球面相交.

用平行于 yOz 平面或 zOx 平面的平面截这一椭球面,可得到类似的结果.

容易看出,这一椭球面关于各坐标面、各坐标轴和原点都是对称的. 综合

以上讨论,可知这一椭球面的图形如图 7-33 所示.

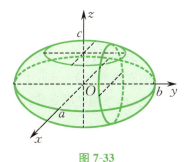

图 7-33

2. 双曲面

(1) 单叶双曲面.

方程
$$\frac{x^2}{a^2}+\frac{y^2}{b^2}-\frac{z^2}{c^2}=1 \qquad (7\text{-}4\text{-}8)$$

所表示的曲面叫作**单叶双曲面**,其中 $a>0, b>0, c>0$.

下面讨论单叶双曲面(7-4-8)的形状.

用 xOy 平面($z=0$)截此曲面,所得的截痕为中心在原点、两个半轴分别为 a,b 的椭圆,即
$$\begin{cases}\dfrac{x^2}{a^2}+\dfrac{y^2}{b^2}=1, \\ z=0.\end{cases}$$

用平行于 xOy 平面的平面 $z=z_1$ 截此曲面,所得的截痕为中心在 z 轴上的椭圆,即
$$\begin{cases}\dfrac{x^2}{a^2}+\dfrac{y^2}{b^2}=1+\dfrac{z_1^2}{c^2}, \\ z=z_1,\end{cases}$$

它的两个半轴分别为 $\dfrac{a}{c}\sqrt{c^2+z_1^2}$ 和 $\dfrac{b}{c}\sqrt{c^2+z_1^2}$. 当 $|z_1|$ 由 0 逐渐增大时,椭圆的两个半轴分别从 a,b 逐渐增大.

用 zOx 平面($y=0$)截此曲面,所得的截痕为中心在原点的双曲线,即
$$\begin{cases}\dfrac{x^2}{a^2}-\dfrac{z^2}{c^2}=1, \\ y=0,\end{cases}$$

它的实轴在 x 轴上,虚轴在 z 轴上.

用平行于 zOx 平面的平面 $y=y_1$ 截此曲面,当 $y_1\neq\pm b$ 时,所得的截痕是中心在 y 轴上的双曲线,即

$$\begin{cases} \dfrac{x^2}{a^2} - \dfrac{z^2}{c^2} = 1 - \dfrac{y_1^2}{b^2}, \\ y = y_1. \end{cases}$$

当 $y_1^2 < b^2$ 时,该双曲线的实轴平行于 x 轴,虚轴平行于 z 轴;

当 $y_1^2 > b^2$ 时,该双曲线的实轴平行于 z 轴,虚轴平行于 x 轴.

当 $y_1^2 = b^2$ 时,所得的截痕为两条相交的直线,即

$$\begin{cases} \dfrac{x^2}{a^2} - \dfrac{z^2}{c^2} = 0, \\ y = y_1. \end{cases}$$

类似地,用 yOz 平面($x=0$)和平行于 yOz 平面的平面 $x = x_1$ 截此曲面,当 $x_1 \neq \pm a$ 时,所得的截痕也是双曲线;当 $x_1 = \pm a$ 时,所得的截痕是两条相交的直线.

因此,单叶双曲面(7-4-8)的形状如图 7-34 所示.

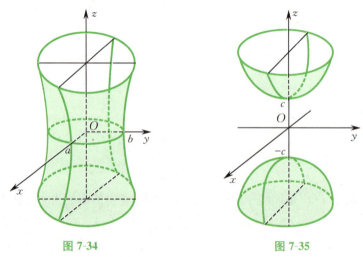

图 7-34　　　　　　　图 7-35

(2) 双叶双曲面.

方程

$$\dfrac{x^2}{a^2} + \dfrac{y^2}{b^2} - \dfrac{z^2}{c^2} = -1 \tag{7-4-9}$$

所表示的曲面叫作**双叶双曲面**,其中 $a > 0, b > 0, c > 0$.

同样可用截痕法讨论,得双叶双曲面(7-4-9)的形状如图 7-35 所示.

3. 抛物面

(1) 椭圆抛物面.

方程

$$\dfrac{x^2}{p} + \dfrac{y^2}{q} = 2z \tag{7-4-10}$$

所表示的曲面叫作**椭圆抛物面**(见图 7-36),其中 $p > 0, q > 0$.

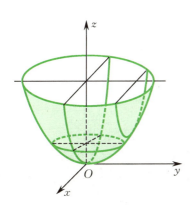

图 7-36

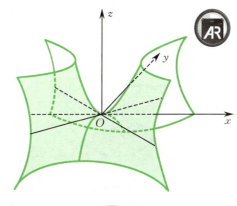

图 7-37

（2）双曲抛物面.

方程

$$\frac{x^2}{p} - \frac{y^2}{q} = 2z \tag{7-4-11}$$

所表示的曲面叫作**双曲抛物面**或**鞍形曲面**（见图 7-37），其中 $p>0, q>0$.

四、空间曲线的方程

1. 空间曲线的一般方程

空间中的一条曲线可看作两个曲面的交线. 设两个相交曲面的方程分别为 $F_1(x,y,z)=0$ 和 $F_2(x,y,z)=0$，则它们的交线 C 上的点同时在这两个曲面上，其坐标必同时满足这两个方程；反之，坐标同时满足这两个方程的点，也一定在这两个曲面的交线 C 上. 因此，联立的方程组

$$\begin{cases} F_1(x,y,z)=0, \\ F_2(x,y,z)=0 \end{cases} \tag{7-4-12}$$

即为交线 C 的方程. 称方程(7-4-12)为**空间曲线的一般方程**.

例如，方程

$$\begin{cases} x^2+y^2+z^2=2, \\ z=1 \end{cases}$$

表示平面 $z=1$ 与以原点为球心、$\sqrt{2}$ 为半径的球面的交线. 如果将 $z=1$ 代入第一个方程中，得 $x^2+y^2=1$，所以这一曲线是平面 $z=1$ 上以点 $(0,0,1)$ 为圆心的单位圆（见图 7-38）.

方程

$$\begin{cases} x^2+y^2-ax=0, \\ z=\sqrt{a^2-x^2-y^2} \end{cases} \quad (a>0)$$

表示球心为原点、半径为 a 的上半球面与圆柱面 $x^2+y^2-ax=0$，即 $\left(x-\dfrac{a}{2}\right)^2 + y^2 = \left(\dfrac{a}{2}\right)^2$ 的交线（见图 7-39）.

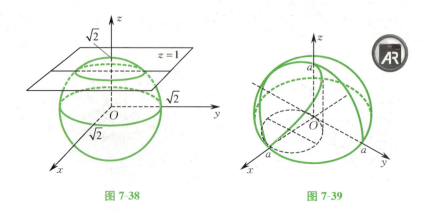

图 7-38　　　　　　图 7-39

2. 空间曲线的参数方程

第三节介绍了空间直线的参数方程. 对于空间曲线 C, 除上面的一般方程外, 也可以用参数方程表示, 即将曲线 C 上的点的坐标 x,y,z 用同一参变量 t 的函数

$$\begin{cases} x = x(t), \\ y = y(t), \quad (t_1 \leqslant t \leqslant t_2) \\ z = z(t) \end{cases} \tag{7-4-13}$$

表示. 当给定 t 的一个值时, 由方程组 (7-4-13) 得到曲线 C 上的一点的坐标; 当 t 在区间 $[t_1, t_2]$ 上变动时, 就可得到曲线 C 上的所有点. 方程组 (7-4-13) 叫作**空间曲线的参数方程**.

例 4　设空间中的一个动点 M 在圆柱面 $x^2 + y^2 = a^2 (a > 0)$ 上以角速度 ω 绕 z 轴旋转, 同时又以线速度 v 沿平行于 z 轴的正向上升 (ω, v 都是常数), 则动点 M 的轨迹叫作**螺旋线**. 试求螺旋线的参数方程.

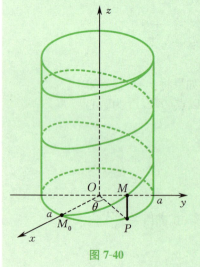

图 7-40

解　取时间 t 为参数, 设运动开始时 ($t = 0$) 动点的位置在点 $M_0(a, 0, 0)$ 处, 经过时间 t, 动点的位置在点 $M(x, y, z)$ 处 (见图 7-40), 点 M 在 xOy 平面上的投影为点 $P(x, y, 0)$. 由于 $\angle M_0 OP = \omega t$, 因此有

$$\begin{cases} x = a\cos\omega t, \\ y = a\sin\omega t. \end{cases}$$

因动点同时以线速度 v 沿平行于 z 轴的正向上升, 故有

$$z = PM = vt.$$

因此, 螺旋线的参数方程为

$$\begin{cases} x = a\cos\omega t, \\ y = a\sin\omega t, \\ z = vt. \end{cases}$$

如果令 $\theta = \omega t$, 以 θ 为参数, 则螺旋线的参数方程为

$$\begin{cases} x = a\cos\theta, \\ y = a\sin\theta, \\ z = b\theta, \end{cases}$$

其中 $b = \dfrac{v}{\omega}$.

3. 空间曲线在坐标面上的投影

空间曲线 C 上的所有点在平面 Π 上的投影所构成的曲线称为**曲线 C 在平面 Π 上的投影**.

设曲线 C 的方程为

$$\begin{cases} F_1(x,y,z) = 0, \\ F_2(x,y,z) = 0. \end{cases} \tag{7-4-14}$$

下面来求它在 xOy 平面上的投影的方程.

作曲线 C 在 xOy 平面上的投影时,要过曲线 C 上每一点作 xOy 平面的垂线,这相当于作一个母线平行于 z 轴且过曲线 C 的柱面,而这个柱面与 xOy 平面的交线就是曲线 C 在 xOy 平面上的投影. 所以,关键在于求这个柱面的方程. 从方程(7-4-14)中消去变量 z,得到

$$F(x,y) = 0. \tag{7-4-15}$$

方程(7-4-15)表示一个母线平行于 z 轴的柱面,此柱面必定包含曲线 C,所以它是一个以曲线 C 为准线、母线平行于 z 轴的柱面,叫作曲线 C 关于 xOy 平面的**投影柱面**. 它与 xOy 平面的交线就是曲线 C 在 xOy 平面上的投影. 曲线 C 在 xOy 平面上的投影的方程为

$$\begin{cases} F(x,y) = 0, \\ z = 0, \end{cases} \tag{7-4-16}$$

其中 $F(x,y) = 0$ 可从方程(7-4-14)中消去 z 而得到.

同理,分别从方程(7-4-14)中消去 x 和 y,得到 $G(y,z) = 0$ 和 $H(x,z) = 0$,则曲线 C 在 yOz 平面和 zOx 平面上的投影的方程分别为

$$\begin{cases} G(y,z) = 0, \\ x = 0 \end{cases} \tag{7-4-17}$$

和

$$\begin{cases} H(x,z) = 0, \\ y = 0. \end{cases} \tag{7-4-18}$$

例 5 已知两个球面的方程分别为

$$x^2 + y^2 + z^2 = 1 \tag{7-4-19}$$

和

$$x^2 + (y-1)^2 + (z-1)^2 = 1, \tag{7-4-20}$$

求它们的交线在 xOy 平面上的投影的方程.

解 先求包含两个球面的交线,而母线平行于 z 轴的投影柱面的方程.要由方程(7-4-19)和方程(7-4-20)消去 z,可用方程(7-4-19)减去方程(7-4-20)并化简,得到
$$y+z=1.$$
再以 $z=1-y$ 代入方程(7-4-19)或方程(7-4-20),即得所求的投影柱面方程
$$x^2+2y^2-2y=0.$$
于是,两个球面的交线在 xOy 平面上的投影的方程为
$$\begin{cases} x^2+2y^2-2y=0, \\ z=0. \end{cases}$$

习题 7-4

1. 建立以点 $(1,3,-2)$ 为球心且过原点的球面方程.
2. 一个动点到点 $(2,0,-3)$ 的距离与到点 $(4,-6,6)$ 的距离之比为 3,求此动点的轨迹方程.
3. 指出下列方程所表示的是什么曲面,并画出其图形:

   (1) $\left(x-\dfrac{a}{2}\right)^2+y=\left(\dfrac{a}{2}\right)^2$ $(a>0)$;   (2) $-\dfrac{x^2}{4}+\dfrac{y^2}{9}=1$;

   (3) $\dfrac{x^2}{9}+\dfrac{z^2}{4}=1$;   (4) $y^2-z=0$;

   (5) $x^2-y^2=0$;   (6) $x^2+y^2=0$.

4. 指出下列方程表示怎样的曲面,并作出图形:

   (1) $x^2+\dfrac{y^2}{4}+\dfrac{z^2}{9}=1$;   (2) $36x^2+9y^2-4z=36$;

   (3) $x^2-\dfrac{y^2}{4}-\dfrac{z^2}{9}=1$;   (4) $x^2+\dfrac{y^2}{4}-\dfrac{z^2}{9}=11$;

   (5) $x^2+y^2-\dfrac{z^2}{9}=0$.

5. 作出下列曲面所围成的立体图形:

   (1) $x^2+y^2+z^2=a^2, z=0$ 及 $z=\dfrac{a}{2}$ $(a>0)$;

   (2) $x+y+z=4, x=0, x=1, y=0, y=2$ 及 $z=0$;

   (3) $z=4-x^2, x=0, y=0, z=0$ 及 $2x+y=4$;

   (4) $z=6-(x^2+y^2), x=0, y=0, z=0$ 及 $x+y=1$.

6. 求下列曲面与直线的交点:

   (1) $\dfrac{x^2}{81}+\dfrac{y^2}{36}+\dfrac{z^2}{9}=1$ 与 $\dfrac{x-3}{3}=\dfrac{y-4}{-6}=\dfrac{z+2}{4}$;

   (2) $\dfrac{x^2}{16}+\dfrac{y^2}{9}-\dfrac{z^2}{4}=1$ 与 $\dfrac{x}{4}=\dfrac{y}{-3}=\dfrac{z+2}{4}$.

7. 设有一个圆,它的圆心在 z 轴上,半径为 3,且位于距离 xOy 平面 5 个单位的平面上,试建立这个圆的方程.

8. 试考察曲面 $\dfrac{x^2}{9} - \dfrac{y^2}{25} + \dfrac{z^2}{4} = 1$ 分别被下列平面所截得的截痕的形状,并写出其方程:

(1) $x = 2$; (2) $y = 0$;
(3) $y = 5$; (4) $z = 2$.

9. 求曲线 $x^2 + y^2 + z^2 = a^2$, $x^2 + y^2 = z^2$ 在 xOy 平面上的投影.

10. 建立曲线 $x^2 + y^2 = z, z = x + 1$ 在 xOy 平面上的投影的方程.

习 题 七

1. 填空题:

(1) 过点 $(0,1,0)$ 且与平面 $x - y + z = 1$ 平行的平面方程为_____.

(2) 点 $(2,1,0)$ 到平面 $3x + 4y + 5z = 0$ 的距离 $d = $ _____.

(3) 原点关于平面 $6x + 2y - 9z + 121 = 0$ 的对称点是_____.

(4) 曲线 $\begin{cases} x^2 + y^2 + z^2 = 1, \\ x + 2y + z = 0 \end{cases}$ 在 xOy 平面上的投影的方程是_____.

(5) zOx 平面上的曲线 $x^2 + z^2 = 1$ 绕 z 轴旋转一周所形成的旋转曲面的方程为_____.

2. 选择题:

(1) 设三个向量 $\boldsymbol{a}, \boldsymbol{b}, \boldsymbol{c}$ 满足关系式 $\boldsymbol{a} + \boldsymbol{b} + \boldsymbol{c} = \boldsymbol{0}$, 则 $\boldsymbol{a} \times \boldsymbol{b} = $ ( ).

A. $\boldsymbol{c} \times \boldsymbol{b}$ B. $\boldsymbol{b} \times \boldsymbol{c}$ C. $\boldsymbol{a} \times \boldsymbol{c}$ D. $\boldsymbol{b} \times \boldsymbol{a}$

(2) 两个平行平面 $\Pi_1 : 19x - 4y + 8z + 21 = 0$ 与 $\Pi_2 : 19x - 4y + 8z + 42 = 0$ 之间的距离为( ).

A. 1   B. $\dfrac{1}{2}$ C. 2   D. 21

(3) 直线 $L_1 : \begin{cases} x + 2y - z = 7, \\ -2x + y + z = 7 \end{cases}$ 与 $L_2 : \begin{cases} 3x + 6y - 3z = 8, \\ 2x - y - z = 0 \end{cases}$ 之间的关系是( ).

A. $L_1 \perp L_2$ B. $L_1 \parallel L_2$
C. L_1 与 L_2 相交但不一定垂直   D. L_1 与 L_2 为异面直线

(4) 方程 $(z-a)^2 = x^2 + y^2$ 表示( ).

A. zOx 平面上的曲线 $(z-a)^2 = x^2$ 绕 y 轴旋转一周所形成的曲面
B. zOx 平面上的直线 $z - a = x$ 绕 z 轴旋转一周所形成的曲面
C. yOz 平面上的直线 $z - a = y$ 绕 y 轴旋转一周所形成的曲面
D. yOz 平面上的曲线 $(z-a)^2 = y^2$ 绕 x 轴旋转一周所形成的曲面

(5) 下列方程所表示的曲面为双曲抛物面的是( ).

A. $x^2 + 2y^2 + 3z^2 = 1$ B. $x^2 - 2y^2 + 3z^2 = 1$

C. $x^2+2y^2-3z=0$ D. $x^2-2y^2-3z=0$

3. 已知四点 $A(1,-2,3), B(4,-4,-3), C(2,4,3), D(8,6,6)$,求向量 $\overrightarrow{AB}$ 在向量 $\overrightarrow{CD}$ 上的投影.

4. 若向量 $a+3b$ 垂直于向量 $7a-5b$,向量 $a-4b$ 垂直于向量 $7a-2b$,求向量 a 与 b 的夹角.

5. 设向量 $a=(-2,7,6), b=(4,-3,-8)$,证明:以 a 与 b 为邻边的平行四边形的两条对角线相互垂直.

6. 求垂直于两个向量 $3i-4j-k$ 和 $2i-j+k$ 的单位向量,以及这两个向量夹角的正弦.

7. 一个平行四边形以向量 $a=(2,1,-1), b=(1,-2,1)$ 为邻边,求其对角线夹角的正弦.

8. 已知三点 $A(2,-1,5), B(0,3,-2), C(-2,3,1)$,点 M,N,P 分别是线段 AB, BC, CA 的中点,证明:

$$\overrightarrow{MN} \times \overrightarrow{MP} = \frac{1}{4}(\overrightarrow{AC} \times \overrightarrow{BC}).$$

9. 已知三个向量 $a=(a_x,a_y,a_z), b=(b_x,b_y,b_z), c=(c_x,c_y,c_z)$,证明:

(1) 三个向量 a,b,c 共面的充要条件是 $\begin{vmatrix} a_x & a_y & a_z \\ b_x & b_y & b_z \\ c_x & c_y & c_z \end{vmatrix}=0$;

(2) 若三个向量 a,b,c 不共面,则 $(a\times b)\cdot c=(b\times c)\cdot a=(c\times a)\cdot b$.

10. 设一个四面体的顶点为 $(1,1,1),(1,2,3),(1,1,2),(3,-1,2)$,求该四面体的表面积.

11. 设一个四面体的顶点为 $A(1,1,1), B(2,1,3), C(3,5,4), D(5,5,5)$,求该四面体的体积.

12. 已知三点 $A(2,4,1), B(3,7,5), C(4,10,9)$,证明:此三点共线.

13. 一个动点和点 $M_0(1,1,1)$ 连成的向量与向量 $n=(2,3,-4)$ 垂直,求该动点的轨迹方程.

14. 求满足下列各组条件的直线方程:

(1) 过点 $(2,-3,4)$,且与平面 $3x-y+2z-4=0$ 垂直;

(2) 过点 $(0,2,4)$,且与两个平面 $x+2z=1$ 和 $y-3z=2$ 平行;

(3) 过点 $(-1,2,1)$,且与直线 $\dfrac{x}{2}=\dfrac{y-3}{-1}=\dfrac{z-1}{3}$ 平行.

15. 确定下列直线与平面间的关系:

(1) $\dfrac{x+3}{-2}=\dfrac{y+4}{-7}=\dfrac{z}{3}$ 和 $4x-2y-2z=3$;

(2) $\dfrac{x}{3}=\dfrac{y}{-2}=\dfrac{z}{7}$ 和 $3x-2y+7z=8$;

(3) $\dfrac{x-2}{3}=\dfrac{y+2}{1}=\dfrac{z-3}{-4}$ 和 $x+y+z=3$.

16. 求过点 $(1,-2,1)$ 且垂直于直线 $\begin{cases} x-2y+z-3=0 \\ x+y-z+2=0 \end{cases}$ 的平面方程.

17. 求过点 $M(1,-2,3)$ 和两个平面 $2x-3y+z=3, x+3y+2z+1=0$ 的交线的平面方程.

18. 求点 $(-1,2,0)$ 在平面 $x+2y-z+1=0$ 上的投影.

19. 求点 $(3,-1,2)$ 到直线 $\begin{cases} x=0 \\ y=z-2 \end{cases}$ 的距离.

20. 求直线 $L: \dfrac{x-1}{-2}=\dfrac{y-3}{1}=\dfrac{z-2}{3}$ 在平面 $\Pi: 2x-y+5z-3=0$ 上的投影的方程.

21. 设有两条直线

$$L_1: \dfrac{x-1}{-1}=\dfrac{y}{2}=\dfrac{z+1}{1}, \quad L_2: \dfrac{x+2}{0}=\dfrac{y-1}{1}=\dfrac{z-2}{-2},$$

求平行于直线 L_1, L_2 且与它们等距离的平面方程.

22. 设曲线 L 是一个旋转曲面与一个平面的交线,其方程为 $\begin{cases} z^2 = x^2 + y^2, \\ x + z = 1, \end{cases}$ 求:

(1) L 在 xOy 平面上的投影;

(2) 过曲线 L 且母线平行于 z 轴的柱面方程.

第七章自测题　　自测题答案

第八章

多元函数微分学

在上册中,我们讨论的函数只有一个自变量,即所谓的一元函数. 然而,在实际问题中常常会有这样的情况:一个变量由两个或更多的变量所确定. 这种变量关系就是我们将要学习的多元函数. 本章将在一元函数微分学的基础上,讨论多元函数的微分法及其应用. 本章的讨论中将以二元函数为主,有关二元函数的结论和研究方法,一般可以推广到多元函数上.

课程思政案例　　知识框图

第一节 多元函数的基本概念

讨论一元函数时经常用到邻域和区间的概念. 在多元函数的讨论中,首先需要把邻域和区间的概念加以推广.

一、平面点集

设 $P_0(x_0,y_0)$ 是 xOy 平面上的一点,δ 是某一正数. 与点 $P_0(x_0,y_0)$ 距离小于 δ 的点 $P(x,y)$ 的全体,称为点 P_0 的 **δ 邻域**,记作 $U(P_0,\delta)$,即

$$U(P_0,\delta)=\{P\mid|PP_0|<\delta\},$$

其中 δ 称为**邻域的半径**. 也就是说,

$$U(P_0,\delta)=\{(x,y)\mid\sqrt{(x-x_0)^2+(y-y_0)^2}<\delta\}.$$

在几何上,$U(P_0,\delta)$ 就是 xOy 平面上以点 $P_0(x_0,y_0)$ 为圆心、$\delta>0$ 为半径的圆内部的点 $P(x,y)$ 的全体.

此外,我们记点 P_0 的**去心 δ 邻域**为 $\mathring{U}(P_0,\delta)$,定义为

$$\mathring{U}(P_0,\delta)=\{P\mid 0<|PP_0|<\delta\}.$$

如果不需要特别强调邻域半径 δ,则用 $U(P_0)$ 表示点 P_0 的某个邻域,用 $\mathring{U}(P_0)$ 表示点 P_0 的某个去心邻域.

设 E 是平面上的一个点集,P 是平面上的一点. 如果存在点 P 的某个邻域 $U(P)$,使得 $U(P)\subset E$,则称 P 为 E 的**内点**(见图 8-1).

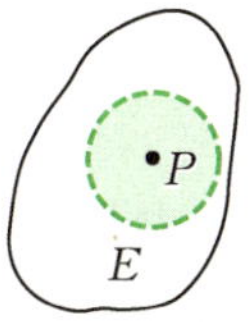

图 8-1

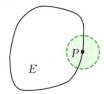

图 8-2

如果点集 E 的点都是内点,则称 E 为**开集**.

如果点 P 的任一邻域内既有属于点集 E 的点,也有不属于 E 的点(点 P 可以属于 E,也可以不属于 E),则称 P 为 E 的**边界点**(见图 8-2). E 的边界点的全体称为 E 的**边界**.

如果对于平面点集 D 内任何两点,都可用完全属于 D 的折线连接起来,则称 D 为**连通集**;否则,称 D 为**非连通集**. 如图 8-3 所示,点集 D_1,D_2 是连通集;点集 D_3 由两部分组成,是非连通集.

连通的开集称为**区域**或**开区域**. 开区域连同它的边界一起,称为**闭区域**.

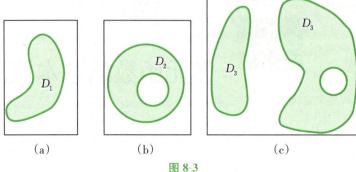

图 8-3

对于点集 E，如果存在正数 K，使得
$$E \subset U(O, K),$$
其中 O 为原点，则称 E 为**有界点集**；否则，称 E 为**无界点集**.

例如，$\{(x,y) \mid 1 \leqslant x^2 + y^2 \leqslant 4\}$ 是有界闭区域，$\{(x,y) \mid x+y>0\}$ 是无界开区域.

如果点 P 的任一邻域内总有无限多个点属于点集 E，则称 P 为 E 的**聚点**.

显然，点集 E 的内点一定是 E 的聚点. 此外，点集 E 的边界点也可能是 E 的聚点. 例如，设
$$E_1 = \{(x,y) \mid 0 < x^2 + y^2 \leqslant 1\},$$
那么点 $(0,0)$ 既是 E_1 的边界点，又是 E_1 的聚点，但这个聚点不属于 E_1. 又如，圆 $x^2 + y^2 = 1$ 上的每一点既是 E_1 的边界点，也是 E_1 的聚点，而这些聚点都属于 E_1. 所以，点集 E 的聚点可以属于 E，也可以不属于 E.

二、n 维空间

我们知道，数轴上的点和实数之间有一一对应关系，即不仅数轴上的每一点 P 确定唯一的实数 x，而且倒转来，每一个实数 x 也可确定唯一的点 P. 当引入平面直角坐标系后，平面上的点和二元有序数组之间有一一对应关系，即平面上的每一点 P 确定唯一的二元有序数组 (x,y)，且每一个二元有序数组 (x,y) 也确定平面上唯一的点 P. 类似地，当引入空间直角坐标系后，我们就构建了空间点和三元有序数组之间的一一对应关系. 如果称数轴上的点的全体为一维空间，平面上的点的全体为二维空间，空间中的点的全体为三维空间，那么我们就可以用数或数组间的关系来描述空间点间的关系. 下面我们引入 n 维空间的概念.

设 n 为取定的一个正整数，我们称 n 元有序数组 $(x_1, x_2, \cdots, x_n)$ 的全体为 n **维空间**，而每个 n 元有序数组 $(x_1, x_2, \cdots, x_n)$ 称为 n 维空间中的一**点**，数 x_i 称为该点的**第 i 个坐标**，$(x_1, x_2, \cdots, x_n)$ 也称为该点的坐标. n 维空间记作 $\mathbf{R}^n$.

n 维空间中两点 $P(x_1, x_2, \cdots, x_n)$ 及 $Q(y_1, y_2, \cdots, y_n)$ 间的距离规定为
$$|PQ| = \sqrt{(y_1-x_1)^2 + (y_2-x_2)^2 + \cdots + (y_n-x_n)^2},$$
当 n 分别为 $1, 2, 3$ 时，上式便是解析几何中关于数轴、平面、空间的两点间的距离.

前面就平面点集所陈述的一系列概念,可推广到 n 维空间中的点集上. 例如,设点 $P_0 \in \mathbf{R}^n$,δ 是某一正数,则 n 维空间中的点集
$$U(P_0,\delta)=\{P \mid |PP_0|<\delta, P \in \mathbf{R}^n\}$$
定义为点 P_0 的 δ 邻域. 以邻域为基础,可定义去心邻域、内点、边界点、区域、聚点等一系列概念.

三、多元函数的定义

在许多实际问题和自然现象中,经常会遇到多个变量之间的依赖关系.

> **例 1** 锥体的体积 V 与锥体的底面积 A 和高 h 之间存在如下关系:
> $$V=\frac{1}{3}Ah.$$
>
> **例 2** 物体运动的动能 W 与物体的质量 m 和运动的速度 v 之间的对应规律为
> $$W=\frac{1}{2}mv^2.$$

以上都是二元函数的实例,抽去它们的物理、几何等特性,仅保留数量关系的共性,可得到二元函数的定义.

定义 1 设 D 是平面上的一个非空点集. 如果对于每一点 $P(x,y) \in D$,变量 z 按照一定法则 f 总有唯一确定的值与它对应,则称 z 为变量 x,y 的**二元函数**或点 P 的**函数**,记为
$$z=f(x,y), \quad (x,y) \in D$$
或
$$z=f(P), \quad P \in D.$$
点集 D 称为该函数的**定义域**,x,y 称为该函数的**自变量**,z 称为该函数的**因变量**,数集
$$\{z \mid z=f(x,y),(x,y) \in D\}$$
称为该函数的**值域**.

z 是 x,y 的函数,也可记为 $z=z(x,y),z=\varphi(x,y)$ 等.

类似地,可将二元函数的概念推广到一般的 $n(n \geqslant 1)$ 元函数.

定义 2 设 D 是 n 维空间 $\mathbf{R}^n(n \geqslant 1)$ 中的一个非空子集,$\mathbf{R}$ 是实数集. 如果对于每一点 $P(x_1,x_2,\cdots,x_n) \in D$,按照一定法则 f 总有唯一确定的 $y \in \mathbf{R}$ 与它对应,则称 y 为变量 $x_1,x_2,\cdots,x_n$ 的 **n 元函数**或点 P 的**函数**,记为
$$y=f(x_1,x_2,\cdots,x_n), \quad (x_1,x_2,\cdots,x_n) \in D$$
或
$$y=f(P), \quad P \in D.$$
这时,也称对应法则 f 为 n 元函数.

当 $n=1$ 时,n 元函数就是一元函数;当 $n \geqslant 2$ 时,n 元函数统称为**多元函数**

(简称**函数**).

对于多元函数的定义域,与一元函数类似,我们**约定**:在讨论用数学表达式表达的多元函数 $y = f(P)$ 的定义域时,就以使这个数学表达式有意义的自变量或点 P 所确定的点集为这个函数的定义域.

例 3 试确定函数 $z = \ln(x+y)$ 的定义域.

解 因为要使表达式 $\ln(x+y)$ 有意义,则对数的真数必须大于 0,所以该函数的定义域是
$$D = \{(x,y) \mid x+y > 0\},$$
即定义域 D 是直线 $x+y=0$ 上方的无界区域,如图 8-4 所示.

例 4 试确定函数 $z = \arcsin(x^2+y^2)$ 的定义域.

解 由反正弦函数的定义可知,该函数的定义域是
$$D = \{(x,y) \mid x^2+y^2 \leqslant 1\},$$
即定义域 D 是以原点为圆心、1 为半径的圆的内部和边界.这是一个有界闭区域,如图 8-5 所示.

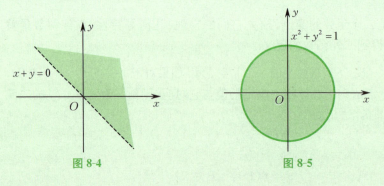

图 8-4　　　　　图 8-5

设函数 $z = f(x,y)$ 的定义域为 D.对任意取定的点 $P(x,y) \in D$,对应的函数值为 $z = f(x,y)$.这样以 x 为横坐标、y 为纵坐标、$z = f(x,y)$ 为竖坐标在空间就确定一点 $M(x,y,z)$.当 (x,y) 遍取 D 上的一切点时,得到一个空间点集 $\{(x,y,z) \mid z = f(x,y), (x,y) \in D\}$,这个点集在几何上称为函数 $z = f(x,y)$ 的**图形**或**图像**(见图 8-6).

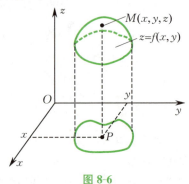

图 8-6

例如，函数
$$z = ax + by + c$$
的图形是一个平面. 又如，函数 $z = \sqrt{a^2 - x^2 - y^2}(a>0)$ 的图形就是以原点为球心、a 为半径的上半球面，而函数 $z = -\sqrt{a^2 - x^2 - y^2}(a>0)$ 的图形就是下半球面. 将两者结合起来，从代数的角度，则有方程 $x^2 + y^2 + z^2 = a^2(a>0)$，因此该方程所确定的图形为以原点为球心、$a$ 为半径的球面. 一般地，我们称该方程为 球面方程.

四、多元复合函数及隐函数

与一元函数的情形类似，多元函数也有函数复合运算，但情况复杂得多. 例如，$u = f(xy, x^2 + y^2, x - y)$ 是由三元函数 $u = f(v_1, v_2, v_3)$ 与三个二元函数 $v_1 = xy, v_2 = x^2 + y^2, v_3 = x - y$ 复合而成的二元函数，也说成 u 是以 v_1, v_2, v_3 为中间变量，以 x, y 为自变量的 复合函数.

如果 $f(x_1, x_2, \cdots, x_n)$ 能表示为一个式子，n 元函数 $u = f(x_1, x_2, \cdots, x_n)$ 就是函数的方程表示，这样的函数叫作 显函数. 如果方程 $F(x_1, x_2, \cdots, x_n, u) = 0$ 能确定 u 是 $x_1, x_2, \cdots, x_n$ 的函数，那么这也是函数的方程表示，这时我们把 u 叫作 $x_1, x_2, \cdots, x_n$ 的 隐函数. 例如，$z = \sqrt{R^2 - x^2 - y^2}$ 是显函数，而方程 $x^2 + y^2 + z^2 = R^2$ 所确定的 x, y 的函数 $z(z > 0$ 或 $z \leqslant 0)$ 是 x, y 的隐函数.

• 习题 8-1

1. 判断下列平面点集哪些是开集、闭集、区域、有界点集、无界点集，并分别指出它们的聚点集和边界：
(1) $\{(x,y) \mid x \neq 0\}$；
(2) $\{(x,y) \mid 1 \leqslant x^2 + y^2 < 4\}$；
(3) $\{(x,y) \mid y < x^2\}$；
(4) $\{(x,y) \mid (x-1)^2 + y^2 \leqslant 1\} \cup \{(x,y) \mid (x+1)^2 + y^2 \leqslant 1\}$.

2. 已知函数 $f(x,y) = x^2 + y^2 - xy \tan \dfrac{x}{y}$，求 $f(tx, ty)$.

3. 已知函数 $f(u,v,w) = u^w + w^{u+v}$，求 $f(x+y, x-y, xy)$.

4. 求下列函数的定义域：

(1) $z = \ln(y^2 - 2x + 1)$；

(2) $z = \dfrac{1}{\sqrt{x+y}} + \dfrac{1}{\sqrt{x-y}}$；

(3) $z = \dfrac{\sqrt{4x - y^2}}{\ln(1 - x^2 - y^2)}$；

(4) $u = \dfrac{1}{\sqrt{x}} + \dfrac{1}{\sqrt{y}} + \dfrac{1}{\sqrt{z}}$；

(5) $z = \sqrt{x - \sqrt{y}}$；

(6) $z = \ln(y-x) + \dfrac{\sqrt{x}}{\sqrt{1 - x^2 - y^2}}$；

(7) $u = \arccos \dfrac{z}{\sqrt{x^2 + y^2}}$.

习题答案

第二节 多元函数的极限与连续性

一、多元函数的极限

我们先讨论二元函数 $z=f(x,y)$ 当 $(x,y) \to (x_0,y_0)$,即 $P(x,y) \to P_0(x_0,y_0)$ 时的极限.

在给出二元函数的极限定义之前,我们先做两点说明:首先,$P \to P_0$ 表示动点 P 以任何方式趋于点 P_0,即点 P 与 P_0 间的距离趋于 0,亦即

$$|PP_0| = \sqrt{(x-x_0)^2+(y-y_0)^2} \to 0;$$

其次,这里只需要考虑使函数 $z=f(x,y)$ 有定义的点 P,而不是 P_0 的去心邻域 $\overset{\circ}{U}(P_0)$ 内的所有点.因为 P_0 总是被假设为聚点,所以 P 趋于 P_0 总是有意义的.

与一元函数的极限概念相仿,如果在 $P(x,y) \to P_0(x_0,y_0)$ 的过程中,对应的函数值 $f(x,y)$ 无限接近于一个确定的常数 A,我们就说 A 是函数 $z=f(x,y)$ 当 $(x,y) \to (x_0,y_0)$ 时的极限.用"ε-δ"方式描述如下.

定义1 设函数 $z=f(x,y)$ 的定义域为 D,$P_0(x_0,y_0)$ 是 D 的聚点.如果存在常数 A,对于任意给定的正数 ε(无论多么小),总存在正数 δ,使得当点 $P(x,y) \in D \cap \overset{\circ}{U}(P_0,\delta)$ 时,总有

$$|f(x,y)-A|<\varepsilon$$

成立,则称 A 为 $z=f(x,y)$ 当 $(x,y) \to (x_0,y_0)$ 或 $P \to P_0$ 时的**极限**,记作

$$\lim_{(x,y) \to (x_0,y_0)} f(x,y) = A$$

或

$$f(P) \to A \quad (P \to P_0),$$

也可记为

$$f(x,y) \to A \quad (\rho \to 0),$$

其中 $\rho = |PP_0| = \sqrt{(x-x_0)^2+(y-y_0)^2}$.

这个定义与一元函数的极限定义几乎是一样的,所不同的是在平面上动点 P 以任何方式趋于 P_0.在一维空间中 $x \to x_0$ 只能从它的左、右两边趋于 x_0,所以在二维空间中 $P \to P_0$ 更具有"任意性",这也是考虑二元函数的极限时需要特别注意的问题.为了区别于一元函数的极限,我们把二元函数的极限称为**二重极限**.

由于二元函数的极限定义与一元函数的极限定义本质上是一样的,因此一元函数的极限的一些性质和运算法则对二元函数也是成立的.例如,如果极

限存在,则其极限值是唯一的;无穷小[在 $P \to P_0$ 的极限过程中,极限为0的量 $u = f(P)$] 与有界函数的乘积仍是无穷小;若两个函数 $f(P), g(P)$ 的极限分别为 a, b,则 $f(P) \pm g(P), f(P)g(P), \dfrac{f(P)}{g(P)}$ 的极限分别等于 $a \pm b, ab, \dfrac{a}{b}(b \neq 0)$;夹逼定理;等等. 这为我们计算二重极限带来了许多方便.

例1 求下列二重极限:

(1) $\lim\limits_{(x,y) \to (0,0)} \dfrac{xy}{\sqrt{x^2 + y^2}}$;

(2) $\lim\limits_{(x,y) \to (0,1)} \dfrac{2 - \sqrt{xy + 4}}{\sin xy}$.

解 (1) 因为 $\dfrac{|y|}{\sqrt{x^2 + y^2}} \leqslant 1$,所以 $\dfrac{y}{\sqrt{x^2 + y^2}}$ 为有界函数. 而 $x \to 0$,因此有

$$\lim\limits_{(x,y) \to (0,0)} \dfrac{xy}{\sqrt{x^2 + y^2}} = 0.$$

(2) 由于

$$\dfrac{2 - \sqrt{xy + 4}}{\sin xy} = -\dfrac{1}{2 + \sqrt{xy + 4}} \cdot \dfrac{xy}{\sin xy},$$

若将 xy 看成一个整体变量,则当 $(x,y) \to (0,1)$ 时,$xy \to 0$,因此

$$\lim\limits_{(x,y) \to (0,1)} \dfrac{2 - \sqrt{xy + 4}}{\sin xy} = \lim\limits_{(x,y) \to (0,1)} \left(-\dfrac{1}{2 + \sqrt{xy + 4}} \cdot \dfrac{xy}{\sin xy} \right) = -\dfrac{1}{4}.$$

这里必须**强调**的是:所谓函数 $f(x,y)$ 当 $P \to P_0$ 时的极限存在,是指点 P 沿任意路径趋于点 P_0 时,函数值 $f(x,y)$ 都趋于某个常数 A. 只有这样,才能说 $f(x,y)$ 当 $P \to P_0$ 时的极限为 A. 如果点 P 沿某些特殊的路径趋于点 P_0,即使 $f(x,y)$ 趋于某个常数,我们也不能断言 $f(x,y)$ 当 $P \to P_0$ 时的极限存在. 下面举例来说明这种情形.

例2 考察函数

$$f(x,y) = \begin{cases} \dfrac{2xy}{x^2 + y^2}, & x^2 + y^2 \neq 0, \\ 0, & x^2 + y^2 = 0 \end{cases}$$

当 $(x,y) \to (0,0)$ 时的极限是否存在.

解 这个函数在点 $(0,0)$ 的任何邻域内都有定义. 当点 (x,y) 沿 x 轴趋于点 $(0,0)$ 时,

$$\lim\limits_{\substack{y=0 \\ x \to 0}} f(x,y) = \lim\limits_{x \to 0} f(x,0) = \lim\limits_{x \to 0} 0 = 0.$$

又当点 (x,y) 沿 y 轴趋于点 $(0,0)$ 时,

$$\lim\limits_{\substack{x=0 \\ y \to 0}} f(x,y) = \lim\limits_{y \to 0} f(0,y) = \lim\limits_{y \to 0} 0 = 0.$$

但当点 (x,y) 沿直线 $y = kx$ 趋于点 $(0,0)$ 时,

$$\lim_{\substack{y=kx \\ x\to 0}} f(x,y) = \lim_{x\to 0} \frac{2kx^2}{x^2+k^2x^2} = \frac{2k}{1+k^2},$$

显然,上式的值随 k 值的不同而改变. 故当 $(x,y)\to(0,0)$ 时, $f(x,y)$ 的极限不存在.

在例 2 中,当点 $P(x,y)$ 沿不同的路径趋于点 $O(0,0)$ 时,二元函数有不同的极限. 这一方法常用来证明二元函数的极限不存在.

虽然二元函数与一元函数的极限概念本质上是一样的,但从上述例题可见,讨论二元函数的极限比讨论一元函数的极限要复杂得多. 对于一元函数 $y=f(x)$ 当 $x\to x_0$ 时的极限,只要考察其左、右极限是否存在且相等,即可断定它是否存在. 而对于二元函数当 $(x,y)\to(x_0,y_0)$ 时的极限,要在二维空间中考察点 (x,y) 以任意方式趋于点 (x_0,y_0) 的极限是否存在且相等. 这是二元函数的极限与一元函数的极限的重要区别.

我们可以将二元函数 $f(x,y)$ 关于 $(x,y)\to(x_0,y_0)$ 的极限定义推广到其他极限过程中去,如 $(x,y)\to(\pm\infty,y_0)$, $(x,y)\to(x_0,\pm\infty)$, $(x,y)\to(\pm\infty,\pm\infty)$ 和 $(x,y)\to(\infty,\infty)$ 等极限过程,这里不再赘述. 另外,关于二元函数极限的定义、结论等也都可推广到 $n(n\geqslant 3)$ 元函数上,这里也不再列举.

例 3 求下列二重极限:

(1) $\lim\limits_{(x,y)\to(\infty,a)}\left(1+\dfrac{1}{x}\right)^{\frac{x^2}{x+y}}$;

(2) $\lim\limits_{(x,y)\to(+\infty,+\infty)}\left(\dfrac{xy}{x^2+y^2}\right)^{x^2}$.

解 (1) 由于 $\lim\limits_{(x,y)\to(\infty,a)}\left(1+\dfrac{1}{x}\right)^{\frac{x^2}{x+y}} = \exp\left\{\lim\limits_{(x,y)\to(\infty,a)}\dfrac{x^2}{x+y}\ln\left(1+\dfrac{1}{x}\right)\right\}$, 而

$$\lim_{(x,y)\to(\infty,a)} \frac{x^2}{x+y}\ln\left(1+\frac{1}{x}\right) = \lim_{(x,y)\to(\infty,a)}\left(\frac{x^2}{x+y}\cdot\frac{1}{x}\right) = \lim_{(x,y)\to(\infty,a)} \frac{x}{x+y} = 1,$$

因此

$$\lim_{(x,y)\to(\infty,a)}\left(1+\frac{1}{x}\right)^{\frac{x^2}{x+y}} = e.$$

(2) 当 $x>0, y>0$ 时,有 $0 < xy \leqslant \dfrac{1}{2}(x^2+y^2)$,于是

$$0 < \left(\frac{xy}{x^2+y^2}\right)^{x^2} \leqslant \left(\frac{1}{2}\right)^{x^2}.$$

又 $\lim\limits_{(x,y)\to(+\infty,+\infty)}\left(\dfrac{1}{2}\right)^{x^2}=0$,由夹逼定理可得

$$\lim_{(x,y)\to(+\infty,+\infty)}\left(\frac{xy}{x^2+y^2}\right)^{x^2} = 0.$$

二、多元函数的连续性

与一元函数连续性的定义一样,有了多元函数的极限,我们就可以得到多元函数连续性的定义.

定义 2　设函数 $f(P)=f(x,y)$ 的定义域为 D, $P_0(x_0,y_0)$ 是 D 的聚点,且 $P_0 \in D$. 如果
$$\lim_{\substack{P \to P_0 \\ (P \in D)}} f(P) = \lim_{(x,y) \to (x_0,y_0)} f(x,y) = f(x_0,y_0) = f(P_0),$$
则称 $f(P)$ 在点 P_0 处**连续**.

设 D 为开区域或闭区域. 如果函数 $f(P)$ 在 D 上各点处都连续,则称 $f(P)$ 在 D 上**连续**,或称 $f(P)$ 为 D 上的**连续函数**;若 $f(P)$ 在点 P_0 的任何去心邻域内存在有定义的点,而在点 P_0 处不连续,则称 $f(P)$ 在点 P_0 处**间断**,并称 P_0 为 $f(P)$ 的**间断点**. 如例 2 所示,因为函数 $f(x,y)$ 当 $(x,y) \to (0,0)$ 时的极限不存在,所以点 $(0,0)$ 为 $f(x,y)$ 的间断点. 二元函数的间断点也可以充满一条曲线. 例如,函数
$$z = \frac{1}{1-x^2-y^2}$$
在圆 $x^2+y^2=1$ 上没有定义,但在平面上其他点处均有定义,所以该圆上的点都是间断点.

类似于定义 2,也可以定义 $n(n \geqslant 3)$ 元函数的连续性. 与闭区间上一元连续函数的性质相似,在有界闭区域上多元连续函数也有以下性质.

性质 1(最大最小值定理)　有界闭区域 D 上的多元连续函数 $f(P)$ 在 D 上至少取得它的最大值和最小值各一次,即在 D 上至少有一点 P_1 和一点 P_2,使得 $f(P_1)$ 为最大值,$f(P_2)$ 为最小值.

性质 2(介值定理)　如果有界闭区域 D 上的多元连续函数 $f(P)$ 在 D 上取得两个不同的函数值,则它在 D 上可取得介于这两个值之间的任何值. 特别地,如果 u 是 $f(P)$ 在 D 上的最小值和最大值之间的一个数,则在 D 上至少存在一点 P,使得 $f(P)=u$.

性质 3(有界性定理)　在有界闭区域上的多元连续函数必有界.

前面已指出:一元函数关于极限的运算法则对多元函数仍适用. 根据极限的运算法则,易证多元连续函数的和、差、积、商(分母不为 0 处)均为连续函数. 可以证明,**多元连续函数的复合函数也是连续函数**.

以 $x_i(i=1,2,\cdots,n)$ 为变量的基本初等函数经过有限次的四则运算和复合运算而形成的且可用一个式子表示的函数称为**多元初等函数**.

由基本初等函数的连续性,我们可以得到下列结论:

一切多元初等函数在其定义区域内是连续的. 所谓**定义区域**是指包含在定义域内的区域.

由多元初等函数的连续性,如果函数 $f(P)$ 当 $P \to P_0$ 时的极限存在,且点 P_0 在 $f(P)$ 的定义区域内,那么极限值就等于在该点处的函数值,即
$$\lim_{P \to P_0} f(P) = f(P_0).$$

例 4 求 $\lim\limits_{(x,y) \to (0,1)} \dfrac{1-xy}{x^2+y^2}$.

解 因为函数 $f(x,y) = \dfrac{1-xy}{x^2+y^2}$ 在区域 $D = \{(x,y) \mid x^2+y^2 \neq 0\}$ 内连续,且 $(0,1) \in D$,所以
$$\lim_{(x,y) \to (0,1)} \frac{1-xy}{x^2+y^2} = f(0,1) = 1.$$

例 5 讨论下列函数在点 $(0,0)$ 处的连续性:

(1) $f(x,y) = \begin{cases} xy \ln(x^2+y^2), & x^2+y^2 \neq 0, \\ 0, & x^2+y^2 = 0; \end{cases}$

(2) $f(x,y) = \begin{cases} \dfrac{\sqrt{|xy|}}{x^2+y^2} \sin(x^2+y^2), & x^2+y^2 \neq 0, \\ 0, & x^2+y^2 = 0. \end{cases}$

解 (1) 因
$$|xy \ln(x^2+y^2)| \leqslant \frac{1}{2} |(x^2+y^2) \ln(x^2+y^2)|,$$
又由 $\lim\limits_{r \to 0^+} r \ln r = 0$ 可得
$$\lim_{(x,y) \to (0,0)} \frac{1}{2}(x^2+y^2) \ln(x^2+y^2) = 0,$$
故 $\lim\limits_{(x,y) \to (0,0)} f(x,y) = 0$. 因此,函数 $f(x,y)$ 在点 $(0,0)$ 处连续.

(2) 由于
$$\lim_{(x,y) \to (0,0)} f(x,y) = \lim_{(x,y) \to (0,0)} \left[\sqrt{|xy|} \, \frac{\sin(x^2+y^2)}{x^2+y^2} \right] = 0 \cdot 1 = 0 = f(0,0),$$
因此函数 $f(x,y)$ 在点 $(0,0)$ 处连续.

例 6 设函数 $f(x,y) = \dfrac{x^2 y^2}{x^2 y^2 + (x+y)^2}$,求 $\lim\limits_{(x,y) \to (0,0)} f(x,y)$.

解 由于
$$\lim_{\substack{y=0 \\ x \to 0}} f(x,y) = \lim_{x \to 0} f(x,0) = \lim_{x \to 0} 0 = 0,$$
$$\lim_{\substack{y=-x \\ x \to 0}} f(x,y) = \lim_{x \to 0} f(x,-x) = \lim_{x \to 0} \frac{x^4}{x^4} = 1,$$
因此 $\lim\limits_{(x,y) \to (0,0)} f(x,y)$ 不存在.

• 习题 8-2

1. 求下列二重极限：

(1) $\lim\limits_{(x,y)\to(1,0)} \dfrac{\ln(x+e^y)}{\sqrt{x^2+y^2}}$；

(2) $\lim\limits_{(x,y)\to(\infty,1)} \left(1+\dfrac{1}{x^2+y^2}\right)^{2(x^2+y^2)}$；

(3) $\lim\limits_{(x,y)\to(0,0)} \dfrac{2-\sqrt{xy+4}}{xy}$；

(4) $\lim\limits_{(x,y)\to(0,0)} \dfrac{xy}{\sqrt{xy+1}-1}$；

(5) $\lim\limits_{(x,y)\to(0,0)} \dfrac{\sin xy}{x}$；

(6) $\lim\limits_{(x,y)\to(0,0)} \dfrac{1-\cos(x^2+y^2)}{(x^2+y^2)e^{x^2+y^2}}$．

2. 判断下列函数在点 $(0,0)$ 处是否连续：

(1) $z = \begin{cases} \dfrac{\sin(x^3+y^3)}{x^2+y^2}, & x^2+y^2 \neq 0 \\ 0, & x^2+y^2 = 0; \end{cases}$

(2) $z = \begin{cases} \dfrac{\sin(x^3+y^3)}{x^3+y^3}, & x^3+y^3 \neq 0, \\ 0, & x^3+y^3 = 0; \end{cases}$

(3) $z = \begin{cases} \dfrac{x^2 y^2}{x^2 y^2 + (x-y)^2}, & x^2+y^2 \neq 0, \\ 0, & x^2+y^2 = 0. \end{cases}$

3. 指出下列函数在何处间断：

(1) $f(x,y) = \dfrac{x-y^2}{x^3+y^3}$；

(2) $f(x,y) = \dfrac{y^2+2x}{y^2-2x}$；

(3) $f(x,y) = \ln(1-x^2-y^2)$．

第三节　偏　导　数

一、偏导数的定义及其计算法

在研究一元函数时，我们由实际问题中的变化率引入了导数的概念．对于多元函数，同样需要讨论一些变化率问题．在这里，我们首先考虑多元函数关于其中一个自变量的变化率．以二元函数 $z=f(x,y)$ 为例，如果只有自变量 x 变化，而自变量 y 固定（看作常量），这时它就是 x 的一元函数，该函数对 x 的导数就称为二元函数 z 对 x 的偏导数．于是，有如下定义．

定义 1　设函数 $z=f(x,y)$ 在点 (x_0, y_0) 的某个邻域内有定义，当 y 固定在 y_0 处，而 x 在 x_0 处有增量 Δx 时，相应的函数有增量
$$f(x_0+\Delta x, y_0) - f(x_0, y_0).$$

如果
$$\lim_{\Delta x \to 0} \frac{f(x_0 + \Delta x, y_0) - f(x_0, y_0)}{\Delta x} \tag{8-3-1}$$
存在，则称此极限值为函数 $z = f(x, y)$ 在点 (x_0, y_0) 处对 x 的**偏导数**，记作 $\frac{\partial z}{\partial x}\big|_{\substack{x=x_0\\y=y_0}}, \frac{\partial f}{\partial x}\big|_{\substack{x=x_0\\y=y_0}}, z_x\big|_{\substack{x=x_0\\y=y_0}}$ 或 $f'_x(x_0, y_0)$，即
$$\frac{\partial z}{\partial x}\bigg|_{\substack{x=x_0\\y=y_0}} = f'_x(x_0, y_0) = \lim_{\Delta x \to 0} \frac{f(x_0 + \Delta x, y_0) - f(x_0, y_0)}{\Delta x}. \tag{8-3-2}$$
［这里符号 ∂ 为希腊字母 Δ（小写 δ）的古典写法.］

类似地，函数 $z = f(x, y)$ 在点 (x_0, y_0) 处对 y 的偏导数定义为
$$\lim_{\Delta y \to 0} \frac{f(x_0, y_0 + \Delta y) - f(x_0, y_0)}{\Delta y}, \tag{8-3-3}$$
记作 $\frac{\partial z}{\partial y}\big|_{\substack{x=x_0\\y=y_0}}, \frac{\partial f}{\partial y}\big|_{\substack{x=x_0\\y=y_0}}, z_y\big|_{\substack{x=x_0\\y=y_0}}$ 或 $f'_y(x_0, y_0)$.

如果函数 $z = f(x, y)$ 在区域 D 内每一点 (x, y) 处对 x 的偏导数都存在，那么这个偏导数就是 x, y 的函数，称为 $z = f(x, y)$ 对自变量 x 的**偏导函数**，记作 $\frac{\partial z}{\partial x}, \frac{\partial f}{\partial x}, z_x$ 或 $f'_x(x, y)$（也简记为 f'_x）.

类似地，可以定义函数 $z = f(x, y)$ 对自变量 y 的偏导函数，记作 $\frac{\partial z}{\partial y}, \frac{\partial f}{\partial y}$，$z_y$ 或 $f'_y(x, y)$（也简记为 f'_y）.

今后在不至于混淆的情况下，偏导函数简称**偏导数**.

一般地，$n(n \geqslant 3)$ 元函数 $u = f(x_1, x_2, \cdots, x_n)$ 在点 $(x_1, x_2, \cdots, x_n)$ 处对 $x_i(i = 1, 2, \cdots, n)$ 的偏导数 $\frac{\partial u}{\partial x_i}, \frac{\partial f}{\partial x_i}$ 或 $f'_{x_i}(x_1, x_2, \cdots, x_n)$（也简记为 f'_{x_i}）定义为
$$\frac{\partial u}{\partial x_i} = \lim_{\Delta x_i \to 0} \frac{f(x_1, \cdots, x_i + \Delta x_i, \cdots, x_n) - f(x_1, \cdots, x_i, \cdots, x_n)}{\Delta x_i}.$$
$$\tag{8-3-4}$$

由偏导数的定义知，$n(n \geqslant 2)$ 元函数的偏导数就是 n 元函数分别关于每个自变量的导数. 若这些偏导数都存在，则共有 n 个偏导数. 因此，计算多元函数的偏导数并不是新的问题，只需要将 n 个自变量中某一个看成变量，其余 $n-1$ 个自变量全视为常量，用一元函数的求导方法即可. 下面举例说明.

例1 求函数 $z = x^2 + 3xy + y^2$ 在点 $(1, 2)$ 处的偏导数.

解 把 y 看成常量，利用一元函数的求导法则，关于 x 求导数，有

$$\frac{\partial z}{\partial x}=2x+3y.$$

同理,有
$$\frac{\partial z}{\partial y}=3x+2y.$$

所以
$$\frac{\partial z}{\partial x}\bigg|_{\substack{x=1\\y=2}}=2\times1+3\times2=8,$$

$$\frac{\partial z}{\partial y}\bigg|_{\substack{x=1\\y=2}}=3\times1+2\times2=7.$$

例 2 设函数 $z=x^y(x>0,x\neq1)$,证明:
$$\frac{x}{y}\cdot\frac{\partial z}{\partial x}+\frac{1}{\ln x}\cdot\frac{\partial z}{\partial y}=2z.$$

证 若将 y 看作常量,则 $z=x^y$ 为幂函数;若将 x 看作常量,则 $z=x^y$ 为指数函数. 因此,有
$$\frac{\partial z}{\partial x}=yx^{y-1}, \quad \frac{\partial z}{\partial y}=x^y\ln x,$$

于是
$$\frac{x}{y}\cdot\frac{\partial z}{\partial x}+\frac{1}{\ln x}\cdot\frac{\partial z}{\partial y}=\frac{x}{y}\cdot yx^{y-1}+\frac{1}{\ln x}\cdot x^y\ln x=x^y+x^y=2z.$$

例 3 求函数 $r=\sqrt{x^2+y^2+z^2}$ 的偏导数.

解 把 y 和 z 看作常量,得
$$\frac{\partial r}{\partial x}=\frac{x}{\sqrt{x^2+y^2+z^2}}=\frac{x}{r}.$$

类似地,有
$$\frac{\partial r}{\partial y}=\frac{y}{r}, \quad \frac{\partial r}{\partial z}=\frac{z}{r}.$$

例 4 已知理想气体的状态方程 $pV=RT$(R 是常数),证明:
$$\frac{\partial p}{\partial V}\cdot\frac{\partial V}{\partial T}\cdot\frac{\partial T}{\partial p}=-1.$$

证 因为
$$p=\frac{RT}{V}, \quad \frac{\partial p}{\partial V}=-\frac{RT}{V^2},$$

$$V=\frac{RT}{p}, \quad \frac{\partial V}{\partial T}=\frac{R}{p},$$

$$T=\frac{pV}{R}, \quad \frac{\partial T}{\partial p}=\frac{V}{R},$$

所以

$$\frac{\partial p}{\partial V} \cdot \frac{\partial V}{\partial T} \cdot \frac{\partial T}{\partial p} = -\frac{RT}{V^2} \cdot \frac{R}{p} \cdot \frac{V}{R} = -\frac{RT}{pV} = -1.$$

例 4 的计算结果说明,偏导数的记号是一个整体记号,不能看作分子与分母之商. 这与一元函数 $y = f(x)$ 的导数 $\dfrac{\mathrm{d}y}{\mathrm{d}x}$ 是不同的,后者可看作函数微分 $\mathrm{d}y$ 与自变量微分 $\mathrm{d}x$ 之商.

二元函数 $z = f(x,y)$ 在点 (x_0, y_0) 处的偏导数有下述**几何意义**.

设 $M_0(x_0, y_0, f(x_0, y_0))$ 为曲面 $z = f(x,y)$ 上的一点,过点 M_0 的平面 $y = y_0$ 截此曲面得到一条空间曲线,这条曲线在平面 $y = y_0$ 上的方程为 $z = f(x, y_0)$,则 $f_x'(x_0, y_0) = \dfrac{\mathrm{d}}{\mathrm{d}x} f(x, y_0) \Big|_{x = x_0}$ 就是该曲线在点 M_0 处的切线 $M_0 T_x$ 对 x 轴的斜率(见图 8-7). 同样,偏导数 $f_y'(x_0, y_0)$ 是曲面 $z = f(x,y)$ 被平面 $x = x_0$ 所截得的曲线在点 M_0 处的切线 $M_0 T_y$ 对 y 轴的斜率.

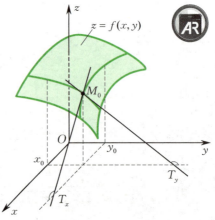

图 8-7

我们知道,如果一元函数在某点处的导数存在,则它在该点处必连续. 但对多元函数来说,即使它在某一点处的各偏导数都存在,也不能保证它在该点处连续. 这是因为各偏导数存在只能保证点 P 沿着平行于坐标轴的方向趋于点 P_0 时,函数值 $f(P)$ 趋于 $f(P_0)$,而不能保证点 P 以任何方式趋于点 P_0 时,函数值 $f(P)$ 都趋于 $f(P_0)$. 例如,函数

$$f(x,y) = \begin{cases} \dfrac{2xy}{x^2 + y^2}, & x^2 + y^2 \neq 0, \\ 0, & x^2 + y^2 = 0 \end{cases}$$

在点 $(0,0)$ 处的各偏导数为

$$f_x'(0,0) = \lim_{\Delta x \to 0} \frac{f(0 + \Delta x, 0) - f(0,0)}{\Delta x} = \lim_{\Delta x \to 0} 0 = 0,$$

$$f_y'(0,0) = \lim_{\Delta y \to 0} \frac{f(0, 0 + \Delta y) - f(0,0)}{\Delta y} = \lim_{\Delta y \to 0} 0 = 0.$$

但在第二节中已经知道 $\lim\limits_{(x,y)\to(0,0)} f(x,y)$ 不存在,故 $f(x,y)$ 在点 $(0,0)$ 处并不连续.

二、高阶偏导数

定义 2 设函数 $z=f(x,y)$ 在区域 D 内具有偏导数

$$\frac{\partial z}{\partial x}=f'_x(x,y), \quad \frac{\partial z}{\partial y}=f'_y(x,y),$$

那么在 D 内 $f'_x(x,y),f'_y(x,y)$ 都是 x,y 的函数. 如果它们的偏导数也存在,则称它们的偏导数为 $z=f(x,y)$ 的**二阶偏导数**. 按照对变量求导次序的不同,有下列四个二阶偏导数,即

$$\frac{\partial}{\partial x}\left(\frac{\partial z}{\partial x}\right)=\frac{\partial^2 z}{\partial x^2}=f''_{xx}(x,y), \quad \frac{\partial}{\partial y}\left(\frac{\partial z}{\partial x}\right)=\frac{\partial^2 z}{\partial x \partial y}=f''_{xy}(x,y),$$

$$\frac{\partial}{\partial x}\left(\frac{\partial z}{\partial y}\right)=\frac{\partial^2 z}{\partial y \partial x}=f''_{yx}(x,y), \quad \frac{\partial}{\partial y}\left(\frac{\partial z}{\partial y}\right)=\frac{\partial^2 z}{\partial y^2}=f''_{yy}(x,y),$$

其中第二、第三个二阶偏导数称为**二阶混合偏导数**.

可类似地定义三阶、四阶 …… n 阶偏导数. 二阶及二阶以上的偏导数统称为**高阶偏导数**.

例 5 设函数 $z=xy^3+e^{xy}$,求 $\dfrac{\partial^2 z}{\partial x^2},\dfrac{\partial^2 z}{\partial y\partial x},\dfrac{\partial^2 z}{\partial x\partial y},\dfrac{\partial^2 z}{\partial y^2}$ 及 $\dfrac{\partial^3 z}{\partial x^3}$.

解 $\dfrac{\partial z}{\partial x}=y^3+ye^{xy};$ $\qquad \dfrac{\partial z}{\partial y}=3xy^2+xe^{xy};$

$\dfrac{\partial^2 z}{\partial x^2}=y^2 e^{xy};$ $\qquad \dfrac{\partial^2 z}{\partial y\partial x}=3y^2+e^{xy}+xye^{xy};$

$\dfrac{\partial^2 z}{\partial x\partial y}=3y^2+e^{xy}+xye^{xy};$ $\qquad \dfrac{\partial^2 z}{\partial y^2}=6xy+x^2 e^{xy};$

$\dfrac{\partial^3 z}{\partial x^3}=y^3 e^{xy}.$

我们注意到,例 5 中两个二阶混合偏导数 $\dfrac{\partial^2 z}{\partial x \partial y}$ 和 $\dfrac{\partial^2 z}{\partial y \partial x}$ 相等. 但这个结论并不是普遍成立的,它成立的一个充分条件是二阶混合偏导数连续,即有如下定理.

定理 1 如果函数 $z=f(x,y)$ 的二阶混合偏导数 $\dfrac{\partial^2 z}{\partial x \partial y}$ 和 $\dfrac{\partial^2 z}{\partial y \partial x}$ 在点 P_0 的某个邻域 $U(P_0)$ 内存在,且在点 P_0 处连续,那么在点 P_0 处这两个二阶混合偏导数相等.

证明从略.

对于二元以上的函数,也可以类似地定义高阶偏导数,而且高阶混合偏导

数在连续的条件下也与求导次序无关.

例 6 证明:函数 $z = \ln\sqrt{x^2 + y^2}$ 满足方程
$$\frac{\partial^2 z}{\partial x^2} + \frac{\partial^2 z}{\partial y^2} = 0.$$

证 因为
$$z = \ln\sqrt{x^2 + y^2} = \frac{1}{2}\ln(x^2 + y^2),$$

所以
$$\frac{\partial z}{\partial x} = \frac{x}{x^2 + y^2}, \quad \frac{\partial z}{\partial y} = \frac{y}{x^2 + y^2},$$
$$\frac{\partial^2 z}{\partial x^2} = \frac{(x^2 + y^2) - x \cdot 2x}{(x^2 + y^2)^2} = \frac{y^2 - x^2}{(x^2 + y^2)^2},$$
$$\frac{\partial^2 z}{\partial y^2} = \frac{(x^2 + y^2) - y \cdot 2y}{(x^2 + y^2)^2} = \frac{x^2 - y^2}{(x^2 + y^2)^2}.$$

于是,有
$$\frac{\partial^2 z}{\partial x^2} + \frac{\partial^2 z}{\partial y^2} = \frac{y^2 - x^2}{(x^2 + y^2)^2} + \frac{x^2 - y^2}{(x^2 + y^2)^2} = 0.$$

例 7 证明:函数 $u = \dfrac{1}{r}$ 满足方程
$$\frac{\partial^2 u}{\partial x^2} + \frac{\partial^2 u}{\partial y^2} + \frac{\partial^2 u}{\partial z^2} = 0,$$

其中 $r = \sqrt{x^2 + y^2 + z^2}$.

证 因为
$$\frac{\partial u}{\partial x} = -\frac{1}{r^2} \cdot \frac{\partial r}{\partial x} = -\frac{1}{r^2} \cdot \frac{x}{r} = -\frac{x}{r^3},$$
$$\frac{\partial^2 u}{\partial x^2} = -\frac{1}{r^3} + \frac{3x}{r^4} \cdot \frac{\partial r}{\partial x} = -\frac{1}{r^3} + \frac{3x^2}{r^5},$$

注意到函数关于自变量的对称性,有
$$\frac{\partial^2 u}{\partial y^2} = -\frac{1}{r^3} + \frac{3y^2}{r^5}, \quad \frac{\partial^2 u}{\partial z^2} = -\frac{1}{r^3} + \frac{3z^2}{r^5},$$

所以
$$\frac{\partial^2 u}{\partial x^2} + \frac{\partial^2 u}{\partial y^2} + \frac{\partial^2 u}{\partial z^2} = -\frac{3}{r^3} + \frac{3(x^2 + y^2 + z^2)}{r^5} = -\frac{3}{r^3} + \frac{3r^2}{r^5} = 0.$$

例 6 和例 7 中的两个方程都叫作**拉普拉斯(Laplace)方程**,这是数学物理方程中一类很重要的方程.

• 习题 8-3

1. 求下列函数的偏导数：

(1) $z = x^2 y + \dfrac{x}{y^2}$；

(2) $s = \dfrac{u^2 + v^2}{uv}$；

(3) $z = x \ln \sqrt{x^2 + y^2}$；

(4) $z = \ln \tan \dfrac{x}{y}$；

(5) $z = (1 + xy)^y$；

(6) $u = z^{xy}$；

(7) $u = \arctan(x - y)^z$；

(8) $u = x^y + y^z + z^x$.

2. 设函数 $u = \dfrac{x^2 y^2}{x + y}$，证明：$x \dfrac{\partial u}{\partial x} + y \dfrac{\partial u}{\partial y} = 3u$.

3. 设函数 $z = \mathrm{e}^{-\left(\frac{1}{x} + \frac{1}{y}\right)}$，证明：$x^2 \dfrac{\partial z}{\partial x} + y^2 \dfrac{\partial z}{\partial y} = 2z$.

4. 设函数 $f(x, y) = x + (y - 1) \arcsin \sqrt{\dfrac{x}{y}}$，求 $f'_x(x, 1)$.

5. 求曲线 $\begin{cases} z = \dfrac{x^2 + y^2}{4} \\ y = 4 \end{cases}$，在点 $(2, 4, 5)$ 处的切线与 x 轴正向所成的倾角.

6. 求下列函数的二阶偏导数：

(1) $z = x^4 + y^4 - 4x^2 y^2$；

(2) $z = \arctan \dfrac{y}{x}$；

(3) $z = y^x$；

(4) $z = \mathrm{e}^{x^2 + y}$.

*7. 设函数 $f(x, y) = \begin{cases} \dfrac{xy(x^2 - y^2)}{x^2 + y^2}, & x^2 + y^2 \neq 0, \\ 0, & x^2 + y^2 = 0, \end{cases}$ 求 $f''_{xy}(0, 0)$ 和 $f''_{yx}(0, 0)$.

习题答案

第四节　全微分及其应用

一、全微分的定义

第三节讨论的偏导数，是多元函数仅有一个自变量变化时的瞬时变化率. 但在实际问题中，经常要讨论各个自变量同时变化时，所引起函数增量的变化.

设二元函数 $z = f(x, y)$ 在点 $P(x, y)$ 的某个邻域 $U(P)$ 内有定义，自变量 x, y 分别有增量 $\Delta x, \Delta y$，并且 $(x + \Delta x, y + \Delta y) \in U(P)$，则 $z = f(x, y)$ 的增量为

$$\Delta z = f(x+\Delta x, y+\Delta y) - f(x,y).$$

我们称 Δz 为 $z=f(x,y)$ 在点 $P(x,y)$ 处的**全增量**. 全微分就是研究全增量变化的重要工具.

例如, 矩形金属薄片受热膨胀, 其长 x, 宽 y 分别增长 $\Delta x, \Delta y$, 如图 8-8 所示, 计算由此所引起的面积 z 的变化量.

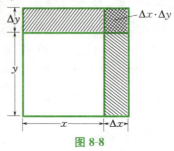

图 8-8

矩形金属薄片原来的面积为 $z=xy$, 当 x, y 的增量分别为 $\Delta x, \Delta y$ 时, 面积 z 的增量为

$$\Delta z = (x+\Delta x)(y+\Delta y) - xy$$
$$= y\Delta x + x\Delta y + \Delta x \Delta y.$$

Δz 可分解成两部分:

第一部分(图 8-8 中斜线阴影部分的面积)是关于 $\Delta x, \Delta y$ 的线性函数

$$y\Delta x + x\Delta y.$$

第二部分(图 8-8 中右上角网格阴影部分的面积)是 $\Delta x \Delta y$. 当 $\Delta x \to 0$, $\Delta y \to 0$ 或 $\rho = \sqrt{(\Delta x)^2 + (\Delta y)^2} \to 0$ 时, $\Delta x \Delta y$ 是 ρ 的高阶无穷小. 所以, 在计算 Δz 时, 第一部分是主要部分, 称为**线性主部**, 第二部分可以忽略不计. 我们称线性主部 $y\Delta x + x\Delta y$ 为面积函数 $z=xy$ 在点 (x,y) 处的**全微分**.

与一元函数的微分定义类似, 我们可给出二元函数的全微分定义如下.

定义 1 设函数 $z=f(x,y)$ 在点 $P(x,y)$ 的某个邻域 $U(P)$ 内有定义. 如果 $z=f(x,y)$ 在点 P 处的全增量可表示为

$$\Delta z = A\Delta x + B\Delta y + o(\rho), \tag{8-4-1}$$

其中 A, B 与 $\Delta x, \Delta y$ 无关, $\rho = \sqrt{(\Delta x)^2 + (\Delta y)^2}$, 则称 $z=f(x,y)$ 在点 P 处**可微**, 并称 $A\Delta x + B\Delta y$ 为 $z=f(x,y)$ 在点 P 处的**全微分**, 记作 dz 或 df, 即

$$dz = A\Delta x + B\Delta y. \tag{8-4-2}$$

类似地, 我们可以把二元函数的全微分定义推广到 $n(n \geqslant 3)$ 元函数上.

设 n 元函数 $u=f(x_1, x_2, \cdots, x_n)$ 在点 $P(x_1, x_2, \cdots, x_n)$ 的某个邻域 $U(P)$ 内有定义. 如果 $u=f(x_1, x_2, \cdots, x_n)$ 在点 P 处的全增量

$$\Delta u = f(x_1+\Delta x_1, x_2+\Delta x_2, \cdots, x_n+\Delta x_n) - f(x_1, x_2, \cdots, x_n)$$

可表示为

$$\Delta u = A_1 \Delta x_1 + A_2 \Delta x_2 + \cdots + A_n \Delta x_n + o(\rho),$$

其中 $A_1, A_2, \cdots, A_n$ 不依赖于 $\Delta x_1, \Delta x_2, \cdots, \Delta x_n$,

$$\rho = \sqrt{(\Delta x_1)^2 + (\Delta x_2)^2 + \cdots + (\Delta x_n)^2},$$

则称 $u = f(x_1, x_2, \cdots, x_n)$ 在点 P 处**可微**,并称 $A_1 \Delta x_1 + A_2 \Delta x_2 + \cdots + A_n \Delta x_n$ 为 $u = f(x_1, x_2, \cdots, x_n)$ 在点 P 处的**全微分**,记作 $\mathrm{d}u$,即

$$\mathrm{d}u = A_1 \Delta x_1 + A_2 \Delta x_2 + \cdots + A_n \Delta x_n. \tag{8-4-3}$$

若 $n(n \geqslant 2)$ 元函数 $u = f(x_1, x_2, \cdots, x_n)$ 在区域 D 内每一点处都可微,则称该函数在 D 内可微.

例 1 证明:函数 $z = f(x, y) = \begin{cases} (x^2 + y^2)\cos \dfrac{1}{x^2 + y^2}, & x^2 + y^2 \neq 0, \\ 0, & x^2 + y^2 = 0 \end{cases}$ 在点 $(0, 0)$ 处可微.

证 由

$$\lim_{\Delta x \to 0} \frac{f(0 + \Delta x, 0) - f(0, 0)}{\Delta x} = \lim_{\Delta x \to 0} \Delta x \cos \frac{1}{(\Delta x)^2} = 0,$$

得 $f'_x(0, 0) = 0$;又由

$$\lim_{\Delta y \to 0} \frac{f(0, 0 + \Delta y) - f(0, 0)}{\Delta y} = \lim_{\Delta y \to 0} \Delta y \cos \frac{1}{(\Delta y)^2} = 0,$$

得 $f'_y(0, 0) = 0$.而

$$\Delta z - f'_x(0, 0) \Delta x - f'_y(0, 0) \Delta y = \Delta z = f(0 + \Delta x, 0 + \Delta y) - f(0, 0)$$

$$= [(\Delta x)^2 + (\Delta y)^2] \cos \frac{1}{(\Delta x)^2 + (\Delta y)^2},$$

$$\lim_{(\Delta x, \Delta y) \to (0, 0)} \frac{\Delta z - f'_x(0, 0) \Delta x - f'_y(0, 0) \Delta y}{\sqrt{(\Delta x)^2 + (\Delta y)^2}} = \lim_{(\Delta x, \Delta y) \to (0, 0)} \sqrt{(\Delta x)^2 + (\Delta y)^2} \cos \frac{1}{(\Delta x)^2 + (\Delta y)^2}$$

$$= 0,$$

因此函数 $z = f(x, y)$ 在点 $(0, 0)$ 处可微.

例 2 证明:函数 $z = f(x, y) = \begin{cases} \dfrac{x^2 y}{x^2 + y^2}, & x^2 + y^2 \neq 0, \\ 0, & x^2 + y^2 = 0 \end{cases}$ 在点 $(0, 0)$ 处不可微.

证 由

$$\lim_{\Delta x \to 0} \frac{f(0 + \Delta x, 0) - f(0, 0)}{\Delta x} = \lim_{\Delta x \to 0} 0 = 0,$$

得 $f'_x(0, 0) = 0$;又由

$$\lim_{\Delta y \to 0} \frac{f(0, 0 + \Delta y) - f(0, 0)}{\Delta y} = \lim_{\Delta y \to 0} 0 = 0,$$

得 $f'_y(0, 0) = 0$.而

$$\Delta z - f'_x(0, 0) \Delta x - f'_y(0, 0) \Delta y = \Delta z = f(0 + \Delta x, 0 + \Delta y) - f(0, 0)$$

$$= \frac{(\Delta x)^2 \Delta y}{(\Delta x)^2 + (\Delta y)^2},$$

所以
$$\lim_{(\Delta x,\Delta y)\to(0,0)}\frac{\Delta z-f_x'(0,0)\Delta x-f_y'(0,0)\Delta y}{\sqrt{(\Delta x)^2+(\Delta y)^2}}=\lim_{(\Delta x,\Delta y)\to(0,0)}\frac{(\Delta x)^2\Delta y}{[(\Delta x)^2+(\Delta y)^2]^{\frac{3}{2}}}.$$

由于
$$\lim_{\substack{\Delta y=0\\\Delta x\to 0}}\frac{(\Delta x^2)\Delta y}{[(\Delta x)^2+(\Delta y)^2]^{\frac{3}{2}}}=\lim_{\Delta x\to 0}0=0,$$

$$\lim_{\substack{\Delta y=\Delta x\\\Delta x\to 0^+}}\frac{(\Delta x^2)\Delta y}{[(\Delta x)^2+(\Delta y)^2]^{\frac{3}{2}}}=\lim_{\substack{\Delta y=\Delta x\\\Delta x\to 0^+}}\frac{(\Delta x)^3}{2^{\frac{3}{2}}(\Delta x)^3}=2^{-\frac{3}{2}},$$

因此 $\lim\limits_{(\Delta x,\Delta y)\to(0,0)}\dfrac{(\Delta x)^2\Delta y}{[(\Delta x)^2+(\Delta y)^2]^{\frac{3}{2}}}$ 不存在. 故函数 $z=f(x,y)$ 在点 $(0,0)$ 处不可微.

在第三节中曾指出,多元函数在某点处的偏导数存在,并不能保证函数在该点处连续. 下面我们将讨论二元函数可微与连续、可微与偏导数存在的关系,得到的结论对一般的多元函数也是成立的.

定理 1　如果函数 $z=f(x,y)$ 在点 $P_0(x_0,y_0)$ 处可微,则 $z=f(x,y)$ 在点 P_0 处连续,且各个偏导数存在,并有
$$f_x'(x_0,y_0)=A,\quad f_y'(x_0,y_0)=B.$$

证　因为函数 $z=f(x,y)$ 在点 P_0 处可微,所以
$$\Delta z=A\Delta x+B\Delta y+o(\rho),$$
其中 A,B 与 $\Delta x,\Delta y$ 无关,仅依赖于 $x_0,y_0,\rho=\sqrt{(\Delta x)^2+(\Delta y)^2}$.

显然,当 $\Delta x\to 0,\Delta y\to 0$ 时,有 $\Delta z\to 0$. 故 $z=f(x,y)$ 在点 P_0 处连续.

对于上面全增量的表达式,令 $\Delta y=0$,则有
$$f(x_0+\Delta x,y_0)-f(x_0,y_0)=A\Delta x+o(\Delta x),$$
$$\lim_{\Delta x\to 0}\frac{f(x_0+\Delta x,y_0)-f(x_0,y_0)}{\Delta x}=\lim_{\Delta x\to 0}\left[A+\frac{o(\Delta x)}{\Delta x}\right]=A.$$

故有
$$f_x'(x_0,y_0)=A.$$

同理可证
$$f_y'(x_0,y_0)=B.$$

因此,$z=f(x,y)$ 在点 P_0 处的偏导数存在.

上述定理表明,函数的偏导数存在与函数连续是函数可微的**必要条件**. 习惯上,将自变量的增量 $\Delta x,\Delta y$ 分别记作 dx,dy,并分别称为自变量 x,y 的微分. 这样,函数 $z=f(x,y)$ 在点 $P(x,y)$ 处的全微分可表示为
$$dz=f_x'(x,y)dx+f_y'(x,y)dy=\frac{\partial z}{\partial x}dx+\frac{\partial z}{\partial y}dy,\quad(8\text{-}4\text{-}4)$$

其中 $\dfrac{\partial z}{\partial x}\mathrm{d}x$ 与 $\dfrac{\partial z}{\partial y}\mathrm{d}y$ 分别称为 $z=f(x,y)$ 关于自变量 x,y 的**偏微分**. 于是,二元函数的全微分等于它的两个偏微分之和. 这表明二元函数的微分符合叠加原理. 叠加原理也适合于 $n(n\geqslant 3)$ 元函数的情形:如果 n 元函数 $u=f(x_1,x_2,\cdots,x_n)$ 的全微分存在,则有

$$\mathrm{d}u=\frac{\partial u}{\partial x_1}\mathrm{d}x_1+\frac{\partial u}{\partial x_2}\mathrm{d}x_2+\cdots+\frac{\partial u}{\partial x_n}\mathrm{d}x_n=\sum_{i=1}^{n}\frac{\partial u}{\partial x_i}\mathrm{d}x_i.$$

在一元函数中,可导是可微的充要条件,但在多元函数里,偏导数存在不是可微的充分条件. 例如,函数

$$f(x,y)=\begin{cases}\dfrac{2xy}{x^2+y^2}, & x^2+y^2\neq 0,\\ 0, & x^2+y^2=0\end{cases}$$

在原点处偏导数存在,但在原点处不连续,故函数在原点处不可微. 然而,如果 $n(n\geqslant 2)$ 元函数 $f(P)$ 在点 P_0 处的 n 个偏导数连续,则能保证该函数在点 P_0 处可微. 下面我们仅就 $n=2$ 的情形给出证明.

定理 2 若函数 $z=f(x,y)$ 的偏导数 $f'_x(x,y),f'_y(x,y)$ 在点 $P_0(x_0,y_0)$ 处连续,则 $z=f(x,y)$ 在点 P_0 处可微.

证 由于 $f'_x(x,y),f'_y(x,y)$ 在点 P_0 处连续,因此在点 P_0 的某个邻域 $U(P_0)$ 内 $f'_x(x,y),f'_y(x,y)$ 都存在. 设点 $(x_0+\Delta x,y_0+\Delta y)$ 为该邻域内任一点,考察函数 $z=f(x,y)$ 的全增量

$$\begin{aligned}\Delta z&=f(x_0+\Delta x,y_0+\Delta y)-f(x_0,y_0)\\ &=[f(x_0+\Delta x,y_0+\Delta y)-f(x_0,y_0+\Delta y)]\\ &\quad+[f(x_0,y_0+\Delta y)-f(x_0,y_0)].\end{aligned} \quad (8\text{-}4\text{-}5)$$

对于式(8-4-5)第二个等号右端第一个方括号内的表达式,由于 $y_0+\Delta y$ 不变,因此它可以看作 x 的一元函数 $f(x,y_0+\Delta y)$ 在 $x=x_0$ 处的增量. 由拉格朗日中值定理,有

$$\begin{aligned}&f(x_0+\Delta x,y_0+\Delta y)-f(x_0,y_0+\Delta y)\\ &=f'_x(x_0+\theta_1\Delta x,y_0+\Delta y)\Delta x\quad(0<\theta_1<1).\end{aligned}$$

又依假设 $f'_x(x,y)$ 在点 P_0 处连续,所以上式可写为

$$f(x_0+\Delta x,y_0+\Delta y)-f(x_0,y_0+\Delta y)=f'_x(x_0,y_0)\Delta x+\alpha\Delta x,$$
(8-4-6)

其中 α 为 $\Delta x,\Delta y$ 的函数,且当 $\Delta x\to 0,\Delta y\to 0$ 时,$\alpha\to 0$.

又由于 $f(x,y)$ 在点 P_0 处关于 y 的偏导数存在,则式(8-4-5)第二个等号右端第二个方括号内的表达式可写为

$$f(x_0,y_0+\Delta y)-f(x_0,y_0)=f'_y(x_0,y_0)\Delta y+\beta\Delta y, \quad (8\text{-}4\text{-}7)$$

其中当 $\Delta x\to 0,\Delta y\to 0$ 时,$\beta\to 0$.

由式(8-4-6)和式(8-4-7)可知,在偏导数连续的假设下,全增量 Δz 可表示为

$$\Delta z=f'_x(x_0,y_0)\Delta x+f'_y(x_0,y_0)\Delta y+\alpha\Delta x+\beta\Delta y.$$

容易看出不等式

$$\left|\frac{\alpha\Delta x+\beta\Delta y}{\rho}\right|=\left|\frac{\alpha\Delta x+\beta\Delta y}{\sqrt{(\Delta x)^2+(\Delta y)^2}}\right|\leqslant|\alpha|+|\beta|$$

成立,而当 $\Delta x\to 0,\Delta y\to 0(\rho\to 0)$ 时,此不等式右端趋于 0,故 $\alpha\Delta x+\beta\Delta y=o(\rho)$. 因此,$z=f(x,y)$ 在点 P_0 处可微.

定理 2 也可以推广到 $n(n\geqslant 3)$ 元函数 $u=f(x_1,x_2,\cdots,x_n)$,对其证明时,只需要把 Δu 写成 n 个偏增量之和即可. 因此,如果 $n(n\geqslant 2)$ 元函数 $u=f(x_1,x_2,\cdots,x_n)$ 在区域 $\Omega\subset\mathbf{R}^n$ 上有连续偏导数,则 $u=f(x_1,x_2,\cdots,x_n)$ 在 Ω 上处处可微.

例 3 计算函数 $z=\mathrm{e}^{xy}$ 在点 $(2,1)$ 处的全微分.

解 因为

$$\frac{\partial z}{\partial x}=y\mathrm{e}^{xy},\quad \frac{\partial z}{\partial y}=x\mathrm{e}^{xy},$$

$$\left.\frac{\partial z}{\partial x}\right|_{\substack{x=2\\y=1}}=\mathrm{e}^2,\quad \left.\frac{\partial z}{\partial y}\right|_{\substack{x=2\\y=1}}=2\mathrm{e}^2,$$

所以由 $\dfrac{\partial z}{\partial x},\dfrac{\partial z}{\partial y}$ 连续可得

$$\mathrm{d}z=\mathrm{e}^2\mathrm{d}x+2\mathrm{e}^2\mathrm{d}y.$$

例 4 求函数 $u=xy^2+\sin y^2z$ 的全微分.

解 因为

$$\frac{\partial u}{\partial x}=y^2,\quad \frac{\partial u}{\partial y}=2xy+2yz\cos y^2z,\quad \frac{\partial u}{\partial z}=y^2\cos y^2z,$$

所以由 $\dfrac{\partial u}{\partial x},\dfrac{\partial u}{\partial y},\dfrac{\partial u}{\partial z}$ 连续可得

$$\mathrm{d}u=y^2\mathrm{d}x+2y(x+z\cos y^2z)\mathrm{d}y+y^2\cos y^2z\mathrm{d}z.$$

*二、全微分的应用举例

我们以二元函数为例来说明全微分的应用.

当二元函数 $z=f(x,y)$ 在点 $P(x,y)$ 处的两个偏导数 $f'_x(x,y),f'_y(x,y)$ 连续,且 $|\Delta x|,|\Delta y|$ 很小时,有近似等式

$$\Delta z\approx\mathrm{d}z=f'_x(x,y)\Delta x+f'_y(x,y)\Delta y. \qquad(8\text{-}4\text{-}8)$$

上式可改写成

$$f(x+\Delta x,y+\Delta y)\approx f(x,y)+f'_x(x,y)\Delta x+f'_y(x,y)\Delta y.$$

$$(8\text{-}4\text{-}9)$$

与一元函数类似,可用式(8-4-8)和式(8-4-9)对二元函数做近似计算和误差估计.

例5 计算 $(1.04)^{2.02}$ 的近似值.

解 设函数 $f(x,y) = x^y$,则 $f'_x(x,y) = yx^{y-1}$,$f'_y(x,y) = x^y \ln x$.
取 $x=1, y=2, \Delta x = 0.04, \Delta y = 0.02$. 由于
$$f'_x(1,2) = 2, \quad f'_y(1,2) = 0, \quad f(1,2) = 1,$$
因此
$$(1.04)^{2.02} \approx f(1,2) + f'_x(1,2) \cdot 0.04 + f'_y(1,2) \cdot 0.02$$
$$= 1 + 2 \times 0.04 + 0 \times 0.02 = 1.08.$$

例6 设有一个无盖的薄壁圆桶,其内半径为 $R=5\text{cm}$,高为 $H=20\text{cm}$,侧壁与底的厚度均为 $h=0.1\text{cm}$,如图8-9所示,试求该圆桶的壳体体积的近似值.

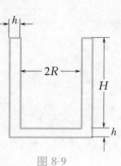

图 8-9

解 该圆桶的壳体体积 $V = \pi(R+h)^2(H+h) - \pi R^2 H$ 是函数
$$z = f(R, H) = \pi R^2 H$$
当 $\Delta R = \Delta H = h$ 时的增量 Δz. 由于 h 很小,因此可用微分近似增量计算,即
$$V = \Delta z \approx dz = f'_R(R,H)\Delta R + f'_H(R,H)\Delta H$$
$$= 2\pi RHh + \pi R^2 h = 200\pi \cdot 0.1 + 25\pi \cdot 0.1$$
$$\approx 70.69 (\text{单位}:\text{cm}^3).$$

例7 利用单摆摆动测定重力加速度 g 的公式是
$$g = \frac{4\pi^2 l}{T^2}.$$
现测得单摆摆长 l 与振动周期 T 分别为 $l = (100 \pm 0.1)\text{cm}, T = (2 \pm 0.004)\text{s}$. 问:由于测量 l 与 T 的误差而引起 g 的绝对误差和相对误差各为多少?(注:这里的绝对误差和相对误差各指相应的误差限.)

解 $dg = 4\pi^2 \left(\frac{1}{T^2} \Delta l - \frac{2l}{T^3} \Delta T \right)$.

现知 $l = 100 \text{cm}, T = 2\text{s}, |\Delta l| \leqslant 0.1\text{cm}, |\Delta T| \leqslant 0.004\text{s}$. 因 $|\Delta l|, |\Delta T|$ 很小,故
$$|\Delta g| \approx |dg| = 4\pi^2 \left| \frac{1}{T^2}\Delta l - \frac{2l}{T^3} \Delta T \right|$$
$$\leqslant 4\pi^2 \left(\frac{1}{T^2}|\Delta l| + \frac{2l}{T^3}|\Delta T| \right).$$

于是,g 的绝对误差为
$$\delta_g \approx 4\pi^2 \left(\frac{0.1}{2^2} + \frac{2 \times 100}{2^3} \times 0.004 \right) = 0.5\pi^2 \approx 4.93 (\text{单位}:\text{cm}/\text{s}^2);$$
g 的相对误差为
$$\frac{\delta_g}{g} \approx 0.5\pi^2 \bigg/ \frac{4\pi^2 \cdot 100}{2^2} = 0.5\%.$$

从例 7 可以看出,对于一般的函数 $z=f(x,y)$,若自变量 x,y 的绝对误差分别为 δ_x,δ_y,即

$$|\Delta x|\leqslant \delta_x, \quad |\Delta y|\leqslant \delta_y,$$

则 z 的误差为

$$|\Delta z|\approx |\mathrm{d}z|=\left|\frac{\partial z}{\partial x}\Delta x+\frac{\partial z}{\partial y}\Delta y\right|\leqslant \left|\frac{\partial z}{\partial x}\right||\Delta x|+\left|\frac{\partial z}{\partial y}\right||\Delta y|$$

$$\leqslant \left|\frac{\partial z}{\partial x}\right|\delta_x+\left|\frac{\partial z}{\partial y}\right|\delta_y.$$

于是,z 的绝对误差为

$$\delta_z\approx \left|\frac{\partial z}{\partial x}\right|\delta_x+\left|\frac{\partial z}{\partial y}\right|\delta_y, \tag{8-4-10}$$

相对误差为

$$\frac{\delta_z}{|z|}\approx \frac{\left|\frac{\partial z}{\partial x}\right|}{|z|}\delta_x+\frac{\left|\frac{\partial z}{\partial y}\right|}{|z|}\delta_y. \tag{8-4-11}$$

习题 8-4

1. 求下列函数的全微分:

(1) $z=\mathrm{e}^{x^2+y^2}$;

(2) $z=\dfrac{y}{\sqrt{x^2+y^2}}$;

(3) $u=x^{yz}$;

(4) $u=x^{\frac{y}{z}}$.

2. 求下列函数在给定点和自变量增量的条件下的全增量和全微分:

(1) $z=x^2-xy+2y^2$,$x=2,y=-1,\Delta x=0.2,\Delta y=-0.1$;

(2) $z=\mathrm{e}^{xy}$,$x=1,y=1,\Delta x=0.15,\Delta y=0.1$.

*3. 利用全微分代替全增量,近似计算:

(1) $(1.02)^3\times (0.97)^2$;

(2) $\sqrt{(4.05)^2+(2.93)^2}$;

(3) $(1.97)^{1.05}$.

4. 已知一个矩形的一边长度为 $a=10\,\mathrm{cm}$,另一边长度为 $b=24\,\mathrm{cm}$,当 a 增加 4 mm 而 b 缩小 1 mm 时,求该矩形对角线长度的变化.

*5. 当某个圆锥体形变时,它的底半径 R 由 30 cm 增到 30.1 cm,高 h 由 60 cm 减到 59.5 cm,求该圆锥体的体积变化的近似值.

*6. 用水泥做一个长方形无盖水池,其外形长 5 m、宽 4 m、深 3 m,侧面和底均厚 20 cm,求所需水泥的精确值和近似值.

习题答案

第五节 多元复合函数的微分法

一、多元复合函数的求导法则

在实际问题中,经常会遇到要求多元复合函数的偏导数.因此,我们需要建立多元复合函数的求导法则.多元复合函数与一元复合函数有相似的链式法则,它在多元函数微分学中起着重要作用.

定理 1 设函数 $u=u(t),v=v(t)$ 都在点 t 处可导,函数 $z=f(u,v)$ 在对应点 (u,v) 处可微,则复合函数 $z=f[u(t),v(t)]$ 在点 t 处可导,且有

$$\frac{\mathrm{d}z}{\mathrm{d}t}=\frac{\partial z}{\partial u}\cdot\frac{\mathrm{d}u}{\mathrm{d}t}+\frac{\partial z}{\partial v}\cdot\frac{\mathrm{d}v}{\mathrm{d}t}. \tag{8-5-1}$$

证 因为 $z=f(u,v)$ 在点 (u,v) 处可微,所以

$$\Delta z=\frac{\partial z}{\partial u}\Delta u+\frac{\partial z}{\partial v}\Delta v+o(\rho).$$

于是

$$\frac{\Delta z}{\Delta t}=\frac{\partial z}{\partial u}\cdot\frac{\Delta u}{\Delta t}+\frac{\partial z}{\partial v}\cdot\frac{\Delta v}{\Delta t}+\frac{o(\rho)}{\Delta t},$$

其中

$$\rho=\sqrt{(\Delta u)^2+(\Delta v)^2}.$$

因为 $u=u(t),v=v(t)$ 在点 t 处可导,所以

$$\lim_{\Delta t\to 0}\frac{\Delta u}{\Delta t}=\frac{\mathrm{d}u}{\mathrm{d}t},\quad \lim_{\Delta t\to 0}\frac{\Delta v}{\Delta t}=\frac{\mathrm{d}v}{\mathrm{d}t}.$$

又

$$\lim_{\Delta t\to 0}\frac{o(\rho)}{\Delta t}=\lim_{\Delta t\to 0}\left[\frac{o(\rho)}{\rho}\sqrt{\left(\frac{\Delta u}{\Delta t}\right)^2+\left(\frac{\Delta v}{\Delta t}\right)^2}\cdot\frac{|\Delta t|}{\Delta t}\right]=0,$$

所以

$$\lim_{\Delta t\to 0}\frac{\Delta z}{\Delta t}=\lim_{\Delta t\to 0}\left(\frac{\partial z}{\partial u}\cdot\frac{\Delta u}{\Delta t}+\frac{\partial z}{\partial v}\cdot\frac{\Delta v}{\Delta t}\right)+\lim_{\Delta t\to 0}\frac{o(\rho)}{\Delta t}$$

$$=\frac{\partial z}{\partial u}\cdot\frac{\mathrm{d}u}{\mathrm{d}t}+\frac{\partial z}{\partial v}\cdot\frac{\mathrm{d}v}{\mathrm{d}t},$$

即

$$\frac{\mathrm{d}z}{\mathrm{d}t}=\frac{\partial z}{\partial u}\cdot\frac{\mathrm{d}u}{\mathrm{d}t}+\frac{\partial z}{\partial v}\cdot\frac{\mathrm{d}v}{\mathrm{d}t}.$$

定理 1 中的复合函数 $z=f[u(t),v(t)]$ 是只有一个变量 t 的函数,所以它

对 t 的导数不是偏导数,而是一元函数 z 对 t 的导数. 因此,公式(8-5-1)中的导数 $\dfrac{\mathrm{d}z}{\mathrm{d}t}$ 称为**全导数**.

该定理可以推广到 $n(n \geqslant 3)$ 元函数的情形. 以三元函数为例,我们有下面的**法则**.

若函数 $z = f(u, v, w)$ 在点 (u, v, w) 处可微,而 $u = u(t), v = v(t), w = w(t)$ 均为可导函数,则

$$\frac{\mathrm{d}z}{\mathrm{d}t} = \frac{\partial z}{\partial u} \cdot \frac{\mathrm{d}u}{\mathrm{d}t} + \frac{\partial z}{\partial v} \cdot \frac{\mathrm{d}v}{\mathrm{d}t} + \frac{\partial z}{\partial w} \cdot \frac{\mathrm{d}w}{\mathrm{d}t}. \tag{8-5-2}$$

用与定理 1 类似的证明方法,我们可得到复合函数有两个自变量的情形的求导法则.

定理 2　如果函数 $u = \varphi(x, y), v = \psi(x, y)$ 在点 (x, y) 处的偏导数存在,函数 $z = f(u, v)$ 在对应点 (u, v) 处可微,则复合函数 $z = f[\varphi(x, y), \psi(x, y)]$ 在点 (x, y) 处的偏导数 $\dfrac{\partial z}{\partial x}, \dfrac{\partial z}{\partial y}$ 存在,且有

$$\frac{\partial z}{\partial x} = \frac{\partial z}{\partial u} \cdot \frac{\partial u}{\partial x} + \frac{\partial z}{\partial v} \cdot \frac{\partial v}{\partial x}, \tag{8-5-3}$$

$$\frac{\partial z}{\partial y} = \frac{\partial z}{\partial u} \cdot \frac{\partial u}{\partial y} + \frac{\partial z}{\partial v} \cdot \frac{\partial v}{\partial y}. \tag{8-5-4}$$

事实上,在求 $\dfrac{\partial z}{\partial x}$ 时,y 看作常量,因此中间变量 u, v 可以看成 x 的一元函数,利用公式(8-5-1)即可得到公式(8-5-3),只须将 $\dfrac{\mathrm{d}u}{\mathrm{d}x}$ 和 $\dfrac{\mathrm{d}v}{\mathrm{d}x}$ 分别改为 $\dfrac{\partial u}{\partial x}, \dfrac{\partial v}{\partial x}$. 类似地,可得公式(8-5-4).

公式(8-5-3) 和公式(8-5-4) 称为求多元复合函数的偏导数的**链式法则**.

类似地,设函数 $u = \varphi(x, y), v = \psi(x, y), w = \omega(x, y)$ 都在点 (x, y) 处具有对 x, y 的偏导数,函数 $z = f(u, v, w)$ 在对应点 (u, v, w) 处具有连续偏导数,则复合函数 $z = f[\varphi(x, y), \psi(x, y), \omega(x, y)]$ 在点 (x, y) 处的两个偏导数都存在,且可用下列公式计算:

$$\frac{\partial z}{\partial x} = \frac{\partial z}{\partial u} \cdot \frac{\partial u}{\partial x} + \frac{\partial z}{\partial v} \cdot \frac{\partial v}{\partial x} + \frac{\partial z}{\partial w} \cdot \frac{\partial w}{\partial x}, \tag{8-5-5}$$

$$\frac{\partial z}{\partial y} = \frac{\partial z}{\partial u} \cdot \frac{\partial u}{\partial y} + \frac{\partial z}{\partial v} \cdot \frac{\partial v}{\partial y} + \frac{\partial z}{\partial w} \cdot \frac{\partial w}{\partial y}. \tag{8-5-6}$$

作为上述问题的特殊情形,我们讨论下面的问题.

若函数 $z = f(u, x, y), u = \psi(x, y)$,则

$$\frac{\partial z}{\partial x} = \frac{\partial f}{\partial u} \cdot \frac{\partial u}{\partial x} + \frac{\partial f}{\partial x}, \tag{8-5-7}$$

$$\frac{\partial z}{\partial y} = \frac{\partial f}{\partial u} \cdot \frac{\partial u}{\partial y} + \frac{\partial f}{\partial y}. \tag{8-5-8}$$

这里必须特别指出的是,在公式(8-5-7)中,$\dfrac{\partial z}{\partial x}$ 与 $\dfrac{\partial f}{\partial x}$ 有不同的含义:$\dfrac{\partial z}{\partial x}$ 是

把 u 看成 x,y 的函数,求复合函数 $z=f[\psi(x,y),x,y]$ 对 x 的偏导数;$\dfrac{\partial f}{\partial x}$ 是把 $z=f(u,x,y)$ 作为三元函数对 x 的偏导数,即把 u,y 都看成常量,求 $z=f(u,x,y)$ 对 x 的导数.公式(8-5-8)中的 $\dfrac{\partial z}{\partial y}$ 和 $\dfrac{\partial f}{\partial y}$ 也有类似的区别.

多元复合函数的复合情形多种多样,不可能一一列举.如果我们把因变量、中间变量及自变量的依赖关系用图 8-10 那样的关系图来表示,则链式法则体现为$\left(\text{以求}\dfrac{\partial z}{\partial x}\text{为例}\right)$:找出所有从 z 到 x 的"链",先将同一链上前一个变量对后一个变量求偏导数或导数,并相乘;再把不同链上所得的结果全部相加.

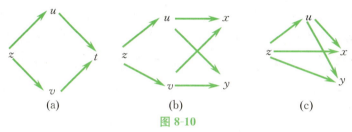

图 8-10

例 1 设函数 $z=\mathrm{e}^u\sin v, u=xy, v=x+y$,求 $\dfrac{\partial z}{\partial x}$ 和 $\dfrac{\partial z}{\partial y}$.

解 $\dfrac{\partial z}{\partial x}=\dfrac{\partial z}{\partial u}\cdot\dfrac{\partial u}{\partial x}+\dfrac{\partial z}{\partial v}\cdot\dfrac{\partial v}{\partial x}=\mathrm{e}^u\sin v\cdot y+\mathrm{e}^u\cos v\cdot 1$

$\qquad=\mathrm{e}^{xy}[y\sin(x+y)+\cos(x+y)],$

$\dfrac{\partial z}{\partial y}=\dfrac{\partial z}{\partial u}\cdot\dfrac{\partial u}{\partial y}+\dfrac{\partial z}{\partial v}\cdot\dfrac{\partial v}{\partial y}=\mathrm{e}^u\sin v\cdot x+\mathrm{e}^u\cos v\cdot 1$

$\qquad=\mathrm{e}^{xy}[x\sin(x+y)+\cos(x+y)].$

例 2 设函数 $z=uv+\sin t, u=\mathrm{e}^t, v=\cos t$,求全导数 $\dfrac{\mathrm{d}z}{\mathrm{d}t}$.

解 $\dfrac{\mathrm{d}z}{\mathrm{d}t}=\dfrac{\partial z}{\partial u}\cdot\dfrac{\mathrm{d}u}{\mathrm{d}t}+\dfrac{\partial z}{\partial v}\cdot\dfrac{\mathrm{d}v}{\mathrm{d}t}+\cos t=v\mathrm{e}^t-u\sin t+\cos t$

$\qquad=\mathrm{e}^t(\cos t-\sin t)+\cos t.$

例 3 设函数 $z=y+F(u), u=x^2-y^2$,且 $F(u)$ 可导,求 $\dfrac{\partial z}{\partial x},\dfrac{\partial z}{\partial y}$,并验证:

$$y\dfrac{\partial z}{\partial x}+x\dfrac{\partial z}{\partial y}=x.$$

解 $\dfrac{\partial z}{\partial x}=\dfrac{\partial z}{\partial u}\cdot\dfrac{\partial u}{\partial x}=F'(u)\cdot 2x=2xF'(u),$

$\dfrac{\partial z}{\partial y}=1+\dfrac{\partial z}{\partial u}\cdot\dfrac{\partial u}{\partial y}=1+F'(u)(-2y)=1-2yF'(u).$

由此得
$$y\frac{\partial z}{\partial x}+x\frac{\partial z}{\partial y}=2xyF'(u)+x[1-2yF'(u)]=x.$$

例4 设函数 $w=f(x+y+z,xyz)$，且函数 f 具有二阶连续偏导数，求 $\dfrac{\partial w}{\partial x}$ 及 $\dfrac{\partial^2 w}{\partial x \partial z}$.

解 令 $u=x+y+z, v=xyz$，则 $w=f(u,v)$.

为表达简洁起见，在不会引起混淆的情况下，记
$$\frac{\partial f}{\partial u}=f'_1,\quad \frac{\partial^2 f}{\partial u \partial v}=f''_{12},$$

这里下标"1"表示对第一个变量 $u=x+y+z$ 求偏导数，下标"2"表示对第二个变量 $v=xyz$ 求偏导数. 同理，有记号 $f'_2, f''_{11}, f''_{21}, f''_{22}$ 等. 于是，有
$$\frac{\partial w}{\partial x}=\frac{\partial f}{\partial u}\cdot \frac{\partial u}{\partial x}+\frac{\partial f}{\partial v}\cdot \frac{\partial v}{\partial x}=f'_1+yzf'_2,$$
$$\frac{\partial^2 w}{\partial x \partial z}=\frac{\partial}{\partial z}(f'_1+yzf'_2)=\frac{\partial f'_1}{\partial z}+yf'_2+yz\frac{\partial f'_2}{\partial z}.$$

求 $\dfrac{\partial f'_1}{\partial z},\dfrac{\partial f'_2}{\partial z}$ 时，注意 f'_1, f'_2 仍然是多元复合函数，根据多元复合函数的求导法则，有
$$\frac{\partial f'_1}{\partial z}=\frac{\partial f'_1}{\partial u}\cdot \frac{\partial u}{\partial z}+\frac{\partial f'_1}{\partial v}\cdot \frac{\partial v}{\partial z}=f''_{11}+xyf''_{12},$$
$$\frac{\partial f'_2}{\partial z}=\frac{\partial f'_2}{\partial u}\cdot \frac{\partial u}{\partial z}+\frac{\partial f'_2}{\partial v}\cdot \frac{\partial v}{\partial z}=f''_{21}+xyf''_{22}.$$

所以
$$\frac{\partial^2 w}{\partial x \partial z}=f''_{11}+xyf''_{12}+yf'_2+yzf''_{21}+xy^2zf''_{22}$$
$$=f''_{11}+y(x+z)f''_{12}+xy^2zf''_{22}+yf'_2.$$

例5 设函数 $u=f(x,y)$ 的所有二阶偏导数连续，试将下列表达式转换成极坐标的形式：

(1) $\left(\dfrac{\partial u}{\partial x}\right)^2+\left(\dfrac{\partial u}{\partial y}\right)^2$; (2) $\dfrac{\partial^2 u}{\partial x^2}+\dfrac{\partial^2 u}{\partial y^2}$.

解 由直角坐标与极坐标之间的关系，有
$$x=r\cos\theta,\quad y=r\sin\theta.$$

现在要将 $\dfrac{\partial u}{\partial x},\dfrac{\partial u}{\partial y},\dfrac{\partial^2 u}{\partial x^2},\dfrac{\partial^2 u}{\partial y^2}$ 全部改用 r,θ 及 $\dfrac{\partial u}{\partial r},\dfrac{\partial u}{\partial \theta},\dfrac{\partial^2 u}{\partial r^2},\dfrac{\partial^2 u}{\partial \theta^2},\dfrac{\partial^2 u}{\partial r \partial \theta}$ 来表示. 为此，视 $u=u(r,\theta)$，其中 $r=\sqrt{x^2+y^2},\theta=\arctan\dfrac{y}{x}+C$ [当点 (x,y) 在第一、第四象限时，$C=0$;

当点(x,y)在第二、第三象限时,$C = \pi$].

(1) 注意到

$$\frac{\partial r}{\partial x} = \frac{x}{\sqrt{x^2+y^2}} = \cos\theta, \qquad \frac{\partial r}{\partial y} = \frac{y}{\sqrt{x^2+y^2}} = \sin\theta,$$

$$\frac{\partial \theta}{\partial x} = \frac{-y}{x^2+y^2} = -\frac{\sin\theta}{r}, \qquad \frac{\partial \theta}{\partial y} = \frac{x}{x^2+y^2} = \frac{\cos\theta}{r},$$

故

$$\frac{\partial u}{\partial x} = \frac{\partial u}{\partial r} \cdot \frac{\partial r}{\partial x} + \frac{\partial u}{\partial \theta} \cdot \frac{\partial \theta}{\partial x} = \frac{\partial u}{\partial r}\cos\theta - \frac{\partial u}{\partial \theta} \cdot \frac{\sin\theta}{r},$$

$$\frac{\partial u}{\partial y} = \frac{\partial u}{\partial r} \cdot \frac{\partial r}{\partial y} + \frac{\partial u}{\partial \theta} \cdot \frac{\partial \theta}{\partial y} = \frac{\partial u}{\partial r}\sin\theta + \frac{\partial u}{\partial \theta} \cdot \frac{\cos\theta}{r}.$$

上两式平方后相加,得

$$\left(\frac{\partial u}{\partial x}\right)^2 + \left(\frac{\partial u}{\partial y}\right)^2 = \left(\frac{\partial u}{\partial r}\right)^2 + \frac{1}{r^2}\left(\frac{\partial u}{\partial \theta}\right)^2.$$

(2) 由(1)得

$$\frac{\partial^2 u}{\partial x^2} = \frac{\partial}{\partial r}\left(\frac{\partial u}{\partial x}\right) \cdot \frac{\partial r}{\partial x} + \frac{\partial}{\partial \theta}\left(\frac{\partial u}{\partial x}\right) \cdot \frac{\partial \theta}{\partial x}$$

$$= \frac{\partial}{\partial r}\left(\frac{\partial u}{\partial r}\cos\theta - \frac{\partial u}{\partial \theta} \cdot \frac{\sin\theta}{r}\right) \cdot \cos\theta - \frac{\partial}{\partial \theta}\left(\frac{\partial u}{\partial r}\cos\theta - \frac{\partial u}{\partial \theta} \cdot \frac{\sin\theta}{r}\right) \cdot \frac{\sin\theta}{r}$$

$$= \frac{\partial^2 u}{\partial r^2}\cos^2\theta - 2\frac{\partial^2 u}{\partial r \partial \theta} \cdot \frac{\sin\theta\cos\theta}{r} + \frac{\partial^2 u}{\partial \theta^2} \cdot \frac{\sin^2\theta}{r^2} + \frac{\partial u}{\partial \theta} \cdot \frac{2\sin\theta\cos\theta}{r^2} + \frac{\partial u}{\partial r} \cdot \frac{\sin^2\theta}{r}.$$

同理,可得

$$\frac{\partial^2 u}{\partial y^2} = \frac{\partial^2 u}{\partial r^2}\sin^2\theta + 2\frac{\partial^2 u}{\partial r \partial \theta} \cdot \frac{\sin\theta\cos\theta}{r} + \frac{\partial^2 u}{\partial \theta^2} \cdot \frac{\cos^2\theta}{r^2} - \frac{\partial u}{\partial \theta} \cdot \frac{2\sin\theta\cos\theta}{r^2} + \frac{\partial u}{\partial r} \cdot \frac{\cos^2\theta}{r}.$$

上两式相加,得

$$\frac{\partial^2 u}{\partial x^2} + \frac{\partial^2 u}{\partial y^2} = \frac{\partial^2 u}{\partial r^2} + \frac{1}{r} \cdot \frac{\partial u}{\partial r} + \frac{1}{r^2} \cdot \frac{\partial^2 u}{\partial \theta^2} = \frac{1}{r^2}\left[r\frac{\partial}{\partial r}\left(r\frac{\partial u}{\partial r}\right) + \frac{\partial^2 u}{\partial \theta^2}\right].$$

二、一阶全微分形式不变性

下面以二元复合函数为例,讨论多元复合函数的全微分. 设函数 $z = f(u,v)$ 具有连续偏导数,则

$$\mathrm{d}z = \frac{\partial z}{\partial u}\mathrm{d}u + \frac{\partial z}{\partial v}\mathrm{d}v. \tag{8-5-9}$$

如果 u,v 又是 x,y 的函数:$u = \varphi(x,y)$,$v = \psi(x,y)$,且这两个函数也具有连续偏导数,则复合函数 $z = f[\varphi(x,y),\psi(x,y)]$ 的全微分为

$$dz = \frac{\partial z}{\partial x}dx + \frac{\partial z}{\partial y}dy$$
$$= \left(\frac{\partial z}{\partial u} \cdot \frac{\partial u}{\partial x} + \frac{\partial z}{\partial v} \cdot \frac{\partial v}{\partial x}\right)dx + \left(\frac{\partial z}{\partial u} \cdot \frac{\partial u}{\partial y} + \frac{\partial z}{\partial v} \cdot \frac{\partial v}{\partial y}\right)dy$$
$$= \frac{\partial z}{\partial u}\left(\frac{\partial u}{\partial x}dx + \frac{\partial u}{\partial y}dy\right) + \frac{\partial z}{\partial v}\left(\frac{\partial v}{\partial x}dx + \frac{\partial v}{\partial y}dy\right)$$
$$= \frac{\partial z}{\partial u}du + \frac{\partial z}{\partial v}dv.$$

由此可见,对于函数 $z = f(u,v)$,不论 u,v 是自变量还是中间变量,它们的全微分都可以写成式(8-5-9)的形式. 这就是二元函数的**一阶全微分形式不变性**.

$n(n \geqslant 3)$ 元函数也具有类似于二元函数的一阶全微分形式不变性. 利用多元函数的一阶全微分形式不变性求偏导数或全微分,在许多情况下显得便捷,且不易出错. 复合关系越复杂,其优点越突出.

例 6 设函数 $z = f(u,v,x)$,$u = \varphi(x,y)$,$v = \psi(u,y)$,且它们均具有连续偏导数,求 $dz, \dfrac{\partial z}{\partial x}$ 和 $\dfrac{\partial z}{\partial y}$.

解 $dz = f'_u du + f'_v dv + f'_x dx$
$= f'_u(\varphi'_x dx + \varphi'_y dy) + f'_v(\psi'_u du + \psi'_y dy) + f'_x dx$
$= f'_u(\varphi'_x dx + \varphi'_y dy) + f'_v[\psi'_u(\varphi'_x dx + \varphi'_y dy) + \psi'_y dy] + f'_x dx$
$= (f'_u \varphi'_x + f'_v \psi'_u \varphi'_x + f'_x)dx + (f'_u \varphi'_y + f'_v \psi'_u \varphi'_y + f'_v \psi'_y)dy.$

由此可知
$$\frac{\partial z}{\partial x} = f'_u \varphi'_x + f'_v \psi'_u \varphi'_x + f'_x, \qquad \frac{\partial z}{\partial y} = f'_u \varphi'_y + f'_v \psi'_u \varphi'_y + f'_v \psi'_y.$$

习题 8-5

1. 求下列复合函数的偏导数或全导数:

(1) $z = x^2 y - xy^2$, $x = u\cos v$, $y = u\sin v$,求 $\dfrac{\partial z}{\partial u}, \dfrac{\partial z}{\partial v}$;

(2) $z = \arctan \dfrac{x}{y}$, $x = u+v$, $y = u-v$,求 $\dfrac{\partial z}{\partial u}, \dfrac{\partial z}{\partial v}$;

(3) $u = \ln(e^x + e^y)$, $y = x^3$,求 $\dfrac{du}{dx}$;

(4) $u = x^2 + y^2 + z^2$, $x = e^t \cos t$, $y = e^t \sin t$, $z = e^t$,求 $\dfrac{du}{dt}$.

2. 设函数 f 具有连续偏导数,试求下列函数的偏导数:

(1) $u = f(x^2 - y^2, e^{xy})$; 　　　　(2) $u = f\left(\dfrac{x}{y}, \dfrac{y}{z}\right)$;

(3) $u = f(x, xy, xyz)$.

3. 设函数 $z = xy + xF(u), u = \dfrac{y}{x}$，且 $F(u)$ 为可导函数，证明：
$$x\dfrac{\partial z}{\partial x} + y\dfrac{\partial z}{\partial y} = z + xy.$$

4. 设函数 $z = \dfrac{y}{f(x^2 - y^2)}$，其中 f 为可导函数，证明：$\dfrac{1}{x} \cdot \dfrac{\partial z}{\partial x} + \dfrac{1}{y} \cdot \dfrac{\partial z}{\partial y} = \dfrac{z}{y^2}$.

5. 设函数 $z = f(x^2 + y^2)$，其中函数 f 具有二阶导数，求 $\dfrac{\partial^2 z}{\partial x^2}, \dfrac{\partial^2 z}{\partial x \partial y}, \dfrac{\partial^2 z}{\partial y^2}$.

6. 设函数 f 具有二阶连续偏导数，求下列函数的二阶偏导数：

(1) $z = f\left(x, \dfrac{x}{y}\right)$；　　　　　　(2) $z = f(xy^2, x^2 y)$；

(3) $z = f(\sin x, \cos y, e^{x+y})$.

习题答案

第六节　隐函数的导数

一、一个方程的情形

我们知道，用解析式（数学式子）表示一元函数时，变量之间的函数关系有时不能或难以表示成显函数 $y = f(x)$ 的形式，而不得不表示成隐函数 $F(x,y) = 0$ 的形式. 同样，$n(n \geqslant 2)$ 元函数有时也需要表示成隐函数 $F(x_1, x_2, \cdots, x_n, u) = 0$ 的形式.

我们熟悉的很多曲线和曲面的方程，如 $x^2 + y^2 = r^2, \dfrac{x^2}{a^2} + \dfrac{y^2}{b^2} + \dfrac{z^2}{c^2} = 1$ 等，它们都可以在一定的区域内确定一个一元或二元函数. 但是，并不是任何方程都能确定一个函数关系，如方程 $x^2 + y^2 + z^2 + 1 = 0$ 在 $\mathbf{R}^3$ 中的任何区域内都不能确定一个二元函数. 所以，关于隐函数的问题，首先要讨论，对于给定的一个方程 $F(x_1, x_2, \cdots, x_n, u) = 0$，需要什么条件，在 $\mathbf{R}^{n+1}$ 的什么区域内能通过该方程确定一个 n 元函数 $u = f(x_1, x_2, \cdots, x_n)$. 这就是说，首先要研究隐函数是否存在的问题，然后才研究隐函数的求导法则.

定理 1（隐函数存在定理 1）　设二元函数 $F(x,y)$ 在点 $P_0(x_0, y_0)$ 的某个邻域内具有连续偏导数. 如果

(1) $F(x_0, y_0) = 0$，

(2) $F'_y(x_0, y_0) \neq 0$，

则方程 $F(x,y) = 0$ 在点 P_0 的某个邻域内能唯一确定一个具有连续导数的函数

$y = f(x)$,满足 $y_0 = f(x_0)$,并有

$$\frac{\mathrm{d}y}{\mathrm{d}x} = -\frac{F'_x}{F'_y}. \tag{8-6-1}$$

定理的证明比较复杂,这里从略. 现仅就公式(8-6-1)做出如下推导:

事实上,设方程 $F(x,y)=0$ 能确定函数 $y=f(x)$,则

$$F[x, f(x)] \equiv 0,$$

其左端可以看成 x 的一个复合函数. 现求这个函数的全导数. 由于恒等式两端求导数后仍恒等,得

$$\frac{\partial F}{\partial x} + \frac{\partial F}{\partial y} \cdot \frac{\mathrm{d}y}{\mathrm{d}x} = 0.$$

由于 F'_y 在点 P_0 的某个邻域内连续,且 $F'_y(x_0, y_0) \neq 0$,因此存在点 P_0 的一个邻域,使得在这个邻域内 $F'_y \neq 0$,从而得

$$\frac{\mathrm{d}y}{\mathrm{d}x} = -\frac{F'_x}{F'_y}.$$

如果函数 $F(x,y)$ 的二阶偏导数连续,我们把公式(8-6-1)两边看作 x 的复合函数,再求导数得

$$\frac{\mathrm{d}^2 y}{\mathrm{d}x^2} = \frac{\partial}{\partial x}\left(-\frac{F'_x}{F'_y}\right) + \frac{\partial}{\partial y}\left(-\frac{F'_x}{F'_y}\right) \cdot \frac{\mathrm{d}y}{\mathrm{d}x}$$

$$= -\frac{F''_{xx} F'_y - F''_{yx} F'_x}{F'^2_y} - \frac{F''_{xy} F'_y - F''_{yy} F'_x}{F'^2_y}\left(-\frac{F'_x}{F'_y}\right)$$

$$= -\frac{F''_{xx} F'^2_y - 2F''_{xy} F'_x F'_y + F''_{yy} F'^2_x}{F'^3_y}.$$

例 1 验证方程 $x^2 + y^2 - 1 = 0$ 在点 $(0,1)$ 的某个邻域内能唯一确定一个具有连续导数,且当 $x=0$ 时 $y=1$ 的函数 $y=f(x)$,并求这个函数的一阶与二阶导数在点 $x=0$ 处的值.

解 设函数 $F(x,y) = x^2 + y^2 - 1$,则

$$F'_x = 2x, \quad F'_y = 2y, \quad F(0,1) = 0, \quad F'_y(0,1) = 2 \neq 0,$$

由定理 1 可知,方程 $F(x,y)=0$ 在点 $(0,1)$ 的某个邻域内能唯一确定一个单值可导且满足 $f(0)=1$ 的函数 $y=f(x)$,并有

$$\frac{\mathrm{d}y}{\mathrm{d}x} = -\frac{F'_x}{F'_y} = -\frac{x}{y}, \quad \left.\frac{\mathrm{d}y}{\mathrm{d}x}\right|_{x=0} = 0;$$

$$\frac{\mathrm{d}^2 y}{\mathrm{d}x^2} = -\frac{y - xy'}{y^2} = -\frac{y - x\left(-\frac{x}{y}\right)}{y^2} = -\frac{y^2 + x^2}{y^3} = -\frac{1}{y^3},$$

$$\left.\frac{\mathrm{d}^2 y}{\mathrm{d}x^2}\right|_{x=0} = -1.$$

与定理 1 一样,我们同样可以由三元函数 $F(x,y,z)$ 的性质来断定由方程 $F(x,y,z)=0$ 所确定的二元函数 $z=f(x,y)$ 的存在性,以及这个函数的性质. 这就是下面的定理.

定理 2(隐函数存在定理 2)　设函数 $F(x,y,z)$ 在点 $P_0(x_0,y_0,z_0)$ 的某个邻域内具有连续偏导数,且 $F(x_0,y_0,z_0)=0, F'_z(x_0,y_0,z_0)\neq 0$,则方程 $F(x,y,z)=0$ 在点 P_0 的某个邻域内能唯一确定一个具有连续偏导数的函数 $z=f(x,y)$,满足条件 $z_0=f(x_0,y_0)$,且有

$$\frac{\partial z}{\partial x}=-\frac{F'_x}{F'_z}, \quad \frac{\partial z}{\partial y}=-\frac{F'_y}{F'_z}. \tag{8-6-2}$$

与定理 1 一样,我们仅就公式(8-6-2)做出推导. 由于

$$F[x,y,f(x,y)]\equiv 0,$$

将上式两端分别对 x 和 y 求偏导数,应用多元复合函数的求导法则,得

$$F'_x+F'_z\frac{\partial z}{\partial x}=0, \quad F'_y+F'_z\frac{\partial z}{\partial y}=0.$$

因为 F'_z 在点 P_0 的某个邻域内连续,且 $F'_z(x_0,y_0,z_0)\neq 0$,所以存在点 P_0 的一个邻域,使得在这个邻域内 $F'_z\neq 0$,从而得

$$\frac{\partial z}{\partial x}=-\frac{F'_x}{F'_z}, \quad \frac{\partial z}{\partial y}=-\frac{F'_y}{F'_z}.$$

例 2　设方程 $x(1+yz)=1-\mathrm{e}^{x+y+z}$,求 $\dfrac{\partial z}{\partial x},\dfrac{\partial z}{\partial y}$.

解　设函数 $F(x,y,z)=x(1+yz)+\mathrm{e}^{x+y+z}-1$,则

$$F(0,0,0)=0, \quad F'_x=1+yz+\mathrm{e}^{x+y+z}, \quad F'_y=xz+\mathrm{e}^{x+y+z},$$
$$F'_z=xy+\mathrm{e}^{x+y+z}, \quad F'_z(0,0,0)=1\neq 0.$$

所以,方程 $F(x,y,z)=0$ 在原点 $(0,0,0)$ 的某个邻域内唯一确定了一个函数 $z=f(x,y)$,且有

$$\frac{\partial z}{\partial x}=-\frac{F'_x}{F'_z}=-\frac{1+yz+\mathrm{e}^{x+y+z}}{xy+\mathrm{e}^{x+y+z}},$$

$$\frac{\partial z}{\partial y}=-\frac{F'_y}{F'_z}=-\frac{xz+\mathrm{e}^{x+y+z}}{xy+\mathrm{e}^{x+y+z}}.$$

例 3　设函数 $z=z(x,y)$ 由方程 $x^2+y^2+z^2-4z=0$ 所确定,求 $\dfrac{\partial^2 z}{\partial x^2}$.

解　设函数 $F(x,y,z)=x^2+y^2+z^2-4z$,则
$$F'_x=2x, \quad F'_z=2z-4.$$

所以

$$\frac{\partial z}{\partial x}=-\frac{F'_x}{F'_z}=\frac{x}{2-z}.$$

上式两边再对 x 求偏导数,得

$$\frac{\partial^2 z}{\partial x^2} = \frac{2-z+x\frac{\partial z}{\partial x}}{(2-z)^2} = \frac{2-z+x \cdot \frac{x}{2-z}}{(2-z)^2} = \frac{(2-z)^2+x^2}{(2-z)^3}.$$

例 4 设函数 F 具有连续偏导数,函数 $z=z(x,y)$ 由方程 $F\left(\dfrac{y}{x},\dfrac{z}{x}\right)=0$ 所确定,且 $F'_2 \neq 0$,证明:$x\dfrac{\partial z}{\partial x} + y\dfrac{\partial z}{\partial y} = z$.

证 设函数 $H(x,y,z) = F\left(\dfrac{y}{x},\dfrac{z}{x}\right)$,则

$$H'_x = -\frac{y}{x^2}F'_1 - \frac{z}{x^2}F'_2, \quad H'_y = \frac{1}{x}F'_1, \quad H'_z = \frac{1}{x}F'_2.$$

故有

$$\frac{\partial z}{\partial x} = -\frac{H'_x}{H'_z} = \frac{yF'_1}{xF'_2} + \frac{z}{x},$$

$$\frac{\partial z}{\partial y} = -\frac{H'_y}{H'_z} = -\frac{F'_1}{F'_2}.$$

因此

$$x\frac{\partial z}{\partial x} + y\frac{\partial z}{\partial y} = x\left(\frac{yF'_1}{xF'_2} + \frac{z}{x}\right) + y\left(-\frac{F'_1}{F'_2}\right) = z.$$

二、方程组的情形

设有方程组

$$\begin{cases} F(x,y,u,v) = 0, \\ G(x,y,u,v) = 0. \end{cases} \quad (8\text{-}6\text{-}3)$$

这时,在四个变量 x,y,u,v 中一般只有两个变量独立变化,不妨设为 x,y. 如果在某一范围内,对每一组 x,y 的值,由此方程组能确定唯一的 u,v 的值,那么此方程组就确定了 u 和 v 为 x,y 的函数. 下面给出隐函数存在,以及它们连续、可导的定理.

定理 3 设函数 $F(x,y,u,v), G(x,y,u,v)$ 在点 $P_0(x_0,y_0,u_0,v_0)$ 的某个邻域内具有连续偏导数,$F(x_0,y_0,u_0,v_0)=0, G(x_0,y_0,u_0,v_0)=0$,且偏导数组成的函数行列式[称为雅可比(Jacobi)行列式]

$$J = \frac{\partial(F,G)}{\partial(u,v)} = \begin{vmatrix} F'_u & F'_v \\ G'_u & G'_v \end{vmatrix}$$

在点 P_0 处不等于 0,则方程组(8-6-3)在点 P_0 的某个邻域内能唯一确定一组具有连续偏导数的函数 $u=u(x,y), v=v(x,y)$,满足 $u_0=u(x_0,y_0), v_0=v(x_0,y_0)$,且有

$$\begin{cases} \dfrac{\partial u}{\partial x} = -\dfrac{1}{J} \cdot \dfrac{\partial(F,G)}{\partial(x,v)} = -\dfrac{1}{J}\begin{vmatrix} F'_x & F'_v \\ G'_x & G'_v \end{vmatrix}, \\ \dfrac{\partial v}{\partial x} = -\dfrac{1}{J} \cdot \dfrac{\partial(F,G)}{\partial(u,x)} = -\dfrac{1}{J}\begin{vmatrix} F'_u & F'_x \\ G'_u & G'_x \end{vmatrix}; \end{cases} \quad (8\text{-}6\text{-}4)$$

$$\begin{cases} \dfrac{\partial u}{\partial y} = -\dfrac{1}{J} \cdot \dfrac{\partial(F,G)}{\partial(y,v)} = -\dfrac{1}{J}\begin{vmatrix} F'_y & F'_v \\ G'_y & G'_v \end{vmatrix}, \\ \dfrac{\partial v}{\partial y} = -\dfrac{1}{J} \cdot \dfrac{\partial(F,G)}{\partial(u,y)} = -\dfrac{1}{J}\begin{vmatrix} F'_u & F'_y \\ G'_u & G'_y \end{vmatrix}. \end{cases} \quad (8\text{-}6\text{-}5)$$

我们只推导公式(8-6-4). 由于
$$F[x,y,u(x,y),v(x,y)] \equiv 0,$$
$$G[x,y,u(x,y),v(x,y)] \equiv 0,$$
将这两个恒等式两边分别对 x 求偏导数,得
$$\begin{cases} F'_x + F'_u \dfrac{\partial u}{\partial x} + F'_v \dfrac{\partial v}{\partial x} = 0, \\ G'_x + G'_u \dfrac{\partial u}{\partial x} + G'_v \dfrac{\partial v}{\partial x} = 0. \end{cases}$$

这是关于 $\dfrac{\partial u}{\partial x}, \dfrac{\partial v}{\partial x}$ 的线性方程组,由假设知在点 P_0 的某个邻域内,系数行列式 $J \neq 0$,从而可解得

$$\dfrac{\partial u}{\partial x} = -\dfrac{1}{J} \cdot \dfrac{\partial(F,G)}{\partial(x,v)}, \quad \dfrac{\partial v}{\partial x} = -\dfrac{1}{J} \cdot \dfrac{\partial(F,G)}{\partial(u,x)}.$$

同理,可得
$$\dfrac{\partial u}{\partial y} = -\dfrac{1}{J} \cdot \dfrac{\partial(F,G)}{\partial(y,v)}, \quad \dfrac{\partial v}{\partial y} = -\dfrac{1}{J} \cdot \dfrac{\partial(F,G)}{\partial(u,y)}.$$

例5 试求由方程组
$$\begin{cases} x^2 + y^2 - uv = 0, \\ xy - u^2 + v^2 = 0 \end{cases}$$
确定的函数 $u = u(x,y), v = v(x,y)$ 的各个偏导数.

解 设函数 $F(x,y,u,v) = x^2 + y^2 - uv, G(x,y,u,v) = xy - u^2 + v^2$,于是有
$$F'_x = 2x, \quad F'_y = 2y, \quad F'_u = -v, \quad F'_v = -u,$$
$$G'_x = y, \quad G'_y = x, \quad G'_u = -2u, \quad G'_v = 2v.$$
由此可得
$$J = \begin{vmatrix} F'_u & F'_v \\ G'_u & G'_v \end{vmatrix} = \begin{vmatrix} -v & -u \\ -2u & 2v \end{vmatrix} = -2(u^2 + v^2),$$
$$\dfrac{\partial(F,G)}{\partial(x,v)} = \begin{vmatrix} F'_x & F'_v \\ G'_x & G'_v \end{vmatrix} = \begin{vmatrix} 2x & -u \\ y & 2v \end{vmatrix} = 4xv + uy,$$
$$\dfrac{\partial(F,G)}{\partial(u,x)} = \begin{vmatrix} F'_u & F'_x \\ G'_u & G'_x \end{vmatrix} = \begin{vmatrix} -v & 2x \\ -2u & y \end{vmatrix} = 4xu - vy.$$

所以

$$\frac{\partial u}{\partial x} = -\frac{1}{J} \cdot \frac{\partial(F,G)}{\partial(x,v)} = \frac{4xv + uy}{2(u^2 + v^2)},$$

$$\frac{\partial v}{\partial x} = -\frac{1}{J} \cdot \frac{\partial(F,G)}{\partial(u,x)} = \frac{4xu - vy}{2(u^2 + v^2)}.$$

同理,可得

$$\frac{\partial u}{\partial y} = \frac{4yv + xu}{2(u^2 + v^2)}, \quad \frac{\partial v}{\partial y} = \frac{4yu - xv}{2(u^2 + v^2)}.$$

本例也可用推导公式(8-6-4)的方法求解.

例 6 设函数 $x = x(u,v), y = y(u,v)$ 在点 (u,v) 的某个邻域内具有连续偏导数,且满足

$$\frac{\partial(x,y)}{\partial(u,v)} \neq 0.$$

(1) 证明:方程组

$$\begin{cases} x = x(u,v), \\ y = y(u,v) \end{cases} \tag{8-6-6}$$

在点 (x,y,u,v) 的某个邻域内唯一确定一组具有连续偏导数的反函数

$$u = u(x,y), \quad v = v(x,y).$$

(2) 求反函数 $u = u(x,y), v = v(x,y)$ 对 x, y 的偏导数.

解 (1) 将方程组(8-6-6)改写成下面的形式:

$$\begin{cases} F(x,y,u,v) \equiv x - x(u,v) = 0, \\ G(x,y,u,v) \equiv y - y(u,v) = 0. \end{cases}$$

根据假设,有

$$J = \frac{\partial(F,G)}{\partial(u,v)} = \frac{\partial(x,y)}{\partial(u,v)} \neq 0,$$

由定理 3 即得结论.

(2) 将 $u = u(x,y), v = v(x,y)$ 代入方程组(8-6-6),即得

$$\begin{cases} x \equiv x[u(x,y), v(x,y)], \\ y \equiv y[u(x,y), v(x,y)]. \end{cases}$$

将这两个恒等式两边分别对 x 求偏导数,得

$$\begin{cases} 1 = \dfrac{\partial x}{\partial u} \cdot \dfrac{\partial u}{\partial x} + \dfrac{\partial x}{\partial v} \cdot \dfrac{\partial v}{\partial x}, \\ 0 = \dfrac{\partial y}{\partial u} \cdot \dfrac{\partial u}{\partial x} + \dfrac{\partial y}{\partial v} \cdot \dfrac{\partial v}{\partial x}. \end{cases}$$

由于 $J \neq 0$,可解得

$$\frac{\partial u}{\partial x} = \frac{1}{J} \cdot \frac{\partial y}{\partial v}, \quad \frac{\partial v}{\partial x} = -\frac{1}{J} \cdot \frac{\partial y}{\partial u}.$$

同理，可得

$$\frac{\partial u}{\partial y} = -\frac{1}{J} \cdot \frac{\partial x}{\partial v}, \quad \frac{\partial v}{\partial y} = \frac{1}{J} \cdot \frac{\partial x}{\partial u}.$$

• 习题 8-6

1. 求由下列方程所确定的函数的导数或偏导数：

(1) $\sin y + e^x - xy^2 = 0$，求 $\dfrac{dy}{dx}$；　　(2) $\ln\sqrt{x^2+y^2} = \arctan\dfrac{y}{x}$，求 $\dfrac{dy}{dx}$；

(3) $x + 2y + z - 2\sqrt{xyz} = 0$，求 $\dfrac{\partial z}{\partial x}, \dfrac{\partial z}{\partial y}$；　　(4) $z^3 - 3xyz = a^3$（a 为常数），求 $\dfrac{\partial z}{\partial x}, \dfrac{\partial^2 z}{\partial y^2}$.

2. 设方程 $F(x,y,z) = 0$ 可以确定函数 $x = x(y,z), y = y(x,z), z = z(x,y)$，证明：

$$\frac{\partial x}{\partial y} \cdot \frac{\partial y}{\partial z} \cdot \frac{\partial z}{\partial x} = -1.$$

3. 设方程 $F\left(y + \dfrac{1}{x}, z + \dfrac{1}{y}\right) = 0$ 确定了函数 $z = z(x,y)$，其中函数 F 可微，求 $\dfrac{\partial z}{\partial x}, \dfrac{\partial z}{\partial y}$.

4. 求由下列方程组所确定的函数的导数或偏导数：

(1) $\begin{cases} z = x^2 + y^2, \\ x^2 + 2y^2 + 3z^2 = 20, \end{cases}$ 求 $\dfrac{dy}{dx}, \dfrac{dz}{dx}$；

(2) $\begin{cases} xu + yv = 1, \\ yu - xv = 0, \end{cases}$ 求 $\dfrac{\partial u}{\partial x}, \dfrac{\partial v}{\partial x}, \dfrac{\partial u}{\partial y}, \dfrac{\partial v}{\partial y}$；

(3) $\begin{cases} u = f(ux, v+y), \\ v = g(u-x, v^2 y), \end{cases}$ 其中函数 f,g 具有连续偏导数，求 $\dfrac{\partial u}{\partial x}, \dfrac{\partial v}{\partial x}$；

(4) $\begin{cases} x = e^u + u\sin v, \\ y = e^u - u\cos v, \end{cases}$ 求 $\dfrac{\partial u}{\partial x}, \dfrac{\partial u}{\partial y}, \dfrac{\partial v}{\partial x}, \dfrac{\partial v}{\partial y}$.

5. 设函数 $x = e^u \cos v, y = e^u \sin v, z = uv$，试求 $\dfrac{\partial z}{\partial x}, \dfrac{\partial z}{\partial y}$.

习题答案

*第七节　二元函数的泰勒公式

对于一元函数 $f(x)$，如果它在含点 x_0 的某个开区间 (a,b) 内具有 $n+1$ 阶导数，则当 $x \in (a,b)$ 时，

$$f(x) = f(x_0) + f'(x_0)(x-x_0) + \cdots + \frac{f^{(n)}(x_0)}{n!}(x-x_0)^n$$
$$+ \frac{f^{(n+1)}[x_0 + \theta(x-x_0)]}{(n+1)!}(x-x_0)^{n+1} \quad (0 < \theta < 1)$$

成立. 这就是一元函数的泰勒公式,借助它可用 n 次多项式来近似表示函数 $f(x)$,且误差是当 $x \to x_0$ 时比 $(x-x_0)^n$ 高阶的无穷小. 对于多元函数,为了进行理论研究和实际计算等,有必要考虑用关于多个变量的多项式来近似表示一个给定的多元函数,并具体估算出误差的大小. 这里就二元函数进行讨论,其结果可以推广到 n 元函数上.

定理 1 若函数 $f(x,y)$ 在点 $P(x_0,y_0)$ 的某个邻域 $U(P)$ 内具有 $n+1$ 阶连续偏导数,点 $(x_0+h, y_0+k) \in U(P)$,则有

$$f(x_0+h, y_0+k) = f(x_0,y_0) + \left(h\frac{\partial}{\partial x} + k\frac{\partial}{\partial y}\right)f(x_0,y_0)$$
$$+ \frac{1}{2!}\left(h\frac{\partial}{\partial x} + k\frac{\partial}{\partial y}\right)^2 f(x_0,y_0) + \cdots$$
$$+ \frac{1}{n!}\left(h\frac{\partial}{\partial x} + k\frac{\partial}{\partial y}\right)^n f(x_0,y_0) + R_n, \quad (8\text{-}7\text{-}1)$$

其中

$$R_n = \frac{1}{(n+1)!}\left(h\frac{\partial}{\partial x} + k\frac{\partial}{\partial y}\right)^{n+1} f(x_0+\theta h, y_0+\theta k) \quad (0 < \theta < 1),$$

$$\left(h\frac{\partial}{\partial x} + k\frac{\partial}{\partial y}\right)f(x_0,y_0) = hf'_x(x_0,y_0) + kf'_y(x_0,y_0),$$

$$\left(h\frac{\partial}{\partial x} + k\frac{\partial}{\partial y}\right)^2 f(x_0,y_0) = h^2 f''_{xx}(x_0,y_0) + 2hk f''_{xy}(x_0,y_0) + k^2 f''_{yy}(x_0,y_0).$$

一般地,记号 $\left(h\dfrac{\partial}{\partial x} + k\dfrac{\partial}{\partial y}\right)^m f(x_0,y_0)$ **表示**

$$\left(h\frac{\partial}{\partial x} + k\frac{\partial}{\partial y}\right)^m f(x_0,y_0) = \sum_{p=0}^{m} C_m^p h^p k^{m-p} \frac{\partial^m f}{\partial x^p \partial y^{m-p}}\bigg|_{(x_0,y_0)}.$$

证 为了利用一元函数的泰勒公式进行证明,我们引入函数(令 $x = x_0 + ht, y = y_0 + kt$)

$$\Phi(t) = f(x_0 + ht, y_0 + kt) \quad (0 \leqslant t \leqslant 1).$$

显然,

$$\Phi(0) = f(x_0, y_0), \quad \Phi(1) = f(x_0+h, y_0+k).$$

由一元函数的麦克劳林公式,得

$$\Phi(1) = \Phi(0) + \Phi'(0) + \frac{1}{2!}\Phi''(0) + \cdots + \frac{1}{n!}\Phi^{(n)}(0) + \frac{1}{(n+1)!}\Phi^{(n+1)}(\theta)$$
$$(0 < \theta < 1). \quad (8\text{-}7\text{-}2)$$

又 $\quad \Phi'(t) = hf'_x(x_0+ht, y_0+kt) + kf'_y(x_0+ht, y_0+kt)$

$$= \left(h\frac{\partial}{\partial x} + k\frac{\partial}{\partial y}\right)f(x_0+ht, y_0+kt),$$

$$\Phi''(t) = h^2 f''_{xx}(x_0+ht, y_0+kt) + 2hk f''_{xy}(x_0+ht, y_0+kt)$$
$$+ k^2 f''_{yy}(x_0+ht, y_0+kt)$$
$$= \left(h\frac{\partial}{\partial x} + k\frac{\partial}{\partial y}\right)^2 f(x_0+ht, y_0+kt),$$

……

$$\Phi^{(n+1)}(t) = \sum_{p=0}^{n+1} C_{n+1}^p h^p k^{(n+1)-p} \frac{\partial^{(n+1)} f}{\partial x^p \partial y^{(n+1)-p}}\bigg|_{(x_0+ht, y_0+kt)}.$$

在上面的结果中,令 $t=0$,再代入式(8-7-2),即得式(8-7-1).

式(8-7-1)称为函数 $f(x,y)$ 在点 (x_0, y_0) 处的 n 阶**泰勒公式**,其中 R_n 称为**拉格朗日余项**. 在泰勒公式(8-7-1)中,

$$f(x_0, y_0) + \left(h\frac{\partial}{\partial x} + k\frac{\partial}{\partial y}\right) f(x_0, y_0) + \frac{1}{2!}\left(h\frac{\partial}{\partial x} + k\frac{\partial}{\partial y}\right)^2 f(x_0, y_0)$$
$$+ \cdots + \frac{1}{n!}\left(h\frac{\partial}{\partial x} + k\frac{\partial}{\partial y}\right)^n f(x_0, y_0) \tag{8-7-3}$$

是 h, k 的多项式,称为 $f(x,y)$ 在点 (x_0, y_0) 处的 n 阶**泰勒多项式**,记为 $P_n(h,k)$.

当 $|h|, |k|$ 适当小时,有
$$f(x_0+h, y_0+k) \approx P_n(h,k),$$
其误差为 $|R_n|$. 由假设,$f(x,y)$ 具有 $n+1$ 阶连续偏导数,故它的各阶偏导数的绝对值在点 (x_0, y_0) 的某个邻域内都不超过某一正数 M. 记 $\rho = \sqrt{h^2+k^2}$,则有 $(|h|+|k|)^2 \leqslant 2(h^2+k^2) = 2\rho^2$,于是有误差估计公式

$$|R_n| \leqslant \frac{M}{(n+1)!}(|h|+|k|)^{n+1} \leqslant \frac{(\sqrt{2})^{n+1} M}{(n+1)!} \rho^{n+1},$$

即
$$R_n = o(\rho^n).$$

当 $n=0$ 时,泰勒公式(8-7-1)成为
$$f(x_0+h, y_0+k) = f(x_0, y_0) + h f'_x(x_0+\theta h, y_0+\theta k)$$
$$+ k f'_y(x_0+\theta h, y_0+\theta k) \quad (0<\theta<1). \tag{8-7-4}$$

此式称为函数 $f(x,y)$ 的**拉格朗日中值公式**. 由此可得下述结论:若函数 $f(x,y)$ 的偏导数 $f'_x(x,y), f'_y(x,y)$ 在某一区域内恒等于 0,则 $f(x,y)$ 在此区域内必等于常数.

$x_0 = 0, y_0 = 0$ 时的泰勒公式,又称**麦克劳林公式**. 函数 $f(x,y)$ 的 n 阶麦克劳林公式为

名人简介

$$f(x,y) = f(0,0) + \left(x\frac{\partial}{\partial x} + y\frac{\partial}{\partial y}\right) f(0,0) + \frac{1}{2!}\left(x\frac{\partial}{\partial x} + y\frac{\partial}{\partial y}\right)^2 f(0,0)$$
$$+ \cdots + \frac{1}{n!}\left(x\frac{\partial}{\partial x} + y\frac{\partial}{\partial y}\right)^n f(0,0)$$

$$+ \frac{1}{(n+1)!}\left(x\frac{\partial}{\partial x}+y\frac{\partial}{\partial y}\right)^{n+1} f(\theta x, \theta y) \quad (0<\theta<1).$$

(8-7-5)

例 1 求函数 $f(x,y)=\ln(1+x+y)$ 的三阶麦克劳林公式.

解 因为

$$\frac{\partial}{\partial x}f(x,y)=\frac{1}{1+x+y}=\frac{\partial}{\partial y}f(x,y),$$

$$\frac{\partial^2}{\partial x^2}f(x,y)=\frac{-1}{(1+x+y)^2}=\frac{\partial^2}{\partial x\partial y}f(x,y)=\frac{\partial^2}{\partial y^2}f(x,y),$$

$$\frac{\partial^3}{\partial x^p \partial y^{3-p}}f(x,y)=\frac{2!}{(1+x+y)^3} \quad (p=3,2,1,0),$$

$$\frac{\partial^4}{\partial x^p \partial y^{4-p}}f(x,y)=\frac{-3!}{(1+x+y)^4} \quad (p=4,3,2,1,0),$$

所以

$$\left(x\frac{\partial}{\partial x}+y\frac{\partial}{\partial y}\right)f(0,0)=x+y,$$

$$\left(x\frac{\partial}{\partial x}+y\frac{\partial}{\partial y}\right)^2 f(0,0)=-(x+y)^2,$$

$$\left(x\frac{\partial}{\partial x}+y\frac{\partial}{\partial y}\right)^3 f(0,0)=2(x+y)^3,$$

$$\left(x\frac{\partial}{\partial x}+y\frac{\partial}{\partial y}\right)^4 f(\theta x,\theta y)=\frac{-6(x+y)^4}{(1+\theta x+\theta y)^4}.$$

又 $f(0,0)=0$,故

$$\ln(1+x+y)=(x+y)-\frac{1}{2}(x+y)^2+\frac{1}{3}(x+y)^3$$

$$-\frac{1}{4}\cdot\frac{(x+y)^4}{(1+\theta x+\theta y)^4} \quad (0<\theta<1).$$

习题 8-7

1. 求函数 $f(x,y)=x^3-5x^2-xy+y^2+10x+5y-4$ 在点 $(2,-1)$ 处的泰勒公式.
2. 将函数 $f(x,y)=y^x$ 在点 $(1,1)$ 处展开到泰勒公式的二次项.
3. 求函数 $z=e^{x+y}$ 在点 $(1,-1)$ 处的泰勒公式.
4. 求函数 $f(x,y)=e^x\ln(1+y)$ 的三阶麦克劳林公式.

习题答案

习 题 八

1. 填空题:

(1) 函数 $z = 2x + \sin\dfrac{y}{x}$ 在点 $(1,\pi)$ 处的二阶混合偏导数 $\dfrac{\partial^2 z}{\partial x \partial y}\bigg|_{(1,\pi)} = $ _____.

(2) 设函数 $z = \dfrac{x+y}{x-y}$,则 $\mathrm{d}z\bigg|_{(1,-1)} = $ _____.

(3) 设函数 f 具有二阶连续偏导数,$z = f(x,xy)$,则 $\dfrac{\partial^2 z}{\partial x \partial y} = $ _____.

(4) 设函数 $F(x,y) = \displaystyle\int_0^{xy} \dfrac{\sin t}{1+t^2}\mathrm{d}t$,则 $\dfrac{\partial^2 F}{\partial x^2}\bigg|_{\substack{x=0 \\ y=2}} = $ _____.

(5) 若函数 $f\left(x+y,\dfrac{y}{x}\right) = x^2 - y^2$,则 $f'_1(1,0) = $ _____.

2. 选择题:

(1) 下列求极限的结果中正确的是( ).

A. $\displaystyle\lim_{(x,y)\to(0,0)} \dfrac{xy}{x^2+y^2} = 0$ B. $\displaystyle\lim_{(x,y)\to(0,0)} \dfrac{x^2 y}{x^2+y^2} = 0$

C. $\displaystyle\lim_{(x,y)\to(0,0)} \dfrac{xy}{x+y} = 0$ D. $\displaystyle\lim_{(x,y)\to(0,0)} \dfrac{x^2 y}{x+y} = 0$

(2) 设函数 $f(x,y) = \sqrt{x^4 + y^2}$,则( ).

A. $f'_x(0,0)$ 和 $f'_y(0,0)$ 都存在   B. $f'_x(0,0)$ 不存在,$f'_y(0,0)$ 存在

C. $f'_x(0,0)$ 存在,$f'_y(0,0)$ 不存在   D. $f'_x(0,0)$ 和 $f'_y(0,0)$ 都不存在

(3) 如果函数 $f(x,y)$ 在点 $(0,0)$ 处连续,那么下列命题中正确的是( ).

A. 若极限 $\displaystyle\lim_{(x,y)\to(0,0)} \dfrac{f(x,y)}{|x|+|y|}$ 存在,则 $f(x,y)$ 在点 $(0,0)$ 处可微

B. 若极限 $\displaystyle\lim_{(x,y)\to(0,0)} \dfrac{f(x,y)}{x^2+y^2}$ 存在,则 $f(x,y)$ 在点 $(0,0)$ 处可微

C. 若 $f(x,y)$ 在点 $(0,0)$ 处可微,则极限 $\displaystyle\lim_{(x,y)\to(0,0)} \dfrac{f(x,y)}{|x|+|y|}$ 存在

D. 若 $f(x,y)$ 在点 $(0,0)$ 处可微,则极限 $\displaystyle\lim_{(x,y)\to(0,0)} \dfrac{f(x,y)}{x^2+y^2}$ 存在

(4) 设有三元方程 $xy - z\ln y + e^{xz} = 1$.根据隐函数存在定理,存在点 $(0,1,1)$ 的一个邻域,使得在此邻域内该方程( ).

A. 只能确定一个具有连续偏导数的函数 $z = z(x,y)$

B. 可确定两个具有连续偏导数的函数 $y = y(x,z)$ 和 $z = z(x,y)$

C. 可确定两个具有连续偏导数的函数 $x = x(y,z)$ 和 $z = z(x,y)$

D. 可确定两个具有连续偏导数的函数 $x = x(y,z)$ 和 $y = y(x,z)$

3. 证明:函数 $f(x,y) = |xy|$ 在点 $(0,0)$ 处可微.

4. 设函数 $z = xy + f\left(\dfrac{y}{x}\right)$，其中函数 f 可微，求 $x\dfrac{\partial z}{\partial x} + y\dfrac{\partial z}{\partial y}$.

5. 设函数 $z = \cos y + f(\sin x - \sin y)$，其中函数 f 可微，求 $y = \pi + x$ 时 $\dfrac{\partial^2 z}{\partial x^2}\sec x + \dfrac{\partial^2 z}{\partial y^2}\sec y$ 的值.

6. 设函数 $z = z(x,y)$ 由方程 $z = e^{2x-3z} + 2y$ 所确定，求 $3\dfrac{\partial z}{\partial x} + \dfrac{\partial z}{\partial y}$.

7. 设函数 F 具有连续偏导数，$w = \varphi(x,y,z)$ 为方程 $F(x-aw, y-bw, z-cw) = 0 (a,b,c$ 为常数$)$ 所确定的函数，求 $a\dfrac{\partial w}{\partial x} + b\dfrac{\partial w}{\partial y} + c\dfrac{\partial w}{\partial z}$.

8. 设函数 $z = f[xy, yg(x)]$，其中函数 f 具有二阶连续偏导数，函数 $g(x)$ 可导且在点 $x=1$ 处取得极值 $g(1) = 1$，求 $\left.\dfrac{\partial^2 z}{\partial x \partial y}\right|_{\substack{x=1\\y=1}}$.

9. 设函数 $f(x,y,z) = xy^2 + yz^2 + zx^2$，求 $f''_{xx}(0,0,1), f''_{yz}(0,-1,0), f'''_{zzx}(2,0,1)$.

10. 设函数 $z = x\ln xy$，求 $\dfrac{\partial^3 z}{\partial x^2 \partial y}, \dfrac{\partial^3 z}{\partial x \partial y^2}$.

11. 证明：利用变量代换 $\xi = x - \dfrac{1}{3}y, \eta = x - y$，可将方程
$$\dfrac{\partial^2 u}{\partial x^2} + 4\dfrac{\partial^2 u}{\partial x \partial y} + 3\dfrac{\partial^2 u}{\partial y^2} = 0$$
化简成 $\dfrac{\partial^2 u}{\partial \xi \partial \eta} = 0$.

第九章
多元函数微分学的应用

课程思政案例

知识框图

第一节 空间曲线的切线与法平面

设空间曲线 Γ 的参数方程为
$$x = x(t), \quad y = y(t), \quad z = z(t),$$
其中 $t \in [\alpha, \beta]$，函数 $x(t), y(t), z(t)$ 在区间 $[\alpha, \beta]$ 上可导.

考虑曲线 Γ 上对应于 $t = t_0$ 的一点 $P_0(x_0, y_0, z_0)$ 及对应于 $t = t_0 + \Delta t$ 的另一点 $P(x_0 + \Delta x, y_0 + \Delta y, z_0 + \Delta z)$，则曲线 Γ 在点 P_0 处的割线 $P_0 P$ 的直线方程为
$$\frac{x - x_0}{\Delta x} = \frac{y - y_0}{\Delta y} = \frac{z - z_0}{\Delta z}.$$

当点 P 沿着曲线 Γ 趋于点 P_0 时，割线 $P_0 P$ 的极限位置 $P_0 T$ 就是曲线 Γ 在点 P_0 处的**切线**（见图 9-1）. 用 Δt 除上式的各分母，得
$$\frac{x - x_0}{\frac{\Delta x}{\Delta t}} = \frac{y - y_0}{\frac{\Delta y}{\Delta t}} = \frac{z - z_0}{\frac{\Delta z}{\Delta t}}.$$

令 $P \to P_0$（这时 $\Delta t \to 0$），有
$$\frac{\Delta x}{\Delta t} \to x'(t_0), \quad \frac{\Delta y}{\Delta t} \to y'(t_0), \quad \frac{\Delta z}{\Delta t} \to z'(t_0).$$

于是，当 $x'(t_0), y'(t_0), z'(t_0)$ 不同时为 0 时，曲线 Γ 在点 P_0 处的切线方程为
$$\frac{x - x_0}{x'(t_0)} = \frac{y - y_0}{y'(t_0)} = \frac{z - z_0}{z'(t_0)}. \tag{9-1-1}$$

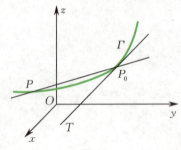

图 9-1

切线的方向向量 $(x'(t_0), y'(t_0), z'(t_0))$ 称为曲线 Γ 在点 P_0 处的**切向量**，过点 P_0 且与切线垂直的平面称为曲线 Γ 在点 P_0 处的**法平面**. 由于 $(x'(t_0), y'(t_0), z'(t_0))$ 可作为法平面的法向量，因此由平面的点法式方程可得法平面的方程为
$$x'(t_0)(x - x_0) + y'(t_0)(y - y_0) + z'(t_0)(z - z_0) = 0. \tag{9-1-2}$$

设曲线 Γ 的方程为
$$\begin{cases} F(x,y,z)=0, \\ G(x,y,z)=0, \end{cases} \tag{9-1-3}$$
$P_0(x_0,y_0,z_0)$ 为曲线 Γ 上一点. 如果函数 $F(x,y,z), G(x,y,z)$ 在点 P_0 的某个邻域内的各个偏导数存在且连续,其雅可比行列式在点 P_0 处的值不等于 0,即
$$\left.\frac{\partial(F,G)}{\partial(y,z)}\right|_{P_0} \neq 0, \tag{9-1-4}$$
由第八章第六节的定理 3 知,方程组(9-1-3)在此邻域内确定了一组函数 $y=y(x), z=z(x)$(可将 x 看作参数),满足 $y_0=y(x_0), z_0=z(x_0)$,并且有
$$\frac{\mathrm{d}y}{\mathrm{d}x}=\frac{\frac{\partial(F,G)}{\partial(z,x)}}{\frac{\partial(F,G)}{\partial(y,z)}}, \quad \frac{\mathrm{d}z}{\mathrm{d}x}=\frac{\frac{\partial(F,G)}{\partial(x,y)}}{\frac{\partial(F,G)}{\partial(y,z)}}.$$
因此,曲线 Γ 在点 P_0 处的切线方程为
$$\frac{x-x_0}{1}=\frac{y-y_0}{y'(x_0)}=\frac{z-z_0}{z'(x_0)}, \tag{9-1-5}$$
即
$$\frac{x-x_0}{\left.\frac{\partial(F,G)}{\partial(y,z)}\right|_{P_0}}=\frac{y-y_0}{\left.\frac{\partial(F,G)}{\partial(z,x)}\right|_{P_0}}=\frac{z-z_0}{\left.\frac{\partial(F,G)}{\partial(x,y)}\right|_{P_0}},$$
法平面方程为
$$(x-x_0)+y'(x_0)(y-y_0)+z'(x_0)(z-z_0)=0. \tag{9-1-6}$$

例1 求螺旋线
$$x=a\cos t, \quad y=a\sin t, \quad z=amt \quad (a,m \text{ 为正常数})$$
在 $t=\frac{\pi}{4}$ 对应点处的切线方程与法平面方程.

解 因
$$x'=-a\sin t, \quad y'=a\cos t, \quad z'=am,$$
故曲线在 $t=\frac{\pi}{4}$ 对应点处的切线方程为
$$\frac{x-\frac{\sqrt{2}}{2}a}{-1}=\frac{y-\frac{\sqrt{2}}{2}a}{1}=\frac{z-\frac{am\pi}{4}}{\sqrt{2}m},$$
法平面方程为
$$-\left(x-\frac{\sqrt{2}}{2}a\right)+\left(y-\frac{\sqrt{2}}{2}a\right)+\sqrt{2}m\left(z-\frac{am\pi}{4}\right)=0,$$

即
$$-x+y+\sqrt{2}mz=\frac{\sqrt{2}}{4}am^2\pi.$$

例2 求曲线
$$\begin{cases} x^2+y^2+z^2=9, \\ z=xy \end{cases}$$
在点 $M_0(1,2,2)$ 处的切线方程与法平面方程.

解 设函数
$$F(x,y,z)=x^2+y^2+z^2-9,$$
$$G(x,y,z)=xy-z,$$
则有
$$\frac{\partial(F,G)}{\partial(y,z)}\bigg|_{M_0}=\begin{vmatrix}2y & 2z \\ x & -1\end{vmatrix}_{M_0}=\begin{vmatrix}4 & 4 \\ 1 & -1\end{vmatrix}=-8\neq 0.$$

还可求得
$$\frac{\partial(F,G)}{\partial(z,x)}\bigg|_{M_0}=10, \quad \frac{\partial(F,G)}{\partial(x,y)}\bigg|_{M_0}=-6.$$

故所求的切线方程为
$$\frac{x-1}{-8}=\frac{y-2}{10}=\frac{z-2}{-6},$$

法平面方程为
$$-8(x-1)+10(y-2)-6(z-2)=0,$$
即
$$4x-5y+3z=0.$$

习题 9-1

1. 求下列曲线在给定点处的切线方程与法平面方程:

   (1) $x=a\sin^2 t, y=b\sin t\cos t, z=c\cos^2 t (a,b,c$ 为常数$), t=\frac{\pi}{4}$ 对应的点;

   (2) $x^2+y^2+z^2=6, x+y+z=0$, 点 $M_0(1,-2,1)$;

   (3) $y^2=2mx, z^2=m-x (m$ 为常数$)$, 点 $M_0(x_0,y_0,z_0)(y_0\neq 0, z_0\neq 0)$.

2. $t(0<t<2\pi)$ 为何值时, 曲线 $L: x=t-\sin t, y=1-\cos t, z=4\sin\frac{t}{2}$ 在对应点处的切线垂直于平面 $x+y+\sqrt{2}z=0$? 并求相应的切线方程与法平面方程.

3. 在曲线 $x=t, y=t^2, z=t^3$ 上求一点 M, 使得该曲线在点 M 处的切线与平面 $x+2y+z=4$ 平行.

习题答案

空间曲面的切平面与法线

设曲面 Σ 的方程为
$$F(x,y,z)=0,$$
点 $M_0(x_0,y_0,z_0)$ 在曲面 Σ 上,函数 $F(x,y,z)$ 在点 M_0 处存在偏导数,且偏导数不全为 0. 如图 9-2 所示,过点 M_0 在曲面 Σ 上任作一条曲线 Γ. 设曲线 Γ 的参数方程为
$$x=x(t),\quad y=y(t),\quad z=z(t),$$
且点 M_0 对应于参数 t_0,假定在 $t=t_0$ 处,$x(t),y(t),z(t)$ 均可导,且导数不全为 0,则
$$F[x(t),y(t),z(t)]\equiv 0,$$
进而在 t_0 处对上式关于 t 求导数,得
$$F'_x(x_0,y_0,z_0)x'(t_0)+F'_y(x_0,y_0,z_0)y'(t_0)+F'_z(x_0,y_0,z_0)z'(t_0)=0.$$
引入向量
$$\boldsymbol{n}=(F'_x(x_0,y_0,z_0),F'_y(x_0,y_0,z_0),F'_z(x_0,y_0,z_0)),$$
$$\boldsymbol{s}=(x'(t_0),y'(t_0),z'(t_0)).$$
注意到 $\boldsymbol{s}$ 是曲线 Γ 在点 M_0 处的切向量,且
$$\boldsymbol{n}\cdot\boldsymbol{s}=0.$$
这说明,不管曲线 Γ 的选取方式如何,它在点 M_0 处的切向量 $\boldsymbol{s}$ 总垂直于定向量 $\boldsymbol{n}$. 因此,曲面 Σ 上过点 M_0 的一切曲线在点 M_0 处的切线均在以 $\boldsymbol{n}$ 为法向量的同一个平面内,这个平面称为曲面 Σ 在点 M_0 处的**切平面**. 由平面的点法式方程可知,切平面方程为
$$F'_x(x_0,y_0,z_0)(x-x_0)+F'_y(x_0,y_0,z_0)(y-y_0)$$
$$+F'_z(x_0,y_0,z_0)(z-z_0)=0. \tag{9-2-1}$$

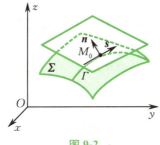

图 9-2

过点 M_0 且垂直于切平面的直线称为曲面 Σ 在该点处的**法线**,而切平面的

法向量 $\boldsymbol{n}$ 称为曲面 Σ 在点 M_0 处的**法向量**. 由于 $\boldsymbol{n}$ 即为法线的方向向量,因此由直线的标准式方程可得法线方程为

$$\frac{x-x_0}{F'_x(x_0,y_0,z_0)}=\frac{y-y_0}{F'_y(x_0,y_0,z_0)}=\frac{z-z_0}{F'_z(x_0,y_0,z_0)}. \tag{9-2-2}$$

若曲面 Σ 以显函数

$$z=f(x,y)$$

的形式给出,可记

$$F(x,y,z)=f(x,y)-z,$$

则曲面 Σ 在点 M_0 处的法向量为

$$\boldsymbol{n}=(f'_x(x_0,y_0),f'_y(x_0,y_0),-1).$$

由此得出,曲面 Σ 在点 M_0 处的切平面方程为

$$f'_x(x_0,y_0)(x-x_0)+f'_y(x_0,y_0)(y-y_0)-(z-z_0)=0,$$

法线方程为

$$\frac{x-x_0}{f'_x(x_0,y_0)}=\frac{y-y_0}{f'_y(x_0,y_0)}=\frac{z-z_0}{-1}.$$

例1 求球面 $x^2+y^2+z^2=14$ 在点 $(1,2,3)$ 处的切平面方程与法线方程.

解 记函数 $F(x,y,z)=x^2+y^2+z^2-14$,则该球面在点 $(1,2,3)$ 处的一个法向量为

$$\boldsymbol{n}=(F'_x,F'_y,F'_z)\big|_{(1,2,3)}=(2x,2y,2z)\big|_{(1,2,3)}=(2,4,6).$$

因此,在点 $(1,2,3)$ 处的切平面方程为

$$2(x-1)+4(y-2)+6(z-3)=0,$$

即

$$x+2y+3z-14=0,$$

法线方程为

$$\frac{x-1}{1}=\frac{y-2}{2}=\frac{z-3}{3}.$$

空间曲面方程的形式是多种多样的,下面我们讨论一种较为复杂的形式. 设曲面 Σ 由参数方程

$$x=x(u,v),\quad y=y(u,v),\quad z=z(u,v) \tag{9-2-3}$$

给出,其中函数 $x(u,v),y(u,v),z(u,v)$ 的偏导数存在. 已知 $M_0(x_0,y_0,z_0)$ 为曲面 Σ 上一点,现在我们要求曲面 Σ 在点 M_0 处的切平面方程与法线方程.

显然,解决这一问题的直接方法是:在式(9-2-3)中选择两个相对简单的方程组成方程组,如

$$\begin{cases} x=x(u,v), \\ y=y(u,v). \end{cases}$$

解此方程组得 $u=u(x,y),v=v(x,y)$,再将它们代入第三个方程,如 $z=z(u,v)=z[u(x,y),v(x,y)]$,然后用前面的方法求得曲面 Σ 在点 M_0 处的切

平面方程与法线方程.

然而,当式(9-2-3)中的方程都比较复杂时,上述做法是很难实现的.下面我们将介绍一种一般的方法.基于上面直接方法的思路,我们来推导这一问题的一般公式.设点 $M_0(x_0,y_0,z_0)$ 对应的参数点为 (u_0,v_0),并选取方程组

$$\begin{cases} x = x(u,v), \\ y = y(u,v). \end{cases} \quad (9\text{-}2\text{-}4)$$

这里须特别指出的是,这个方程组中方程的选择要求其中函数的雅可比行列式在点 (u_0,v_0) 处不为 0,即

$$J = \frac{\partial(x,y)}{\partial(u,v)}\bigg|_{(u_0,v_0)} = \begin{vmatrix} x'_u(u_0,v_0) & x'_v(u_0,v_0) \\ y'_u(u_0,v_0) & y'_v(u_0,v_0) \end{vmatrix} \neq 0;$$

否则,通过调换方程使得上述条件成立.

在方程组(9-2-4)中,记函数

$$F(x,y,u,v) = x - x(u,v),$$
$$G(x,y,u,v) = y - y(u,v).$$

我们假设第八章第六节定理 3 的条件成立,由此定理有

$$u'_x = \frac{1}{J} y'_v, \quad v'_x = -\frac{1}{J} y'_u,$$
$$u'_y = -\frac{1}{J} x'_v, \quad v'_y = \frac{1}{J} x'_u,$$

其中 $J = \dfrac{\partial(x,y)}{\partial(u,v)}$.

记函数

$$H(x,y,z) = z(u,v) - z,$$

则有

$$H'_x = z'_u u'_x + z'_v v'_x = -\frac{1}{J} \cdot \frac{\partial(y,z)}{\partial(u,v)},$$
$$H'_y = z'_u u'_y + z'_v v'_y = -\frac{1}{J} \cdot \frac{\partial(z,x)}{\partial(u,v)},$$
$$H'_z = -1.$$

于是,曲面 Σ 在点 M_0 处的切平面方程为

$$\frac{\partial(y,z)}{\partial(u,v)}\bigg|_{(u_0,v_0)}(x-x_0) + \frac{\partial(z,x)}{\partial(u,v)}\bigg|_{(u_0,v_0)}(y-y_0)$$
$$+ \frac{\partial(x,y)}{\partial(u,v)}\bigg|_{(u_0,v_0)}(z-z_0) = 0,$$

其行列式形式可表示为

$$\begin{vmatrix} x-x_0 & y-y_0 & z-z_0 \\ x'_u(u_0,v_0) & y'_u(u_0,v_0) & z'_u(u_0,v_0) \\ x'_v(u_0,v_0) & y'_v(u_0,v_0) & z'_v(u_0,v_0) \end{vmatrix} = 0; \quad (9\text{-}2\text{-}5)$$

法线方程为

$$\frac{x-x_0}{\left.\frac{\partial(y,z)}{\partial(u,v)}\right|_{(u_0,v_0)}}=\frac{y-y_0}{\left.\frac{\partial(z,x)}{\partial(u,v)}\right|_{(u_0,v_0)}}=\frac{z-z_0}{\left.\frac{\partial(x,y)}{\partial(u,v)}\right|_{(u_0,v_0)}}. \qquad (9\text{-}2\text{-}6)$$

注意 $\left.\dfrac{\partial(y,z)}{\partial(u,v)}\right|_{(u_0,v_0)}, \left.\dfrac{\partial(z,x)}{\partial(u,v)}\right|_{(u_0,v_0)}, \left.\dfrac{\partial(x,y)}{\partial(u,v)}\right|_{(u_0,v_0)}$ 不能全为 0.

例 2 设一个曲面的参数方程为
$$\begin{cases} x=u+e^{u+v}, \\ y=u+v, \\ z=e^{u-v}, \end{cases}$$
求该曲面在 $u=1, v=-1$ 对应点处的切平面方程与法线方程.

解 当 $u=1, v=-1$ 时,$x=2, y=0, z=e^2$. 又因

$$\left.\frac{\partial(y,z)}{\partial(u,v)}\right|_{(1,-1)}=\left.\begin{vmatrix} 1 & 1 \\ e^{u-v} & -e^{u-v} \end{vmatrix}\right|_{(1,-1)}=-2e^2,$$

$$\left.\frac{\partial(z,x)}{\partial(u,v)}\right|_{(1,-1)}=\left.\begin{vmatrix} e^{u-v} & -e^{u-v} \\ 1+e^{u+v} & e^{u+v} \end{vmatrix}\right|_{(1,-1)}=3e^2,$$

$$\left.\frac{\partial(x,y)}{\partial(u,v)}\right|_{(1,-1)}=\left.\begin{vmatrix} 1+e^{u+v} & e^{u+v} \\ 1 & 1 \end{vmatrix}\right|_{(1,-1)}=1,$$

故该曲面在点 $(2,0,e^2)$ 处的切平面方程为
$$-2e^2(x-2)+3e^2(y-0)+(z-e^2)=0,$$
即
$$-2e^2 x+3e^2 y+z+3e^2=0,$$
法线方程为
$$\frac{x-2}{-2e^2}=\frac{y}{3e^2}=\frac{z-e^2}{1}.$$

注意 在例 2 中,我们只要选择好方程,构成方程组,用直接方法简单得多. 事实上,将 $u+v=y$ 代入第一个方程得 $u=x-e^y$,并将这一结果回代入第二个方程得 $v=y-x+e^y$,再将 u,v 代入第三个方程得
$$\ln z=2x-y-2e^y,$$
最后令函数 $F(x,y,z)=2x-y-2e^y-\ln z$,即可直接得到上述结果. 但用这种方法只能解决一些相对简单的问题.

习题 9-2

1. 指出曲面 $z=xy$ 上哪一点处的法线垂直于平面 $x-2y+z=6$,并求出该曲面在这一点处的法线方程与切平面方程.

2. 求下列曲面在给定点处的切平面方程与法线方程:
(1) $z = x^2 + y^2$,点 $M_0(1,2,5)$;
(2) $z = \arctan\dfrac{y}{x}$,点 $M_0\left(1,1,\dfrac{\pi}{4}\right)$.

3. 证明:曲面 $xyz = a^3$(a 为常数)上任一点处的切平面与坐标面围成的四面体体积一定.

4. 设直线 $l:\begin{cases} x+y+b=0, \\ x+ay-z-3=0 \end{cases}$ 在平面 Π 上,而平面 Π 与曲面 $z=x^2+y^2$ 相切于点 $(1,-2,5)$,求常数 a,b 的值.

第三节 方 向 导 数

我们称 n 维空间 $\mathbf{R}^n(n \geqslant 2)$ 中任一单位向量为**方向**. 当 $n=2$ 时,任何方向可表示为 $\boldsymbol{e}=(\cos\theta,\sin\theta)$,其中 θ 为该方向与 x 轴正向的夹角;当 $n=3$ 时,任何方向可表示为 $\boldsymbol{e}=(\cos\alpha,\cos\beta,\cos\gamma)$,其中 α,β,γ 为该方向的方向角. 函数 $u=f(x,y,z)$ 在点 $M(x,y,z)$ 处的偏导数 $\dfrac{\partial u}{\partial x},\dfrac{\partial u}{\partial y},\dfrac{\partial u}{\partial z}$ 分别表示该函数沿 x 轴、y 轴、z 轴正向的变化率. 在许多实际问题中,常常需要知道函数在一点处沿某个特定方向的变化率,即沿该方向的方向导数.

设函数 $u=f(x,y,z)$ 在开集 $D\subset\mathbf{R}^3$ 内有定义,给定点 $P_0(x_0,y_0,z_0)\in D$ 及向量 $\boldsymbol{l}$,记 $\boldsymbol{e}_l=(\cos\alpha,\cos\beta,\cos\gamma)$ 为与 $\boldsymbol{l}$ 同方向的单位向量,则过点 P_0、以 $\boldsymbol{e}_l$ 为方向向量的直线 L 的参数方程为

$$x=x_0+t\cos\alpha,\quad y=y_0+t\cos\beta,\quad z=z_0+t\cos\gamma,$$

其中 t 为参数. 在直线 L 上任取一点 $P\in D$,设其坐标为

$$(x_0+\Delta l\cos\alpha,y_0+\Delta l\cos\beta,z_0+\Delta l\cos\gamma).$$

显然,$t=0$ 与 $t=\Delta l$ 分别对应于直线 L 上的点 P_0 与 P(见图 9-3).

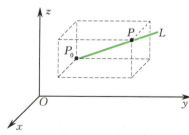

图 9-3

定义 1 如果极限

$$\lim_{\Delta l \to 0^+} \frac{f(x_0 + \Delta l \cos\alpha, y_0 + \Delta l \cos\beta, z_0 + \Delta l \cos\gamma) - f(x_0, y_0, z_0)}{\Delta l}$$

存在,则称这个极限值为函数 $u = f(x,y,z)$ 在点 $P_0(x_0, y_0, z_0)$ 处沿向量 l 或 l 方向的**方向导数**,记作 $\left.\frac{\partial f}{\partial l}\right|_{P_0}, \left.\frac{\partial u}{\partial l}\right|_{P_0}$ 或 $f_l'(P_0)$,即

$$\left.\frac{\partial f}{\partial l}\right|_{P_0} = \lim_{\Delta l \to 0^+} \frac{f(x_0 + \Delta l \cos\alpha, y_0 + \Delta l \cos\beta, z_0 + \Delta l \cos\gamma) - f(x_0, y_0, z_0)}{\Delta l},$$

其中 $\cos\alpha, \cos\beta, \cos\gamma$ 为向量 l 的方向余弦.

设用 $e_x = (1,0,0), e_y = (0,1,0), e_z = (0,0,1)$ 分别表示 x 轴、y 轴、z 轴的正向. 如果 $\frac{\partial f}{\partial x}, \frac{\partial f}{\partial y}, \frac{\partial f}{\partial z}$ 存在,则函数 $u = f(x,y,z)$ 沿 x 轴、y 轴、z 轴正向的方向导数为 $\frac{\partial f}{\partial x}, \frac{\partial f}{\partial y}, \frac{\partial f}{\partial z}$. 一般地,我们可以推得以下方向导数的计算公式.

定理 1 若函数 $u = f(x,y,z)$ 在点 $P_0(x_0, y_0, z_0)$ 处可微,则该函数在点 P_0 处沿任一方向 e_l 的方向导数存在,且有以下的求导公式:

$$\left.\frac{\partial f}{\partial l}\right|_{P_0} = \left.\frac{\partial u}{\partial x}\right|_{P_0}\cos\alpha + \left.\frac{\partial u}{\partial y}\right|_{P_0}\cos\beta + \left.\frac{\partial u}{\partial z}\right|_{P_0}\cos\gamma, \tag{9-3-1}$$

其中 $\cos\alpha, \cos\beta, \cos\gamma$ 为方向 e_l 的方向余弦.

证 当函数 $u = f(x,y,z)$ 在点 P_0 处可微时,u 的全增量可表示成

$$\Delta u = \frac{\partial u}{\partial x}\Delta x + \frac{\partial u}{\partial y}\Delta y + \frac{\partial u}{\partial z}\Delta z + o(\rho),$$

其中 $\rho = \sqrt{(\Delta x)^2 + (\Delta y)^2 + (\Delta z)^2}$. 于是

$$\frac{\Delta u}{\rho} = \frac{\partial u}{\partial x} \cdot \frac{\Delta x}{\rho} + \frac{\partial u}{\partial y} \cdot \frac{\Delta y}{\rho} + \frac{\partial u}{\partial z} \cdot \frac{\Delta z}{\rho} + \frac{o(\rho)}{\rho}.$$

如果限制点 $P(x_0 + \Delta x, y_0 + \Delta y, z_0 + \Delta z)$ 取在方向 e_l 上,则

$$\frac{\Delta x}{\rho} = \cos\alpha, \quad \frac{\Delta y}{\rho} = \cos\beta, \quad \frac{\Delta z}{\rho} = \cos\gamma,$$

于是

$$\left.\frac{\partial f}{\partial l}\right|_{P_0} = \lim_{\rho \to 0^+} \frac{\Delta u}{\rho} = \frac{\partial u}{\partial x}\cos\alpha + \frac{\partial u}{\partial y}\cos\beta + \frac{\partial u}{\partial z}\cos\gamma.$$

在二维空间 $\mathbf{R}^2$ 中,函数 $f(x,y)$ 在点 (x_0, y_0) 处沿任一给定向量 l 的方向导数可看作上述情形的特例. 此时,如果 $f(x,y)$ 在点 (x_0, y_0) 处可微,则公式

$$\left.\frac{\partial f}{\partial l}\right|_{(x_0, y_0)} = f_x'(x_0, y_0)\cos\alpha + f_y'(x_0, y_0)\cos\beta \tag{9-3-2}$$

成立,其中 $\cos\alpha, \cos\beta$ 为向量 l 的方向余弦.

当函数 $f(x,y)$ 在点 (x_0, y_0) 处不可微时,公式 (9-3-2) 未必成立. 例如,函数 $f(x,y) = \sqrt{x^2 + y^2}$ 在点 $(0,0)$ 处的偏导数 $f_x'(0,0)$ 和 $f_y'(0,0)$ 均不存在,

但沿任一方向 e_l 的方向导数 $\dfrac{\partial f}{\partial l}\bigg|_{(0,0)} = 1$.

例 1 已知函数 $u = x^2 + y^2 - z$，向量 $l = 2i + j + 3k$，求 $\dfrac{\partial u}{\partial l}\bigg|_{(1,1,1)}$.

解 先求出向量 l 的方向余弦：

$$\cos\alpha = \frac{2}{\sqrt{2^2 + 1^2 + 3^2}} = \frac{2}{\sqrt{14}},$$

$$\cos\beta = \frac{1}{\sqrt{2^2 + 1^2 + 3^2}} = \frac{1}{\sqrt{14}},$$

$$\cos\gamma = \frac{3}{\sqrt{2^2 + 1^2 + 3^2}} = \frac{3}{\sqrt{14}}.$$

再求出偏导数：

$$\frac{\partial u}{\partial x} = 2x, \quad \frac{\partial u}{\partial y} = 2y, \quad \frac{\partial u}{\partial z} = -1.$$

于是

$$\frac{\partial u}{\partial l}\bigg|_{(1,1,1)} = 2\cdot\frac{2}{\sqrt{14}} + 2\cdot\frac{1}{\sqrt{14}} - \frac{3}{\sqrt{14}} = \frac{3}{\sqrt{14}}.$$

习题 9-3

1. 求函数 $u = xy^2 + z^3 - xyz$ 在点 $(1,1,2)$ 处沿方向角为 $\alpha = \dfrac{\pi}{3}, \beta = \dfrac{\pi}{4}, \gamma = \dfrac{\pi}{3}$ 的方向的方向导数.
2. 求函数 $u = xyz$ 在点 $(5,1,2)$ 处沿从点 $A(5,1,2)$ 到点 $B(9,4,14)$ 方向的方向导数.
3. 求函数 $z = x^2 + y^2$ 在任意点 $M(x,y)$ 处沿向量 $e = (-1,-1)$ 的方向导数.
4. 求函数 $z = x^2 + y^2$ 在点 $(1,2)$ 处沿从该点到点 $(2, 2+\sqrt{3})$ 方向的方向导数.

习题答案

第四节 多元函数的极值及其求法

在第八章第二节中，我们说明了多元连续函数在有界闭区域上存在最值（最大值和最小值）. 但在解决一些实际应用问题时需要我们求出其中多元函数的最值. 跟一元函数一样，多元函数的最值是与多元函数的极值密切相关的.

一、多元函数的极值及最值

我们以二元函数为例介绍多元函数的极值的定义及判断极值的必要条件与充分条件,至于自变量多于两个的情形可以类似地加以解决.

定义 1 设函数 $f(x,y)$ 定义在开集 $\Omega \subset \mathbf{R}^2$ 上. 若存在点 $P_0(x_0,y_0)$ 的某个邻域 $U(P_0) \subset \Omega$, 使得对于任意 $P(x,y) \in U(P_0)$, 有
$$f(x,y) \geqslant f(x_0,y_0),$$
则称点 P_0 为 $f(x,y)$ 的**极小值点**, 并称 $f(x_0,y_0)$ 为 $f(x,y)$ 的**极小值**; 若存在点 P_0 的某个邻域 $U(P_0) \subset \Omega$, 使得对于任意 $P(x,y) \in U(P_0)$, 有
$$f(x,y) \leqslant f(x_0,y_0),$$
则称点 P_0 为 $f(x,y)$ 的**极大值点**, 并称 $f(x_0,y_0)$ 为 $f(x,y)$ 的**极大值**.

极大值与极小值统称为**极值**, 极大值点与极小值点统称为**极值点**.

定理 1(极值点的必要条件) 如果函数 $f(x,y)$ 在区域 D 内可微, 那么 $f(x,y)$ 在 D 内一点 $P_0(x_0,y_0)$ 处取得极值的必要条件是
$$f'_x(x_0,y_0)=0, \quad f'_y(x_0,y_0)=0.$$

证 因为函数 $f(x,y)$ 在点 P_0 处取得极值, 所以一元函数 $f(x,y_0)$ 在点 $x=x_0$ 处也取得极值. 由一元函数取得极值的必要条件, 有 $f'_x(x,y_0)\big|_{x=x_0}=0$, 即
$$f'_x(x_0,y_0)=0.$$
同理, 可得
$$f'_y(x_0,y_0)=0.$$

与一元函数类似, 我们把使得函数 $f(x,y)$ 的偏导数全为 0 的点称为该函数的**驻点**或**稳定点**. 定理 1 告诉我们, 对于偏导数存在的函数 $f(x,y)$, 其极值点必是驻点, 但其逆命题不成立. 偏导数不存在的点, 也可能是 $f(x,y)$ 的极值点. 一般地, 可根据下面的定理来判断 $f(x,y)$ 的驻点是否为极值点.

定理 2(极值点的充分条件) 设函数 $f(x,y)$ 在区域 $G \subset \mathbf{R}^2$ 内具有二阶连续偏导数, $(x_0,y_0) \in G$ 是 $f(x,y)$ 的驻点, 令
$$A=f''_{xx}(x_0,y_0), \quad B=f''_{xy}(x_0,y_0), \quad C=f''_{yy}(x_0,y_0),$$
则

(1) 当 $AC-B^2>0$ 时, $f(x,y)$ 在点 (x_0,y_0) 处取得极值, 且 $A<0$ 时取得极大值, $A>0$ 时取得极小值;

(2) 当 $AC-B^2<0$ 时, $f(x,y)$ 在点 (x_0,y_0) 处不取得极值;

(3) 当 $AC-B^2=0$ 时, $f(x,y)$ 在点 (x_0,y_0) 处可能取得极值, 也可能不取得极值.

例1 求函数 $f(x,y)=x^3-y^3+3x^2+3y^2-9x$ 的极值点.

解 先求函数 $f(x,y)$ 的驻点. 解方程组
$$\begin{cases} f'_x=3x^2+6x-9=0, \\ f'_y=-3y^2+6y=0, \end{cases}$$
得四个驻点 $(1,0),(-3,0),(1,2),(-3,2)$. 又令
$$A=f''_{xx}=6x+6, \quad B=f''_{xy}=0, \quad C=f''_{yy}=-6y+6.$$
对于点 $(1,0)$, $AC-B^2>0$, 且 $A>0$, 故 $(1,0)$ 是 $f(x,y)$ 的极小值点;
对于点 $(-3,0)$, $AC-B^2<0$, 故 $(-3,0)$ 不是极值点;
对于点 $(1,2)$, $AC-B^2<0$, 故 $(1,2)$ 不是极值点;
对于点 $(-3,2)$, $AC-B^2>0$, 且 $A<0$, 故 $(-3,2)$ 是 $f(x,y)$ 的极大值点.

与一元函数类似,我们可以利用极值来求多元函数的最值. 如果函数 $f(P)$ 在有界闭区域 D 上连续,则最值必存在. 其**一般求法**是:将 $f(P)$ 在 D 内的一切驻点及偏导数不存在的点处的函数值与在 D 的边界上的最值进行比较,最大者即为最大值,最小者即为最小值. 在实际问题中,往往根据问题的实际意义来简化判断过程.

例2 试在由 x 轴、y 轴与直线 $x+y=2\pi$ 围成的三角形闭区域 D 上求函数 $u=\sin x+\sin y-\sin(x+y)$ 的最大值.

解 由方程组
$$\begin{cases} \dfrac{\partial u}{\partial x}=\cos x-\cos(x+y)=0, \\ \dfrac{\partial u}{\partial y}=\cos y-\cos(x+y)=0, \end{cases}$$
得
$$\begin{cases} \pm x=x+y+2k_1\pi, \\ \pm y=x+y+2k_2\pi \end{cases} (k_1,k_2\in\mathbf{N}),$$
进而可知上述方程组在闭区域 D 内部的解只有 $\left(\dfrac{2\pi}{3},\dfrac{2\pi}{3}\right)$. 在点 $\left(\dfrac{2\pi}{3},\dfrac{2\pi}{3}\right)$ 处有 $u=\dfrac{3\sqrt{3}}{2}$, 而在边界 $x=0,y=0,x+y=2\pi$ 上均有 $u=0$, 所以 u 在点 $\left(\dfrac{2\pi}{3},\dfrac{2\pi}{3}\right)$ 处取得最大值 $\dfrac{3\sqrt{3}}{2}$.

*许多工程问题需要根据两个变量的一些实际数值,来找出这两个变量的函数关系的近似表达式. 这样的近似表达式称为**经验公式**.

下面通过二元函数极值的一个实际应用来介绍数据处理技术中的一种常见方法 —— **最小二乘法**.

设变量 x,y 之间存在某种关系,通过实验找到它们的 n 组相关数据 $(x_1,y_1),(x_2,y_2),\cdots,(x_n,y_n)$,这些数据在 xOy 平面上呈现一种直线分布状态.于是,我们设想应能找到一条直线
$$y=ax+b$$
来刻画变量 x,y 之间的相关关系.当然,$y=ax+b$ 并不能满足所有的点 (x_i,y_i),最理想的就是使得 $y=ax+b$ 在点 $x_i(i=1,2,\cdots,n)$ 处的函数值与实际数据的偏差都很小.记 $\delta_i=y_i-(ax_i+b)$.显然,用 $\sum_{i=1}^n \delta_i$ 来表示误差的总体效果不妥,因为 δ_i 有正有负.于是,考虑用 $\sum_{i=1}^n \delta_i^2$ 来表示总体误差.我们的任务即为寻求常数 a,b,使得
$$u=\sum_{i=1}^n \delta_i^2 = \sum_{i=1}^n [y_i-(ax_i+b)]^2$$
达到最小,以保证每个偏差的绝对值都很小.这种根据偏差平方和最小的条件来确定常数 a,b 的方法叫作**最小二乘法**,其过程实际上就是求 $u=\sum_{i=1}^n \delta_i^2$ 的最小值:令

$$\begin{cases} \dfrac{\partial u}{\partial a} = \sum_{i=1}^n 2(y_i-ax_i-b)(-x_i)=0, \\ \dfrac{\partial u}{\partial b} = \sum_{i=1}^n 2(y_i-ax_i-b)(-1)=0, \end{cases}$$

即

$$\begin{cases} a\sum_{i=1}^n x_i^2 + b\sum_{i=1}^n x_i = \sum_{i=1}^n x_i y_i, \\ a\sum_{i=1}^n x_i + nb = \sum_{i=1}^n y_i, \end{cases}$$

此方程组的唯一解即为 u 的最小值点.

例3 为了测定刀具的磨损速度,我们做这样的实验:每经过一定时间(每隔 1h),测量一次刀具的厚度,得到的实验数据如表 9-1 所示.试建立刀具的厚度 y 和时间 t 之间的函数关系.

表 9-1

时间 t_i/h	0	1	2	3	4	5	6	7
刀具的厚度 y_i/mm	27.0	26.8	26.5	26.3	26.1	25.7	25.3	24.8

解 设 $y=f(t)$.首先,要确定 $y=f(t)$ 的类型.为此,在直角坐标系下描出表 9-1 中实验数据对应的点.从图 9-4 中可以看出,这些点大致接近一条直线.因此,设 $y=at+b$.然后,求 $u=\sum_{i=0}^7 [y_i-(at_i+b)]^2$ 的最小值.由上面的讨论,只须求解方程组

$$\begin{cases} a\sum_{i=0}^{7} t_i^2 + b\sum_{i=0}^{7} t_i = \sum_{i=0}^{7} y_i t_i, \\ a\sum_{i=0}^{7} t_i + 8b = \sum_{i=0}^{7} y_i. \end{cases}$$

把 (t_i, y_i) 代入上述方程组,得

$$\begin{cases} 140a + 28b = 717, \\ 28a + 8b = 208.5, \end{cases}$$

解得

$$\begin{cases} a \approx -0.3036, \\ b = 27.125, \end{cases}$$

于是

$$y = -0.3036t + 27.125.$$

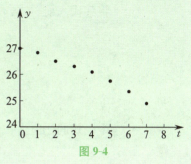

图 9-4

二、条件极值

以上讨论的多元函数极值问题,各自变量除了定义域,再无其他限制条件. 然而,更为普遍的是,极值问题常常对自变量附加一些限制条件. 附加某些限制条件的极值问题称为**条件极值问题**,这时的极值称为**条件极值**. 相应地,前面讨论的极值问题叫作**无条件极值问题**或**普通极值问题**,这时的极值称为**无条件极值**或**普通极值**. 有的条件极值问题可以化为无条件极值问题,但有的条件极值问题无法化为无条件极值问题. 条件极值问题常记作

$$\min(\text{或 } \max) u = u(x, y, z), \tag{9-4-1}$$
$$\text{s.t. } \varphi(x, y, z) = 0, \tag{9-4-2}$$

其中函数 $u(x, y, z)$ 称为**目标函数**,$\varphi(x, y, z) = 0$ 称为**约束条件**.

求解条件极值问题通常都采用下述定理 3 给出的一种方法,这种方法称为**拉格朗日乘数法**.

定理 3 设函数 $u = f(x_1, x_2, \cdots, x_n), \varphi(x_1, x_2, \cdots, x_n)$ 在区域 Ω 内具有连续偏导数,且 $\dfrac{\partial \varphi}{\partial x_i}(i = 1, 2, \cdots, n)$ 不全为 0,则 $u = f(x_1, x_2, \cdots, x_n)$ 在条件 $\varphi(x_1, x_2, \cdots, x_n) = 0$ 下的极值点,必为函数

$$L = f(x_1, x_2, \cdots, x_n) + \lambda \varphi(x_1, x_2, \cdots, x_n) \tag{9-4-3}$$

的驻点[函数(9-4-3)称为**拉格朗日函数**,其中 λ 叫作**拉格朗日乘数**].

证 不妨设 $\dfrac{\partial \varphi}{\partial x_n} \neq 0$,由隐函数存在定理,方程 $\varphi(x_1, x_2, \cdots, x_n) = 0$ 确定了一个函数 $x_n = g(x_1, x_2, \cdots, x_{n-1})$. 于是,求函数 $u = f(x_1, x_2, \cdots, x_n)$ 在条件 $\varphi(x_1, x_2, \cdots, x_n) = 0$ 下的条件极值,就转化为求函数 $u = f[x_1, x_2, \cdots, x_{n-1}, g(x_1, x_2, \cdots, x_{n-1})]$ 的无条件极值. 由极值点的必要条件,得

$$\frac{\partial u}{\partial x_i} = \frac{\partial f}{\partial x_i} + \frac{\partial f}{\partial x_n} \cdot \frac{\partial x_n}{\partial x_i} = 0 \quad (i=1,2,\cdots,n-1).$$

再对方程 $\varphi(x_1,x_2,\cdots,x_n)=0$ 用隐函数的求导公式,得

$$\frac{\partial x_n}{\partial x_i} = -\frac{\partial \varphi}{\partial x_i} \Big/ \frac{\partial \varphi}{\partial x_n} \quad (i=1,2,\cdots,n-1).$$

将其代入前一式,有

$$\frac{\partial f}{\partial x_i} - \frac{\partial f}{\partial x_n} \cdot \left(\frac{\partial \varphi}{\partial x_i} \Big/ \frac{\partial \varphi}{\partial x_n}\right) = 0,$$

即

$$\frac{\partial f}{\partial x_i} \Big/ \frac{\partial \varphi}{\partial x_i} = \frac{\partial f}{\partial x_n} \Big/ \frac{\partial \varphi}{\partial x_n} \quad (i=1,2,\cdots,n-1).$$

令上式的比值为 $-\lambda$,即得 n 个方程

$$\frac{\partial f}{\partial x_i} + \lambda \frac{\partial \varphi}{\partial x_i} = 0 \quad (i=1,2,\cdots,n).$$

构造拉格朗日函数

$$L = f(x_1,x_2,\cdots,x_n) + \lambda \varphi(x_1,x_2,\cdots,x_n).$$

定理得证.

关于条件极值的充分条件,我们不再深入讨论. 在实际问题中,根据问题的实际意义,用拉格朗日乘数法求得的唯一驻点常常就是相应的最值点.

定理 3 的结论可以推广到多个约束条件下的条件极值问题上. 设

$$\min(\text{或 max}) u = u(x_1,x_2,\cdots,x_n),$$

$$\text{s. t. } \left.\begin{aligned} \varphi_1(x_1,x_2,\cdots,x_n) &= 0, \\ \varphi_2(x_1,x_2,\cdots,x_n) &= 0, \\ &\cdots\cdots \\ \varphi_m(x_1,x_2,\cdots,x_n) &= 0 \end{aligned}\right\} \quad (m<n),$$

其中函数 $u,\varphi_1,\varphi_2,\cdots,\varphi_m$ 在区域 Ω 内具有连续偏导数,函数 $\varphi_1,\varphi_2,\cdots,\varphi_m$ 关于其 n 个变量的雅可比行列式不为 0,则函数 $u=u(x_1,x_2,\cdots,x_n)$ 在条件 $\varphi_1(x_1,x_2,\cdots,x_n)=0,\varphi_2(x_1,x_2,\cdots,x_n)=0,\cdots,\varphi_m(x_1,x_2,\cdots,x_n)=0$ 下的极值点必为拉格朗日函数

$$\begin{aligned} L = {} & u(x_1,x_2,\cdots,x_n) + \lambda_1 \varphi_1(x_1,x_2,\cdots,x_n) \\ & + \lambda_2 \varphi_2(x_1,x_2,\cdots,x_n) + \cdots + \lambda_m \varphi_m(x_1,x_2,\cdots,x_n) \end{aligned}$$

的驻点.

例 4 已知矩形的周长为 24 cm,将矩形绕其一边旋转一周而形成一个圆柱体,试求此圆柱体的体积最大时的矩形面积.

解 设矩形相邻两边的长度分别为 x,y(单位:cm),则问题归结为求目标函数 $V=\pi x^2 y (x>0, y>0)$ 在约束条件 $x+y=12$ 下的极值.

构造拉格朗日函数
$$L = \pi x^2 y + \lambda(x+y-12).$$
由方程组
$$\begin{cases} \dfrac{\partial L}{\partial x} = 2\pi xy + \lambda = 0, \\ \dfrac{\partial L}{\partial y} = \pi x^2 + \lambda = 0, \\ x + y = 12, \end{cases}$$
解得函数 V 的唯一驻点 $(8,4)$.

由问题的实际意义知,圆柱体的最大体积必存在,即在唯一驻点 $(8,4)$ 处取得最大值,此时的矩形面积为
$$S = 32\ \text{cm}^2.$$

习题 9-4

1. 求下列函数的极值:
   (1) $z = x^3 + y^3 - 3(x^2 + y^2)$;
   (2) $z = e^{2x}(x + y^2 + 2y)$;
   (3) $z = (6x - x^2)(4y - y^2)$;
   (4) $z = (x^2 + y^2)e^{-(x^2+y^2)}$;
   (5) $z = xy(a - x - y)(a \neq 0)$.

2. 设方程 $2x^2 + 2y^2 + z^2 + 8xz - z + 8 = 0$ 确定函数 $z = z(x,y)$,求该函数的极值.

3. 在 xOy 平面上求一点,使得它到 $x = 0, y = 0, x + 2y - 16 = 0$ 三条直线的距离的平方和最小.

4. 求旋转抛物面 $z = x^2 + y^2$ 与平面 $x + y - z = 1$ 间的最短距离.

5. 旋转抛物面 $z = x^2 + y^2$ 被平面 $x + y + z = 1$ 截成一个椭圆,求原点到这一椭圆的最长与最短距离.

6. 在 I 卦限内作椭球面
$$\frac{x^2}{a^2} + \frac{y^2}{b^2} + \frac{z^2}{c^2} = 1 \quad (a > 0, b > 0, c > 0)$$
的切平面,使得切平面与三个坐标面所围成的四面体的体积最小,求切点坐标.

*7. 设空间中有 n 点,其坐标为 $(x_i, y_i, z_i)(i = 1, 2, \cdots, n)$,试在 xOy 平面上找一点,使得此点与这 n 点的距离的平方和最小.

*8. 已知某工厂过去几年的产量和利润的数据如表 9-2 所示,求该工厂产量和利润的关系,并预测当产量达到 120×10^3 件时该工厂的利润.

表 9-2

产量 $x/(10^3\ \text{件})$	40	47	55	70	90	100
利润 $y/(10^3\ \text{元})$	32	34	43	54	72	85

习题答案

习 题 九

1. 填空题：

(1) 设曲面 $\Sigma: F(x,y,z) = 0$，则原点到曲面 Σ 在点 $P(x_0, y_0, z_0)$ 处的切平面的距离为_____．

(2) 设曲线 $L: \begin{cases} x = x(t), \\ y = y(t), \\ z = z(t), \end{cases} (x_0, y_0, z_0) = (x(t_0), y(t_0), z(t_0))$，则原点到曲线 L 在点 (x_0, y_0, z_0) 处的切线的距离为_____．

(3) 平面 $2x + 3y - z = \lambda$ 是曲面 $z = 2x^2 + 3y^2$ 在点 $\left(\dfrac{1}{2}, \dfrac{1}{2}, \dfrac{5}{4}\right)$ 处的切平面，则 λ 的值为_____．

(4) 函数 $z(x,y) = \int_0^{xy} \dfrac{\sin t}{t} dt$ 在点 $\left(\dfrac{\sqrt{\pi}}{2}, \dfrac{\sqrt{\pi}}{2}\right)$ 处沿 $\boldsymbol{u} = \boldsymbol{i} + \boldsymbol{j}$ 方向的方向导数为_____．

(5) 若函数 $z(x,y) = ax^2 + 2bxy + cy^2 + dx + ey + f$ 有极小值，则其系数必须满足_____．

2. 选择题：

(1) 若曲面 $F(x,y,z) = 0$ 在点 (x_0, y_0, z_0) 处的切平面过原点，则在点 (x_0, y_0, z_0) 处有（　　）．

A. $x_0 F'_x + y_0 F'_y + z_0 F'_z = 0$
B. $\dfrac{F'_x}{x_0} = \dfrac{F'_y}{y_0} = \dfrac{F'_z}{z_0}$

C. $\dfrac{F'_x}{x_0} + \dfrac{F'_y}{y_0} + \dfrac{F'_z}{z_0} = 1$
D. $(x_0, y_0, z_0) = (0,0,0)$

(2) 若曲线 $L: \begin{cases} x = x(t), \\ y = y(t), \\ z = z(t) \end{cases}$ 有过原点的切线，则（　　）．

A. $\dfrac{x(t)}{x'(t)} = \dfrac{y(t)}{y'(t)} = \dfrac{z(t)}{z'(t)}$ 有解
B. $x'(t)x(t) + y'(t)y(t) + z'(t)z(t) = 0$ 有解

C. $(x(t), y(t), z(t)) = (0,0,0)$ 有解
D. 曲线 L 只要不是直线就成立

(3) 设函数 $z = f(x,y)$ 在点 $(0,0)$ 附近有定义，且 $f'_x(0,0) = 3, f'_y(0,0) = 1$，则（　　）．

A. $\mathrm{d}z \Big|_{(0,0)} = 3\mathrm{d}x + \mathrm{d}y$

B. 曲面 $z = f(x,y)$ 在点 $(0, 0, f(0,0))$ 处的法向量为 $(3,1,1)$

C. 曲线 $\begin{cases} z = f(x,y), \\ y = 0 \end{cases}$ 在点 $(0, 0, f(0,0))$ 处的切向量为 $(1,0,3)$

D. 曲线 $\begin{cases} z = f(x,y), \\ y = 0 \end{cases}$ 在点 $(0, 0, f(0,0))$ 处的切向量为 $(3,0,1)$

(4) 设函数 $f(x)$ 具有二阶连续导数，且 $f(x) > 0, f'(0) = 0$，则函数 $z = f(x)\ln f(y)$ 在点 $(0,0)$ 处取得极小值的一个充分条件是（　　）．

A. $f(0) > 1, f''(0) > 0$
B. $f(0) > 1, f''(0) < 0$

C. $f(0) < 1, f''(0) > 0$
D. $f(0) < 1, f''(0) < 0$

(5) 设 $f(x,y)$ 与 $\varphi(x,y)$ 均为可微函数，且 $\varphi'_y(x,y) \neq 0$．已知 (x_0, y_0) 是 $f(x,y)$ 在约束条件

$\varphi(x,y)=0$ 下的一个极值点，下列选项中正确的是( ).

A. 若 $f'_x(x_0,y_0)=0$，则 $f'_y(x_0,y_0)=0$ B. 若 $f'_x(x_0,y_0)=0$，则 $f'_y(x_0,y_0)\neq 0$

C. 若 $f'_x(x_0,y_0)\neq 0$，则 $f'_y(x_0,y_0)=0$ D. 若 $f'_x(x_0,y_0)\neq 0$，则 $f'_y(x_0,y_0)\neq 0$

3. 证明：螺旋线 $x=a\cos t, y=a\sin t, z=bt$ 的切线与 z 轴形成定角.

4. 求曲面 $x+z=y\cos(x^2-z^2)$ 在点 $M_0(1,2,1)$ 处的切平面方程与法线方程.

5. 已知曲面 $z=x^2+y^2+z^2$ 上点 P 处的切平面与平面 $x-2y+2z=0$ 平行，求点 P 的坐标及这个曲面在该点处的切平面方程.

6. 求函数 $z=1-\left(\dfrac{x^2}{a^2}+\dfrac{y^2}{b^2}\right)$ 在点 $\left(\dfrac{a}{\sqrt{2}},\dfrac{b}{\sqrt{2}}\right)$ 处沿曲线 $\dfrac{x^2}{a^2}+\dfrac{y^2}{b^2}=1(a>0,b>0)$ 在这一点的内法线方向的方向导数.

7. 求函数 $f(x,y)=x^3-y^3-3x^2-3y^2+9y$ 的极值.

8. 求函数 $f(x,y)=\left(y+\dfrac{x^3}{3}\right)e^{x+y}$ 的极值.

9. 求函数 $f(x,y)=x^2(2+y^2)+y\ln y$ 的极值.

10. 设 $z=z(x,y)$ 是由方程 $x^2-6xy+10y^2-2yz-z^2+18=0$ 所确定的函数，求 $z=z(x,y)$ 的极值点和极值.

11. 已知曲线 $C:\begin{cases}x^2+y^2-2z^2=0,\\ x+y+3z=5,\end{cases}$ 求曲线 C 上距离 xOy 平面最远和最近的点.

12. 在某一行星表面安装一个无线电望远镜. 为了减少干扰，要将望远镜安装在磁场最弱的位置. 假设该行星为一个球体，其半径为 6 个单位. 若以球心为原点建立空间直角坐标系 $Oxyz$，则该行星表面上点 (x,y,z) 处的磁场强度为 $H(x,y,z)=6x-y^2+xz+60$. 问：应将望远镜安装在何处？

第十章
多元函数积分学（Ⅰ）

在一元函数积分学中，我们曾经用和式的极限来定义一元函数 $f(x)$ 在区间 $[a,b]$ 上的定积分，并建立了定积分理论．本章将把这一方法推广到多元函数上，建立起多元函数积分学的理论，并把这一类用和式的极限来定义的积分统一描述为**黎曼(Riemann) 积分**．

课程思政案例　　知识框图

二重积分

一、二重积分的概念

下面我们通过计算曲顶柱体的体积和平面薄片的质量,引出二重积分的定义.

1. 曲顶柱体的体积

曲顶柱体是指这样的立体,它的底是 xOy 平面上的一个有界闭区域 D,侧面是以 D 的边界曲线为准线、母线平行于 z 轴的柱面,顶是 D 上的连续函数 $z=f(x,y)$ $[f(x,y)\geqslant 0]$ 所表示的曲面 S(见图 10-1).

动画视频

现在讨论如何求这样一个曲顶柱体的体积.

分析这个问题,我们看到它与求曲边梯形的面积问题是类似的,可以用定积分中"分割、近似、取极限"的方法来解决(见图 10-2).

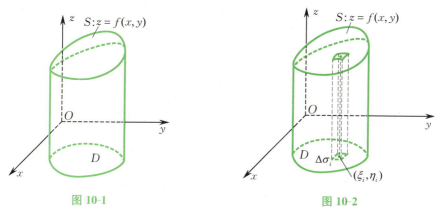

图 10-1   图 10-2

(1) 将闭区域 D 分割为 n 个小闭区域

$$\Delta\sigma_1,\ \Delta\sigma_2,\ \cdots,\ \Delta\sigma_n,$$

同时也用 $\Delta\sigma_i(i=1,2,\cdots,n)$ 表示第 i 个小闭区域的面积,用 $d(\Delta\sigma_i)$ 表示小闭区域 $\Delta\sigma_i$ 的直径(一个闭区域的直径是指闭区域上任意两点间距离的最大值). 相应地,该曲顶柱体被分割为 n 个小曲顶柱体(分别以 n 个小闭区域为底,以小闭区域的边界曲线为准线、母线平行于 z 轴的柱面为侧面).

(2) 在每一个小闭区域上任取一点:

$$(\xi_1,\eta_1),\ (\xi_2,\eta_2),\ \cdots,\ (\xi_n,\eta_n).$$

对第 $i(i=1,2,\cdots,n)$ 个小曲顶柱体的体积,用高为 $f(\xi_i,\eta_i)$,而底面积为 $\Delta\sigma_i$

的平顶柱体的体积来近似代替. 这 n 个平顶柱体的体积之和

$$V_n = \sum_{i=1}^{n} f(\xi_i, \eta_i) \Delta \sigma_i$$

就是该曲顶柱体体积的近似值.

(3) 用 λ 表示 n 个小闭区域的直径中的最大值, 即

$$\lambda = \max_{1 \leq i \leq n} d(\Delta \sigma_i).$$

当 $\lambda \to 0$ (可理解为 $\Delta \sigma_i$ 收缩为一点) 时, 上述和式的极限就是该曲顶柱体的体积 V, 即

$$V = \lim_{\lambda \to 0} \sum_{i=1}^{n} f(\xi_i, \eta_i) \Delta \sigma_i.$$

2. 平面薄片的质量

设一块薄片在 xOy 平面上占据平面闭区域 D, 它在点 (x, y) 处的面密度是 $\rho = \rho(x, y)$, 又设 $\rho = \rho(x, y)$ 是连续的, 求该薄片的质量(见图 10-3).

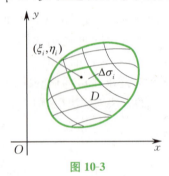

图 10-3

先将闭区域 D 分割为 n 个小闭区域

$$\Delta \sigma_1, \quad \Delta \sigma_2, \quad \cdots, \quad \Delta \sigma_n,$$

该薄片相应地被分割成 n 块小薄片. 在每个小闭区域上任取一点:

$$(\xi_1, \eta_1), \quad (\xi_2, \eta_2), \quad \cdots, \quad (\xi_n, \eta_n).$$

类似地, 以点 (ξ_i, η_i) 处的面密度 $\rho(\xi_i, \eta_i)$ 代替小闭区域 $\Delta \sigma_i (i = 1, 2, \cdots, n)$ 上各点处的面密度, 得到第 i 块小薄片的质量的近似值 $\rho(\xi_i, \eta_i) \Delta \sigma_i$ (这里仍以 $\Delta \sigma_i$ 表示小闭区域 $\Delta \sigma_i$ 的面积), 于是整块薄片的质量的近似值是

$$M_n = \sum_{i=1}^{n} \rho(\xi_i, \eta_i) \Delta \sigma_i.$$

用 $\lambda = \max_{1 \leq i \leq n} d(\Delta \sigma_i)$ 表示 n 个小闭区域 $\Delta \sigma_i$ 的直径的最大值, 当 D 无限细分, 即 $\lambda \to 0$ 时, M_n 的极限就是该薄片的质量 M, 亦即

$$M = \lim_{\lambda \to 0} \sum_{i=1}^{n} \rho(\xi_i, \eta_i) \Delta \sigma_i.$$

以上两个具体问题, 虽然背景不同, 但所求量都归结为同一形式的和式的极限. 将其实质抽象出来就得到下述二重积分的定义.

定义1 设 D 是 xOy 平面上的有界闭区域, 函数 $z = f(x, y)$ 在 D 上有

界. 将 D 分割为 n 个小闭区域

$$\Delta\sigma_1, \quad \Delta\sigma_2, \quad \cdots, \quad \Delta\sigma_n,$$

同时用 $\Delta\sigma_i(i=1,2,\cdots,n)$ 表示第 i 个小闭区域的面积,记小闭区域 $\Delta\sigma_i$ 的直径为 $d(\Delta\sigma_i)$,并令 $\lambda = \max\limits_{1\leqslant i\leqslant n} d(\Delta\sigma_i)$. 在 $\Delta\sigma_i(i=1,2,\cdots,n)$ 上任取一点 (ξ_i,η_i),做乘积 $f(\xi_i,\eta_i)\Delta\sigma_i$,并做和式

$$S_n = \sum_{i=1}^{n} f(\xi_i,\eta_i)\Delta\sigma_i.$$

若 $\lambda \to 0$ 时,S_n 的极限总存在[它不依赖于 D 的分法及点 (ξ_i,η_i) 的取法],则称该极限值为 $z=f(x,y)$ 在 D 上的**二重积分**,记作 $\iint_D f(x,y)\mathrm{d}\sigma$,即

$$\iint_D f(x,y)\mathrm{d}\sigma = \lim_{\lambda\to 0}\sum_{i=1}^{n} f(\xi_i,\eta_i)\Delta\sigma_i, \tag{10-1-1}$$

其中 D 叫作**积分区域**,$f(x,y)$ 叫作**被积函数**,$\mathrm{d}\sigma$ 叫作**面积元素**,$f(x,y)\mathrm{d}\sigma$ 叫作**被积表达式**,x 与 y 叫作**积分变量**,$\sum\limits_{i=1}^{n} f(\xi_i,\eta_i)\Delta\sigma_i$ 叫作**积分和**.

在直角坐标系中,我们常用平行于 x 轴和 y 轴的直线把积分区域 D 分割成小矩形闭区域(除包含 D 的边界点的一些小闭区域外). 设其中的小矩形闭区域 $\Delta\sigma$ 的边长是 Δx 和 Δy,从而 $\Delta\sigma=\Delta x\Delta y$. 因此,在直角坐标系中的面积元素可写成 $\mathrm{d}\sigma=\mathrm{d}x\mathrm{d}y$,二重积分也可记作

$$\iint_D f(x,y)\mathrm{d}x\mathrm{d}y = \lim_{\lambda\to 0}\sum_{i=1}^{n} f(\xi_i,\eta_i)\Delta\sigma_i.$$

有了二重积分的定义,前面曲顶柱体的体积和平面薄片的质量都可以用二重积分来表示. 曲顶柱体的体积 V 是函数 $z=f(x,y)$ 在闭区域 D 上的二重积分

$$V = \iint_D f(x,y)\mathrm{d}\sigma;$$

平面薄片的质量 M 是面密度 $\rho=\rho(x,y)$ 在闭区域 D 上的二重积分

$$M = \iint_D \rho(x,y)\mathrm{d}\sigma.$$

二重积分的**几何意义**:一般可把被积函数 $z=f(x,y)$ 的图形看作空间的一个曲面,所以当 $f(x,y)$ 取正值时,二重积分 $\iint_D f(x,y)\mathrm{d}\sigma$ 就是以 D 为底、以曲面 $z=f(x,y)$ 为顶的曲顶柱体的体积;当 $f(x,y)$ 取负值时,曲顶柱体就在 xOy 平面下方,二重积分 $\iint_D f(x,y)\mathrm{d}\sigma$ 就是曲顶柱体体积的负值. 如果 $f(x,y)$ 在 D 的某部分闭区域上是正的,而在其余的部分闭区域上是负的,那么二重积分 $\iint_D f(x,y)\mathrm{d}\sigma$ 就等于各部分闭区域对应曲顶柱体体积的代数和(当曲顶柱体位于 xOy 平面上方时,体积取正值;当曲顶柱体位于 xOy 平面下方时,体积取负值).

如果 $f(x,y)$ 在闭区域 D 上的二重积分存在[和式的极限(10-1-1)存在],则称 $f(x,y)$ 在 D 上**可积**. 什么样的函数是可积的呢?与一元函数定积分的情形一样,我们只叙述有关结论,而不做证明.

如果 $f(x,y)$ 是有界闭区域 D 上连续或分块连续的函数,则 $f(x,y)$ 在 D 上可积.

我们总假定函数 $f(x,y)$ 在有界闭区域 D 上连续,所以 $f(x,y)$ 在 D 上的二重积分都是存在的,以后就不再一一加以说明.

二、二重积分的性质

设函数 $f(x,y),g(x,y)$ 在有界闭区域 D 上连续,于是这两个函数在 D 上的二重积分存在.利用二重积分的定义,可以证明它的若干基本性质.下面列举这些性质,我们只证其中几个,其余性质请读者自行证明.

性质 1 常数因子可提到积分号外面,即
$$\iint_D kf(x,y)\mathrm{d}\sigma = k\iint_D f(x,y)\mathrm{d}\sigma,$$
其中 k 是常数.

性质 2 函数的代数和的二重积分等于各函数的二重积分的代数和,即
$$\iint_D [f(x,y) \pm g(x,y)]\mathrm{d}\sigma = \iint_D f(x,y)\mathrm{d}\sigma \pm \iint_D g(x,y)\mathrm{d}\sigma.$$

性质 3 若有界闭区域 D 被分割为有限个部分闭区域,则 D 上的二重积分等于各部分闭区域上的二重积分之和.

例如,若积分区域 D 被分为两个闭区域 D_1 和 D_2(见图 10-4),则
$$\iint_D f(x,y)\mathrm{d}\sigma = \iint_{D_1} f(x,y)\mathrm{d}\sigma + \iint_{D_2} f(x,y)\mathrm{d}\sigma.$$

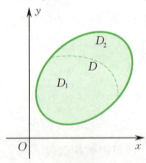

图 10-4

性质 3 表示二重积分对积分区域具有可加性.

性质 4 设在有界闭区域 D 上有 $f(x,y) \equiv 1$,σ 为 D 的面积,则
$$\iint_D 1\mathrm{d}\sigma = \iint_D \mathrm{d}\sigma = \sigma.$$

从几何意义上来看,这是很明显的,因为高为 1 的平顶柱体的体积在数值上就等于柱体的底面积.

性质 5 设在有界闭区域 D 上有 $f(x,y) \leqslant g(x,y)$,则
$$\iint_D f(x,y)\mathrm{d}\sigma \leqslant \iint_D g(x,y)\mathrm{d}\sigma.$$

性质 6 $\left|\iint_D f(x,y)\mathrm{d}\sigma\right| \leqslant \iint_D |f(x,y)|\mathrm{d}\sigma.$

证 显然，在 D 上有
$$-|f(x,y)| \leqslant f(x,y) \leqslant |f(x,y)|.$$
由性质 5，得
$$-\iint_D |f(x,y)| \mathrm{d}\sigma \leqslant \iint_D f(x,y) \mathrm{d}\sigma \leqslant \iint_D |f(x,y)| \mathrm{d}\sigma,$$
于是得到
$$\left|\iint_D f(x,y) \mathrm{d}\sigma\right| \leqslant \iint_D |f(x,y)| \mathrm{d}\sigma.$$
这就是说，函数二重积分的绝对值必小于或等于函数绝对值的二重积分。

性质 7 设函数 $f(x,y)$ 在有界闭区域 D 上连续，σ 是 D 的面积，则在 D 上至少存在一点 (ξ,η)，使得
$$\iint_D f(x,y) \mathrm{d}\sigma = f(\xi,\eta)\sigma.$$

这一性质称为**二重积分的中值定理**。

***证** 因 $f(x,y)$ 在有界闭区域 D 上连续，故根据有界闭区域上连续函数的最大最小值定理，在 D 上必存在一点 (x_1,y_1)，使得 $f(x_1,y_1)$ 等于最大值 M，又存在一点 (x_2,y_2)，使得 $f(x_2,y_2)$ 等于最小值 m，那么对于 D 上所有点 (x,y)，有
$$m = f(x_2,y_2) \leqslant f(x,y) \leqslant f(x_1,y_1) = M.$$
由性质 1 和性质 5，可得
$$m \iint_D \mathrm{d}\sigma \leqslant \iint_D f(x,y) \mathrm{d}\sigma \leqslant M \iint_D \mathrm{d}\sigma.$$
再由性质 4，得
$$m\sigma \leqslant \iint_D f(x,y) \mathrm{d}\sigma \leqslant M\sigma,$$
即
$$m \leqslant \frac{1}{\sigma} \iint_D f(x,y) \mathrm{d}\sigma \leqslant M.$$
根据有界闭区域上连续函数的介值定理，在 D 上必存在一点 (ξ,η)，使得
$$\frac{1}{\sigma} \iint_D f(x,y) \mathrm{d}\sigma = f(\xi,\eta),$$
即
$$\iint_D f(x,y) \mathrm{d}\sigma = f(\xi,\eta)\sigma, \quad (\xi,\eta) \in D.$$

二重积分的中值定理的**几何意义**可叙述如下：

当 $S: z = f(x,y)$ 为一个连续曲面时，对于以 S 为顶、以 D 为底的曲顶柱体，必定存在一个以 D 为底、以 D 内某点 (ξ,η) 处的函数值 $f(\xi,\eta)$ 为高的平顶柱体，它的体积 $f(\xi,\eta)\sigma$ 就等于这个曲顶柱体的体积。

三、二重积分的计算

前面我们已经讨论了二重积分的概念与性质，下面将根据二重积分的几

何意义导出二重积分的一种计算方法. 关键问题是如何将二重积分的计算转化为两次定积分的计算,即化二重积分为二次积分.

下面我们考虑利用直角坐标系计算二重积分的问题.

在几何上,当 $f(x,y) \geqslant 0$ 时,二重积分 $\iint\limits_{D} f(x,y)\mathrm{d}\sigma$ 的值等于以 D 为底、以曲面 $z = f(x,y)$ 为顶的曲顶柱体的体积 V. 下面我们用上册第五章第三节中"平行截面面积为已知的立体体积"的计算方法来求这个曲顶柱体的体积 V.

设积分区域 D 由两条平行直线 $x=a, x=b(a<b)$ 及两条连续曲线 $y = \varphi_1(x), y = \varphi_2(x)$(见图 10-5)所围成,即
$$D = \{(x,y) \mid a \leqslant x \leqslant b, \varphi_1(x) \leqslant y \leqslant \varphi_2(x)\}.$$

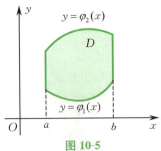

图 10-5

用平行于 yOz 平面的平面 $x = x_0 (a \leqslant x_0 \leqslant b)$ 去截该曲顶柱体,得到一个截面,它的面积等于 yOz 平面上以区间 $[\varphi_1(x_0), \varphi_2(x_0)]$ 为底、以曲线 $z = f(x_0, y)$ 为曲边的曲边梯形的面积(见图 10-6),所以该截面的面积为
$$A(x_0) = \int_{\varphi_1(x_0)}^{\varphi_2(x_0)} f(x_0, y) \mathrm{d}y.$$

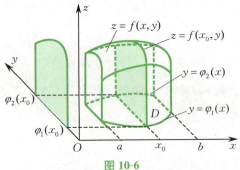

图 10-6

由此,我们可以看到这个截面面积是 x_0 的函数,为已知的. 一般地,过区间 $[a,b]$ 上任一点 x 且平行于 yOz 平面的平面,截该曲顶柱体所得截面的面积为
$$A(x) = \int_{\varphi_1(x)}^{\varphi_2(x)} f(x,y) \mathrm{d}y,$$
其中 y 是积分变量,x 在积分时保持不变. 因此,在区间 $[a,b]$ 上,$A(x)$ 是 x 的函数,为已知的. 现在用上册中的公式(5-3-1)求得该曲顶柱体的体积
$$V = \int_a^b A(x) \mathrm{d}x = \int_a^b \left[\int_{\varphi_1(x)}^{\varphi_2(x)} f(x,y) \mathrm{d}y \right] \mathrm{d}x,$$

于是得
$$\iint_D f(x,y)\mathrm{d}\sigma = \int_a^b \left[\int_{\varphi_1(x)}^{\varphi_2(x)} f(x,y)\mathrm{d}y\right]\mathrm{d}x,$$

或记作
$$\iint_D f(x,y)\mathrm{d}\sigma = \int_a^b \mathrm{d}x \int_{\varphi_1(x)}^{\varphi_2(x)} f(x,y)\mathrm{d}y.$$

上式右端称为先对 y、再对 x 的**二次积分**或**累次积分**. 这里应当注意的是：做第一次积分时，因为是在求 x 处的截面面积 $A(x)$，所以把 x 看作常量，把 $f(x,y)$ 只看作 y 的函数，y 是积分变量；做第二次积分时，是沿着 x 轴累加这些薄片的体积 $A(x)\mathrm{d}x$，所以 x 是积分变量.

在上面的讨论中，假定了 $f(x,y)\geqslant 0$，而事实上，若没有这个条件，上面的公式仍然正确. 这里把此结论叙述如下：

若函数 $f(x,y)$ 在有界闭区域 $D=\{(x,y)\mid a\leqslant x\leqslant b,\varphi_1(x)\leqslant y\leqslant \varphi_2(x)\}$ 上连续，则有

$$\iint_D f(x,y)\mathrm{d}x\mathrm{d}y = \int_a^b \mathrm{d}x \int_{\varphi_1(x)}^{\varphi_2(x)} f(x,y)\mathrm{d}y. \tag{10-1-2}$$

类似地，当积分区域 D 具有一定的特征时，也可以将二重积分 $\iint_D f(x,y)\mathrm{d}\sigma$ 化为先对 x、再对 y 的二次积分，即有结论：若函数 $f(x,y)$ 在有界闭区域 $D=\{(x,y)\mid c\leqslant y\leqslant d,\psi_1(y)\leqslant x\leqslant \psi_2(y)\}$（见图 10-7）上连续，则有

$$\iint_D f(x,y)\mathrm{d}x\mathrm{d}y = \int_c^d \mathrm{d}y \int_{\psi_1(y)}^{\psi_2(y)} f(x,y)\mathrm{d}x. \tag{10-1-3}$$

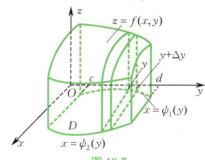

图 10-7

当我们把二重积分化成二次积分时，需要先画出积分区域 D 的图形，按图形找出 D 中点的 x,y 坐标所满足的不等式，然后确定二次积分的上、下限.

例 1 计算二重积分 $\iint_D xy\mathrm{d}\sigma$，其中 D 是由直线 $y=x$ 与抛物线 $y=x^2$ 所围成的闭区域.

解 先求出直线 $y=x$ 与抛物线 $y=x^2$ 的交点，即点 $(0,0)$ 和点 $(1,1)$，再画出积分区域 D 的图形（见图 10-8）. 易知，D 可表示为
$$D=\{(x,y)\mid 0\leqslant x\leqslant 1, x^2\leqslant y\leqslant x\}.$$

因此,由公式(10-1-2),得

$$\iint_D xy\,d\sigma = \int_0^1 dx \int_{x^2}^x xy\,dy = \int_0^1 \frac{xy^2}{2}\bigg|_{x^2}^x dx$$
$$= \frac{1}{2}\int_0^1 (x^3 - x^5)dx = \frac{1}{24}.$$

该二重积分也可以化为先对 x、再对 y 的二次积分,这时积分区域 D 可表示为 $D=\{(x,y)\mid 0\leqslant y\leqslant 1, y\leqslant x\leqslant \sqrt{y}\}$. 由公式(10-1-3),得

$$\iint_D xy\,d\sigma = \int_0^1 dy \int_y^{\sqrt{y}} xy\,dx.$$

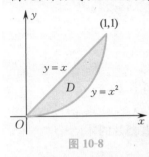

图 10-8

积分后与上面结果相同.

例 2 计算二重积分 $\iint_D y\sqrt{1+x^2-y^2}\,d\sigma$,其中 D 是由直线 $y=x$,$x=-1$ 与 $y=1$ 所围成的闭区域.

解 画出积分区域 D,易知 D 可表示为 $D=\{(x,y)\mid -1\leqslant x\leqslant 1, x\leqslant y\leqslant 1\}$ 或 $D=\{(x,y)\mid -1\leqslant y\leqslant 1, -1\leqslant x\leqslant y\}$(见图 10-9). 若利用公式(10-1-2),可得

$$\iint_D y\sqrt{1+x^2-y^2}\,d\sigma = \int_{-1}^1 dx \int_x^1 y\sqrt{1+x^2-y^2}\,dy$$
$$= -\frac{1}{3}\int_{-1}^1 (1+x^2-y^2)^{\frac{3}{2}}\bigg|_x^1 dx$$
$$= -\frac{1}{3}\int_{-1}^1 (|x|^3 - 1)dx$$
$$= -\frac{2}{3}\int_0^1 (x^3 - 1)dx = \frac{1}{2}.$$

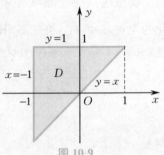

图 10-9

若利用公式(10-1-3),就有

$$\iint_D y\sqrt{1+x^2-y^2}\,d\sigma = \int_{-1}^1 dy \int_{-1}^y y\sqrt{1+x^2-y^2}\,dx,$$

但计算非常麻烦,所以这里用公式(10-1-2)来计算要简单得多.

例 3 计算二重积分 $\iint_D \frac{x^2}{y^2}\,d\sigma$,其中 D 是由直线 $y=2$,$y=x$ 与双曲线 $xy=1$ 所围成的闭区域.

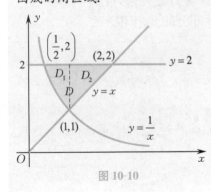

图 10-10

解 求得三条线的三个交点分别是 $\left(\frac{1}{2}, 2\right)$,$(1,1)$ 和 $(2,2)$. 如果先对 y 积分,那么当 $\frac{1}{2}\leqslant x\leqslant 1$ 时,y 的下限是双曲线 $y=\frac{1}{x}$;而当 $1\leqslant x\leqslant 2$ 时,y 的下限是直线 $y=x$. 因此,需要用直线 $x=1$ 把积分区域 D 分为 D_1 和 D_2 两部分(见图 10-10),其中

$$D_1 = \left\{(x,y) \,\Big|\, \frac{1}{2} \leqslant x \leqslant 1, \frac{1}{x} \leqslant y \leqslant 2\right\},$$
$$D_2 = \{(x,y) \mid 1 \leqslant x \leqslant 2, x \leqslant y \leqslant 2\}.$$

于是
$$\begin{aligned}
\iint_D \frac{x^2}{y^2} \mathrm{d}\sigma &= \iint_{D_1} \frac{x^2}{y^2} \mathrm{d}\sigma + \iint_{D_2} \frac{x^2}{y^2} \mathrm{d}\sigma \\
&= \int_{\frac{1}{2}}^1 \mathrm{d}x \int_{\frac{1}{x}}^2 \frac{x^2}{y^2} \mathrm{d}y + \int_1^2 \mathrm{d}x \int_x^2 \frac{x^2}{y^2} \mathrm{d}y \\
&= \int_{\frac{1}{2}}^1 \left(-\frac{x^2}{y}\right) \Big|_{\frac{1}{x}}^2 \mathrm{d}x + \int_1^2 \left(-\frac{x^2}{y}\right) \Big|_x^2 \mathrm{d}x \\
&= \int_{\frac{1}{2}}^1 \left(x^3 - \frac{x^2}{2}\right) \mathrm{d}x + \int_1^2 \left(x - \frac{x^2}{2}\right) \mathrm{d}x \\
&= \left(\frac{x^4}{4} - \frac{x^3}{6}\right) \Big|_{\frac{1}{2}}^1 + \left(\frac{x^2}{2} - \frac{x^3}{6}\right) \Big|_1^2 \\
&= \frac{27}{64}.
\end{aligned}$$

如果先对 x 积分,那么 $D = \left\{(x,y) \,\Big|\, 1 \leqslant y \leqslant 2, \frac{1}{y} \leqslant x \leqslant y\right\}$,于是

$$\begin{aligned}
\iint_D \frac{x^2}{y^2} \mathrm{d}\sigma &= \int_1^2 \mathrm{d}y \int_{\frac{1}{y}}^y \frac{x^2}{y^2} \mathrm{d}x = \int_1^2 \frac{x^3}{3y^2} \Big|_{\frac{1}{y}}^y \mathrm{d}y \\
&= \int_1^2 \left(\frac{y}{3} - \frac{1}{3y^5}\right) \mathrm{d}y = \left(\frac{y^2}{6} + \frac{1}{12y^4}\right) \Big|_1^2 \\
&= \frac{27}{64}.
\end{aligned}$$

对于例 3 中的这种积分区域 D,如果先对 y 积分,就需要把 D 分成几个闭区域来计算,这比先对 x 积分烦琐多了. 所以,把重积分化为二次积分时,需要根据积分区域 D 和被积函数的特点,选择适当的积分次序.

通常,若闭区域 $D = \{(x,y) \mid a \leqslant x \leqslant b, \varphi_1(x) \leqslant y \leqslant \varphi_2(x)\}$,其中上、下边界 $y = \varphi_2(x), y = \varphi_1(x)$ 为光滑或分段光滑曲线,则称 D 为 x 型区域;若闭区域 $D = \{(x,y) \mid c \leqslant y \leqslant d, \psi_1(y) \leqslant x \leqslant \psi_2(y)\}$,其中左、右边界 $x = \psi_1(y), x = \psi_2(y)$ 为光滑或分段光滑曲线,则称 D 为 y 型区域.

现在把计算二重积分的**步骤**小结一下:

(1) 画出积分区域 D 的图形,必要时需要计算某些交点的坐标;

(2) 考虑积分区域与被积函数的特点,适当选择积分次序;

(3) 把积分区域按积分次序的要求表示为 x 型区域或 y 型区域,以确定二次积分的上、下限.

在实际应用时,积分次序可以转化,如果发现积分次序选择不当,可换另

一种积分次序重新计算.

例 4 设函数 $f(x,y)$ 连续,证明:
$$\int_a^b dx \int_a^x f(x,y)dy = \int_a^b dy \int_y^b f(x,y)dx.$$

证 按照公式(10-1-2),上式左端可表示为
$$\int_a^b dx \int_a^x f(x,y)dy = \iint_D f(x,y)d\sigma,$$

图 10-11

其中积分区域 $D = \{(x,y) \mid a \leqslant x \leqslant b, a \leqslant y \leqslant x\}$(见图 10-11). D 也可表示为 $D = \{(x,y) \mid a \leqslant y \leqslant b, y \leqslant x \leqslant b\}$,于是改变积分次序,由公式(10-1-3)可得
$$\iint_D f(x,y)d\sigma = \int_a^b dy \int_y^b f(x,y)dx.$$

由此可得
$$\int_a^b dx \int_a^x f(x,y)dy = \int_a^b dy \int_y^b f(x,y)dx.$$

例 5 计算二重积分 $\iint_D \dfrac{\sin x}{x} d\sigma$,其中 D 是由直线 $y=x$ 与抛物线 $y=x^2$ 所围成的闭区域.

解 把积分区域 D 表示为 x 型区域,即 $D = \{(x,y) \mid 0 \leqslant x \leqslant 1, x^2 \leqslant y \leqslant x\}$(见图 10-8).于是
$$\iint_D \frac{\sin x}{x} d\sigma = \int_0^1 dx \int_{x^2}^x \frac{\sin x}{x} dy = \int_0^1 \left(\frac{\sin x}{x} y\right)\Big|_{x^2}^x dx$$
$$= \int_0^1 (1-x)\sin x\, dx = (-\cos x + x\cos x - \sin x)\Big|_0^1$$
$$= 1 - \sin 1.$$

注意 在例 5 中,如果将积分区域表示为 y 型区域,即先对 x 积分,则有
$$\iint_D \frac{\sin x}{x} d\sigma = \int_0^1 dy \int_y^{\sqrt{y}} \frac{\sin x}{x} dx.$$

由于 $\dfrac{\sin x}{x}$ 的原函数不能由初等函数表示,往下计算就困难了,这也说明计算二重积分时,除要注意积分区域 D 的特点(区分是 x 型区域还是 y 型区域)外,还应注意被积函数的特点,并适当选择积分次序.

四、二重积分的换元法

与定积分一样,二重积分也可用换元法来求其值,但比定积分复杂得多.我们知道,对定积分 $\int_a^b f(x)dx$ 做变量代换 $x = \varphi(t)$ 时,要把 $f(x)$ 变成 $f[\varphi(t)]$,dx 变成 $\varphi'(t)dt$,积分限 a,b 也要变成对应 t 的值.同样,对二重积分

$\iint_D f(x,y)\,\mathrm{d}\sigma$ 做变量代换

$$\begin{cases} x = x(u,v), \\ y = y(u,v) \end{cases}$$

时，既要把 $f(x,y)$ 变成 $f[x(u,v),y(u,v)]$，还要把 xOy 平面上的积分区域 D 变成 uOv 平面上的积分区域 D_{uv}，并把 D 中的面积元素 $\mathrm{d}\sigma$ 变成 D_{uv} 中的面积元素 $\mathrm{d}\sigma^*$. 在二重积分的计算中，最常用的变量代换是极坐标变换.

1. 极坐标变换下二重积分的计算

下面我们讨论利用极坐标变换，得出在极坐标系下计算二重积分的方法. 把极点放在直角坐标系的原点，极轴与 x 轴重合，那么点 P 的极坐标 (r,θ) 与该点的直角坐标 (x,y) 有如下互换公式：

$$x = r\cos\theta, \qquad y = r\sin\theta \quad (0 \leqslant r < +\infty, 0 \leqslant \theta \leqslant 2\pi);$$
$$r = \sqrt{x^2+y^2}, \quad \theta = \arctan\frac{y}{x} \quad (-\infty < x, y < +\infty).$$

我们知道，有些曲线的方程在极坐标系下比较简单. 因此，有些二重积分在极坐标变换后，计算起来比较方便. 下面讨论如何通过极坐标变换计算二重积分 $\iint_D f(x,y)\,\mathrm{d}\sigma$.

在直角坐标系中，我们用平行于 x 轴和 y 轴的两族直线分割积分区域 D，从而得到面积元素 $\mathrm{d}\sigma = \mathrm{d}x\,\mathrm{d}y$. 在极坐标系中，与此类似，我们用"$r =$ 常数"的一族同心圆及"$\theta =$ 常数"的一族过极点的射线将积分区域 D 分成 n 个小闭区域. 任取其中一个不包含 D 的边界点的小闭区域 $\Delta\sigma_{ij}$，如图 10-12 所示，则该小闭区域的面积为

$$\Delta\sigma_{ij} = \frac{1}{2}[(r_i + \Delta r_i)^2 \Delta\theta_j - r_i^2 \Delta\theta_j]$$
$$= r_i \Delta r_i \Delta\theta_j + \frac{1}{2}(\Delta r_i)^2 \Delta\theta_j.$$

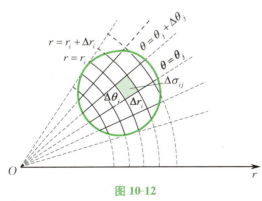

图 10-12

记

$$\Delta\rho_{ij} = \sqrt{(\Delta r_i)^2 + (\Delta\theta_j)^2},$$

则有
$$\Delta\sigma_{ij} = r_i \Delta r_i \Delta \theta_j + o(\Delta\rho_{ij}),$$
故极坐标系中的面积元素为
$$d\sigma = r dr d\theta.$$
所以
$$\iint_D f(x,y) d\sigma = \iint_D f(r\cos\theta, r\sin\theta) r dr d\theta. \tag{10-1-4}$$

这就是直角坐标系下的二重积分变换到极坐标系下的二重积分的公式. 可见, 在做极坐标变换时, 只要将被积函数中的 x, y 分别换成 $r\cos\theta, r\sin\theta$, 并把直角坐标的面积元素 $d\sigma = dx dy$ 换成极坐标的面积元素 $r dr d\theta$ 即可. 但必须指出的是: 变换后的积分区域 D 必须用极坐标表示.

极坐标系下的二重积分同样也可以化为二次积分计算. 下面分三种情况讨论.

(1) 极点 O 在积分区域 D 的外部, 如图 10-13 所示.

设积分区域 D 在两条射线 $\theta = \alpha, \theta = \beta (\alpha < \beta)$ 之间, 这两条射线和 D 的边界曲线的交点分别为 A, B, 它们将 D 的边界曲线分为两部分, 其中一部分的方程为 $r = r_1(\theta)$, 另一部分的方程为 $r = r_2(\theta)$, 这里 $r_1(\theta), r_2(\theta)$ 均为区间 $[\alpha, \beta]$ 上的连续函数且满足 $r_1(\theta) \leqslant r_2(\theta)$, 此时
$$D = \{(r,\theta) \mid r_1(\theta) \leqslant r \leqslant r_2(\theta), \alpha \leqslant \theta \leqslant \beta\},$$
于是
$$\iint_D f(r\cos\theta, r\sin\theta) r dr d\theta = \int_\alpha^\beta d\theta \int_{r_1(\theta)}^{r_2(\theta)} f(r\cos\theta, r\sin\theta) r dr.$$

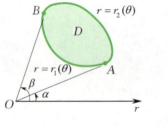
图 10-13

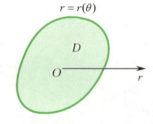
图 10-14

(2) 极点 O 在积分区域 D 的内部, 如图 10-14 所示.

若积分区域 D 的边界曲线为 $r = r(\theta)$, 这时
$$D = \{(r,\theta) \mid 0 \leqslant r \leqslant r(\theta), 0 \leqslant \theta \leqslant 2\pi\},$$
且函数 $r(\theta)$ 在区间 $[0, 2\pi]$ 上连续, 于是
$$\iint_D f(r\cos\theta, r\sin\theta) r dr d\theta = \int_0^{2\pi} d\theta \int_0^{r(\theta)} f(r\cos\theta, r\sin\theta) r dr.$$

(3) 极点 O 在积分区域 D 的边界曲线上, 如图 10-15 所示.

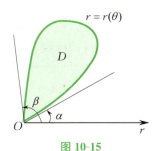

图 10-15

若积分区域 D 的边界曲线为 $r=r(\theta)$,且函数 $r(\theta)$ 在区间 $[\alpha,\beta]$ 上连续,此时
$$D=\{(r,\theta)\mid \alpha\leqslant\theta\leqslant\beta,\ 0\leqslant r\leqslant r(\theta)\},$$
故有
$$\iint_D f(r\cos\theta,r\sin\theta)r\,\mathrm{d}r\,\mathrm{d}\theta=\int_\alpha^\beta \mathrm{d}\theta\int_0^{r(\theta)} f(r\cos\theta,r\sin\theta)r\,\mathrm{d}r.$$

在计算二重积分时,是否采用极坐标变换,应根据积分区域与被积函数的形式来决定. 一般来说,当积分区域为圆形闭区域或部分圆形闭区域,被积函数可表示为 $f(x^2+y^2)$ 或 $f\left(\dfrac{y}{x}\right)$ 等形式时,常采用极坐标变换来简化二重积分的计算.

例 6 计算二重积分
$$I=\iint_D \sqrt{\frac{1-x^2-y^2}{1+x^2+y^2}}\,\mathrm{d}x\,\mathrm{d}y,$$
其中 $D=\{(x,y)\mid x^2+y^2\leqslant a^2(0<a<1)\}$.

解 在极坐标系下,积分区域 D 可表示为
$$D=\{(r,\theta)\mid 0\leqslant r\leqslant a,\ 0\leqslant\theta\leqslant 2\pi\},$$
故有
$$\begin{aligned}
I&=\iint_D \sqrt{\frac{1-x^2-y^2}{1+x^2+y^2}}\,\mathrm{d}x\,\mathrm{d}y=\int_0^{2\pi}\mathrm{d}\theta\int_0^a \sqrt{\frac{1-r^2}{1+r^2}}\,r\,\mathrm{d}r\\
&=2\pi\int_0^a \sqrt{\frac{1-r^2}{1+r^2}}\,r\,\mathrm{d}r \xrightarrow{\diamondsuit\, t=r^2} \pi\int_0^{a^2}\frac{1-t}{\sqrt{1-t^2}}\,\mathrm{d}t\\
&=\pi(\arcsin t+\sqrt{1-t^2})\Big|_0^{a^2}\\
&=\pi(\arcsin a^2+\sqrt{1-a^4}-1).
\end{aligned}$$

例 7 计算二重积分 $\iint_D xy^2\,\mathrm{d}\sigma$,其中 D 是以原点为圆心的单位圆盘在第一象限的部分.

解 在极坐标系下,积分区域 D 可表示为 $D=\left\{(r,\theta)\,\Big|\,0\leqslant\theta\leqslant\dfrac{\pi}{2},\ 0\leqslant r\leqslant 1\right\}$(见图 10-16),所以

$$\iint_D xy^2 \, d\sigma = \int_0^{\frac{\pi}{2}} d\theta \int_0^1 r\cos\theta \cdot r^2 \sin^2\theta \cdot r \, dr$$

$$= \int_0^{\frac{\pi}{2}} \cos\theta \sin^2\theta \, d\theta \int_0^1 r^4 \, dr = \frac{1}{15}.$$

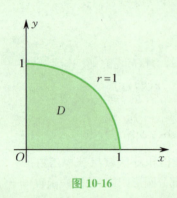

图 10-16

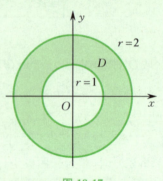

图 10-17

例8 计算二重积分 $\iint_D x^2 \, d\sigma$,其中 D 是两个圆 $x^2 + y^2 = 1$ 和 $x^2 + y^2 = 4$ 之间的环形闭区域.

解 积分区域 D 可表示为 $D = \{(r, \theta) \mid 0 \leqslant \theta \leqslant 2\pi, 1 \leqslant r \leqslant 2\}$(见图 10-17),所以

$$\iint_D x^2 \, d\sigma = \int_0^{2\pi} d\theta \int_1^2 r^2 \cos^2\theta \cdot r \, dr = \int_0^{2\pi} \frac{1 + \cos 2\theta}{2} d\theta \int_1^2 r^3 \, dr = \frac{15}{4}\pi.$$

例9 计算二重积分 $\iint_D \frac{x+y}{x^2+y^2} d\sigma$,其中 $D = \{(x, y) \mid x^2 + y^2 \leqslant 1, x + y \geqslant 1\}$.

解 在极坐标系下,积分区域 D 可表示为

$$D = \left\{(r, \theta) \,\middle|\, \frac{1}{\cos\theta + \sin\theta} \leqslant r \leqslant 1, 0 \leqslant \theta \leqslant \frac{\pi}{2}\right\},$$

故有

$$\iint_D \frac{x+y}{x^2+y^2} d\sigma = \int_0^{\frac{\pi}{2}} d\theta \int_{\frac{1}{\cos\theta+\sin\theta}}^1 (\cos\theta + \sin\theta) dr$$

$$= \int_0^{\frac{\pi}{2}} (\cos\theta + \sin\theta) \left(1 - \frac{1}{\cos\theta + \sin\theta}\right) d\theta$$

$$= \int_0^{\frac{\pi}{2}} (\cos\theta + \sin\theta - 1) d\theta$$

$$= (\sin\theta - \cos\theta - \theta) \Big|_0^{\frac{\pi}{2}}$$

$$= 2 - \frac{\pi}{2}.$$

*2. 一般变量代换下二重积分的计算

我们先来考虑面积元素的变化情况.

设函数 $x=x(u,v), y=y(u,v)$ 在 D_{uv} 上具有连续偏导数,且其雅可比行列式 J 不等于 0,即

$$J = \frac{\partial(x,y)}{\partial(u,v)} \neq 0,$$

则由反函数存在定理,一定存在 D 上的连续反函数

$$u=u(x,y), \quad v=v(x,y).$$

这时 D_{uv} 与 D 之间建立了一一对应关系,uOv 平面上平行于坐标轴的直线 $u=u_0, v=v_0$ 在映射之下成为 xOy 平面上的曲线 $u(x,y)=u_0, v(x,y)=v_0$. 我们用 uOv 平面上平行于坐标轴的直线

$$u=u_i, \quad v=v_j \quad (i=1,2,\cdots,n;j=1,2,\cdots,m)$$

将 D_{uv} 分割成一些小矩形闭区域,则映射将 uOv 平面上的直线网变成 xOy 平面上的曲线网(见图 10-18).

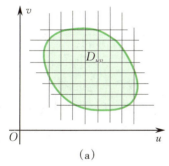
(a)

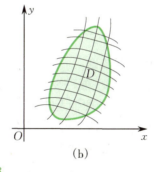
(b)

图 10-18

在 D_{uv} 中任取一个典型的小闭区域 ΔD_{uv}(面积记为 $\Delta\sigma^*$)及其在 D 中对应的小闭区域 ΔD(面积记为 $\Delta\sigma$),如图 10-19 所示.

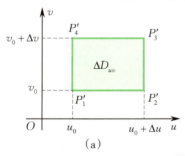
(a)

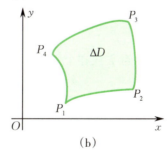
(b)

图 10-19

设 ΔD 的四条边界曲线的交点为 $P_1(x_0,y_0), P_2(x_0+\Delta x_1,y_0+\Delta y_1), P_3(x_0+\Delta x_2,y_0+\Delta y_2), P_4(x_0+\Delta x_3,y_0+\Delta y_3)$. 当 $\Delta u, \Delta v$ 很小时,$\Delta x_i, \Delta y_i (i=1,2,3)$ 也很小,ΔD 的面积可用 $\overrightarrow{P_1P_2}$ 与 $\overrightarrow{P_1P_4}$ 构成的平行四边形的面积近似代替,即

$$\Delta\sigma \approx |\overrightarrow{P_1P_2} \times \overrightarrow{P_1P_4}|.$$

而
$$\overrightarrow{P_1P_2} = (\Delta x_1)\boldsymbol{i} + (\Delta y_1)\boldsymbol{j}$$
$$= [x(u_0+\Delta u, v_0) - x(u_0,v_0)]\boldsymbol{i} + [y(u_0+\Delta u, v_0) - y(u_0,v_0)]\boldsymbol{j}$$
$$\approx [x'_u(u_0,v_0)\Delta u]\boldsymbol{i} + [y'_u(u_0,v_0)\Delta u]\boldsymbol{j},$$

同理
$$\overrightarrow{P_1P_4} \approx [x'_v(u_0,v_0)\Delta v]\boldsymbol{i} + [y'_v(u_0,v_0)\Delta v]\boldsymbol{j},$$

于是
$$\Delta\sigma = |\overrightarrow{P_1P_2} \times \overrightarrow{P_1P_4}| = \left\| \begin{array}{cc} \dfrac{\partial x}{\partial u}\Delta u & \dfrac{\partial y}{\partial u}\Delta u \\ \dfrac{\partial x}{\partial v}\Delta v & \dfrac{\partial y}{\partial v}\Delta v \end{array} \right\|$$

$$= \left|\dfrac{\partial(x,y)}{\partial(u,v)}\right| \cdot |\Delta u \Delta v| = \left|\dfrac{\partial(x,y)}{\partial(u,v)}\right| \Delta\sigma^*.$$

因此，做变量代换 $x=x(u,v), y=y(u,v)$ 后的面积元素 $d\sigma^*$ 与原来面积元素 $d\sigma$ 的关系为

$$d\sigma = \left|\dfrac{\partial(x,y)}{\partial(u,v)}\right| d\sigma^* \quad 或 \quad dxdy = \left|\dfrac{\partial(x,y)}{\partial(u,v)}\right| dudv.$$

由此得如下**结论**：

若函数 $f(x,y)$ 在 xOy 平面上的有界闭区域 D 上连续，变换 $T: x=x(u,v), y=y(u,v)$ 将 uOv 平面上的有界闭区域 D_{uv} 变成 xOy 平面上的 D，且满足：

(1) 函数 $x(u,v), y(u,v)$ 在 D_{uv} 上具有连续偏导数，

(2) 在 D_{uv} 上，函数组 $x(u,v), y(u,v)$ 的雅可比行列式 J 不等于 0，即

$$J = \dfrac{\partial(x,y)}{\partial(u,v)} \neq 0,$$

(3) 变换 $T: D_{uv} \to D$ 是一一的，

则有

$$\iint_D f(x,y) dx dy = \iint_{D_{uv}} f[x(u,v), y(u,v)] |J| du dv. \tag{10-1-5}$$

注意 当 J 仅在个别点处等于 0 时，公式(10-1-5)仍然成立.

例 10 计算二重积分 $\iint_D e^{\frac{y-x}{y+x}} dx dy$，其中 D 是由 x 轴、y 轴和直线 $x+y=2$ 所围成的闭区域.

解 令 $u=y-x, v=y+x$，则

$$x = \dfrac{v-u}{2}, \quad y = \dfrac{v+u}{2}.$$

在此变换下，xOy 平面上的闭区域 D 变成 uOv 平面上的闭区域 D_{uv}（见图 10-20）. 函数组 $x=\dfrac{v-u}{2}, y=\dfrac{v+u}{2}$ 的雅可比行列式为

$$J = \frac{\partial(x,y)}{\partial(u,v)} = \begin{vmatrix} -\frac{1}{2} & \frac{1}{2} \\ \frac{1}{2} & \frac{1}{2} \end{vmatrix} = -\frac{1}{2},$$

则得

$$\iint_D e^{\frac{y-x}{y+x}} dx dy = \iint_{D_{uv}} e^{\frac{u}{v}} \left| -\frac{1}{2} \right| du dv = \frac{1}{2} \int_0^2 dv \int_{-v}^{v} e^{\frac{u}{v}} du$$
$$= \frac{1}{2} \int_0^2 (e - e^{-1}) v dv = e - e^{-1}.$$

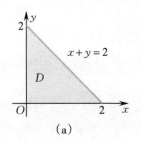
(a)

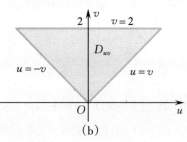
(b)

图 10-20

例 11 设 D 为 xOy 平面上由四条抛物线 $x^2 = ay, x^2 = by, y^2 = px, y^2 = qx$ 所围成的闭区域,其中 $0 < a < b, 0 < p < q$,求 D 的面积.

解 由 D 的构造特点,引入两族抛物线 $y^2 = ux, x^2 = vy$,则 u 从 p 变到 q, v 从 a 变到 b 时,这两族抛物线交织成闭区域 D. 于是,令 $u = \frac{y^2}{x}, v = \frac{x^2}{y}(x > 0, y > 0)$,则它们将 xOy 平面上的 D 变成 uOv 平面上的矩形闭区域 D_{uv}(见图 10-21),且由它们所确定的函数组 $x = x(u,v), y = y(u,v)$ 的雅可比行列式为

$$J = \frac{\partial(x,y)}{\partial(u,v)} = \frac{1}{\frac{\partial(u,v)}{\partial(x,y)}} = \frac{1}{\begin{vmatrix} -\frac{y^2}{x^2} & \frac{2y}{x} \\ \frac{2x}{y} & -\frac{x^2}{y^2} \end{vmatrix}} = -\frac{1}{3}.$$

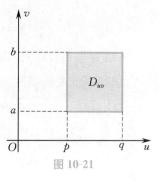

图 10-21

所以,所求的面积为

$$S = \iint_D dx dy = \iint_{D_{uv}} \frac{1}{3} du dv = \frac{1}{3}(b-a)(q-p).$$

例 12 计算二重积分 $\iint_D \sqrt{1 - \frac{x^2}{a^2} - \frac{y^2}{b^2}} dx dy (a > 0, b > 0)$,其中 D 是由椭圆 $\frac{x^2}{a^2} + \frac{y^2}{b^2} = 1$ 所围成的闭区域.

解 令 $x = ar\cos\theta, y = br\sin\theta$,则 $0 \leqslant r \leqslant 1, 0 \leqslant \theta \leqslant 2\pi$. 函数组 $x = ar\cos\theta, y = br\sin\theta$ 的雅可比行列式为

$$J = \frac{\partial(x,y)}{\partial(r,\theta)} = \begin{vmatrix} a\cos\theta & -ar\sin\theta \\ b\sin\theta & br\cos\theta \end{vmatrix} = abr.$$

J 仅在 $r=0$ 处为 0,故公式(10-1-5)仍成立,从而

$$\iint_D \sqrt{1-\frac{x^2}{a^2}-\frac{y^2}{b^2}}\,dx\,dy = \int_0^{2\pi}d\theta\int_0^1\sqrt{1-r^2}\,abr\,dr = ab\int_0^{2\pi}d\theta\int_0^1\sqrt{1-r^2}\,r\,dr$$

$$= -ab \cdot 2\pi \cdot \frac{1}{2}\int_0^1 \sqrt{1-r^2}\,d(1-r^2)$$

$$= -\frac{2}{3}\pi ab(1-r^2)^{\frac{3}{2}}\bigg|_0^1 = \frac{2}{3}\pi ab.$$

习题 10-1

1. 根据二重积分的性质,比较 $I_1 = \iint_D \ln(x+y)\,d\sigma$ 与 $I_2 = \iint_D \ln^2(x+y)\,d\sigma$ 的大小,其中

(1) D 是以 $(0,1),(1,0),(1,1)$ 为顶点的三角形闭区域;

(2) $D = \{(x,y) \mid 3 \leqslant x \leqslant 5, 0 \leqslant y \leqslant 2\}$.

2. 根据二重积分的性质,估计下列二重积分的值:

(1) $I = \iint_D \sqrt{4+xy}\,d\sigma$,其中 $D = \{(x,y) \mid 0 \leqslant x \leqslant 2, 0 \leqslant y \leqslant 2\}$;

(2) $I = \iint_D \sin^2 x \sin^2 y\,d\sigma$,其中 $D = \{(x,y) \mid 0 \leqslant x \leqslant \pi, 0 \leqslant y \leqslant \pi\}$;

(3) $I = \iint_D (x^2+4y^2+9)\,d\sigma$,其中 $D = \{(x,y) \mid x^2+y^2 \leqslant 4\}$.

3. 设 a 为正常数,根据二重积分的几何意义,确定下列二重积分的值:

(1) $\iint_D (a-\sqrt{x^2+y^2})\,d\sigma$,其中 $D = \{(x,y) \mid x^2+y^2 \leqslant a^2\}$;

(2) $\iint_D \sqrt{a^2-x^2-y^2}\,d\sigma$,其中 $D = \{(x,y) \mid x^2+y^2 \leqslant a^2\}$.

4. 设 $f(x,y)$ 为连续函数,求

$$\lim_{r\to 0}\frac{1}{\pi r^2}\iint_D f(x,y)\,d\sigma,$$

其中 $D = \{(x,y) \mid (x-x_0)^2+(y-y_0)^2 \leqslant r^2\}$ (提示:利用二重积分的中值定理).

5. 画出积分区域 D,把二重积分 $\iint_D f(x,y)\,d\sigma$ 化为二次积分,其中 D 如下:

(1) $D = \{(x,y) \mid x+y \leqslant 1, y-x \leqslant 1, y \geqslant 0\}$;

(2) $D = \{(x,y) \mid y \geqslant x-2, x \geqslant y^2\}$;

(3) $D = \left\{(x,y) \,\bigg|\, y \geqslant \frac{2}{x}, y \leqslant 2x, x \leqslant 2\right\}$.

6. 画出下列二次积分的积分区域,改变其积分次序:

(1) $\int_0^2 dy\int_{y^2}^{2y} f(x,y)\,dx$;

(2) $\int_1^e dx\int_0^{\ln x} f(x,y)\,dy$;

(3) $\int_0^1 dy\int_{\sqrt{y}}^{3-2y} f(x,y)\,dx$;

(4) $\int_0^\pi dx\int_{-\sin\frac{x}{2}}^{\sin x} f(x,y)\,dy$;

(5) $\int_0^1 \mathrm{d}y \int_0^{2y} f(x,y)\mathrm{d}x + \int_1^3 \mathrm{d}y \int_0^{3-y} f(x,y)\mathrm{d}x$.

7. 设函数 $f(x,y)$ 连续,且 $f(x,y) = xy + \iint_D f(x,y)\mathrm{d}\sigma$,其中 D 是由直线 $y=0, x=1$ 与曲线 $y = x^2$ 所围成的闭区域,求 $f(x,y)$.

8. 计算下列二重积分:

(1) $\iint_D \dfrac{x^2}{y^2}\mathrm{d}x\mathrm{d}y$,其中 $D = \left\{(x,y)\,\Big|\, 1 \leqslant x \leqslant 2, \dfrac{1}{x} \leqslant y \leqslant x\right\}$;

(2) $\iint_D \mathrm{e}^{\frac{x}{y}}\mathrm{d}x\mathrm{d}y$,其中 D 是由抛物线 $y^2 = x$ 与直线 $x=0, y=1$ 所围成的闭区域;

(3) $\iint_D \sqrt{x^2-y^2}\,\mathrm{d}x\mathrm{d}y$,其中 D 是以 $O(0,0), A(1,-1), B(1,1)$ 为顶点的三角形闭区域;

(4) $\iint_D \cos(x+y)\mathrm{d}x\mathrm{d}y$,其中 $D = \{(x,y)\,|\,0 \leqslant x \leqslant \pi, x \leqslant y \leqslant \pi\}$.

9. 计算下列二次积分:

(1) $\int_0^1 \mathrm{d}y \int_y^{\sqrt{y}} \dfrac{\sin x}{x}\mathrm{d}x$; (2) $\int_{\frac{1}{4}}^{\frac{1}{2}} \mathrm{d}y \int_{\frac{1}{2}}^{\sqrt{y}} \mathrm{e}^{\frac{y}{x}}\mathrm{d}x + \int_{\frac{1}{2}}^{1} \mathrm{d}y \int_{y}^{\sqrt{y}} \mathrm{e}^{\frac{y}{x}}\mathrm{d}x$.

10. 在极坐标系下计算下列二重积分:

(1) $\iint_D \sin\sqrt{x^2+y^2}\,\mathrm{d}x\mathrm{d}y$,其中 $D = \{(x,y)\,|\,\pi^2 \leqslant x^2+y^2 \leqslant 4\pi^2\}$;

(2) $\iint_D \mathrm{e}^{-(x^2+y^2)}\mathrm{d}x\mathrm{d}y$,其中 D 为圆 $x^2+y^2=1$ 所围成的闭区域;

(3) $\iint_D \arctan\dfrac{y}{x}\mathrm{d}x\mathrm{d}y$,其中 D 是由圆 $x^2+y^2=4, x^2+y^2=1$ 与直线 $y=0, y=x$ 所围成的位于第一象限的闭区域;

(4) $\iint_D (x+y)\mathrm{d}x\mathrm{d}y$,其中 D 是由曲线 $x^2+y^2 = x+y$ 所围成的闭区域.

11. 将下列二次积分化为极坐标形式,并计算积分值:

(1) $\int_0^{2a} \mathrm{d}x \int_0^{\sqrt{2ax-x^2}} (x^2+y^2)\mathrm{d}y$; (2) $\int_0^a \mathrm{d}x \int_0^x \sqrt{x^2+y^2}\,\mathrm{d}y$;

(3) $\int_0^1 \mathrm{d}x \int_{x^2}^x (x^2+y^2)^{-\frac{1}{2}}\mathrm{d}y$; (4) $\int_0^a \mathrm{d}y \int_0^{\sqrt{a^2-y^2}} (x^2+y^2)\mathrm{d}x$.

*12. 做适当的坐标变换,计算下列二重积分:

(1) $\iint_D x^2 y^2\mathrm{d}x\mathrm{d}y$,其中 D 是由曲线 $xy=2, xy=4$ 与直线 $x=y, y=3x$ 在第一象限所围成的闭区域;

(2) $\iint_D (x^2+y^2)^2\mathrm{d}x\mathrm{d}y$,其中 $D = \{(x,y)\,|\,|x|+|y| \leqslant 1\}$;

(3) $\int_0^1 \mathrm{d}x \int_{1-x}^{2-x} (x^2+y^2)\mathrm{d}y$ (令 $x=v, x+y=u$);

(4) $\iint_D \left(\dfrac{x^2}{a^2} + \dfrac{y^2}{b^2}\right)\mathrm{d}x\mathrm{d}y$,其中 $D = \left\{(x,y)\,\Big|\,\dfrac{x^2}{a^2}+\dfrac{y^2}{b^2} \leqslant 1\right\}(a>0, b>0)$;

(5) $\iint_D |x^2+y^2-4|\mathrm{d}x\mathrm{d}y$,其中 $D = \{(x,y)\,|\,x^2+y^2 \leqslant 9\}$;

(6) $\iint_D |x^2+y^2-2y|\mathrm{d}x\mathrm{d}y$,其中 $D = \{(x,y)\,|\,x^2+y^2 \leqslant 4\}$.

习题答案

*第二节 反常二重积分

与定积分的概念可以推广到反常积分一样,二重积分的概念也可以推广到无界区域与无界函数的反常二重积分.下面对这两类反常二重积分的定义和收敛的判别法则做简单介绍(证明从略).

一、无界区域的反常二重积分

定义 1 设 $f(x,y)$ 是定义在无界区域 D 上的有界函数,任作一个有界闭区域序列 $D_1, D_2, \cdots, D_n, \cdots$,使得 $D_n \subset D (n=1,2,\cdots)$,$D_n \subset D_{n+1}$,且当 $n \to \infty$ 时,D_n 扩张成为 D.如果不论如何作 $D_n (n=1,2,\cdots)$,极限

$$\lim_{n\to\infty} \iint_{D_n} f(x,y) \mathrm{d}\sigma$$

均存在,那么称 $f(x,y)$ 在 D 上的反常二重积分 $\iint_D f(x,y) \mathrm{d}\sigma$ 收敛,并称此极限值为该反常二重积分的值,记为 $\iint_D f(x,y) \mathrm{d}\sigma = \lim_{n\to\infty} \iint_{D_n} f(x,y) \mathrm{d}\sigma$;否则,称该反常二重积分发散.

定理 1(收敛判别法) 设函数 $f(x,y)$ 在无界区域 D 上连续.若存在 $\rho_0 > 0$,使得当 $\rho = \sqrt{x^2+y^2} \geqslant \rho_0$,$(x,y) \in D$ 时,有

$$|f(x,y)| \leqslant \frac{M}{\rho^\alpha},$$

其中 M 与 α 均为常数,则当 $\alpha > 2$ 时,反常二重积分 $\iint_D f(x,y) \mathrm{d}\sigma$ 收敛.

例 1 证明:无界区域上的反常二重积分

$$I = \iint_{\mathbf{R}^2} \mathrm{e}^{-x^2-y^2} \mathrm{d}x \mathrm{d}y$$

收敛;并求该反常二重积分的值.

解 因对于任一常数 $\alpha > 2$,均有

$$\lim_{\rho \to +\infty} \rho^\alpha \mathrm{e}^{-\rho^2} = 0 < 1,$$

故存在常数 $\rho_0 > 0$,使得当 $\rho > \rho_0$ 时,有

$$e^{-\rho^2} < \frac{1}{\rho^\alpha}.$$

由定理 1 可知,反常二重积分 I 收敛.

因此,要求 I 的值只需要选取一组可以扩充到全平面 $\mathbf{R}^2$ 的特殊闭区域序列去计算就行了. 现取 $R_n^2 = \{(x,y) \mid x^2 + y^2 \leqslant a_n^2\}(a_n > 0)$,其中当 $n \to \infty$ 时,有 $a_n \to +\infty$,于是

$$I = \iint_{\mathbf{R}^2} e^{-(x^2+y^2)} dx\,dy = \lim_{n\to\infty} \iint_{R_n^2} e^{-(x^2+y^2)} dx\,dy$$

$$= \lim_{n\to\infty} \int_0^{2\pi} d\theta \int_0^{a_n} e^{-r^2} r\,dr = \lim_{n\to\infty} \pi(1 - e^{-a_n^2}) = \pi.$$

在例 1 中,如果我们把扩充至全平面的闭区域序列选为正方形闭区域序列

$$D_n = \{(x,y) \mid -n \leqslant x \leqslant n, -n \leqslant y \leqslant n\},$$

那么有

$$I = \iint_{\mathbf{R}^2} e^{-(x^2+y^2)} dx\,dy = \lim_{n\to\infty} \iint_{D_n} e^{-(x^2+y^2)} dx\,dy$$

$$= \lim_{n\to\infty} \left(\int_{-n}^{n} e^{-y^2} dy \int_{-n}^{n} e^{-x^2} dx \right) = \lim_{n\to\infty} \left(\int_{-n}^{n} e^{-x^2} dx \right)^2$$

$$= \left(\int_{-\infty}^{+\infty} e^{-x^2} dx \right)^2.$$

由于反常二重积分 I 存在,其值为 π,因此

$$\left(\int_{-\infty}^{+\infty} e^{-x^2} dx \right)^2 = \pi$$

或

$$\frac{1}{\sqrt{\pi}} \int_{-\infty}^{+\infty} e^{-x^2} dx = 1.$$

上式中的反常积分称为**概率积分**,它在概率统计中占有重要的地位.

二、无界函数的反常二重积分

定义 2 设函数 $f(x,y)$ 在有界闭区域 D 上除点 $P_0(x_0,y_0)$ 外处处连续,且当 $(x,y) \to (x_0,y_0)$ 时,$f(x,y) \to \infty$. 作点 P_0 的任一 d 邻域 $U(P_0,d)$,并记 $N_d = U(P_0,d) \cap D$. 如果不论 $U(P_0,d)$ 如何选取,当 $d \to 0$,即 N_d 缩为点 P_0 时,极限

$$\lim_{d \to 0} \iint_{D-N_d} f(x,y) d\sigma$$

均存在,那么称 $f(x,y)$ 在 **D 上的反常二重积分** $\iint_D f(x,y) d\sigma$ **收敛**,并称此极限值为该反常二重积分的值,记为 $\iint_D f(x,y) d\sigma = \lim_{d\to 0} \iint_{D-N_d} f(x,y) d\sigma$;否则,称该反常二重积分**发散**.

定理 2（收敛判别法） 设函数 $f(x,y)$ 在有界闭区域 D 上除点 (x_0, y_0) 外处处连续，且当 $(x,y) \to (x_0, y_0)$ 时，$f(x,y) \to \infty$. 若不等式

$$|f(x,y)| \leqslant \frac{M}{\rho^\alpha}$$

在 D 上除点 (x_0, y_0) 外处处成立，其中 M 与 α 均为常数，且

$$\rho = \sqrt{(x-x_0)^2 + (y-y_0)^2},$$

则当 $\alpha < 2$ 时，反常二重积分 $\iint_D f(x,y) \mathrm{d}\sigma$ 收敛.

例 2 证明：反常二重积分

$$I = \iint_D \frac{\mathrm{d}\sigma}{|x|+|y|}$$

收敛，其中 $D = \{(x,y) \mid x^2 + y^2 \leqslant 1\}$；并求该反常二重积分的值.

解 由于

$$(|x|+|y|)^2 \geqslant x^2 + y^2,$$

因此在 D 内除点 $P_0(0,0)$ 外有

$$\frac{1}{|x|+|y|} \leqslant \frac{1}{\sqrt{x^2+y^2}} = \frac{1}{\rho}.$$

由定理 2 可知，反常二重积分 I 收敛.

在 D 内作点 P_0 的任一邻域 $U(P_0, d)$，则

$$I = \lim_{d \to 0} \iint_{D-U(P_0,d)} \frac{\mathrm{d}\sigma}{|x|+|y|} = \lim_{d \to 0} 4 \int_0^{\frac{\pi}{2}} \mathrm{d}\theta \int_d^1 \frac{r}{r\cos\theta + r\sin\theta} \mathrm{d}r$$

$$= 4 \lim_{d \to 0} \int_0^{\frac{\pi}{2}} \frac{\mathrm{d}\theta}{\cos\theta + \sin\theta} \int_d^1 \mathrm{d}r = 4\sqrt{2} \ln(\sqrt{2}+1).$$

习题 10-2

1. 讨论下列无界区域的反常二重积分的敛散性：

   (1) $\iint_D \frac{\mathrm{d}x\mathrm{d}y}{(x^2+y^2)^m}$，其中 $D = \{(x,y) \mid x^2 + y^2 \geqslant 1\}$；

   (2) $\iint_{\mathbf{R}^2} \frac{\mathrm{d}x\mathrm{d}y}{(1+|x|^p)(1+|y|^q)}$；

   (3) $\iint_D \frac{\varphi(x,y)}{(1+x^2+y^2)^p} \mathrm{d}x\mathrm{d}y$，其中 $D = \{(x,y) \mid 0 \leqslant y \leqslant 1\}$，$0 < m \leqslant |\varphi(x,y)| \leqslant M$.

2. 计算反常二重积分

$$\iint_{\mathbf{R}^2} \mathrm{e}^{-(x^2+y^2)} \cos(x^2+y^2) \mathrm{d}x\mathrm{d}y.$$

3. 讨论下列无界函数的反常二重积分的敛散性：

(1) $\iint_D \dfrac{\mathrm{d}x\,\mathrm{d}y}{(x^2+y^2)^m}$，其中 $D=\{(x,y)\mid x^2+y^2\leqslant 1\}$；

(2) $\iint_D \dfrac{\varphi(x,y)}{(x^2+xy+y^2)^p}\mathrm{d}x\,\mathrm{d}y$，其中 $D=\{(x,y)\mid x^2+y^2\leqslant 1\}$，$0<m\leqslant|\varphi(x,y)|\leqslant M$.

第三节　三　重　积　分

一、三重积分的概念

三重积分是二重积分的推广，它在物理和力学中同样有着重要的应用.

在引入二重积分的概念时，我们曾考虑过平面薄片的质量计算问题. 类似地，现在我们考虑空间物体的质量计算问题. 设一个物体占据空间闭区域 Ω，在 Ω 上每一点 (x,y,z) 处的体密度为 $\rho(x,y,z)$，这里 $\rho(x,y,z)$ 是 Ω 上的正值连续函数. 下面讨论如何计算该物体的质量 M.

先将 Ω 任意分割成 n 个小闭区域

$$\Delta v_1,\quad \Delta v_2,\quad \cdots,\quad \Delta v_n$$

(同时也用 Δv_i 表示第 i 个小闭区域的体积)，再在每一个小闭区域 Δv_i 上任取一点 (ξ_i,η_i,ζ_i). 由于 $\rho(x,y,z)$ 是连续函数，当 Δv_i 充分小时，其上各点处的密度可以近似看成不变的，且等于在点 (ξ_i,η_i,ζ_i) 处的密度，因此 Δv_i 对应的小块物体的质量近似等于

$$\rho(\xi_i,\eta_i,\zeta_i)\Delta v_i,$$

整个物体的质量就近似等于

$$\sum_{i=1}^n \rho(\xi_i,\eta_i,\zeta_i)\Delta v_i.$$

令小闭区域的个数 n 无限增加，而且每一个小闭区域 Δv_i 无限地收缩为一点，即小闭区域的最大直径 $\lambda=\max\limits_{1\leqslant i\leqslant n} d(\Delta v_i)\to 0$，取极限即得该物体的质量：

$$M=\lim_{\lambda\to 0}\sum_{i=1}^n \rho(\xi_i,\eta_i,\zeta_i)\Delta v_i.$$

仿照二重积分的定义可类似地给出三重积分的定义.

定义 1　设 Ω 是空间有界闭区域，$f(x,y,z)$ 是 Ω 上的有界函数，将 Ω 任意分成 n 个小闭区域 $\Delta v_1,\Delta v_2,\cdots,\Delta v_n$，同时用 $\Delta v_i(i=1,2,\cdots,n)$ 表示第 i 个小闭区域的体积，记 Δv_i 的直径为 $d(\Delta v_i)$，并令 $\lambda=\max\limits_{1\leqslant i\leqslant n} d(\Delta v_i)$. 在 Δv_i 上任

取一点 $(\xi_i, \eta_i, \zeta_i)(i=1,2,\cdots,n)$，做乘积 $f(\xi_i, \eta_i, \zeta_i)\Delta v_i$，并做和式

$$\sum_{i=1}^{n} f(\xi_i, \eta_i, \zeta_i)\Delta v_i.$$

若极限

$$\lim_{\lambda \to 0} \sum_{i=1}^{n} f(\xi_i, \eta_i, \zeta_i)\Delta v_i$$

存在[它不依赖于 Ω 的分法及点 (ξ_i, η_i, ζ_i) 的取法]，则称 $f(x,y,z)$ 在 Ω 上**可积**，且称该极限值为 $f(x,y,z)$ 在 Ω 上的**三重积分**，记作

$$\iiint_{\Omega} f(x,y,z)\mathrm{d}v,$$

即

$$\iiint_{\Omega} f(x,y,z)\mathrm{d}v = \lim_{\lambda \to 0} \sum_{i=1}^{n} f(\xi_i, \eta_i, \zeta_i)\Delta v_i,$$

其中 $f(x,y,z)$ 叫作**被积函数**，Ω 叫作**积分区域**，$\mathrm{d}v$ 叫作**体积元素**。

在直角坐标系中，若对积分区域 Ω 用平行于三个坐标面的平面来分割，则把 Ω 分割成一些小长方体（除包含 Ω 的边界点的小闭区域外）。于是，体积元素为 $\mathrm{d}v = \mathrm{d}x\mathrm{d}y\mathrm{d}z$，此时三重积分可用符号

$$\iiint_{\Omega} f(x,y,z)\mathrm{d}x\mathrm{d}y\mathrm{d}z$$

来表示。

有了三重积分的定义，前面所求的物体质量 M 就可用密度函数 $\rho(x,y,z)$ 在闭区域 Ω 上的三重积分表示，即

$$M = \iiint_{\Omega} \rho(x,y,z)\mathrm{d}v.$$

如果在有界闭区域 Ω 上 $f(x,y,z) \equiv 1$，并且 Ω 的体积记作 V，那么由三重积分的定义可知

$$\iiint_{\Omega} 1\mathrm{d}v = \iiint_{\Omega} \mathrm{d}v = V.$$

这就是说，三重积分 $\iiint_{\Omega} \mathrm{d}v$ 在数值上等于积分区域 Ω 的体积。

关于三重积分的存在性和基本性质，与二重积分的情形相类似，此处不再重述。

二、三重积分的计算

为了简单起见，在直角坐标系下，我们采用定积分中的微分元素法来给出计算三重积分的公式。

把三重积分 $\iiint_{\Omega} f(x,y,z)\mathrm{d}v$ 想象成占据空间闭区域 Ω 的物体的质量。设 Ω 是柱形闭区域，其上、下底面分别为连续曲面 $z = z_2(x,y)$，$z = z_1(x,y)$，它们在 xOy 平面上的投影（曲面上所有点在 xOy 平面上的投影点组成的集合）是有界闭区域 D；Ω 的侧面为柱面，其母线平行于 z 轴，准线是 D 的边界曲线。这时，Ω 可表示为

$$\Omega = \{(x,y,z) \mid z_1(x,y) \leqslant z \leqslant z_2(x,y), (x,y) \in D\}.$$

先在 D 内任取一个边长为 $\mathrm{d}x, \mathrm{d}y$ 的小矩形闭区域 $\mathrm{d}\sigma$，其面积为 $\mathrm{d}\sigma = \mathrm{d}x\mathrm{d}y$，对应地有 Ω 中的一个由以 $\mathrm{d}\sigma$ 的边界曲线为准线、母线平行于 z 轴的柱面和曲面 $z = z_2(x,y)$ 及 $z = z_1(x,y)$ 所围成的小柱形条，再用与 xOy 平面平行的平面去截此小柱形条，得到小薄片(见图 10-22). 于是，以 $\mathrm{d}\sigma$ 为底、以 $\mathrm{d}z$ 为高的小薄片的质量，即质量(微分)元素为

$$f(x,y,z)\mathrm{d}x\mathrm{d}y\mathrm{d}z.$$

把这些小薄片沿 z 轴方向积分，得到小柱形条的质量，它为

$$\left[\int_{z_1(x,y)}^{z_2(x,y)} f(x,y,z)\mathrm{d}z\right]\mathrm{d}x\mathrm{d}y.$$

然后，在 D 上积分，就得到物体的质量，它为

$$\iint_D \left[\int_{z_1(x,y)}^{z_2(x,y)} f(x,y,z)\mathrm{d}z\right]\mathrm{d}x\mathrm{d}y.$$

也就是说，得到了三重积分的计算公式

$$\iiint_\Omega f(x,y,z)\mathrm{d}v = \iint_D \left[\int_{z_1(x,y)}^{z_2(x,y)} f(x,y,z)\mathrm{d}z\right]\mathrm{d}x\mathrm{d}y$$

$$\underline{\underline{\text{记为}}} \iint_D \mathrm{d}x\mathrm{d}y \int_{z_1(x,y)}^{z_2(x,y)} f(x,y,z)\mathrm{d}z. \qquad (10\text{-}3\text{-}1)$$

进一步，可根据 D 的具体情况，将三重积分 $\iiint_\Omega f(x,y,z)\mathrm{d}v$ 化为先对 z、再对 x、最后对 y 或先对 z、再对 y、最后对 x 的三次积分.

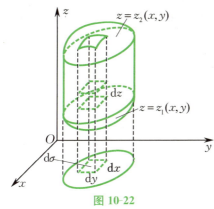

图 10-22

例 1 计算三重积分 $\iiint_\Omega x\mathrm{d}x\mathrm{d}y\mathrm{d}z$，其中 Ω 是三个坐标面与平面 $x+y+z=1$ 所围成的闭区域(见图 10-23).

解 积分区域 Ω 在 xOy 平面上的投影区域 D(Ω 中所有点在 xOy 平面上的投影点组成的集合)是由坐标轴与直线 $x+y=1$ 所围成的闭区域，即 $D = \{(x,y) \mid 0 \leqslant x \leqslant 1, 0 \leqslant y \leqslant 1-x\}$，所以

$$\iiint_\Omega x\mathrm{d}x\mathrm{d}y\mathrm{d}z = \iint_D \mathrm{d}x\mathrm{d}y \int_0^{1-x-y} x\mathrm{d}z = \int_0^1 \mathrm{d}x \int_0^{1-x} \mathrm{d}y \int_0^{1-x-y} x\mathrm{d}z$$

$$= \int_0^1 dx \int_0^{1-x} x(1-x-y)dy = \int_0^1 x \frac{(1-x)^2}{2} dx = \frac{1}{24}.$$

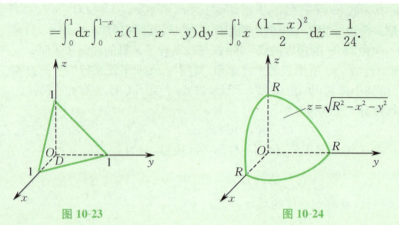

图 10-23　　　　　　　　　　图 10-24

例 2　计算三重积分 $\iiint_\Omega z dv$，其中 $\Omega = \{(x,y,z) \mid x \geqslant 0, y \geqslant 0, z \geqslant 0, x^2 + y^2 + z^2 \leqslant R^2\}(R > 0)$（见图 10-24）.

解　积分区域 Ω 在 xOy 平面上的投影区域为 $D = \{(x,y) \mid x^2 + y^2 \leqslant R^2, x \geqslant 0, y \geqslant 0\}$. 对于 D 中任一点 (x,y)，相应的竖坐标可从 $z = 0$ 变到 $z = \sqrt{R^2 - x^2 - y^2}$. 因此，由公式(10-3-1)，得

$$\iiint_\Omega z dv = \iint_D dx dy \int_0^{\sqrt{R^2-x^2-y^2}} z dz = \iint_D \frac{1}{2}(R^2 - x^2 - y^2) dx dy$$
$$= \frac{1}{2} \int_0^{\frac{\pi}{2}} d\theta \int_0^R (R^2 - r^2) r dr = \frac{1}{2} \cdot \frac{\pi}{2} \left(R^2 \cdot \frac{r^2}{2} - \frac{r^4}{4} \right) \Big|_0^R = \frac{\pi}{16} R^4.$$

在计算三重积分时，除上面介绍的方法外，还可以用先求二重积分再求定积分的方法计算. 设积分区域 Ω 如图 10-25 所示，它在 z 轴上的投影区间（Ω 中所有点在 z 轴上的投影点组成的集合）为 $[A, B]$，对于该区间内的任一点 z，过 z 作平行于 xOy 平面的平面. 该平面截 Ω 的截面为一个平面闭区域，记作 $D(z)$. 这时，可以证明三重积分 $\iiint_\Omega f(x,y,z) dv$ 可化为先对 x, y 在 $D(z)$ 上求二重积分，再对 z 在 $[A, B]$ 上求定积分，即

$$\iiint_\Omega f(x,y,z) dv = \int_A^B dz \iint_{D(z)} f(x,y,z) dx dy. \tag{10-3-2}$$

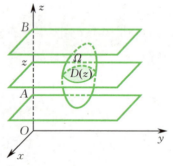

图 10-25

我们可利用公式(10-3-2)重新计算例 2 中的三重积分:

积分区域 Ω 在 z 轴上的投影区间为 $[0,R]$,对于该区间内任一点 z,相应地有一个平面闭区域 $D(z)=\{(x,y)\mid x\geqslant 0, y\geqslant 0, x^2+y^2\leqslant R^2-z^2\}$ 与之对应. 于是,由公式(10-3-2),得

$$\iiint_\Omega z\,\mathrm{d}v = \int_0^R \mathrm{d}z \iint_{D(z)} z\,\mathrm{d}x\,\mathrm{d}y.$$

求二重积分 $\iint_{D(z)} z\,\mathrm{d}x\,\mathrm{d}y$ 时,z 可以看作常量,并且 $D(z)$ 是四分之一圆盘,其面积为 $\dfrac{\pi}{4}(R^2-z^2)$,所以

$$\iiint_\Omega z\,\mathrm{d}v = \int_0^R z\cdot\frac{1}{4}\pi(R^2-z^2)\,\mathrm{d}z = \frac{\pi}{16}R^4.$$

例 3 计算三重积分 $\iiint_\Omega z^2\,\mathrm{d}v$,其中 $\Omega=\left\{(x,y,z)\,\bigg|\,\dfrac{x^2}{a^2}+\dfrac{y^2}{b^2}+\dfrac{z^2}{c^2}\leqslant 1\right\}(a>0,b>0,c>0)$.

解 我们利用公式(10-3-2)来计算这个三重积分. 积分区域 Ω 在 z 轴上的投影区间为 $[-c,c]$,对于该区间内任一点 z,相应地有一个平面闭区域

$$D(z)=\left\{(x,y)\,\bigg|\,\frac{x^2}{a^2\left(1-\dfrac{z^2}{c^2}\right)}+\frac{y^2}{b^2\left(1-\dfrac{z^2}{c^2}\right)}\leqslant 1\right\}$$

与之对应,该闭区域是一个椭圆盘(见图 10-26),其面积为 $\pi ab\left(1-\dfrac{z^2}{c^2}\right)$. 所以

$$\begin{aligned}\iiint_\Omega z^2\,\mathrm{d}v &= \int_{-c}^c z^2\,\mathrm{d}z \iint_{D(z)} \mathrm{d}x\,\mathrm{d}y \\ &= \int_{-c}^c \pi ab z^2\left(1-\frac{z^2}{c^2}\right)\mathrm{d}z \\ &= \frac{4}{15}\pi abc^3.\end{aligned}$$

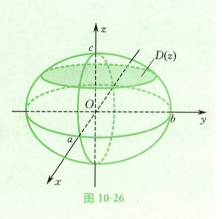

图 10-26

对于例 3 中的三重积分,读者若自己用公式(10-3-1)试算一下,便可知利用公式(10-3-2)计算比利用公式(10-3-1)计算简便得多.

三、三重积分的换元法

对于三重积分 $\iiint_\Omega f(x,y,z)\,\mathrm{d}v$,做变量代换

$$\begin{cases} x=x(r,s,t), \\ y=y(r,s,t), \\ z=z(r,s,t), \end{cases}$$

若函数 $x(r,s,t),y(r,s,t),z(r,s,t)$ 具有连续偏导数,且这一函数组的雅可

比行列式 $\begin{vmatrix} x'_r & x'_s & x'_t \\ y'_r & y'_s & y'_t \\ z'_r & z'_s & z'_t \end{vmatrix} = \dfrac{\partial(x,y,z)}{\partial(r,s,t)} \neq 0$,则建立了 $Orst$ 空间中的某个闭区域 Ω' 和 $Oxyz$ 空间中的闭区域 Ω 的一一对应关系.与二重积分的换元法类似,我们有

$$dv = \left| \dfrac{\partial(x,y,z)}{\partial(r,s,t)} \right| dr\,ds\,dt.$$

于是,有三重积分的换元公式

$$\iiint_\Omega f(x,y,z)\,dv$$
$$= \iiint_{\Omega'} f[x(r,s,t), y(r,s,t), z(r,s,t)] \left| \dfrac{\partial(x,y,z)}{\partial(r,s,t)} \right| dr\,ds\,dt.$$

例 4 计算三重积分 $\iiint_\Omega (x+y+z)\,dv$,其中 $\Omega = \left\{ (x,y,z) \,\Big|\, x^2+y^2+z^2 \leqslant x+y+z+\dfrac{1}{4} \right\}$.

解 做变量代换

$$\begin{cases} r = x - \dfrac{1}{2}, \\ s = y - \dfrac{1}{2}, \\ t = z - \dfrac{1}{2}, \end{cases}$$

则积分区域 Ω 映射到 $Orst$ 空间中的闭区域 $\Omega' = \{(r,s,t) \mid r^2+s^2+t^2 \leqslant 1\}$,且

$$\dfrac{\partial(x,y,z)}{\partial(r,s,t)} = \begin{vmatrix} 1 & 0 & 0 \\ 0 & 1 & 0 \\ 0 & 0 & 1 \end{vmatrix} = 1.$$

于是,有

$$\iiint_\Omega (x+y+z)\,dv = \iiint_{\Omega'} \left(r+s+t+\dfrac{3}{2}\right) \left| \dfrac{\partial(x,y,z)}{\partial(r,s,t)} \right| dr\,ds\,dt$$
$$= \iiint_{\Omega'} (r+s+t)\,dr\,ds\,dt + \dfrac{3}{2} \iiint_{\Omega'} dr\,ds\,dt$$
$$= 0+0+0+\dfrac{3}{2} \cdot \dfrac{4}{3}\pi = 2\pi.$$

作为利用变量代换计算三重积分的实例,下面给出利用柱面坐标变换及球面坐标变换计算三重积分的公式.

1. 柱面坐标变换

设 r,θ 为点 $M(x,y,z)$ 在 xOy 平面上的投影 P 的极坐标,且 $0 \leqslant r < +\infty$,

$0 \leqslant \theta \leqslant 2\pi, -\infty < z < +\infty$(见图 10-27),变量代换
$$\begin{cases} x = r\cos\theta, \\ y = r\sin\theta, \\ z = z \end{cases}$$
称为**柱面坐标变换**. 这样,空间中的点 M 与有序数组 (r,θ,z) 建立了一一对应关系. 把 (r,θ,z) 称为点 M 的**柱面坐标**. 不难看出,柱面坐标实际是极坐标的推广. 通常将柱面坐标对应的坐标系称为**柱面坐标系**.

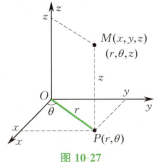

图 10-27

柱面坐标系的三组坐标面如下:
(1) $r = c$(c 为常数,$c > 0$),以 z 轴为轴的圆柱面;
(2) $\theta = c$(c 为常数,$0 \leqslant c \leqslant 2\pi$),过 z 轴的半平面;
(3) $z = c$(c 为常数),xOy 平面或平行于 xOy 平面的平面.

由于 $\dfrac{\partial(x,y,z)}{\partial(r,\theta,z)} = \begin{vmatrix} \cos\theta & -r\sin\theta & 0 \\ \sin\theta & r\cos\theta & 0 \\ 0 & 0 & 1 \end{vmatrix} = r$,因此在柱面坐标变换下,两种坐标系中的体积元素之间的关系式为
$$dx\,dy\,dz = r\,dr\,d\theta\,dz.$$
于是,柱面坐标变换下三重积分的换元公式为
$$\iiint_\Omega f(x,y,z)dx\,dy\,dz = \iiint_{\Omega'} f(r\cos\theta, r\sin\theta, z) r\,dr\,d\theta\,dz. \quad (10\text{-}3\text{-}3)$$

至于变换为柱面坐标后的三重积分,可化为三次积分来计算. 不过,在实际计算中,我们通常把积分区域 Ω 向 xOy 平面投影,得投影区域 D,于是
$$\iiint_\Omega f(x,y,z)dx\,dy\,dz = \iint_D \left[\int_{z_1(x,y)}^{z_2(x,y)} f(x,y,z)dz\right]dx\,dy,$$
这里 $z = z_2(x,y), z = z_1(x,y)$ 分别为 Ω 的上、下底面的方程. 这时,先求定积分
$$\int_{z_1(x,y)}^{z_2(x,y)} f(x,y,z)dz,$$
然后对 D 上关于 x,y 的二重积分做极坐标变换,按极坐标系下二重积分的计算方法计算. 值得一提的是,这些步骤可以合并同时进行,即在确定 z 的取值范围的同时,根据投影区域 D 确定 r,θ 的取值范围,从而直接化三重积分 $\iiint_\Omega f(x,y,z)dx\,dy\,dz$ 为先对 z、再对 r、最后对 θ 的三次积分.

例 5 计算三重积分 $\iiint_\Omega z\sqrt{x^2+y^2}\,\mathrm{d}x\mathrm{d}y\mathrm{d}z$，其中 Ω 是由锥面 $z=\sqrt{x^2+y^2}$ 与平面 $z=1$ 所围成的闭区域.

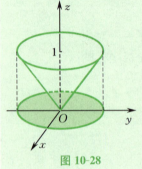

图 10-28

解 如图 10-28 所示，在柱面坐标系下，积分区域 Ω 可表示为
$$\Omega=\{(r,\theta,z)\mid r\leqslant z\leqslant 1, 0\leqslant r\leqslant 1, 0\leqslant \theta\leqslant 2\pi\},$$
所以
$$\begin{aligned}\iiint_\Omega z\sqrt{x^2+y^2}\,\mathrm{d}x\mathrm{d}y\mathrm{d}z &= \int_0^{2\pi}\mathrm{d}\theta\int_0^1 \mathrm{d}r\int_r^1 zr^2\,\mathrm{d}z \\ &= 2\pi\int_0^1 \frac{1}{2}r^2(1-r^2)\,\mathrm{d}r \\ &= \frac{2}{15}\pi.\end{aligned}$$

例 6 计算三重积分 $\iiint_\Omega (x^2+y^2)\,\mathrm{d}x\mathrm{d}y\mathrm{d}z$，其中 Ω 是由曲线 $y^2=2z, x=0$ 绕 z 轴旋转一周所形成的旋转曲面与两个平面 $z=2, z=8$ 所围成的闭区域.

解 曲线 $y^2=2z, x=0$ 绕 z 轴旋转一周所形成的旋转曲面的方程为
$$x^2+y^2=2z.$$
设该旋转曲面与平面 $z=2$ 所围成的闭区域为 Ω_1，Ω_1 在 xOy 平面上的投影区域为 $D_1=\{(x,y)\mid x^2+y^2\leqslant 4\}$；该旋转曲面与平面 $z=8$ 所围成的闭区域为 Ω_2，Ω_2 在 xOy 平面上的投影区域为 $D_2=\{(x,y)\mid x^2+y^2\leqslant 16\}$，则有 $\Omega_2=\Omega\cup\Omega_1$，如图 10-29 所示. 于是

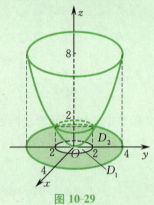

图 10-29

$$\begin{aligned}&\iiint_\Omega (x^2+y^2)\,\mathrm{d}x\mathrm{d}y\mathrm{d}z\\ &=\iiint_{\Omega_2}(x^2+y^2)\,\mathrm{d}x\mathrm{d}y\mathrm{d}z - \iiint_{\Omega_1}(x^2+y^2)\,\mathrm{d}x\mathrm{d}y\mathrm{d}z\\ &=\iint_{D_2} r\,\mathrm{d}r\mathrm{d}\theta\int_{\frac{r^2}{2}}^8 r^2\,\mathrm{d}z - \iint_{D_1} r\,\mathrm{d}r\mathrm{d}\theta\int_{\frac{r^2}{2}}^2 r^2\,\mathrm{d}z\\ &=\int_0^{2\pi}\mathrm{d}\theta\int_0^4 r^3\left(8-\frac{1}{2}r^2\right)\mathrm{d}r - \int_0^{2\pi}\mathrm{d}\theta\int_0^2 r^3\left(2-\frac{1}{2}r^2\right)\mathrm{d}r = 336\pi.\end{aligned}$$

2. 球面坐标变换

设 $M(x,y,z)$ 为空间直角坐标系 $Oxyz$ 中任一点，r 为向径 $\overrightarrow{OM}$ 的模，θ 为 $\overrightarrow{OM}$ 在 xOy 平面上的投影与 x 轴正向的夹角，φ 为 $\overrightarrow{OM}$ 与 z 轴正向的夹角，则
$$0\leqslant r<+\infty,\quad 0\leqslant \varphi\leqslant \pi,\quad 0\leqslant \theta\leqslant 2\pi.$$
变量代换
$$\begin{cases} x=r\sin\varphi\cos\theta,\\ y=r\sin\varphi\sin\theta,\\ z=r\cos\varphi\end{cases}$$
称为**球面坐标变换**，它使得空间中的点 M 与有序数组 (r,φ,θ) 建立了一一对应关系. 把 (r,φ,θ) 称为点 M 的**球面坐标**（见图 10-30）. 与球面坐标对应的坐

标系称为**球面坐标系**.

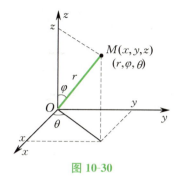

图 10-30

球面坐标系的三组坐标面如下：

(1) $r = c$ (c 为常数, $c > 0$)，以原点为中心的球面；

(2) $\varphi = c$ (c 为常数, $0 < c \leqslant \pi$)，以原点为顶点、z 轴为轴、半顶角为 φ 的圆锥面；

(3) $\theta = c$ (c 为常数, $0 \leqslant c \leqslant 2\pi$)，过 z 轴的半平面.

由于球面坐标变换中函数组 x, y, z 的雅可比行列式为

$$\frac{\partial(x,y,z)}{\partial(r,\varphi,\theta)} = \begin{vmatrix} \sin\varphi\cos\theta & r\cos\varphi\cos\theta & -r\sin\varphi\sin\theta \\ \sin\varphi\sin\theta & r\cos\varphi\sin\theta & r\sin\varphi\cos\theta \\ \cos\varphi & -r\sin\varphi & 0 \end{vmatrix} = r^2\sin\varphi,$$

因此在球面坐标变换下，两种坐标系中的体积元素之间的关系式为

$$\mathrm{d}x\,\mathrm{d}y\,\mathrm{d}z = r^2\sin\varphi\,\mathrm{d}r\,\mathrm{d}\varphi\,\mathrm{d}\theta.$$

于是，球面坐标变换下三重积分的换元公式为

$$\iiint_\Omega f(x,y,z)\mathrm{d}x\,\mathrm{d}y\,\mathrm{d}z$$
$$= \iiint_{\Omega'} f(r\sin\varphi\cos\theta, r\sin\varphi\sin\theta, r\cos\varphi)r^2\sin\varphi\,\mathrm{d}r\,\mathrm{d}\varphi\,\mathrm{d}\theta. \quad (10\text{-}3\text{-}4)$$

例7 计算三重积分 $\iiint_\Omega (x^2 + y^2 + z^2)\mathrm{d}x\,\mathrm{d}y\,\mathrm{d}z$，其中 Ω 表示圆锥面 $x^2 + y^2 = z^2$ 与球面 $x^2 + y^2 + z^2 = 2Rz$ ($R > 0$) 所围成的较大部分立体.

解 在球面坐标变换下，球面的方程变为 $r = 2R\cos\varphi$，圆锥面的方程变为 $\varphi = \dfrac{\pi}{4}$（见图 10-31）. 这时，积分区域 Ω 可表示为

$$\Omega = \left\{ (r,\varphi,\theta) \,\middle|\, 0 \leqslant \theta \leqslant 2\pi, 0 \leqslant \varphi \leqslant \frac{\pi}{4}, 0 \leqslant r \leqslant 2R\cos\varphi \right\},$$

所以

$$\iiint_\Omega (x^2+y^2+z^2)\mathrm{d}x\,\mathrm{d}y\,\mathrm{d}z = \iiint_{\Omega'} r^2 \cdot r^2 \sin\varphi\,\mathrm{d}r\,\mathrm{d}\varphi\,\mathrm{d}\theta = \int_0^{2\pi}\mathrm{d}\theta \int_0^{\frac{\pi}{4}}\mathrm{d}\varphi \int_0^{2R\cos\varphi} r^4\sin\varphi\,\mathrm{d}r$$
$$= \frac{2\pi}{5}\int_0^{\frac{\pi}{4}} \sin\varphi \left(r^5 \bigg|_0^{2R\cos\varphi}\right)\mathrm{d}\varphi = \frac{28}{15}\pi R^5.$$

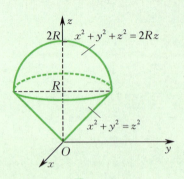

图 10-31　　　　　　　　　　　　图 10-32

例 8　计算三重积分 $\iiint_\Omega (2y+\sqrt{x^2+z^2})\,dx\,dy\,dz$，其中 Ω 是由曲面 $x^2+y^2+z^2=a^2(a>0)$，$x^2+y^2+z^2=4a^2$，$\sqrt{x^2+z^2}=y$ 所围成的闭区域.

解　积分区域 Ω 显然容易用球面坐标表示，而球面坐标变换为
$$x=r\sin\varphi\sin\theta,\quad z=r\sin\varphi\cos\theta,\quad y=r\cos\varphi.$$
这时 $dx\,dy\,dz=r^2\sin\varphi\,dr\,d\varphi\,d\theta$，$\Omega=\left\{(r,\varphi,\theta)\,\bigg|\,a\leqslant r\leqslant 2a,0\leqslant\varphi\leqslant\dfrac{\pi}{4},0\leqslant\theta\leqslant 2\pi\right\}$（见图 10-32），所以
$$\iiint_\Omega (2y+\sqrt{x^2+z^2})\,dx\,dy\,dz=\int_0^{2\pi}d\theta\int_0^{\frac{\pi}{4}}d\varphi\int_a^{2a}(2r\cos\varphi+r\sin\varphi)r^2\sin\varphi\,dr$$
$$=\left(\dfrac{15}{8}+\dfrac{15}{16}\pi\right)a^4\pi.$$

例 9　计算三重积分 $\iiint_\Omega \left(\dfrac{x^2}{a^2}+\dfrac{y^2}{b^2}+\dfrac{z^2}{c^2}\right)dx\,dy\,dz$，其中 $\Omega=\left\{(x,y,z)\,\bigg|\,\dfrac{x^2}{a^2}+\dfrac{y^2}{b^2}+\dfrac{z^2}{c^2}\leqslant 1\right\}(a>0,b>0,c>0)$.

解　做变量代换
$$\begin{cases}x=ar\sin\varphi\cos\theta,\\ y=br\sin\varphi\sin\theta,\\ z=cr\cos\varphi,\end{cases}$$
则 $\Omega=\{(r,\varphi,\theta)\mid 0\leqslant r\leqslant 1,0\leqslant\varphi\leqslant\pi,\pi\leqslant\theta\leqslant 2\pi\}$，且变量代换中函数组的雅可比行列式为
$$\dfrac{\partial(x,y,z)}{\partial(r,\varphi,\theta)}=\begin{vmatrix}a\sin\varphi\cos\theta & ar\cos\varphi\cos\theta & -ar\sin\varphi\sin\theta\\ b\sin\varphi\sin\theta & br\cos\varphi\sin\theta & br\sin\varphi\cos\theta\\ c\cos\varphi & -cr\sin\varphi & 0\end{vmatrix}=abcr^2\sin\varphi.$$
于是
$$\iiint_\Omega\left(\dfrac{x^2}{a^2}+\dfrac{y^2}{b^2}+\dfrac{z^2}{c^2}\right)dx\,dy\,dz=\int_0^{2\pi}d\theta\int_0^{\pi}d\varphi\int_0^1 r^2\cdot abcr^2\sin\varphi\,dr$$
$$=abc\int_0^{2\pi}d\theta\int_0^{\pi}\sin\varphi\,d\varphi\int_0^1 r^4\,dr$$

$$=2\pi abc \cdot 2 \cdot \frac{1}{5} = \frac{4}{5}\pi abc.$$

值得注意的是,计算三重积分时是选择直角坐标,还是选择柱面坐标或球面坐标转化为三次积分,通常要综合考虑积分区域和被积函数的特点. 一般来说,积分区域的边界曲面中有柱面或圆锥面时,常采用柱面坐标;有球面或圆锥面时,常采用球面坐标. 另外,与二重积分类似,三重积分也可利用被积函数在对称区域上关于变量的奇偶性来简化计算.

习题 10-3

1. 化三重积分 $I = \iiint_\Omega f(x,y,z)\mathrm{d}x\mathrm{d}y\mathrm{d}z$ 为三次积分,其中 Ω 如下:

   (1) 由双曲抛物面 $xy = z$ 与平面 $x+y-1=0, z=0$ 所围成的闭区域;

   (2) 由曲面 $z = x^2 + y^2$ 与平面 $z=1$ 所围成的闭区域;

   (3) 由曲面 $z = x^2 + 2y^2$ 与 $z = 2 - x^2$ 所围成的闭区域;

   (4) 由曲面 $cz = xy(c>0), \dfrac{x^2}{a^2} + \dfrac{y^2}{b^2} = 1(a>0, b>0)$ 与平面 $z=0$ 所围成的位于 I 卦限的闭区域.

2. 在直角坐标系下计算下列三重积分:

   (1) $\iiint_\Omega xy^2 z^3 \mathrm{d}x\mathrm{d}y\mathrm{d}z$,其中 Ω 是由曲面 $z = xy$ 与平面 $y=x, x=1$ 和 $z=0$ 所围成的闭区域;

   (2) $\iiint_\Omega \dfrac{\mathrm{d}x\mathrm{d}y\mathrm{d}z}{(1+x+y+z)^3}$,其中 Ω 是由平面 $x=0, y=0, z=0, x+y+z=1$ 所围成的四面体;

   (3) $\iiint_\Omega z^2 \mathrm{d}x\mathrm{d}y\mathrm{d}z$,其中 Ω 是两个球 $x^2+y^2+z^2 \leqslant R^2$ 和 $x^2+y^2+z^2 \leqslant 2Rz(R>0)$ 的公共部分;

   (4) $\iiint_\Omega xyz \mathrm{d}x\mathrm{d}y\mathrm{d}z$,其中 Ω 是由平面 $x=a(a>0), y=x, z=y, z=0$ 所围成的闭区域;

   (5) $\iiint_\Omega e^y \mathrm{d}x\mathrm{d}y\mathrm{d}z$,其中 Ω 是由曲面 $x^2+z^2-y^2=1$ 与平面 $y=0, y=2$ 所围成的闭区域;

   (6) $\iiint_\Omega \dfrac{y\sin x}{x}\mathrm{d}x\mathrm{d}y\mathrm{d}z$,其中 Ω 是由曲面 $y=\sqrt{x}$ 与平面 $y=0, z=0, x+z=\dfrac{\pi}{2}$ 所围成的闭区域.

3. 如果三重积分 $\iiint_\Omega f(x,y,z)\mathrm{d}x\mathrm{d}y\mathrm{d}z$ 的被积函数 $f(x,y,z)$ 是三个函数 $f_1(x), f_2(y), f_3(z)$ 的乘积,即 $f(x,y,z) = f_1(x)f_2(y)f_3(z)$,积分区域为 $\Omega = \{(x,y,z) \mid a \leqslant x \leqslant b, c \leqslant y \leqslant d, l \leqslant z \leqslant m\}$,证明:这个三重积分等于三个定积分的乘积,即
$$\iiint_\Omega f_1(x)f_2(y)f_3(z)\mathrm{d}x\mathrm{d}y\mathrm{d}z = \int_a^b f_1(x)\mathrm{d}x \int_c^d f_2(y)\mathrm{d}y \int_l^m f_3(z)\mathrm{d}z.$$

4. 利用柱面坐标计算下列三重积分:

   (1) $\iiint_\Omega z\mathrm{d}v$,其中 Ω 是由曲面 $z = \sqrt{2-x^2-y^2}$ 与 $z = x^2+y^2$ 所围成的闭区域;

   (2) $\iiint_\Omega (x^2+y^2)\mathrm{d}v$,其中 Ω 是由曲面 $x^2+y^2 = 2z$ 与平面 $z=2$ 所围成的闭区域.

5. 利用球面坐标计算下列三重积分：

(1) $\iiint_\Omega (x^2+y^2+z^2)\mathrm{d}v$，其中 Ω 是由球面 $x^2+y^2+z^2=1$ 所围成的闭区域；

(2) $\iiint_\Omega z\mathrm{d}v$，其中 Ω 是由不等式 $x^2+y^2+(z-a)^2 \leqslant a^2(a>0), x^2+y^2 \leqslant z^2$ 所确定的闭区域.

6. 选用适当的坐标计算下列三重积分：

(1) $\iiint_\Omega xy\mathrm{d}v$，其中 Ω 是由柱面 $x^2+y^2=1$ 与平面 $z=1, z=0, x=0, y=0$ 所围成的位于 I 卦限的闭区域；

(2) $\iiint_\Omega \sqrt{x^2+y^2+z^2}\mathrm{d}v$，其中 Ω 是由球面 $x^2+y^2+z^2=z$ 所围成的闭区域；

(3) $\iiint_\Omega (x^2+y^2)\mathrm{d}v$，其中 Ω 是由曲面 $4z^2=25(x^2+y^2)$ 与平面 $z=5$ 所围成的闭区域；

(4) $\iiint_\Omega (x^2+y^2)\mathrm{d}v$，其中 Ω 是由不等式 $0<a \leqslant \sqrt{x^2+y^2+z^2} \leqslant A, z \geqslant 0$ 所确定的闭区域.

习题答案

第四节 重积分的应用

我们利用定积分的微分元素法解决了许多求总量的问题，这种微分元素法也可以推广到重积分上. 如果所考察的某个量 u 对闭区域 D 具有可加性（当闭区域 D 分成许多小闭区域时，所求量 u 相应地分成许多部分量，且 u 等于部分量之和），并且在闭区域 D 内任取一个直径很小的闭区域 $\mathrm{d}\Omega$ 时，相应的部分量可近似地表示为 $f(M)\mathrm{d}\Omega$ 的形式，其中 M 为 $\mathrm{d}\Omega$ 内的某一点，那么 $f(M)\mathrm{d}\Omega$ 称为所求量 u 的**微分元素**（简称**元素**），记作 $\mathrm{d}u$. 以它为被积表达式在闭区域 D 上积分，得

$$u = \int_D f(M)\mathrm{d}\Omega. \quad (10\text{-}4\text{-}1)$$

这就是所求量 u 的积分表达式. 显然，当 D 为平面闭区域，M 为 D 内的点 (x,y) 时，$\mathrm{d}\Omega = \mathrm{d}\sigma$ 即为面积元素，式 (10-4-1) 可表示为

$$u = \iint_D f(x,y)\mathrm{d}\sigma.$$

当 D 为空间闭区域，M 为 D 内的点 (x,y,z) 时，$\mathrm{d}\Omega = \mathrm{d}v$ 即为体积元素，式 (10-4-1) 可表示为

$$u = \iiint_D f(x,y,z)\mathrm{d}v.$$

下面仅讨论重积分在几何学和物理学上的一些应用.

一、空间曲面的面积

设曲面 S 的方程为 $z=f(x,y)$，曲面 S 在 xOy 平面上的投影区域为 D，$f(x,y)$ 在 D 上具有连续偏导数 $f'_x(x,y)$ 和 $f'_y(x,y)$，我们要计算曲面 S 的面积 A.

在 D 上任取一个小闭区域 $\mathrm{d}\sigma$（面积也记作 $\mathrm{d}\sigma$），在 $\mathrm{d}\sigma$ 内任取一点 $P(x,y)$，曲面 S 上对应的点 $M(x,y,f(x,y))$ 在 xOy 平面上的投影即点 P. 点 M 处曲面 S 有切平面，设为 T（见图 10-33）. 以小闭区域 $\mathrm{d}\sigma$ 的边界曲线为准线，作母线平行于 z 轴的柱面，这一柱面在曲面 S 上截下一小块曲面，其面积记为 ΔA；柱面在切平面上截下一小块平面，其面积记为 $\mathrm{d}A$. 由于 $\mathrm{d}\sigma$ 的直径很小，因此切平面 T 上的那一小块平面的面积 $\mathrm{d}A$ 可近似代替曲面 S 上相应的那一小块曲面的面积 ΔA，即

动画视频

$$\Delta A \approx \mathrm{d}A.$$

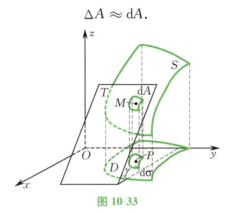

图 10-33

设点 M 处曲面 S 的法线（指向朝上）与 z 轴正向的夹角为 γ，则根据投影定理有

$$\mathrm{d}A = \frac{\mathrm{d}\sigma}{\cos\gamma}.$$

因为

$$\cos\gamma = \frac{1}{\sqrt{1+f'^2_x(x,y)+f'^2_y(x,y)}},$$

所以

$$\mathrm{d}A = \sqrt{1+f'^2_x(x,y)+f'^2_y(x,y)}\,\mathrm{d}\sigma.$$

这就是曲面 S 的面积元素. 以它为被积表达式在闭区域 D 上积分，得

$$A = \iint_D \sqrt{1+f'^2_x(x,y)+f'^2_y(x,y)}\,\mathrm{d}\sigma$$

或

$$A = \iint_D \sqrt{1+\left(\frac{\partial z}{\partial x}\right)^2+\left(\frac{\partial z}{\partial y}\right)^2}\,\mathrm{d}x\,\mathrm{d}y.$$

这就是曲面的面积计算公式.

设曲面 S 的方程为 $x=g(y,z)$[或 $y=h(z,x)$],则可把曲面 S 投影到 yOz 平面上(或 zOx 平面上),得投影区域 D_{yz}(或 D_{zx}),类似可得

$$A=\iint_{D_{yz}}\sqrt{1+\left(\frac{\partial x}{\partial y}\right)^2+\left(\frac{\partial x}{\partial z}\right)^2}\,\mathrm{d}y\,\mathrm{d}z$$

或

$$A=\iint_{D_{zx}}\sqrt{1+\left(\frac{\partial y}{\partial z}\right)^2+\left(\frac{\partial y}{\partial x}\right)^2}\,\mathrm{d}z\,\mathrm{d}x.$$

例 1　求半径为 a 的球的表面积.

解　取上半球面 $z=\sqrt{a^2-x^2-y^2}$,则它在 xOy 平面上的投影区域 D 可表示为
$$D=\{(x,y)\mid x^2+y^2\leqslant a^2\}.$$

由
$$\frac{\partial z}{\partial x}=\frac{-x}{\sqrt{a^2-x^2-y^2}},\quad \frac{\partial z}{\partial y}=\frac{-y}{\sqrt{a^2-x^2-y^2}},$$

得
$$\sqrt{1+\left(\frac{\partial z}{\partial x}\right)^2+\left(\frac{\partial z}{\partial y}\right)^2}=\frac{a}{\sqrt{a^2-x^2-y^2}},$$

于是
$$A=2\iint_D \frac{a}{\sqrt{a^2-x^2-y^2}}\,\mathrm{d}x\,\mathrm{d}y.$$

因为上式右端的被积函数在闭区域 D 上无界,所以上式右端是一个反常二重积分,不能直接按二重积分来计算.利用极坐标,得

$$A=2a\int_0^{2\pi}\mathrm{d}\theta\int_0^a \frac{r}{\sqrt{a^2-r^2}}\,\mathrm{d}r=4\pi a^2.$$

例 2　求旋转抛物面 $z=\frac{1}{2}(x^2+y^2)$ 被圆柱面 $x^2+y^2=R^2(R>0)$ 所截下有限部分曲面的面积 A.

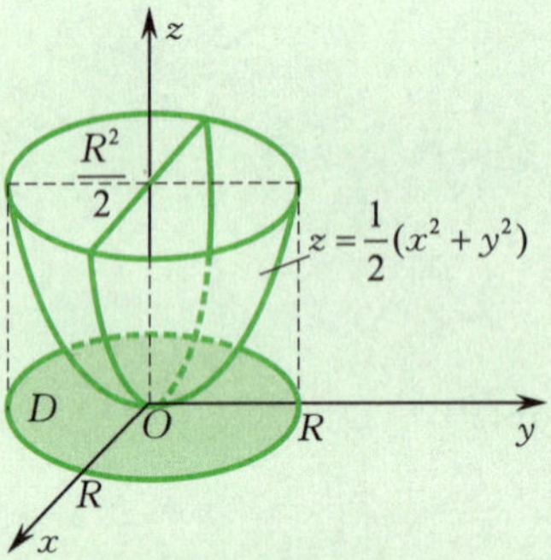

解　所截下的有限部分曲面如图 10-34 所示,其方程为
$$z=\frac{1}{2}(x^2+y^2)\quad \left(0\leqslant z\leqslant \frac{R^2}{2}\right),$$

它在 xOy 平面上的投影区域为 $D=\{(x,y)\mid x^2+y^2\leqslant R^2\}$.

由
$$\frac{\partial z}{\partial x}=x,\quad \frac{\partial z}{\partial y}=y,$$

图 10-34

得
$$A=\iint_D \sqrt{1+\left(\frac{\partial z}{\partial x}\right)^2+\left(\frac{\partial z}{\partial y}\right)^2}\,\mathrm{d}x\,\mathrm{d}y=\iint_D \sqrt{1+x^2+y^2}\,\mathrm{d}x\,\mathrm{d}y.$$

利用极坐标,得

$$A = \iint_D \sqrt{1+r^2}\, r\, dr\, d\theta = \int_0^{2\pi} d\theta \int_0^R r\sqrt{1+r^2}\, dr$$

$$= 2\pi \cdot \frac{1}{2} \int_0^R \sqrt{1+r^2}\, d(1+r^2) = \frac{2}{3}\pi \left[(1+R^2)^{\frac{3}{2}} - 1\right].$$

二、平面薄片的质心

设在 xOy 平面上有 n 个质点,它们分别位于点 $(x_1,y_1),(x_2,y_2),\cdots,(x_n,y_n)$ 处,质量分别为 $m_1,m_2,\cdots,m_n$. 由力学知识知道,该质点系的质心坐标为

$$\bar{x} = \frac{M_y}{M} = \frac{\sum_{i=1}^n m_i x_i}{\sum_{i=1}^n m_i},\quad \bar{y} = \frac{M_x}{M} = \frac{\sum_{i=1}^n m_i y_i}{\sum_{i=1}^n m_i},$$

其中 $M = \sum_{i=1}^n m_i$ 为该质点系的总质量,$M_y = \sum_{i=1}^n m_i x_i$,$M_x = \sum_{i=1}^n m_i y_i$ 分别为该质点系对 y 轴和 x 轴的静矩.

设一块平面薄片占据 xOy 平面上的闭区域 D,它在点 (x,y) 处的面密度为 $\rho(x,y)$,且函数 $\rho(x,y)$ 在 D 上连续. 现在要找该薄片的质心坐标.

在闭区域 D 上任取一个直径很小的闭区域 $d\sigma$(这个小闭区域的面积也记作 $d\sigma$),设 (x,y) 是这个小闭区域上的一点. 由于 $d\sigma$ 的直径很小,且 $\rho(x,y)$ 在 D 上连续,因此该薄片中相应于 $d\sigma$ 部分的质量近似等于 $\rho(x,y)d\sigma$,这部分质量可近似看作集中在点 (x,y) 上. 于是,对 y 轴、x 轴的静矩元素分别为

$$dM_y = x\rho(x,y)d\sigma,\quad dM_x = y\rho(x,y)d\sigma.$$

以这两个静矩元素为被积表达式,在 D 上积分,便得

$$M_y = \iint_D x\rho(x,y)d\sigma,\quad M_x = \iint_D y\rho(x,y)d\sigma.$$

又由第一节知道,该薄片的质量为

$$M = \iint_D \rho(x,y)d\sigma.$$

所以,该薄片的质心坐标为

$$\bar{x} = \frac{M_y}{M} = \frac{\iint_D x\rho(x,y)d\sigma}{\iint_D \rho(x,y)d\sigma},\quad \bar{y} = \frac{M_x}{M} = \frac{\iint_D y\rho(x,y)d\sigma}{\iint_D \rho(x,y)d\sigma}.$$

如果该薄片是均匀的,即面密度为常量,则上式中可把 ρ 提到积分号外面并从分子、分母中约去,于是便得到均匀薄片的质心坐标

$$\bar{x} = \frac{1}{A}\iint_D x\, d\sigma,\quad \bar{y} = \frac{1}{A}\iint_D y\, d\sigma, \tag{10-4-2}$$

其中 $A = \iint_D d\sigma$ 为 D 的面积. 所以, 均匀薄片的质心完全由 D 的形状所决定. 我们把均匀薄片的质心叫作薄片所占据的平面图形的**形心**. 因此, 平面图形的形心就可用公式 (10-4-2) 计算.

例 3 求恰好位于圆 $r=1, r=2$ 之间的上半圆环形闭区域 ($y \geqslant 0$) 的均匀薄片的质心 (见图 10-35).

解 因该薄片所占据的闭区域 D 对称于 y 轴, 故质心 $(\bar{x}, \bar{y})$ 位于 y 轴上, 于是 $\bar{x} = 0$. D 的面积为

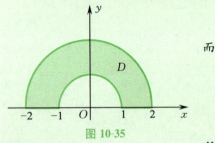

图 10-35

$$A = \frac{1}{2} \cdot 2^2 \pi - \frac{1}{2} \cdot 1^2 \pi = \frac{3}{2}\pi,$$

而

$$\iint_D y\, d\sigma = \int_0^\pi \sin\theta\, d\theta \int_1^2 r^2\, dr$$

$$= (-\cos\theta)\Big|_0^\pi \cdot \frac{1}{3} r^3 \Big|_1^2 = \frac{14}{3},$$

所以由公式 (10-4-2) 得

$$\bar{y} = \frac{1}{A} \iint_D y\, d\sigma = \frac{1}{\frac{3}{2}\pi} \cdot \frac{14}{3} = \frac{28}{9\pi},$$

即质心为 $\left(0, \dfrac{28}{9\pi}\right)$.

三、平面薄片的转动惯量

设在 xOy 平面上有 n 个质点, 它们分别位于点 $(x_1, y_1), (x_2, y_2), \cdots, (x_n, y_n)$ 处, 质量分别为 $m_1, m_2, \cdots, m_n$. 由力学知识知道, 该质点系对 x 轴和 y 轴的转动惯量分别为

$$I_x = \sum_{i=1}^n y_i^2 m_i, \quad I_y = \sum_{i=1}^n x_i^2 m_i.$$

设有一块平面薄片, 它占据 xOy 平面上的闭区域 D, 在点 (x, y) 处的面密度为 $\rho(x, y)$, 且函数 $\rho(x, y)$ 在 D 上连续. 现在要求该薄片对 x 轴的转动惯量 I_x 和对 y 轴的转动惯量 I_y.

应用微分元素法. 在闭区域 D 上任取一个直径很小的闭区域 $d\sigma$ (这个小闭区域的面积也记作 $d\sigma$), 设 (x, y) 是这个小闭区域上的一点. 因为 $d\sigma$ 的直径很小, 且 $\rho(x, y)$ 在 D 上连续, 所以该薄片中相应于 $d\sigma$ 部分的质量近似等于 $\rho(x, y) d\sigma$, 这部分质量可近似看作集中在点 (x, y) 上. 于是, 对 x 轴和 y 轴的

转动惯量元素分别为

$$dI_x = y^2\rho(x,y)d\sigma, \quad dI_y = x^2\rho(x,y)d\sigma.$$

以这两个转动惯量元素为被积表达式,在 D 上积分,便得

$$I_x = \iint_D y^2\rho(x,y)d\sigma, \quad I_y = \iint_D x^2\rho(x,y)d\sigma. \qquad (10\text{-}4\text{-}3)$$

例 4   求由曲线 $y^2 = 4ax$、直线 $y = 2a(a > 0)$ 与 y 轴所围成的均匀薄片(面密度为 1)对 y 轴的转动惯量(见图 10-36).

解   该薄片所占据的闭区域为 $D = \left\{(x,y) \,\middle|\, 0 \leqslant y \leqslant 2a, 0 \leqslant x \leqslant \dfrac{y^2}{4a}\right\}$. 根据转动惯量 I_y 的计算公式,得

$$I_y = \iint_D x^2 d\sigma = \int_0^{2a} dy \int_0^{\frac{y^2}{4a}} x^2 dx = \frac{1}{192a^3}\int_0^{2a} y^6 dy$$

$$= \frac{1}{192a^3} \cdot \frac{1}{7} y^7 \bigg|_0^{2a} = \frac{2}{21}a^4.$$

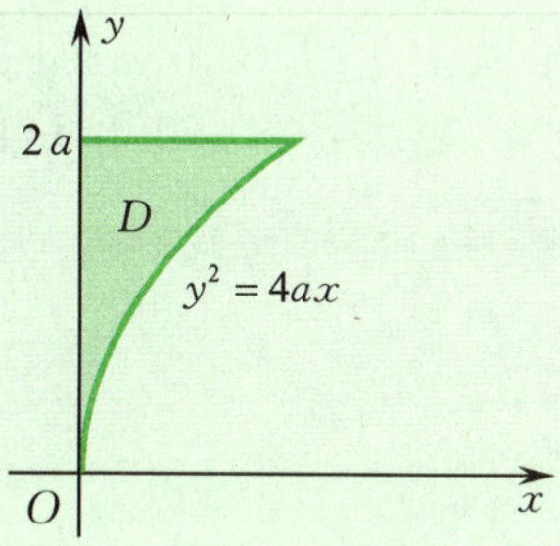

图 10-36

四、平面薄片对质点的引力

设有一块平面薄片,它占据 xOy 平面上的闭区域 D,在点 (x,y) 处的面密度为 $\rho(x,y)$,且函数 $\rho(x,y)$ 在 D 上连续. 现在要计算该薄片对位于 z 轴上的点 $M_0(0,0,a)(a > 0)$ 处的质量为 m 的质点的引力 $\boldsymbol{F}$.

应用微分元素法来求引力 $\boldsymbol{F}$. 设 $\boldsymbol{F} = (F_x, F_y, F_z)$. 在闭区域 D 上任取一个直径很小的闭区域 $d\sigma$(这个小闭区域的面积也记作 $d\sigma$),(x,y) 是 $d\sigma$ 上的一点. 该薄片中相应于 $d\sigma$ 的部分的质量近似等于 $\rho(x,y)d\sigma$,这部分质量可近似看作集中在点 (x,y) 上. 于是,按两个质点间的引力公式,可得出该薄片中相应于 $d\sigma$ 的部分对质点的引力的大小近似为 $Gm\dfrac{\rho(x,y)d\sigma}{r^2}$,引力的方向与向量 $(x,y,0-a)$ 一致,其中 $r = \sqrt{x^2+y^2+a^2}$,G 为万有引力常数. 因此,该薄片对质点的引力 $\boldsymbol{F}$ 在三条坐标轴上的投影 F_x, F_y, F_z 的元素分别为

$$dF_x = Gm\frac{\rho(x,y)x\,d\sigma}{r^3},$$

$$dF_y = Gm\frac{\rho(x,y)y\,d\sigma}{r^3},$$

$$dF_z = Gm\frac{\rho(x,y)(0-a)\,d\sigma}{r^3}.$$

以它们为被积表达式,在 D 上积分,便得

$$F_x = G\iint_D \frac{m\rho(x,y)x}{(x^2+y^2+a^2)^{\frac{3}{2}}}d\sigma,$$

$$F_y = G\iint_D \frac{m\rho(x,y)y}{(x^2+y^2+a^2)^{\frac{3}{2}}}d\sigma, \quad (10\text{-}4\text{-}4)$$

$$F_z = -Ga\iint_D \frac{m\rho(x,y)}{(x^2+y^2+a^2)^{\frac{3}{2}}}d\sigma.$$

例 5 求面密度为常量、半径为 R 的均匀圆形薄片: $x^2+y^2 \leqslant R^2, z=0$ 对位于 z 轴上点 $M_0(0,0,a)(a>0)$ 处的单位质量的质点的引力.

解 设所求的引力为 $\mathbf{F}=(F_x,F_y,F_z)$. 由题设, $m=1$, 且由薄片所占据的闭区域的对称性, 易知 $F_x = F_y = 0$. 记面密度为常量 ρ, 这时

$$F_z = -Ga\rho\iint_D \frac{d\sigma}{(x^2+y^2+a^2)^{\frac{3}{2}}} = -Ga\rho\int_0^{2\pi}d\theta\int_0^R \frac{r}{(r^2+a^2)^{\frac{3}{2}}}dr$$

$$= -\pi Ga\rho\int_0^R \frac{d(r^2+a^2)}{(r^2+a^2)^{\frac{3}{2}}} = 2\pi Ga\rho\left(\frac{1}{\sqrt{R^2+a^2}}-\frac{1}{a}\right),$$

其中 G 为万有引力常数. 故所求的引力为 $\mathbf{F}=\left(0,0,2\pi Ga\rho\left(\dfrac{1}{\sqrt{R^2+a^2}}-\dfrac{1}{a}\right)\right)$.

习题 10-4

1. 一个球心在原点、半径为 R 的球体, 其上任一点处的密度的大小与这一点到球心的距离成正比(比例系数为 k), 求这个球体的质量.

2. 求球面 $x^2+y^2+z^2=a^2(a>0)$ 含在圆柱面 $x^2+y^2=ax$ 内部的那部分面积.

3. 求锥面 $z=\sqrt{x^2+y^2}$ 被柱面 $z^2=2x$ 所割下部分的面积.

4. 求底圆半径相等的两个直交圆柱面 $x^2+y^2=R^2$ 与 $x^2+z^2=R^2(R>0)$ 所围立体的表面积.

5. 设均匀薄片所占据的闭区域 D 如下, 求薄片的形心:

(1) D 是由曲线 $y=\sqrt{2px}(p>0)$ 与直线 $x=x_0, y=0$ 所围成的闭区域;

(2) D 是半椭圆形闭区域 $\left\{(x,y)\,\bigg|\,\dfrac{x^2}{a^2}+\dfrac{y^2}{b^2}\leqslant 1, y\geqslant 0\right\}(a>0, b>0)$;

(3) D 是介于两个圆 $r=a\cos\theta, r=b\cos\theta(0<a<b)$ 之间的闭区域.

6. 设一块薄片所占据的闭区域 D 由抛物线 $y=x^2$ 与直线 $y=x$ 所围成, 它在点 (x,y) 处的面密度为 $\rho(x,y)=x^2y$, 求该薄片的质心.

7. 设有一块等腰直角三角形薄片, 腰长为 a, 各点处的面密度等于该点到直角顶点的距离的平方, 求这一薄片的质心.

8. 设均匀薄片(面密度为常数 1)所占据的闭区域 D 如下, 求指定的转动惯量:

(1) $D = \left\{(x,y) \,\bigg|\, \dfrac{x^2}{a^2} + \dfrac{y^2}{b^2} \leqslant 1\right\}(a>0, b>0)$,求 I_y;

(2) D 是由抛物线 $y^2 = \dfrac{9}{2}x$ 与直线 $x=2$ 所围成的闭区域,求 I_x 和 I_y;

(3) D 为矩形闭区域 $\{(x,y) \mid 0 \leqslant x \leqslant a, 0 \leqslant y \leqslant b\}$,求 I_x 和 I_y.

9. 已知一块均匀矩形板(面密度为常量 ρ)的长和宽分别为 b 和 h,计算此矩形板对通过其形心,且分别与两组对边平行的两条轴的转动惯量.

10. 求由直线 $\dfrac{x}{a} + \dfrac{y}{b} = 1 (a>0, b>0)$ 与坐标轴所围成的均匀薄片(面密度为常量 ρ)对 x 轴的转动惯量.

11. 求由抛物线 $y = x^2$ 与直线 $y = 1$ 与围成的均匀薄片(面密度为常量 ρ)对直线 $y = -1$ 的转动惯量.

第五节 对弧长的曲线积分

一、对弧长的曲线积分的概念

之前所考虑的定积分和重积分,其积分范围分别是闭区间和闭区域.本节我们将积分的概念推广到积分范围为一条曲线弧的情形,得到所谓的 **曲线积分**.

例 1 设有平面上一条光滑曲线弧 L,它的两个端点是 A, B,其上分布有质量;L 上任一点 $M(x,y)$ 处的线密度为 $\rho(x,y)$,当点 M 在 L 上连续移动时,$\rho(x,y)$ 的变化是连续的,即 $\rho(x,y)$ 在 L 上连续.求此曲线弧的质量 M.

解 用任意分点
$$A = M_0, M_1, M_2, \cdots, M_{n-1}, M_n = B$$
将曲线弧 L 分成 n 小段(见图 10-37):
$$\widehat{M_0 M_1}, \widehat{M_1 M_2}, \cdots, \widehat{M_{n-1} M_n},$$
第 i 段小弧 $\widehat{M_{i-1} M_i}$ 的长度记作 $\Delta s_i (i=1,2,\cdots,n)$. 当 Δs_i 很小时,$\widehat{M_{i-1} M_i}$ 上的线密度可以近似看作常量,它近似等于 $\widehat{M_{i-1} M_i}$ 上某点 (ξ_i, η_i) 处的值,于是这一小段的质量为

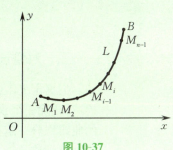

图 10-37

$$\Delta M_i \approx \rho(\xi_i, \eta_i)\Delta s_i.$$

将 n 小段的质量求和，可得此曲线弧的总质量：

$$M = \sum_{i=1}^{n} \Delta M_i \approx \sum_{i=1}^{n} \rho(\xi_i, \eta_i)\Delta s_i.$$

记 $\lambda = \max\limits_{1\leqslant i\leqslant n}\Delta s_i$. 当此曲线弧无限细分，即 $\lambda \to 0$ 时，上式右端和式的极限就是此曲线弧的质量 M，即

$$M = \lim_{\lambda \to 0}\sum_{i=1}^{n} \rho(\xi_i, \eta_i)\Delta s_i.$$

当求质量分布不均匀的曲线弧的质心、转动惯量时，也会遇到与上式类似的极限. 为此，我们引进对弧长的曲线积分的定义.

定义 1 设函数 $f(x,y)$ 在分段光滑曲线弧 L 上有定义，A,B 是 L 的端点. 依次用分点 $A=M_0, M_1, M_2, \cdots, M_{n-1}, M_n=B$ 把 L 分成 n 小段：

$$\widehat{M_0M_1}, \quad \widehat{M_1M_2}, \quad \cdots, \quad \widehat{M_{n-1}M_n},$$

第 i 段小弧 $\widehat{M_{i-1}M_i}$ 的长度记作 $\Delta s_i (i=1,2,\cdots,n)$. 在每一段小弧 $\widehat{M_{i-1}M_i}$ 上任取一点 (ξ_i, η_i). 若 $\lambda = \max\limits_{1\leqslant i\leqslant n}\Delta s_i \to 0$ 时，和式 $\sum\limits_{i=1}^{n} f(\xi_i, \eta_i)\Delta s_i$ 的极限存在[它不依赖于 L 的分法及点 (ξ_i, η_i) 的取法]，则称 $f(x,y)$ 在 L 上**可积**，且称该极限值为 $f(x,y)$ 在 L 上**对弧长的曲线积分**，记作 $\int_L f(x,y)\mathrm{d}s$，即

$$\int_L f(x,y)\mathrm{d}s = \lim_{\lambda \to 0}\sum_{i=1}^{n} f(\xi_i, \eta_i)\Delta s_i,$$

其中 $f(x,y)$ 称为**被积函数**，L 称为**积分弧段**.

由定义 1 可知，例 1 中曲线弧 L 的质量 M 等于线密度 $\rho(x,y)$ 在 L 上对弧长的曲线积分，即

$$M = \int_L \rho(x,y)\mathrm{d}s.$$

特别地，当 $\rho(x,y)\equiv 1$ 时，$M = \int_L \mathrm{d}s = s$（$s$ 为 L 的弧长）.

如果 L 是一条闭曲线，那么函数 $f(x,y)$ 在 L 上对弧长的曲线积分记作

$$\oint_L f(x,y)\mathrm{d}s.$$

二、对弧长的曲线积分的性质

根据定义 1 可以证明（证明从略），若函数 $f(x,y)$ 在分段光滑曲线弧 L 上连续[或除去个别点外，$f(x,y)$ 在 L 上连续、有界]，则 $f(x,y)$ 在 L 上对弧长的曲线积分一定存在[$f(x,y)$ 在 L 上可积].

设函数 $f(x,y), g(x,y)$ 在曲线弧 L 上可积，则有以下**性质**：

(1) $\int_L kf(x,y)\mathrm{d}s = k\int_L f(x,y)\mathrm{d}s$ （k 为常数）;

(2) $\int_L [f(x,y) \pm g(x,y)]\mathrm{d}s = \int_L f(x,y)\mathrm{d}s \pm \int_L g(x,y)\mathrm{d}s$;

(3) 如果曲线弧 L 由 $L_1, L_2, \cdots, L_n$ 几部分组成,则 $f(x,y)$ 在 L 上的曲线积分等于 $f(x,y)$ 在各部分上的曲线积分之和,即

$$\int_L f(x,y)\mathrm{d}s = \int_{L_1} f(x,y)\mathrm{d}s + \int_{L_2} f(x,y)\mathrm{d}s + \cdots + \int_{L_n} f(x,y)\mathrm{d}s.$$

三、对弧长的曲线积分的计算法

定理 1 设曲线弧 L 由参数方程 $x = x(t), y = y(t) (\alpha \leqslant t \leqslant \beta)$ 表示,函数 $x(t), y(t)$ 在区间 $[\alpha, \beta]$ 上具有连续导数且 $x'^2(t) + y'^2(t) \neq 0$(这时 L 是光滑的曲线弧),函数 $f(x,y)$ 在 L 上连续,则

$$\int_L f(x,y)\mathrm{d}s = \int_\alpha^\beta f[x(t),y(t)]\sqrt{x'^2(t) + y'^2(t)}\mathrm{d}t. \quad (10\text{-}5\text{-}1)$$

证 如图 10-38 所示,设曲线弧 L 以 A, B 为端点,曲线弧 L 的长度为 l, L 上任一点 M 可由曲线弧 $\widehat{AM}$ 的长度 s 来确定. 以 s 为参数,不妨设 L 的参数方程为

$$x = \varphi(s), \quad y = \psi(s), \quad 0 \leqslant s \leqslant l.$$

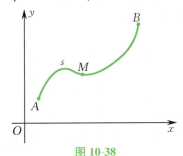

图 10-38

对区间 $[0,l]$ 进行分割,设分点为 $0 = s_0, s_1, s_2, \cdots, s_{n-1}, s_n = l$, 令 $\Delta s_i = s_i - s_{i-1} (i = 1, 2, \cdots, n)$. 对应于区间 $[s_{i-1}, s_i]$, 在 L 上有一段小弧 $\widehat{M_{i-1}M_i} (i = 1, 2, \cdots, n)$, 该小弧的长度即为 Δs_i. 任取 $\tau_i \in [s_{i-1}, s_i]$, τ_i 在小弧 $\widehat{M_{i-1}M_i}$ 上的对应点为 (ξ_i, η_i). 做和式

$$\sum_{i=1}^n f[\varphi(\tau_i), \psi(\tau_i)]\Delta s_i.$$

设 $\lambda = \max_{1 \leqslant i \leqslant n} \Delta s_i$, 则

$$\lim_{\lambda \to 0} \sum_{i=1}^n f[\varphi(\tau_i), \psi(\tau_i)]\Delta s_i = \int_0^l f[\varphi(s), \psi(s)]\mathrm{d}s,$$

而

$$\sum_{i=1}^n f[\varphi(\tau_i), \psi(\tau_i)]\Delta s_i = \sum_{i=1}^n f(\xi_i, \eta_i)\Delta s_i.$$

于是,根据定义 1 有

$$\int_L f(x,y)\mathrm{d}s = \lim_{\lambda\to 0}\sum_{i=1}^n f(\xi_i,\eta_i)\Delta s_i = \lim_{\lambda\to 0}\sum_{i=1}^n f[\varphi(\tau_i),\psi(\tau_i)]\Delta s_i$$
$$= \int_0^l f[\varphi(s),\psi(s)]\mathrm{d}s. \tag{10-5-2}$$

又 L 由参数方程
$$x = x(t), \quad y = y(t) \quad (\alpha \leqslant t \leqslant \beta)$$
表示,$x'(t),y'(t)$ 在 $[\alpha,\beta]$ 上连续,弧长 s 随 t 的增大而增大,于是由上册第三章第七节中的弧微分公式或由上册第五章第四节中的弧微分公式(5-4-3)有
$$s'(t) = \sqrt{x'^2(t)+y'^2(t)}.$$

将式(10-5-2)最后一个等号的右端做变量代换,并注意 $t=\alpha$ 时 $s=0$,$t=\beta$ 时 $s=l$,于是得
$$\int_L f(x,y)\mathrm{d}s = \int_\alpha^\beta f[x(t),y(t)]\sqrt{x'^2(t)+y'^2(t)}\mathrm{d}t.$$

定理 1 表明,曲线积分可化为定积分来进行计算. 由公式(10-5-1)可知,计算曲线积分时,必须将被积函数中的变量 x 和 y 用其参数式代入,同时将 $\mathrm{d}s$ 化为弧长微分的参数形式;并且,积分限对应于端点的参数值,下限 α 必须小于上限 β.

若曲线弧 L 由方程 $y=y(x)(a\leqslant x\leqslant b)$ 给出,函数 $y(x)$ 在区间 $[a,b]$ 上具有连续导数,函数 $f(x,y)$ 在 L 上连续,则
$$\int_L f(x,y)\mathrm{d}s = \int_a^b f[x,y(x)]\sqrt{1+y'^2(x)}\mathrm{d}x. \tag{10-5-3}$$

类似地,若曲线弧 L 由方程 $x=x(y)(c\leqslant y\leqslant d)$ 给出,函数 $x(y)$ 在区间 $[c,d]$ 上具有连续导数,函数 $f(x,y)$ 在 L 上连续,则
$$\int_L f(x,y)\mathrm{d}s = \int_c^d f[x(y),y]\sqrt{x'^2(y)+1}\mathrm{d}y. \tag{10-5-4}$$

例 2 计算曲线积分 $\int_L xy\mathrm{d}s$,其中 L 是圆 $x^2+y^2=a^2(a>0)$ 在第一象限的部分.

解 由 L 的参数方程
$$x = a\cos t, \quad y = a\sin t, \quad 0 \leqslant t \leqslant \frac{\pi}{2}$$
可得
$$x'(t) = -a\sin t, \quad y'(t) = a\cos t,$$
$$\mathrm{d}s = \sqrt{x'^2(t)+y'^2(t)}\mathrm{d}t = \sqrt{a^2\sin^2 t+a^2\cos^2 t}\mathrm{d}t = a\mathrm{d}t.$$
由公式(10-5-1)得
$$\int_L xy\mathrm{d}s = \int_0^{\frac{\pi}{2}} a\cos t \cdot a\sin t \cdot a\mathrm{d}t = \frac{a^3}{2}\int_0^{\frac{\pi}{2}}\sin 2t\mathrm{d}t = \frac{a^3}{2}.$$

例 3 计算曲线积分 $\int_L \sqrt{y}\mathrm{d}s$,其中 L 是抛物线 $y=\frac{1}{4}x^2$ 自点 $(0,0)$ 到点 $(2,1)$ 的一段弧.

解 因为 $ds = \sqrt{1+y'^2}\,dx = \sqrt{1+\left(\dfrac{x}{2}\right)^2}\,dx$,而 x 的变化区间是 $[0,2]$,所以由公式(10-5-3)得

$$\int_L \sqrt{y}\,ds = \int_0^2 \dfrac{1}{2}x\sqrt{1+\dfrac{x^2}{4}}\,dx = \dfrac{2}{3}\left(1+\dfrac{x^2}{4}\right)^{\frac{3}{2}}\bigg|_0^2 = \dfrac{2}{3}(2\sqrt{2}-1).$$

以上我们讨论了平面上对弧长的曲线积分. 完全类似地,可以建立空间中对弧长的曲线积分的定义,并讨论其性质与计算方法.

设给定曲线积分

$$\int_\Gamma f(x,y,z)\,ds,$$

其中空间曲线弧 Γ 的参数方程为

$$x=x(t),\quad y=y(t),\quad z=z(t)\quad (\alpha \leqslant t \leqslant \beta),$$

则在类似于定理 1 的条件下,有

$$\int_\Gamma f(x,y,z)\,ds$$
$$= \int_\alpha^\beta f[x(t),y(t),z(t)]\sqrt{x'^2(t)+y'^2(t)+z'^2(t)}\,dt. \quad (10\text{-}5\text{-}5)$$

例 4 计算曲线积分

$$\int_\Gamma \dfrac{ds}{x^2+y^2+z^2},$$

其中 Γ 是螺旋线 $x=a\cos t, y=a\sin t, z=bt (a>0, b>0)$ 上相应于 t 从 0 到 2π 的一段弧.

解 因为

$$ds = \sqrt{x'^2(t)+y'^2(t)+z'^2(t)}\,dt$$
$$= \sqrt{(-a\sin t)^2+(a\cos t)^2+b^2}\,dt$$
$$= \sqrt{a^2+b^2}\,dt,$$

而 t 的变化区间是 $[0,2\pi]$,所以由公式(10-5-5)得

$$\int_\Gamma \dfrac{ds}{x^2+y^2+z^2} = \sqrt{a^2+b^2}\int_0^{2\pi} \dfrac{dt}{a^2+b^2t^2} = \dfrac{\sqrt{a^2+b^2}}{ab}\arctan\dfrac{bt}{a}\bigg|_0^{2\pi}$$
$$= \dfrac{\sqrt{a^2+b^2}}{ab}\arctan\dfrac{2\pi b}{a}.$$

例 5 计算曲线积分 $\oint_\Gamma \sqrt{x^2+2y^2}\,ds$,其中 Γ 是球面 $x^2+y^2+z^2=a^2(a>0)$ 与平面 $y=z$ 的交线.

解 由已知,Γ 的参数方程为

$$x=a\cos t,\quad y=\dfrac{\sqrt{2}}{2}a\sin t,\quad z=\dfrac{\sqrt{2}}{2}a\sin t\quad (0 \leqslant t \leqslant 2\pi),$$

于是
$$ds = \sqrt{x'^2(t)+y'^2(t)+z'^2(t)}\,dt$$
$$= \sqrt{(-a\sin t)^2 + \left(\frac{\sqrt{2}}{2}a\cos t\right)^2 + \left(\frac{\sqrt{2}}{2}a\cos t\right)^2}\,dt$$
$$= a\,dt.$$

所以
$$\oint_\Gamma \sqrt{x^2+2y^2}\,ds = \int_0^{2\pi} \sqrt{(a\cos t)^2 + 2\left(\frac{\sqrt{2}}{2}a\sin t\right)^2}\,a\,dt$$
$$= \int_0^{2\pi} a^2\,dt = 2\pi a^2.$$

• 习题 10-5

1. 计算下列对弧长的曲线积分:

(1) $\oint_L (x^2+y^2)^n\,ds$, 其中 L 为圆 $x=a\cos t, y=a\sin t\,(0 \leqslant t \leqslant 2\pi, a>0)$;

(2) $\int_L (x+y)\,ds$, 其中 L 为连接 $(1,0)$ 及 $(0,1)$ 两点的线段;

(3) $\oint_L x\,ds$, 其中 L 为由直线 $y=x$ 与抛物线 $y=x^2$ 所围成的闭区域的整个边界曲线;

(4) $\oint_L e^{\sqrt{x^2+y^2}}\,ds$, 其中 L 为圆 $x^2+y^2=a^2\,(a>0)$ 与直线 $y=x$, x 轴在第一象限所围成的扇形的整个边界曲线;

(5) $\int_\Gamma \dfrac{ds}{x^2+y^2+z^2}$, 其中 Γ 为曲线 $x=e^t\cos t, y=e^t\sin t, z=e^t$ 上相应于 t 从 0 到 2 的一段弧.

习题答案

第六节 对面积的曲面积分

本节将积分的概念推广到积分范围为一个曲面的情形,得到**曲面积分**. 曲面积分的积分区域是曲面,这里我们所讨论的曲面都是光滑的或分片光滑的. 如果曲面 Σ 上每一点 M 处都有切平面,且当 M 沿曲面连续变动时,切平面的法向量在曲面上连续变化,就称曲面 Σ 是光滑的;如果曲面 Σ 是由若干块光滑曲面组成的连续曲面,就称 Σ 是分片光滑的.

一、对面积的曲面积分的概念

类似于对弧长的曲线积分的引入,我们从曲面 Σ 的质量(曲面 Σ 上分布有质量)计算问题入手,得到对面积的曲面积分的概念.

类似于第五节例 1 中求曲线弧 L 的质量,只须把曲线弧 L 改为曲面 Σ,并相应地把曲线弧 L 分成 n 小段改为曲面 Σ 分成 n 小块,线密度 $\rho(x,y)$ 改为面密度 $\rho(x,y,z)$,小段曲线弧的长度 Δs_i 改为小块曲面的面积 ΔS_i,第 i 段小弧上的一点 (ξ_i,η_i) 改为第 i 块小曲面上的一点 (ξ_i,η_i,ζ_i). 于是,在面密度 $\rho(x,y,z)$ 连续的前提下,曲面 Σ 的质量 M 就是下列和式的极限:

$$M = \lim_{\lambda \to 0} \sum_{i=1}^{n} \rho(\xi_i,\eta_i,\zeta_i) \Delta S_i,$$

其中 λ 表示 n 小块曲面的直径(曲面上两点间的最大距离)的最大值.

在一些其他问题中,也会遇到与上式类似的极限,于是我们将其本质抽象出来,引入对面积的曲面积分的定义.

定义 1 设函数 $f(x,y,z)$ 在分片光滑曲面 Σ 上有界. 任意分割 Σ 成 n 小块:

$$\Delta S_1, \ \Delta S_2, \ \cdots, \ \Delta S_n,$$

第 i 块小曲面 ΔS_i 的面积也记作 $\Delta S_i (i=1,2,\cdots,n)$. 在每一块小曲面 ΔS_i 上任取一点 (ξ_i,η_i,ζ_i),做和式

$$\sum_{i=1}^{n} f(\xi_i,\eta_i,\zeta_i) \Delta S_i.$$

当 $\Delta S_i (i=1,2,\cdots,n)$ 的最大直径 $\lambda \to 0$ 时,如果上述和式的极限存在[极限值不依赖于 Σ 的分法及点 (ξ_i,η_i,ζ_i) 的取法],则称 $f(x,y,z)$ 在 Σ 上可积,且称此极限值为 $f(x,y,z)$ 在 Σ 上对面积的曲面积分,记作

$$\iint_{\Sigma} f(x,y,z) \mathrm{d}S = \lim_{\lambda \to 0} \sum_{i=1}^{n} f(\xi_i,\eta_i,\zeta_i) \Delta S_i,$$

其中 $f(x,y,z)$ 称为被积函数,Σ 称为积分曲面.

显然,如果曲面 Σ 的面密度是 $\rho(x,y,z)$,则 Σ 的质量 M 可表示为对面积的曲面积分,即

$$M = \iint_{\Sigma} \rho(x,y,z) \mathrm{d}S.$$

特别地,当 $\rho(x,y,z) \equiv 1$ 时,$M = \iint_{\Sigma} \mathrm{d}S = S$($S$ 为 Σ 的面积).

如果 Σ 是一个闭曲面,那么函数 $f(x,y,z)$ 在 Σ 上对面积的曲面积分记作

$$\oiint_{\Sigma} f(x,y,z) \mathrm{d}S.$$

可以证明,当函数 $f(x,y,z)$ 在分片光滑曲面 Σ 上连续,或除有限条分段光滑曲线外在 Σ 上连续,且在 Σ 上有界,则 $f(x,y,z)$ 在 Σ 上对面积的曲面积分存在(这里不做证明).

对面积的曲面积分有类似于对弧长的曲线积分的一些性质,这里不再赘述.

二、对面积的曲面积分的计算法

对面积的曲面积分可以化为二重积分来计算. 设曲面 Σ 的方程是
$$z = z(x, y),$$
于是由第四节可知,Σ 的面积元素为
$$dS = \sqrt{1 + \left(\frac{\partial z}{\partial x}\right)^2 + \left(\frac{\partial z}{\partial y}\right)^2}\, dx\, dy.$$
所以
$$\iint_\Sigma f(x,y,z)\, dS = \iint_D f[x,y,z(x,y)] \sqrt{1 + \left(\frac{\partial z}{\partial x}\right)^2 + \left(\frac{\partial z}{\partial y}\right)^2}\, dx\, dy, \tag{10-6-1}$$
其中 D 为 Σ 在 xOy 平面上的投影区域.

例 1 计算曲面积分
$$\oiint_\Sigma (x^2 + y^2 + z^2)\, dS,$$
其中 Σ 是球面 $x^2 + y^2 + z^2 = a^2 \ (a > 0)$.

解 由被积函数与积分曲面的对称性,所求的曲面积分等于两倍上半球面 Σ_1 上的曲面积分,即
$$\oiint_\Sigma (x^2 + y^2 + z^2)\, dS = 2\iint_{\Sigma_1} (x^2 + y^2 + z^2)\, dS.$$
Σ_1 的方程为 $z = \sqrt{a^2 - x^2 - y^2}$,从而
$$\frac{\partial z}{\partial x} = \frac{-x}{\sqrt{a^2 - x^2 - y^2}}, \quad \frac{\partial z}{\partial y} = \frac{-y}{\sqrt{a^2 - x^2 - y^2}},$$
所以
$$dS = \sqrt{1 + \left(\frac{\partial z}{\partial x}\right)^2 + \left(\frac{\partial z}{\partial y}\right)^2}\, dx\, dy = \frac{a}{\sqrt{a^2 - x^2 - y^2}}\, dx\, dy.$$
Σ_1 在 xOy 平面上的投影区域为 $D = \{(x,y) \mid x^2 + y^2 \leqslant a^2\}$. 由公式 (10-6-1) 得
$$\iint_{\Sigma_1} (x^2 + y^2 + z^2)\, dS = \iint_D (x^2 + y^2 + a^2 - x^2 - y^2) \frac{a}{\sqrt{a^2 - x^2 - y^2}}\, dx\, dy$$
$$= \iint_D \frac{a^3}{\sqrt{a^2 - x^2 - y^2}}\, dx\, dy = \int_0^{2\pi} d\theta \int_0^a \frac{a^3 r}{\sqrt{a^2 - r^2}}\, dr$$
$$= -2\pi a^3 \sqrt{a^2 - r^2}\, \Big|_0^a = 2\pi a^4,$$
故有
$$\oiint_\Sigma (x^2 + y^2 + z^2)\, dS = 4\pi a^4.$$

在例1中，如果我们利用曲面的方程先将被积函数化简，并运用球面的面积公式，立即可得所求的曲面积分的值，即

$$\oiint_\Sigma (x^2+y^2+z^2)\mathrm{d}S = a^2 \oiint_\Sigma \mathrm{d}S = 4\pi a^4.$$

例 2 计算曲面积分

$$\oiint_\Sigma (x^2+y^2+z^2)\mathrm{d}S,$$

其中 Σ 是球面 $x^2+y^2+z^2=2z$.

解 将积分曲面 Σ 分为 Σ_1,Σ_2 两部分，其中 Σ_1 的方程为 $z=1+\sqrt{1-x^2-y^2}$，Σ_2 的方程为 $z=1-\sqrt{1-x^2-y^2}$. Σ_1 与 Σ_2 在 xOy 平面上的投影区域都为 $D=\{(x,y) \mid x^2+y^2 \leqslant 1\}$，面积元素分别为

$$\mathrm{d}S = \sqrt{1+\left(\frac{\partial z}{\partial x}\right)^2+\left(\frac{\partial z}{\partial y}\right)^2}\,\mathrm{d}x\,\mathrm{d}y = \frac{\mathrm{d}x\,\mathrm{d}y}{\sqrt{1-x^2-y^2}},$$

$$\mathrm{d}S = \sqrt{1+\left(\frac{\partial z}{\partial x}\right)^2+\left(\frac{\partial z}{\partial y}\right)^2}\,\mathrm{d}x\,\mathrm{d}y = \frac{\mathrm{d}x\,\mathrm{d}y}{\sqrt{1-x^2-y^2}},$$

于是

$$\begin{aligned}\oiint_\Sigma (x^2+y^2+z^2)\mathrm{d}S &= \iint_{\Sigma_1}(x^2+y^2+z^2)\mathrm{d}S + \iint_{\Sigma_2}(x^2+y^2+z^2)\mathrm{d}S \\ &= \iint_{\Sigma_1}(2+2\sqrt{1-x^2-y^2})\mathrm{d}S + \iint_{\Sigma_2}(2-2\sqrt{1-x^2-y^2})\mathrm{d}S \\ &= 2\iint_D (1+\sqrt{1-x^2-y^2})\frac{\mathrm{d}x\,\mathrm{d}y}{\sqrt{1-x^2-y^2}} \\ &\quad + 2\iint_D (1-\sqrt{1-x^2-y^2})\frac{\mathrm{d}x\,\mathrm{d}y}{\sqrt{1-x^2-y^2}} \\ &= 4\iint_D \frac{\mathrm{d}x\,\mathrm{d}y}{\sqrt{1-x^2-y^2}} = 4\int_0^{2\pi}\mathrm{d}\theta\int_0^1 \frac{r}{\sqrt{1-r^2}}\mathrm{d}r \\ &= 8\pi(-\sqrt{1-r^2})\Big|_0^1 = 8\pi.\end{aligned}$$

例 3 计算半径为 R 的均匀球壳对其对称轴的转动惯量.

解 不妨设球壳的面密度为 $\rho_0=1$，取球心为原点，记球壳所占据的球面为 Σ，则球面 Σ 的方程是 $x^2+y^2+z^2=R^2$. 结合物理学中的有关知识，易知所求的转动惯量为

$$I = \oiint_\Sigma (x^2+y^2)\mathrm{d}S. \tag{10-6-2}$$

由例1知，球面 Σ 的面积元素为

$$\mathrm{d}S = \frac{R}{\sqrt{R^2-x^2-y^2}}\mathrm{d}x\,\mathrm{d}y.$$

代入式(10-6-2)，并利用对称性，得

$$I = 2\iint_D \frac{R(x^2+y^2)}{\sqrt{R^2-x^2-y^2}} dx\,dy = 2R\int_0^{2\pi} d\theta \int_0^R \frac{r^3}{\sqrt{R^2-r^2}} dr$$

$$= 4\pi R \int_0^R \frac{r^3}{\sqrt{R^2-r^2}} dr \xrightarrow{r=R\sin t} 4\pi R^4 \int_0^{\frac{\pi}{2}} \sin^3 t\,dt = \frac{8}{3}\pi R^4.$$

因为球壳的质量为 $M = 4\pi R^2 \rho_0 = 4\pi R^2$，所以

$$I = \frac{2}{3} \cdot 4\pi R^2 \cdot R^2 = \frac{2}{3} MR^2.$$

• 习题 10-6

1. 计算曲面积分 $\iint_\Sigma f(x,y,z) dS$，其中 Σ 为抛物面 $z = 2 - (x^2+y^2)$ 在 xOy 平面上方的部分，函数 $f(x,y,z)$ 如下：

(1) $f(x,y,z) = 1$； (2) $f(x,y,z) = x^2 + y^2$；

(3) $f(x,y,z) = 3z$.

2. (1) 计算曲面积分 $\oiint_\Sigma (x^2+y^2) dS$，其中 Σ 为锥面 $z = \sqrt{x^2+y^2}$ 与平面 $z = 1$ 所围成的区域的整个边界曲面；

(2) 计算曲面积分 $\iint_\Sigma (x^2+y^2) dS$，其中 Σ 为锥面 $z^2 = 3(x^2+y^2)$ 被平面 $z = 0$ 和 $z = 3$ 所截得的有限部分.

3. 计算下列对面积的曲面积分：

(1) $\iint_\Sigma \left(z + 2x + \frac{4}{3}y\right) dS$，其中 Σ 为平面 $\frac{x}{2} + \frac{y}{3} + \frac{z}{4} = 1$ 位于 I 卦限的部分；

(2) $\iint_\Sigma (2xy - 2x^2 - x + z) dS$，其中 Σ 为平面 $2x + 2y + z = 6$ 位于 I 卦限的部分；

(3) $\iint_\Sigma (x+y+z) dS$，其中 Σ 为球面 $x^2+y^2+z^2 = a^2$ 上 $z \geqslant h(0 < h < a)$ 的部分；

(4) $\iint_\Sigma (xy + yz + zx) dS$，其中 Σ 为锥面 $z = \sqrt{x^2+y^2}$ 被柱面 $x^2+y^2 = 2ax(a>0)$ 所截得的有限部分；

(5) $\iint_\Sigma \sqrt{R^2-x^2-y^2}\,dS$，其中 Σ 为上半球面 $z = \sqrt{R^2-x^2-y^2}(R>0)$.

习题答案

4. 一个抛物面壳所占据的抛物面为 $\Sigma: z = \frac{1}{2}(x^2+y^2)(0 \leqslant z \leqslant 1)$，面密度为 $\rho = z$，求该抛物面壳的质量.

5. 一个均匀半球壳所占据的半球面为 $\Sigma: x^2+y^2+z^2 = a^2(z \geqslant 0, a > 0)$，面密度为 ρ_0，求该半球壳对 z 轴的转动惯量.

*第七节 黎曼积分小结

在前面二重积分、三重积分、对弧长的曲线积分、对面积的曲面积分的定义,以及一些具体的物理量、几何量的计算中,都提出了相类似的和式的极限问题,虽然各个和式的具体对象不同,但归根结底都是要处理同一形式的和式的极限.这里可以概括地给出下面的定义.

几何形体 Ω 上黎曼积分的定义:设 Ω 为一个几何形体(如线段、曲线弧、曲面、立体),这个几何形体是可以度量的(它是可以求长度、面积或体积的),在这个几何形体 Ω 上定义了一个有界函数 $f(M), M \in \Omega$. 将几何形体 Ω 分为 n 个可以度量的小部分 $\Delta\Omega_1, \Delta\Omega_2, \cdots, \Delta\Omega_n$. 既然每一小部分都可以度量,故它们皆有度量大小可言,把它们的度量大小仍记为 $\Delta\Omega_i (i=1,2,\cdots,n)$,并令

$$\lambda = \max_{1 \leqslant i \leqslant n} \{\Delta\Omega_i \text{ 的直径}\}.$$

在每一小部分 $\Delta\Omega_i$ 中任取一点 M_i,做和式(也称为**黎曼和**或**积分和**)

$$\sum_{i=1}^{n} f(M_i) \Delta\Omega_i.$$

如果这个和式不论 Ω 的分法如何,以及点 M_i 在 $\Delta\Omega_i$ 上的取法如何,只要当 $\lambda \to 0$ 时恒有同一极限值 I,则称函数 $f(M)$ 在 Ω 上**黎曼可积**(简称**可积**),且称此极限值为 $f(M)$ **在 Ω 上的黎曼积分**(简称**积分**),记为

$$I = \int_{\Omega} f(M) d\Omega,$$

即

$$I = \lim_{\lambda \to 0} \sum_{i=1}^{n} f(M_i) \Delta\Omega_i.$$

根据几何形体 Ω 的不同形态,我们不难得出 Ω 上的积分的具体表达式及名称.

(1) 如果 Ω 是实轴上的一个闭区间 $[a,b]$,那么 Ω 上的积分就是定积分,记为

$$\int_a^b f(x) dx = \lim_{\lambda \to 0} \sum_{i=1}^{n} f(\xi_i) \Delta x_i.$$

(2) 如果 Ω 是一个可求面积的平面闭区域 D,那么 Ω 上的积分就是二重积分,记为

$$\iint_D f(x,y) d\sigma = \lim_{\lambda \to 0} \sum_{i=1}^{n} f(\xi_i, \eta_i) \Delta\sigma_i.$$

名人简介

(3) 如果 Ω 是一个可求体积的空间闭区域,那么 Ω 上的积分就是三重积分,记为

$$\iiint_\Omega f(x,y,z)\mathrm{d}v = \lim_{\lambda \to 0}\sum_{i=1}^n f(\xi_i,\eta_i,\zeta_i)\Delta v_i.$$

(4) 如果 Ω 是一条可求长的平面曲线 L,那么 Ω 上的积分就是对弧长的曲线积分,记为

$$\int_L f(x,y)\mathrm{d}s = \lim_{\lambda \to 0}\sum_{i=1}^n f(\xi_i,\eta_i)\Delta s_i.$$

(5) 如果 Ω 是一个可求面积的曲面 Σ,那么 Ω 上的积分就是对面积的曲面积分,记为

$$\iint_\Sigma f(x,y,z)\mathrm{d}S = \lim_{\lambda \to 0}\sum_{i=1}^n f(\xi_i,\eta_i,\zeta_i)\Delta S_i.$$

特别地,如果被积函数 $f(M) \equiv 1$,由定义知 $\int_\Omega \mathrm{d}\Omega$ 就是几何形体 Ω 的度量,即

$$\int_\Omega \mathrm{d}\Omega = \sum_{i=1}^n \Delta\Omega_i = \Omega \text{ 的度量}.$$

关于这几种积分中函数 $f(M)$ 可积的充分条件,我们这里不做深入探讨,只指出:若 $f(M)$ 在所讨论的可度量的几何形体 Ω 上连续,那么 $f(M)$ 在 Ω 上一定可积.

由黎曼积分的定义,我们不难得出黎曼积分的以下**性质**:

(1) 若函数 $f(M)$ 在 Ω 上可积,则 $kf(M)$ 在 Ω 上也可积,且有

$$\int_\Omega kf(M)\mathrm{d}\Omega = k\int_\Omega f(M)\mathrm{d}\Omega \quad (k \text{ 为常数}).$$

(2) 若函数 $f(M)$ 和 $g(M)$ 都在 Ω 上可积,则其和、差 $[f(M)\pm g(M)]$、积 $[f(M)g(M)]$ 也在 Ω 上可积.

(3) 将 Ω 任意分为两个可度量的部分 Ω_1 和 Ω_2,并且 Ω_1 的每一个内点都不在 Ω_2 中,若函数 $f(M)$ 在 Ω 上可积,则 $f(M)$ 在 Ω_1 和 Ω_2 上都可积,且

$$\int_\Omega f(M)\mathrm{d}\Omega = \int_{\Omega_1} f(M)\mathrm{d}\Omega + \int_{\Omega_2} f(M)\mathrm{d}\Omega;$$

反之,若 $f(M)$ 在 Ω_1 和 Ω_2 上可积,则 $f(M)$ 也在 Ω 上可积,且上述等式成立.

(4) 若函数 $f(M)$ 和 $g(M)$ 都在 Ω 上可积,且在 Ω 上 $f(M) \leqslant g(M)$ 成立,则

$$\int_\Omega f(M)\mathrm{d}\Omega \leqslant \int_\Omega g(M)\mathrm{d}\Omega.$$

(5) 若函数 $f(M)$ 在 Ω 上可积,则 $|f(M)|$ 也在 Ω 上可积,且

$$\left|\int_\Omega f(M)\mathrm{d}\Omega\right| \leqslant \int_\Omega |f(M)|\mathrm{d}\Omega.$$

但由 $|f(M)|$ 在 Ω 上可积,不能断定 $f(M)$ 在 Ω 上也可积.

(6) (积分中值定理) 若函数 $f(M)$ 在 Ω 上可积,则存在常数 c,使得

$$\int_\Omega f(M)\mathrm{d}\Omega = c \cdot (\Omega \text{ 的度量});$$

若 $f(M)$ 在 Ω 上连续、可积,记 $c = \dfrac{1}{\Omega \text{ 的度量}} \int_{\Omega} f(M) \mathrm{d}\Omega$,则至少存在 Ω 上的一点 M_0,使得
$$c = f(M_0).$$

习 题 十

1. 填空题:

(1) 二次积分 $\int_1^{e^2} \mathrm{d}x \int_x^{e^2} \dfrac{\mathrm{d}y}{x \ln y}$ 的值等于 _____.

(2) 设闭区域 $D = \{(x,y) \mid x^2 + y^2 \leqslant 1 (y \geqslant 0)\}$,则二重积分 $\iint_D \sqrt{1 - x^2 - y^2}\, \mathrm{d}x \mathrm{d}y =$ _____.

(3) 设闭区域 $\Omega = \{(x,y,z) \mid x^2 + y^2 + z^2 \leqslant 1\}$,则三重积分 $\iiint_\Omega z^2\, \mathrm{d}x \mathrm{d}y \mathrm{d}z =$ _____.

(4) 已知曲线 $L: y = x^2 (0 \leqslant x \leqslant \sqrt{2})$,则曲线积分 $\int_L x\, \mathrm{d}s =$ _____.

(5) 设曲面 $\Sigma: x + y + z = 1 (x \geqslant 0, y \geqslant 0, z \geqslant 0)$,则曲面积分 $\iint_\Sigma y^2\, \mathrm{d}S =$ _____.

2. 选择题:

(1) 设函数 $f(x,y)$ 在矩形闭区域 $D = \{(x,y) \mid a \leqslant x \leqslant b, c \leqslant y \leqslant d\}$ 上具有二阶连续偏导数,则二重积分 $\iint_D \dfrac{\partial^2 f(x,y)}{\partial x \partial y}\, \mathrm{d}x \mathrm{d}y = $ ( ).

A. $f(a,d) - f(b,d) - f(b,c) + f(a,c)$　　B. $f(b,d) - f(a,d) - f(b,c) + f(a,c)$
C. $f(b,d) - f(a,d) - f(a,c) + f(b,c)$　　D. $f(a,d) - f(b,d) - f(a,c) + f(b,c)$

(2) 如图 10-39 所示,正方形闭区域 $\{(x,y) \mid |x| \leqslant 1, |y| \leqslant 1\}$ 被其对角线划分为四个闭区域 D_k $(k = 1,2,3,4)$,记 $I_k = \iint_{D_k} y \cos x\, \mathrm{d}x \mathrm{d}y$,则 $\max\limits_{1 \leqslant k \leqslant 4} I_k = $ ( ).

A. I_1　　　　B. I_2　　　　C. I_3　　　　D. I_4

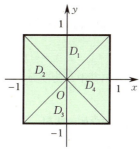

图 10-39

(3) 设 $f(x,y,z)$ 为 $\mathbf{R}^3$ 上的连续函数,$I = \int_0^1 \mathrm{d}y \int_0^y \mathrm{d}x \int_0^y f(x,y,z) \mathrm{d}z$,则有( ).

A. $I = \int_0^1 \mathrm{d}x \int_x^1 \mathrm{d}y \int_0^y f(x,y,z) \mathrm{d}z$　　B. $I = \int_0^1 \mathrm{d}z \int_z^1 \mathrm{d}y \int_0^y f(x,y,z) \mathrm{d}x$

C. $I = \int_0^1 dz \int_z^1 dx \int_z^x f(x,y,z) dy$
D. $I = \int_0^1 dx \int_x^1 dz \int_0^z f(x,y,z) dy$

(4) 设 $f(x,y)$ 为连续函数，则二次积分 $\int_0^{\frac{\pi}{4}} d\theta \int_0^1 f(r\cos\theta, r\sin\theta) r dr = (\qquad)$.

A. $\int_0^{\frac{\sqrt{2}}{2}} dx \int_x^{\sqrt{1-x^2}} f(x,y) dy$
B. $\int_0^{\frac{\sqrt{2}}{2}} dx \int_0^{\sqrt{1-x^2}} f(x,y) dy$

C. $\int_0^{\frac{\sqrt{2}}{2}} dy \int_y^{\sqrt{1-y^2}} f(x,y) dx$
D. $\int_0^{\frac{\sqrt{2}}{2}} dy \int_0^{\sqrt{1-y^2}} f(x,y) dx$

(5) 设 $f(x)$ 为连续函数，$F(t) = \int_1^t dy \int_y^t f(x) dx$，则 $F'(2) = (\qquad)$.

A. $2f(2)$ B. $f(2)$ C. $-f(2)$ D. 0

3. 设闭区域 $D = \{(x,y) \mid x^2 + y^2 \leqslant 1, x \geqslant 0\}$，计算二重积分 $I = \iint_D \frac{1+xy}{1+x^2+y^2} dx dy$.

4. 计算二次积分 $\int_0^8 dx \int_{\sqrt[3]{x}}^2 \frac{dy}{1+y^4}$.

5. 设闭区域 $D = \{(x,y) \mid 0 \leqslant y < x \leqslant 1\}$，计算二重积分 $I = \iint_D \frac{dx dy}{\sqrt{x^2+y^2}}$.

6. 已知函数 $f(x,y)$ 具有二阶连续偏导数，且 $f(1,y) = 0, f(x,1) = 0, \iint_D f(x,y) dx dy = a$，其中 $D = \{(x,y) \mid 0 \leqslant x \leqslant 1, 0 \leqslant y \leqslant 1\}$，计算二重积分 $I = \iint_D xy f''_{xy}(x,y) dx dy$.

7. 设闭区域 $D = \{(x,y) \mid x^2 + y^2 \leqslant \sqrt{2}, x \geqslant 0, y \geqslant 0\}$，$[1 + x^2 + y^2]$ 表示不超过 $1 + x^2 + y^2$ 的最大整数，计算二重积分 $\iint_D xy[1 + x^2 + y^2] dx dy$.

8. 求由下列曲线所围成的闭区域的面积：

(1) $y^2 = \frac{b^2}{a} x, y = \frac{b}{a} x (a > 0, b > 0)$；

(2) $xy = a^2, xy = 2a^2, y = x, y = 2x (x > 0, y > 0, a > 0)$.

9. 设函数 $f(u)$ 连续，证明：

(1) $\int_a^b dy \int_a^y (y-x)^n f(x) dx = \int_a^b \frac{1}{n+1} f(x)(b-x)^{n+1} dx$；

(2) $\iint_D f(x+y) dx dy = \int_{-1}^1 f(u) du$，其中 $D = \{(x,y) \mid |x| + |y| \leqslant 1\}$；

(3) $\iint_D f(ax + by + c) dx dy = 2\int_{-1}^1 \sqrt{1-u^2} f(u\sqrt{a^2+b^2} + c) du$，其中 $D = \{(x,y) \mid x^2 + y^2 \leqslant 1\}$，$a, b, c$ 为常数，且 $a^2 + b^2 \neq 0$.

10. 计算三重积分 $I = \iiint_\Omega (x+y+z) dv$，其中 Ω 为曲面 $z = \sqrt{x^2+y^2}$ 与平面 $z = h (h > 0)$ 所围成的闭区域.

11. 利用三重积分，计算由下列曲面所围成立体的体积：

(1) $z = 6 - x^2 - y^2, z = \sqrt{x^2+y^2}$；

(2) $x^2 + y^2 + z^2 = 2az (a > 0), x^2 + y^2 = z^2$（含有 z 轴的部分）；

(3) $z = \sqrt{x^2+y^2}, z = x^2 + y^2$；

(4) $z = \sqrt{5 - x^2 - y^2}, x^2 + y^2 = 4z$.

*12. 选择坐标变换计算下列三重积分：

(1) $\iiint_\Omega \sqrt{1-\dfrac{x^2}{a^2}-\dfrac{y^2}{b^2}-\dfrac{z^2}{c^2}}\,\mathrm{d}v$，其中 $\Omega = \left\{(x,y,z)\,\bigg|\,\dfrac{x^2}{a^2}+\dfrac{y^2}{b^2}+\dfrac{z^2}{c^2}\leqslant 1\right\}(a>0,b>0,c>0)$；

(2) $\iiint_\Omega \exp\left\{\sqrt{\dfrac{x^2}{a^2}+\dfrac{y^2}{b^2}+\dfrac{z^2}{c^2}}\right\}\mathrm{d}v$，其中 $\Omega = \left\{(x,y,z)\,\bigg|\,\dfrac{x^2}{a^2}+\dfrac{y^2}{b^2}+\dfrac{z^2}{c^2}\leqslant 1\right\}(a>0,b>0,c>0)$.

13. 设 S 为旋转抛物面 $z=4-x^2-y^2$，Π 为其在点 $M(1,1,2)$ 处的切平面，求：

(1) S 在 $z\geqslant 0$ 部分的曲面面积；

(2) 在 I 卦限介于 S 与 Π 之间部分的体积.

14. 计算下列曲线积分：

(1) $\displaystyle\int_\Gamma x^2 yz\,\mathrm{d}s$，其中 Γ 为折线 $ABCD$，这里 A,B,C,D 依次为点 $(0,0,0),(0,0,2),(1,0,2),(1,3,2)$；

(2) $\displaystyle\int_L y^2\,\mathrm{d}s$，其中 L 为摆线的一拱 $x=a(t-\sin t),y=a(1-\cos t)(0\leqslant t\leqslant 2\pi,a>0)$；

(3) $\displaystyle\int_L (x^2+y^2)\,\mathrm{d}s$，其中 L 为曲线 $x=a(\cos t+t\sin t),y=a(\sin t-t\cos t)(0\leqslant t\leqslant 2\pi,a>0)$；

(4) $\displaystyle\int_\Gamma \dfrac{z^2}{x^2+y^2}\,\mathrm{d}s$，其中 Γ 为螺旋线 $x=a\cos t,y=a\sin t,z=at(0\leqslant t\leqslant \pi,a>0)$.

15. 设 Σ 是平面 $x+y+z=3$ 被柱面 $x^2+y^2=1$ 所截得的有限部分，计算曲面积分
$$\iint_\Sigma (x^2+y^2)\,\mathrm{d}S.$$

第十一章
多元函数积分学（Ⅱ）

第十章已介绍了对弧长的曲线积分和对面积的曲面积分，我们将这两种积分分别称为**第一类曲线积分**和**第一类曲面积分**．本章将讨论第二类曲线积分和第二类曲面积分，即对坐标的曲线积分和对坐标的曲面积分，并讨论两类曲线积分、两类曲面积分之间的联系．

课程思政案例　　知识框图

第一节 对坐标的曲线积分的概念与性质

一、引例——变力沿曲线所做的功

设一个质点受力
$$F(x,y) = P(x,y)i + Q(x,y)j$$
的作用沿平面光滑曲线弧 L 从一个端点 A 运动到另一个端点 B，其中函数 $P(x,y),Q(x,y)$ 在 L 上连续，要计算在上述运动过程中变力 $F(x,y)$ 所做的功（见图 11-1）.

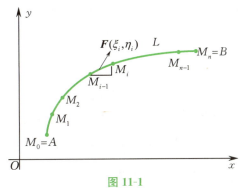

图 11-1

我们知道，如果 F 是常力，且该质点沿直线从点 A 运动到点 B，那么常力 F 所做的功 W 等于两个向量 F 与 $\overrightarrow{AB}$ 的数量积，即
$$W = F \cdot \overrightarrow{AB}.$$
现在 $F(x,y)$ 是变力，且该质点沿曲线弧 L 运动，功 W 不能直接按以上公式计算. 我们仍采用"分割、近似、取极限"的办法来处理这个问题.

在曲线弧 L 上取点 $M_1(x_1,y_1), M_2(x_2,y_2), \cdots, M_{n-1}(x_{n-1},y_{n-1})$，将 L 分成 n 段有向小弧，并设 $M_0 = A, M_n = B$. 任取其中一段有向小弧 $\widehat{M_{i-1}M_i}$ 来分析. 由于 $\widehat{M_{i-1}M_i}$ 光滑且很短，因此可用有向线段
$$\overrightarrow{M_{i-1}M_i} = (\Delta x_i)i + (\Delta y_i)j$$
来近似代替它，其中 $\Delta x_i = x_i - x_{i-1}, \Delta y_i = y_i - y_{i-1}$. 又由于 $P(x,y), Q(x,y)$ 在 L 上连续，因此可以用 $\widehat{M_{i-1}M_i}$ 上任意取定的一点 (ξ_i, η_i) 处的力
$$F(\xi_i, \eta_i) = P(\xi_i, \eta_i)i + Q(\xi_i, \eta_i)j$$
来近似代替这段有向小弧上各点处的力. 于是，变力 $F(x,y)$ 沿有向小弧 $\widehat{M_{i-1}M_i}$

所做的功 ΔW_i 近似等于常力 $\boldsymbol{F}(\xi_i,\eta_i)$ 沿有向线段 $\overrightarrow{M_{i-1}M_i}$ 所做的功,即
$$\Delta W_i \approx \boldsymbol{F}(\xi_i,\eta_i)\cdot\overrightarrow{M_{i-1}M_i}=P(\xi_i,\eta_i)\Delta x_i+Q(\xi_i,\eta_i)\Delta y_i.$$
所以
$$W=\sum_{i=1}^{n}\Delta W_i\approx\sum_{i=1}^{n}[P(\xi_i,\eta_i)\Delta x_i+Q(\xi_i,\eta_i)\Delta y_i].$$

用 λ 表示 n 段有向小弧的最大长度,令 $\lambda\to 0$,取上述和式的极限,所得极限就是功 W 的精确值,即
$$W=\lim_{\lambda\to 0}\sum_{i=1}^{n}[P(\xi_i,\eta_i)\Delta x_i+Q(\xi_i,\eta_i)\Delta y_i].$$

这类和式的极限在研究其他一些物理学、力学问题时也会遇到. 现在我们将其本质抽象出来,引入下面的定义.

二、对坐标的曲线积分的概念

定义 1 设 L 为 xOy 平面内从点 A 到点 B 的一条有向光滑曲线弧,函数 $P(x,y)$,$Q(x,y)$ 在 L 上有界. 在 L 上沿 L 的方向任意插入一点列 $M_1(x_1,y_1)$,$M_2(x_2,y_2)$,$\cdots$,$M_{n-1}(x_{n-1},y_{n-1})$,把 L 分成 n 段有向小弧
$$\widehat{M_{i-1}M_i} \quad (i=1,2,\cdots,n;M_0=A,M_n=B).$$

设 $\Delta x_i=x_i-x_{i-1}$,$\Delta y_i=y_i-y_{i-1}$,点 (ξ_i,η_i) 为 $\widehat{M_{i-1}M_i}(i=1,2,\cdots,n)$ 上任意取定的一点. 如果无论怎样将 L 划分为 n 段有向小弧,也无论点 (ξ_i,η_i) 在有向小弧 $\widehat{M_{i-1}M_i}$ 上怎样取定,当所有有向小弧长度的最大值 $\lambda\to 0$ 时,和式 $\sum_{i=1}^{n}P(\xi_i,\eta_i)\Delta x_i$ 的极限总存在,则称此极限值为 $P(x,y)$ 在 L 上**对坐标 x 的曲线积分**,记作 $\int_L P(x,y)\mathrm{d}x$. 类似地,如果 $\lim\limits_{\lambda\to 0}\sum_{i=1}^{n}Q(\xi_i,\eta_i)\Delta y_i$ 总存在,则称此极限值为 $Q(x,y)$ 在 L 上**对坐标 y 的曲线积分**,记作 $\int_L Q(x,y)\mathrm{d}y$. 所以,有
$$\int_L P(x,y)\mathrm{d}x=\lim_{\lambda\to 0}\sum_{i=1}^{n}P(\xi_i,\eta_i)\Delta x_i \tag{11-1-1}$$
和
$$\int_L Q(x,y)\mathrm{d}y=\lim_{\lambda\to 0}\sum_{i=1}^{n}Q(\xi_i,\eta_i)\Delta y_i, \tag{11-1-2}$$
其中 $P(x,y)$,$Q(x,y)$ 叫作**被积函数**,L 叫作**积分弧段**.

对坐标 x 和对坐标 y 的曲线积分统称为**对坐标的曲线积分**,或者统称为**第二类曲线积分**.

应用上经常出现的是
$$\int_L P(x,y)\mathrm{d}x+\int_L Q(x,y)\mathrm{d}y$$
这种合并起来的形式. 为了简便起见,把上式写成

$$\int_L P(x,y)\mathrm{d}x + Q(x,y)\mathrm{d}y.$$

例如,前面讨论过的变力 $\boldsymbol{F} = P(x,y)\boldsymbol{i} + Q(x,y)\boldsymbol{j}$ 沿曲线弧 L 从点 A 到点 B 所做的功,可以表示成

$$W = \int_L P(x,y)\mathrm{d}x + Q(x,y)\mathrm{d}y,$$

这里取 L 的方向是从点 A 到点 B 的方向.

如果积分弧段 L 是闭曲线,即起点和终点位置相同,则对坐标的曲线积分记为

$$\oint_L P(x,y)\mathrm{d}x + Q(x,y)\mathrm{d}y.$$

我们指出,当函数 $P(x,y), Q(x,y)$ 在有向光滑曲线弧 L 上连续时,对坐标的曲线积分都存在. 以后我们总假定 $P(x,y), Q(x,y)$ 在 L 上连续.

上述定义可以类似地推广到积分弧段为空间有向曲线弧 Γ 的情形,即

$$\int_\Gamma P(x,y,z)\mathrm{d}x = \lim_{\lambda \to 0} \sum_{i=1}^n P(\xi_i, \eta_i, \zeta_i) \Delta x_i,$$

$$\int_\Gamma Q(x,y,z)\mathrm{d}y = \lim_{\lambda \to 0} \sum_{i=1}^n Q(\xi_i, \eta_i, \zeta_i) \Delta y_i,$$

$$\int_\Gamma R(x,y,z)\mathrm{d}z = \lim_{\lambda \to 0} \sum_{i=1}^n R(\xi_i, \eta_i, \zeta_i) \Delta z_i.$$

这三个对坐标的曲线积分合并起来的形式是

$$\int_\Gamma P(x,y,z)\mathrm{d}x + Q(x,y,z)\mathrm{d}y + R(x,y,z)\mathrm{d}z.$$

三、对坐标的曲线积分的性质

根据上述对坐标的曲线积分的定义,可以导出这类曲线积分的一些性质. 为了简便起见,这里省略了积分共有的一些性质.

性质 1 把有向光滑曲线弧 L 分成 L_1 和 L_2(记为 $L = L_1 + L_2$),则

$$\int_L P(x,y)\mathrm{d}x + Q(x,y)\mathrm{d}y = \int_{L_1} P(x,y)\mathrm{d}x + Q(x,y)\mathrm{d}y$$
$$+ \int_{L_2} P(x,y)\mathrm{d}x + Q(x,y)\mathrm{d}y.$$

(11-1-3)

公式(11-1-3)可以推广到 L 由 $L_1, L_2, \cdots, L_k$ 组成的情形. 所以,如果有向曲线弧 L 是分段光滑的,我们规定函数在 L 上对坐标的曲线积分等于函数在 L 的光滑的各段上对坐标的曲线积分之和.

性质 2 设 L 是有向光滑曲线弧,$-L$ 是 L 的反向曲线弧,则有

$$\int_{-L} P(x,y)\mathrm{d}x = -\int_L P(x,y)\mathrm{d}x, \tag{11-1-4}$$

$$\int_{-L} Q(x,y)\mathrm{d}y = -\int_L Q(x,y)\mathrm{d}y. \tag{11-1-5}$$

证 注意到,定义 1 中 $\Delta x_i = x_i - x_{i-1}$ 和 $\Delta y_i = y_i - y_{i-1}$ 是有向小弧

$\widehat{M_{i-1}M_i}$ 分别在 x 轴和 y 轴上的投影. 把 L 分成 n 段有向小弧，$-L$ 也相应地分成 n 段有向小弧，对每一段小弧来说，当其方向改变时，它在坐标轴上的投影的符号改变，但绝对值不变，因此由式(11-1-1) 和式(11-1-2) 分别易知式(11-1-4) 和式(11-1-5) 成立.

式(11-1-4) 和式(11-1-5) 表明，当积分弧段的方向改变时，对坐标的曲线积分要改变符号. 因此，关于对坐标的曲线积分，我们必须注意积分弧段的方向，而对弧长的曲线积分则与积分弧段的方向无关. 这是两类曲线积分的一个重要区别.

第二节 对坐标的曲线积分的计算

与对弧长的曲线积分的计算方法类似，我们将对坐标的曲线积分的计算转化为定积分来计算. 这里必须**强调**的是：这一转化与对弧长的曲线积分的计算的转化有着本质的区别.

定理 1 设函数 $P(x,y), Q(x,y)$ 在有向光滑曲线弧 L 上有定义且连续，L 的参数方程为

$$x = \varphi(t), \quad y = \psi(t).$$

当参数 t 单调地由 α 变到 β 时，点 $M(x,y)$ 从 L 的起点 A 沿 L 运动到终点 B. 若 $\varphi(t), \psi(t)$ 在以 α, β 为端点的闭区间上具有连续导数，且 $\varphi'^2(t) + \psi'^2(t) \neq 0$，则曲线积分 $\int_L P(x,y)dx + Q(x,y)dy$ 存在，且

$$\int_L P(x,y)dx + Q(x,y)dy$$
$$= \int_\alpha^\beta \{P[\varphi(t), \psi(t)]\varphi'(t) + Q[\varphi(t), \psi(t)]\psi'(t)\}dt. \quad (11\text{-}2\text{-}1)$$

证 在 L 上取一点列

$$A = M_0, M_1, M_2, \cdots, M_{n-1}, M_n = B,$$

它们对应于一列单调变化的参数值

$$\alpha = t_0, t_1, t_2, \cdots, t_{n-1}, t_n = \beta.$$

根据对坐标的曲线积分的定义，有

$$\int_L P(x,y)dx = \lim_{\lambda \to 0} \sum_{i=1}^n P(\xi_i, \eta_i)\Delta x_i.$$

设点 (ξ_i, η_i) 对应于参数值 τ_i，即 $\xi_i = \varphi(\tau_i), \eta_i = \psi(\tau_i)$，其中 τ_i 在 t_{i-1} 与 t_i 之间. 由于

$$\Delta x_i = x_i - x_{i-1} = \varphi(t_i) - \varphi(t_{i-1}),$$

应用微分中值定理，有

$$\Delta x_i = \varphi'(\tau_i')\Delta t_i,$$

其中 $\Delta t_i = t_i - t_{i-1}$, τ_i' 在 t_{i-1} 与 t_i 之间, 于是

$$\int_L P(x,y)\mathrm{d}x = \lim_{\lambda \to 0}\sum_{i=1}^{n} P[\varphi(\tau_i),\psi(\tau_i)]\varphi'(\tau_i')\Delta t_i.$$

利用 $\varphi'(t)$ 在闭区间 $[\alpha,\beta]$ (或 $[\beta,\alpha]$) 上的连续性可以证明 (在此从略): 上式中的点 τ_i' 可换成 τ_i, 从而

$$\int_L P(x,y)\mathrm{d}x = \lim_{\lambda \to 0}\sum_{i=1}^{n} P[\varphi(\tau_i),\psi(\tau_i)]\varphi'(\tau_i)\Delta t_i.$$

上式右端和式的极限就是定积分 $\int_\alpha^\beta P[\varphi(t),\psi(t)]\varphi'(t)\mathrm{d}t$. 由于函数 $P[\varphi(t),\psi(t)]\varphi'(t)$ 连续, 这个定积分存在, 因此 $\int_L P(x,y)\mathrm{d}x$ 也存在, 并且有

$$\int_L P(x,y)\mathrm{d}x = \int_\alpha^\beta P[\varphi(t),\psi(t)]\varphi'(t)\mathrm{d}t.$$

同理, 可证

$$\int_L Q(x,y)\mathrm{d}y = \int_\alpha^\beta Q[\varphi(t),\psi(t)]\psi'(t)\mathrm{d}t.$$

以上两式相加, 得

$$\int_L P(x,y)\mathrm{d}x + Q(x,y)\mathrm{d}y$$
$$= \int_\alpha^\beta \{P[\varphi(t),\psi(t)]\varphi'(t) + Q[\varphi(t),\psi(t)]\psi'(t)\}\mathrm{d}t.$$

公式(11-2-1)表明, 计算对坐标的曲线积分

$$\int_L P(x,y)\mathrm{d}x + Q(x,y)\mathrm{d}y$$

时, 只要把 $x,y,\mathrm{d}x,\mathrm{d}y$ 依次换为 $\varphi(t),\psi(t),\varphi'(t)\mathrm{d}t,\psi'(t)\mathrm{d}t$, 然后从 L 的起点所对应的参数值 α 到 L 的终点所对应的参数值 β 做定积分就行了. 这里必须注意, 下限 α 对应于 L 的起点, 上限 β 对应于 L 的终点, α 不一定小于 β.

如果 L 由方程 $y = y(x)$ 给出, 可视 x 为参数, 则

$$\int_L P(x,y)\mathrm{d}x + Q(x,y)\mathrm{d}y$$
$$= \int_a^b \{P[x,y(x)] + Q[x,y(x)]y'(x)\}\mathrm{d}x;$$

如果 L 由方程 $x = x(y)$ 给出, 可视 y 为参数, 则

$$\int_L P(x,y)\mathrm{d}x + Q(x,y)\mathrm{d}y$$
$$= \int_a^b \{P[x(y),y]x'(y) + Q[x(y),y]\}\mathrm{d}y.$$

这里下限 a 对应于 L 的起点, 上限 b 对应于 L 的终点.

公式(11-2-1)可推广到空间有向光滑曲线弧 Γ 由参数方程

$$x = \varphi(t), \quad y = \psi(t), \quad z = \omega(t)$$

给出的情形, 这样便得到

$$\int_\Gamma P(x,y,z)\mathrm{d}x + Q(x,y,z)\mathrm{d}y + R(x,y,z)\mathrm{d}z$$
$$= \int_\alpha^\beta \{P[\varphi(t),\psi(t),\omega(t)]\varphi'(t) + Q[\varphi(t),\psi(t),\omega(t)]\psi'(t)$$
$$+ R[\varphi(t),\psi(t),\omega(t)]\omega'(t)\}\mathrm{d}t. \tag{11-2-2}$$

这里下限 α 对应于 Γ 的起点，上限 β 对应于 Γ 的终点．

例1 计算曲线积分 $\int_L xy\mathrm{d}x$，其中 L 为抛物线 $y^2 = x$ 上从点 $A(1,-1)$ 到点 $B(1,1)$ 的一段弧(见图 11-2)．

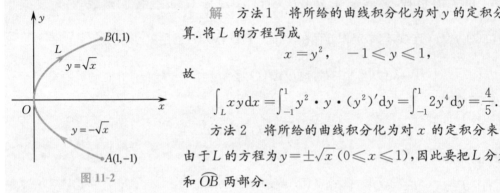

图 11-2

解 方法1 将所给的曲线积分化为对 y 的定积分来计算．将 L 的方程写成
$$x = y^2, \quad -1 \leqslant y \leqslant 1,$$
故
$$\int_L xy\mathrm{d}x = \int_{-1}^1 y^2 \cdot y \cdot (y^2)' \mathrm{d}y = \int_{-1}^1 2y^4 \mathrm{d}y = \frac{4}{5}.$$

方法2 将所给的曲线积分化为对 x 的定积分来计算．由于 L 的方程为 $y = \pm\sqrt{x}$ $(0 \leqslant x \leqslant 1)$，因此要把 L 分为 $\overparen{AO}$ 和 $\overparen{OB}$ 两部分．

在 $\overparen{AO}$ 上，$y = -\sqrt{x}$，x 从 1 变到 0；在 $\overparen{OB}$ 上，$y = \sqrt{x}$，x 从 0 变到 1. 因此
$$\int_L xy\mathrm{d}x = \int_{\overparen{AO}} xy\mathrm{d}x + \int_{\overparen{OB}} xy\mathrm{d}x = \int_1^0 x(-\sqrt{x})\mathrm{d}x + \int_0^1 x\sqrt{x}\,\mathrm{d}x$$
$$= 2\int_0^1 x^{\frac{3}{2}} \mathrm{d}x = \frac{4}{5}.$$

显然，例 1 中的曲线积分化为对 y 的定积分来计算要简便得多．

例2 计算曲线积分 $\int_L y^2 \mathrm{d}x$，其中 L (见图 11-3) 分别为：

(1) 半径为 a、圆心在原点、按逆时针方向绕行的上半圆；
(2) 从点 $A(a,0)$ 沿 x 轴到点 $B(-a,0)$ 的线段．

解 (1) L 的参数方程为
$$x = a\cos\theta, \quad y = a\sin\theta,$$
θ 从 0 变到 π，因此有
$$\int_L y^2 \mathrm{d}x = \int_0^\pi (a\sin\theta)^2 \cdot (-a\sin\theta)\mathrm{d}\theta$$
$$= a^3 \int_0^\pi (1-\cos^2\theta)\mathrm{d}(\cos\theta)$$
$$= a^3 \left(\cos\theta - \frac{1}{3}\cos^3\theta\right)\bigg|_0^\pi = -\frac{4}{3}a^3.$$

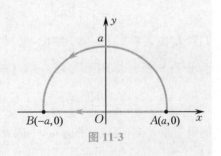

图 11-3

(2) L 的方程为 $y = 0$，x 从 a 变到 $-a$，所以

$$\int_L y^2 \mathrm{d}x = \int_a^{-a} 0 \mathrm{d}x = 0.$$

在例 2 中,虽然两个曲线积分的被积函数相同,起点和终点也相同,但沿不同路径积分得出的值并不相等.

例 3 计算曲线积分
$$\int_L (x+y)\mathrm{d}x + (x-y)\mathrm{d}y,$$

其中 L(见图 11-4)分别为:

(1) 抛物线 $y = x^2$ 上从点 $O(0,0)$ 到点 $B(1,1)$ 的一段弧;

(2) 抛物线 $x = y^2$ 上从点 $O(0,0)$ 到点 $B(1,1)$ 的一段弧;

(3) 有向折线 OAB,这里 O,A,B 依次是点 $(0,0)$, $(0,1),(1,1)$.

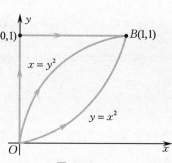

图 11-4

解 (1) $L: y = x^2, x$ 从 0 变到 1,故
$$\int_L (x+y)\mathrm{d}x + (x-y)\mathrm{d}y = \int_0^1 [(x+x^2) + (x-x^2) \cdot 2x] \mathrm{d}x$$
$$= \int_0^1 (x + 3x^2 - 2x^3) \mathrm{d}x = 1.$$

(2) $L: x = y^2, y$ 从 0 变到 1,故
$$\int_L (x+y)\mathrm{d}x + (x-y)\mathrm{d}y = \int_0^1 [(y^2+y) \cdot 2y + (y^2-y)] \mathrm{d}y$$
$$= \int_0^1 (2y^3 + 3y^2 - y) \mathrm{d}y = 1.$$

(3) $\int_L (x+y)\mathrm{d}x + (x-y)\mathrm{d}y = \int_{OA} (x+y)\mathrm{d}x + (x-y)\mathrm{d}y$
$$+ \int_{AB} (x+y)\mathrm{d}x + (x-y)\mathrm{d}y.$$

在 OA 上,$x = 0, y$ 从 0 变到 1,所以
$$\int_{OA} (x+y)\mathrm{d}x + (x-y)\mathrm{d}y = \int_0^1 [y \cdot 0 + (-y)] \mathrm{d}y = -\frac{1}{2}.$$

在 AB 上,$y = 1, x$ 从 0 变到 1,所以
$$\int_{AB} (x+y)\mathrm{d}x + (x-y)\mathrm{d}y = \int_0^1 [(x+1) + (x-1) \cdot 0] \mathrm{d}x = \frac{3}{2}.$$

于是
$$\int_L (x+y)\mathrm{d}x + (x-y)\mathrm{d}y = -\frac{1}{2} + \frac{3}{2} = 1.$$

在例 3 中,虽然积分的三条路径各不相同,但对应曲线积分的值相等.

例 4 计算曲线积分 $\int_L xy\,dx+(x-y)\,dy+x^2\,dz$,其中 L 为螺旋线 $x=a\cos t$, $y=a\sin t,z=bt(a>0,b>0)$ 上从点 $A(a,0,0)$ 到点 $B(-a,0,b\pi)$ 的一段弧.

解 由公式(11-2-2),得

$$\int_L xy\,dx+(x-y)\,dy+x^2\,dz$$
$$=\int_0^\pi [-a^3\cos t\sin^2 t+a^2(\cos t-\sin t)\cos t+a^2 b\cos^2 t]\,dt$$
$$=\int_0^\pi [-a^3\cos t\sin^2 t+a^2(1+b)\cos^2 t-a^2\sin t\cos t]\,dt$$
$$=\left[-\frac{1}{3}a^3\sin^3 t+\frac{1}{2}a^2(1+b)\left(t+\frac{1}{2}\sin 2t\right)+\frac{a^2}{4}\cos 2t\right]\Big|_0^\pi$$
$$=\frac{1}{2}a^2(1+b)\pi.$$

例 5 计算曲线积分 $\int_L x\,dx+y\,dy+(x+y-1)\,dz$,其中 L 是从点 $A(1,1,1)$ 到点 $B(2,3,4)$ 的线段.

解 直线 AB 的方程是 $\dfrac{x-1}{1}=\dfrac{y-1}{2}=\dfrac{z-1}{3}$,故 L 的参数方程为

$$x=1+t,\quad y=1+2t,\quad z=1+3t,\quad t \text{ 从 } 0 \text{ 到 } 1.$$

于是

$$\int_L x\,dx+y\,dy+(x+y-1)\,dz$$
$$=\int_0^1 [(1+t)\cdot 1+(1+2t)\cdot 2+(1+t+1+2t-1)\cdot 3]\,dt$$
$$=\int_0^1 (6+14t)\,dt=13.$$

例 6 设一个质量为 m 的质点受重力的作用在垂直于地面的平面上沿某一光滑曲线弧从点 A 移动到点 B,求重力所做的功.

解 取水平直线为 x 轴,y 轴的正向垂直向上(见图 11-5),则重力在两条坐标轴上的投影分别为 $P(x,y)=0,Q(x,y)=-mg$,其中 g 为重力加速度.设点 A 和 B 的坐标分别为 (x_0,y_0) 和 (x_1,y_1),于是当质点从点 A 移动到点 B 时,重力所做的功为

$$W=\int_{\widehat{AB}} P(x,y)\,dx+Q(x,y)\,dy=\int_{\widehat{AB}}(-mg)\,dy$$
$$=\int_{y_0}^{y_1}(-mg)\,dy=mg(y_0-y_1).$$

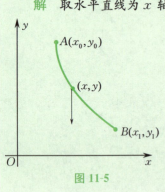

图 11-5

此结果表明,这里重力所做的功与路径无关,且仅取决于下降的高度.

习题 11-2

1. 设 L 为 xOy 平面内直线 $x=a$ 上的有向线段,证明: $\int_L P(x,y)\mathrm{d}x = 0$,其中函数 $P(x,y)$ 在 L 上连续.

2. 设 L 为 xOy 平面内 x 轴上从点 $(a,0)$ 到点 $(b,0)$ 的线段,证明:
$$\int_L P(x,y)\mathrm{d}x = \int_a^b P(x,0)\mathrm{d}x,$$
其中函数 $P(x,y)$ 在 L 上连续.

3. 计算下列曲线积分:

(1) $\int_L (x^2-y^2)\mathrm{d}x$,其中 L 是抛物线 $y=x^2$ 上从点 $(0,0)$ 到点 $(2,4)$ 的一段弧;

(2) $\oint_L xy\mathrm{d}x$,其中 L 为圆 $(x-a)^2+y^2=a^2(a>0)$ 及 x 轴所围成在第一象限的区域的整个边界曲线,取逆时针方向;

(3) $\int_L y\mathrm{d}x + x\mathrm{d}y$,其中 L 为圆 $x=R\cos t, y=R\sin t(R>0)$ 上对应于 t 从 0 到 $\frac{\pi}{2}$ 的一段弧;

(4) $\oint_L \dfrac{(x+y)\mathrm{d}x-(x-y)\mathrm{d}y}{x^2+y^2}$,其中 L 为圆 $x^2+y^2=a^2(a>0)$,取逆时针方向;

(5) $\int_\Gamma x^2\mathrm{d}x + z\mathrm{d}y - y\mathrm{d}z$,其中 Γ 为曲线 $x=k\theta, y=a\cos\theta, z=a\sin\theta(k>0, a>0)$ 上对应于 θ 从 0 到 π 的一段弧;

(6) $\int_\Gamma x^3\mathrm{d}x + 3zy^2\mathrm{d}y + (-x^2y)\mathrm{d}z$,其中 Γ 是从点 $(3,2,1)$ 到点 $(0,0,0)$ 的线段;

(7) $\oint_\Gamma \mathrm{d}x - \mathrm{d}y + y\mathrm{d}z$,其中 Γ 为有向闭折线 $ABCA$,这里 A,B,C 依次为点 $(1,0,0)$,$(0,1,0)$,$(0,0,1)$;

(8) $\int_L (x^2-2xy)\mathrm{d}x + (y^2-2xy)\mathrm{d}y$,其中 L 是抛物线 $y=x^2$ 上从点 $(-1,1)$ 到点 $(1,1)$ 的一段弧.

4. 计算曲线积分 $\int_L (x+y)\mathrm{d}x + (y-x)\mathrm{d}y$,其中 L 分别为:

(1) 抛物线 $y^2=x$ 上从点 $(1,1)$ 到点 $(4,2)$ 的一段弧;

(2) 从点 $(1,1)$ 到点 $(4,2)$ 的线段;

(3) 先沿直线从点 $(1,1)$ 到点 $(1,2)$,再沿直线到点 $(4,2)$ 的折线;

(4) 曲线 $x=2t^2+t+1, y=t^2+1$ 上从点 $(1,1)$ 到点 $(4,2)$ 的一段弧.

5. 设一个质点受到力的作用,力的反方向始终指向原点,大小与该质点到原点的距离成正比. 若该质点由点 $A(a,0)$ 沿椭圆移动到点 $B(0,b)$,求力所做的功.

6. 计算下列曲线积分:

(1) $\oint_\Gamma xyz\mathrm{d}z$,其中 Γ 为球面 $x^2+y^2+z^2=1$ 与平面 $y=z$ 的交线,方向按交线依次经过 Ⅰ,Ⅱ,Ⅶ,Ⅷ卦限;

(2) $\int_\Gamma (y^2-z^2)\mathrm{d}x + (z^2-x^2)\mathrm{d}y + (x^2-y^2)\mathrm{d}z$,其中 Γ 为球面 $x^2+y^2+z^2=1$ 在 Ⅰ 卦限部分的边界曲线,方向按边界曲线依次经过 xOy 平面、yOz 平面、zOx 平面.

习题答案

第三节 曲线积分与路径无关的条件

一、格林公式

在一元函数积分学中,牛顿-莱布尼茨公式

$$\int_a^b F'(x)\mathrm{d}x = F(b) - F(a)$$

表示:函数 $F'(x)$ 在区间 $[a,b]$ 上的定积分,可以通过它的原函数 $F(x)$ 在这个区间的端点处的值来表达.

下面要介绍的格林(Green)公式告诉我们,平面闭区域 D 上的二重积分可以通过 D 的边界曲线 L 上的曲线积分来表达.

现在先介绍平面单连通区域的概念.设 D 为平面区域.如果 D 内任一闭曲线所围的部分都属于 D,则称 D 为**单连通区域**;否则,称 D 为**多连通区域**.通俗地说,单连通区域就是不含有"洞"(包括点"洞")的区域,多连通区域就是含有"洞"(包括点"洞")的区域.

例如,圆形区域 $\{(x,y) \mid x^2+y^2<1\}$,上半平面 $\{(x,y) \mid y>0\}$ 都是单连通区域,圆环形区域 $\{(x,y) \mid 1<x^2+y^2<4\}$,$\{(x,y) \mid 0<x^2+y^2<2\}$ 都是多连通区域.

此外,我们还需要平面区域边界曲线的正向的概念.对于平面区域 D 的边界曲线 L,我们规定 L 的正向如下:当观察者沿 L 的这个方向行走时,D 始终在它的左边.相反的方向,则为 L 的负向.当 L 取负向时,记作 $-L$.例如,设 D 是由边界曲线 L 及 l 所围成的多连通区域(见图 11-6),作为 D 的正向边界曲线,L 的正向是逆时针方向,而 l 的正向是顺时针方向.

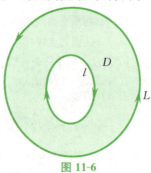

图 11-6

定理 1 设有界闭区域 D 由分段光滑曲线弧 L 所围成.若函数 $P = P(x,y)$,$Q = Q(x,y)$ 在 D 上具有连续偏导数,则有

$$\iint_D \left(\frac{\partial Q}{\partial x} - \frac{\partial P}{\partial y}\right) dx\, dy = \oint_L P\, dx + Q\, dy, \qquad (11\text{-}3\text{-}1)$$

其中 L 是 D 的正向边界曲线.

公式 (11-3-1) 称为**格林公式**.

证 根据 D 的不同形式, 分三种情形证明.

(1) 若 D 既是 x 型区域, 又是 y 型区域 (见图 11-7), 这时平行于坐标轴的直线和 D 的边界曲线 L 至多交于两点.

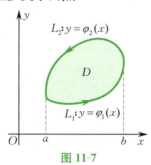

图 11-7

设 $D = \{(x, y) \mid \varphi_1(x) \leqslant y \leqslant \varphi_2(x), a \leqslant x \leqslant b\}$. 一方面, 因为 $\dfrac{\partial P}{\partial y}$ 连续, 所以由二重积分的计算方法, 有

$$\iint_D \frac{\partial P}{\partial y} dx\, dy = \int_a^b dx \int_{\varphi_1(x)}^{\varphi_2(x)} \frac{\partial P}{\partial y} dy$$
$$= \int_a^b \{P[x, \varphi_2(x)] - P[x, \varphi_1(x)]\} dx.$$

另一方面, 由对坐标的曲线积分的性质及计算方法, 有

$$\oint_L P\, dx = \int_{L_1} P\, dx + \int_{L_2} P\, dx$$
$$= \int_a^b P[x, \varphi_1(x)]\, dx + \int_b^a P[x, \varphi_2(x)]\, dx$$
$$= \int_a^b \{P[x, \varphi_1(x)] - P[x, \varphi_2(x)]\}\, dx.$$

因此

$$-\iint_D \frac{\partial P}{\partial y} dx\, dy = \oint_L P\, dx. \qquad (11\text{-}3\text{-}2)$$

设 $D = \{(x, y) \mid \psi_1(y) \leqslant x \leqslant \psi_2(y), c \leqslant y \leqslant d\}$, 类似可证

$$\iint_D \frac{\partial Q}{\partial x} dx\, dy = \oint_L Q\, dy. \qquad (11\text{-}3\text{-}3)$$

由于 D 既是 x 型区域, 又是 y 型区域, 式 (11-3-2) 和式 (11-3-3) 同时成立, 合并后即得公式 (11-3-1).

(2) 若 D 是一般的单连通闭区域, 可用几条光滑曲线将 D 分成若干个既是 x 型又是 y 型的闭区域.

例如, 设 D 如图 11-8 阴影部分所示, 将 D 分成三个既是 x 型又是 y 型的闭

区域 D_1, D_2, D_3,则在这三个闭区域上格林公式成立. 将由此得到的三个等式相加,注意到

$$\int_{CA} P\,dx + Q\,dy + \int_{AB} P\,dx + Q\,dy + \int_{BC} P\,dx + Q\,dy = 0,$$

即可证得在 D 上格林公式成立.

(3) 若 D 为多连通闭区域,可用光滑曲线将 D 分成若干个单连通闭区域,从而变成(2)的情形(见图 11-9).

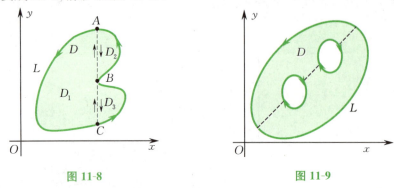

图 11-8   图 11-9

注意 对于多连通闭区域 D,格林公式(11-3-1)右端应包括沿 D 的全部边界曲线的曲线积分,且边界曲线的方向对 D 来说都是正向.

例1 计算曲线积分 $\oint_L (5 - xy - y^2)\,dx - (2xy - x^2)\,dy$,其中 L 是以 $(0,0)$, $(1,0)$, $(1,1)$, $(0,1)$ 为顶点的正方形的正向边界曲线.

解 函数 $P(x,y) = 5 - xy - y^2$, $Q(x,y) = -2xy + x^2$ 及其偏导数均在以 L 为边界的闭区域 D 上连续,且

$$\frac{\partial Q}{\partial x} - \frac{\partial P}{\partial y} = 3x,$$

于是由格林公式得

$$\oint_L (5 - xy - y^2)\,dx - (2xy - x^2)\,dy = \iint_D 3x\,dx\,dy = 3\int_0^1 dx \int_0^1 x\,dy = \frac{3}{2}.$$

例2 计算二重积分 $\iint_D e^{-y^2}\,dx\,dy$,其中 D 是以 $O(0,0)$, $A(1,1)$, $B(0,1)$ 为顶点的三角形闭区域(见图 11-10).

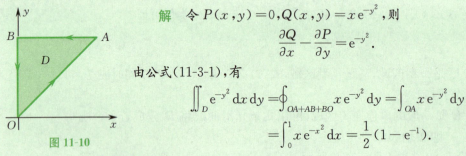

图 11-10

解 令 $P(x,y) = 0$, $Q(x,y) = x e^{-y^2}$,则

$$\frac{\partial Q}{\partial x} - \frac{\partial P}{\partial y} = e^{-y^2}.$$

由公式(11-3-1),有

$$\iint_D e^{-y^2}\,dx\,dy = \oint_{OA+AB+BO} x e^{-y^2}\,dy = \int_{OA} x e^{-y^2}\,dy$$

$$= \int_0^1 x e^{-x^2}\,dx = \frac{1}{2}(1 - e^{-1}).$$

例 3 计算曲线积分 $I = \oint_L \sqrt{x^2+y^2}\,\mathrm{d}x + y[xy + \ln(x+\sqrt{x^2+y^2})]\mathrm{d}y$,其中 L 是以 $A(1,1), B(2,2), C(1,3)$ 为顶点的三角形的正向边界曲线.

解 函数 $P(x,y) = \sqrt{x^2+y^2}, Q(x,y) = y[xy+\ln(x+\sqrt{x^2+y^2})]$ 及其偏导数均在以 L 为边界的闭区域 D 上连续,且
$$\frac{\partial Q}{\partial x} - \frac{\partial P}{\partial y} = y^2 + \frac{y}{\sqrt{x^2+y^2}} - \frac{y}{\sqrt{x^2+y^2}} = y^2,$$
于是由格林公式得
$$I = \iint_D \left(\frac{\partial Q}{\partial x} - \frac{\partial P}{\partial y}\right)\mathrm{d}x\,\mathrm{d}y = \iint_D y^2 \,\mathrm{d}x\,\mathrm{d}y$$
$$= \int_1^2 \mathrm{d}x \int_x^{-x+4} y^2 \,\mathrm{d}y = \frac{25}{6}.$$

在计算曲线弧 L 上的对坐标的曲线积分时,若 L 不是闭曲线,且比较复杂,我们可以引入简单的有向辅助线段 L',使得 $L+L'$ 构成闭曲线,再利用格林公式计算在 $L+L'$ 上的对坐标的曲线积分值. 又由于辅助线段 L' 上的对坐标的曲线积分一般比较简单,最后由对坐标的曲线积分的性质 1 即可计算出结果.

例 4 计算曲线积分 $\int_{\widehat{AB}} x\,\mathrm{d}y$,其中 $\widehat{AB}$ 是圆心在原点、半径为 r 的圆在第一象限的部分,方向为从点 A 到点 B(见图 11-11).

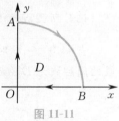

图 11-11

解 引入有向线段 OA, BO,令 $L = OA + \widehat{AB} + BO$. 设函数 $P(x,y) = 0, Q(x,y) = x$,则 $\frac{\partial Q}{\partial x} - \frac{\partial P}{\partial y} = 1$. 应用格林公式,有
$$\iint_D \mathrm{d}x\,\mathrm{d}y = \oint_{-L} x\,\mathrm{d}y = -\oint_L x\,\mathrm{d}y.$$
而
$$\oint_L x\,\mathrm{d}y = \int_{OA} x\,\mathrm{d}y + \int_{\widehat{AB}} x\,\mathrm{d}y + \int_{BO} x\,\mathrm{d}y,$$
又由于
$$\int_{OA} x\,\mathrm{d}y = 0, \quad \int_{BO} x\,\mathrm{d}y = 0,$$
因此
$$\int_{\widehat{AB}} x\,\mathrm{d}y = -\iint_D \mathrm{d}x\,\mathrm{d}y = -\frac{1}{4}\pi r^2.$$

例 5 计算曲线积分 $I = \int_L [\mathrm{e}^x \sin y - (x+y)]\mathrm{d}x + (\mathrm{e}^x \cos y - x)\mathrm{d}y$,其中 L 是从点 $A(2,0)$ 沿曲线 $y = \sqrt{2x-x^2}$ 到点 $O(0,0)$ 的一段弧.

解 引入有向线段 OA，则 $L+OA$ 为分段光滑的有向闭曲线. 记它所围成的闭区域为 D，并设函数 $P(x,y)=\mathrm{e}^x\sin y-(x+y),Q(x,y)=\mathrm{e}^x\cos y-x$，则这两个函数在 D 上满足定理 1 的条件，且

$$\frac{\partial Q}{\partial x}-\frac{\partial P}{\partial y}=(\mathrm{e}^x\cos y-1)-(\mathrm{e}^x\cos y-1)=0.$$

于是，由格林公式可得

$$\begin{aligned}I&=\oint_{L+OA}P(x,y)\mathrm{d}x+Q(x,y)\mathrm{d}y-\left[\int_{OA}P(x,y)\mathrm{d}x+Q(x,y)\mathrm{d}y\right]\\&=\iint_D\left(\frac{\partial Q}{\partial x}-\frac{\partial P}{\partial y}\right)\mathrm{d}x\mathrm{d}y-\left[\int_{OA}P(x,y)\mathrm{d}x+0\right]\\&=0-\int_0^2P(x,0)\mathrm{d}x=-\int_0^2(-x)\mathrm{d}x=2.\end{aligned}$$

▎**例 6** 计算曲线积分 $\oint_L\dfrac{x\mathrm{d}y-y\mathrm{d}x}{x^2+y^2}$，其中 L 为一条无重点、分段光滑，且不过原点的连续闭曲线，L 的方向为逆时针方向.

解 令

$$P(x,y)=\frac{-y}{x^2+y^2},\quad Q(x,y)=\frac{x}{x^2+y^2},$$

则当 $x^2+y^2\ne 0$ 时，有

$$\frac{\partial Q}{\partial x}=\frac{y^2-x^2}{(x^2+y^2)^2}=\frac{\partial P}{\partial y}.$$

记 L 所围成的闭区域为 D. 当 $(0,0)\notin D$ 时，由公式 (11-3-1) 便得 $\oint_L\dfrac{x\mathrm{d}y-y\mathrm{d}x}{x^2+y^2}=0.$

当 $(0,0)\in D$ 时，选取适当小的 $r>0$，作位于 D 内的圆 $l:x^2+y^2=r^2$. 记 L 和 l 所围成的闭区域为 D_1（见图 11-12）. 对多连通闭区域 D_1 应用公式 (11-3-1)，得

$$\oint_L\frac{x\mathrm{d}y-y\mathrm{d}x}{x^2+y^2}-\oint_l\frac{x\mathrm{d}y-y\mathrm{d}x}{x^2+y^2}=0,$$

其中 l 的方向为逆时针方向. 于是

$$\begin{aligned}\oint_L\frac{x\mathrm{d}y-y\mathrm{d}x}{x^2+y^2}&=\oint_l\frac{x\mathrm{d}y-y\mathrm{d}x}{x^2+y^2}\\&=\int_0^{2\pi}\frac{r^2\cos^2\theta+r^2\sin^2\theta}{r^2}\mathrm{d}\theta\\&=2\pi.\end{aligned}$$

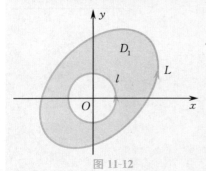

图 11-12

下面介绍格林公式的一个简单应用.

在公式 (11-3-1) 中，取 $P(x,y)=-y,Q(x,y)=x$，即得

$$2\iint_D\mathrm{d}x\mathrm{d}y=\oint_Lx\mathrm{d}y-y\mathrm{d}x.$$

所以闭区域 D 的面积为

$$A = \frac{1}{2}\oint_L x\,\mathrm{d}y - y\,\mathrm{d}x. \tag{11-3-4}$$

若令 $P(x,y)=0, Q(x,y)=x$，则得

$$A = \oint_L x\,\mathrm{d}y. \tag{11-3-5}$$

例7 求椭圆 $x=a\cos\theta, y=b\sin\theta(a>0,b>0)$ 所围成图形的面积 A.

解 根据公式(11-3-4)，有

$$A = \frac{1}{2}\oint_L x\,\mathrm{d}y - y\,\mathrm{d}x = \frac{1}{2}\int_0^{2\pi}(ab\cos^2\theta + ab\sin^2\theta)\,\mathrm{d}\theta$$

$$= \frac{1}{2}ab\int_0^{2\pi}\mathrm{d}\theta = \pi ab.$$

二、平面上曲线积分与路径无关的条件

一般来说，给定函数的曲线积分与积分所沿的路径和路径的起点、终点均有关系. 但在一定条件下，也可与路径无关，而只决定于路径的起点和终点. 在第二节例3中，我们已遇到过这种情况. 在物理学中，如重力做功、保守力场中场力做功等，均属于与路径无关的曲线积分情形. 由格林公式，我们可以推得曲线积分与路径无关的条件.

定理2 设函数 $P=P(x,y), Q=Q(x,y)$ 在单连通区域 D 内具有连续偏导数，则下列条件相互等价：

(1) 沿 D 中任一分段光滑的有向闭曲线 L，有

$$\oint_L P\,\mathrm{d}x + Q\,\mathrm{d}y = 0;$$

(2) 对于 D 中任一分段光滑的有向曲线弧 L，曲线积分 $\int_L P\,\mathrm{d}x + Q\,\mathrm{d}y$ 与路径无关，只与 L 的起点和终点有关；

(3) $P\,\mathrm{d}x + Q\,\mathrm{d}y$ 是 D 内某个函数 u 的全微分，即在 D 内存在函数 $u(x,y)$，使得

$$\mathrm{d}u = P\,\mathrm{d}x + Q\,\mathrm{d}y;$$

(4) 在 D 内每一点处有 $\dfrac{\partial P}{\partial y} = \dfrac{\partial Q}{\partial x}$.

在定理2中，四个条件相互等价的意思是指它们之间互为充要条件. 例如，从定理2中得出结论"曲线积分 $\int_L P\,\mathrm{d}x + Q\,\mathrm{d}y$ 与路径无关的充要条件是 $\dfrac{\partial P}{\partial y} = \dfrac{\partial Q}{\partial x}$ 在 D 内恒成立". 下面我们来证明这个定理.

证 (1)⇒(2)　设 A,B 分别为 L 的起点和终点,任取两条有向曲线弧 $\overparen{AMB}$ 和 $\overparen{ANB}$ 作为积分路径(见图 11-13),则由条件(1)得

$$\oint_{\overparen{AMBNA}} P\mathrm{d}x + Q\mathrm{d}y = 0.$$

所以

$$\int_{\overparen{AMB}} P\mathrm{d}x + Q\mathrm{d}y + \int_{\overparen{BNA}} P\mathrm{d}x + Q\mathrm{d}y = 0,$$

即

$$\int_{\overparen{AMB}} P\mathrm{d}x + Q\mathrm{d}y = -\left(\int_{\overparen{BNA}} P\mathrm{d}x + Q\mathrm{d}y\right) = \int_{\overparen{ANB}} P\mathrm{d}x + Q\mathrm{d}y.$$

这说明,曲线积分 $\int_L P\mathrm{d}x + Q\mathrm{d}y$ 与路径无关.

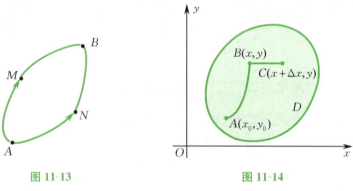

图 11-13　　　　　　　　图 11-14

(2)⇒(3)　设 $A(x_0,y_0)$ 为 D 内某一定点,$B(x,y)$ 为 D 内任一点(见图 11-14).

由(2)知曲线积分 $\int_{\overparen{AB}} P\mathrm{d}x + Q\mathrm{d}y$ 的值仅与点 B 有关,而与积分路径无关.当点 B 在 D 内变动时,上述积分是 x,y 的函数,设为

$$u(x,y) = \int_{\overparen{AB}} P\mathrm{d}x + Q\mathrm{d}y = \int_{(x_0,y_0)}^{(x,y)} P\mathrm{d}x + Q\mathrm{d}y. \tag{11-3-6}$$

下面证明 $u(x,y)$ 的全微分就是 $P\mathrm{d}x + Q\mathrm{d}y$.因为函数 $P(x,y),Q(x,y)$ 在 D 内都是连续的,所以只要证明

$$\frac{\partial u}{\partial x} = P(x,y),\quad \frac{\partial u}{\partial y} = Q(x,y).$$

按偏导数的定义,有

$$\frac{\partial u}{\partial x} = \lim_{\Delta x \to 0} \frac{u(x+\Delta x,y) - u(x,y)}{\Delta x}.$$

由式(11-3-6),得

$$u(x+\Delta x,y) = \int_{(x_0,y_0)}^{(x+\Delta x,y)} P(x,y)\mathrm{d}x + Q(x,y)\mathrm{d}y.$$

这里的曲线积分与路径无关,可以取先从点 $A(x_0,y_0)$ 到点 $B(x,y)$,然后沿平行于 x 轴的直线从点 B 到点 $C(x+\Delta x,y)$ 作为上式右端的曲线积分的积分路径,这样就有

$$u(x+\Delta x,y)=u(x,y)+\int_{(x,y)}^{(x+\Delta x,y)}P\mathrm{d}x+Q\mathrm{d}y,$$

从而

$$u(x+\Delta x,y)-u(x,y)=\int_{(x,y)}^{(x+\Delta x,y)}P\mathrm{d}x+Q\mathrm{d}y.$$

因为直线 BC 的方程为 $y=$"常数",按对坐标的曲线积分的计算方法,上式成为

$$u(x+\Delta x,y)-u(x,y)=\int_{x}^{x+\Delta x}P\mathrm{d}x.$$

应用定积分中值定理,得

$$u(x+\Delta x,y)-u(x,y)=P(x+\theta\Delta x,y)\Delta x \quad (0\leqslant\theta\leqslant 1).$$

上式两边除以 Δx,并令 $\Delta x\to 0$,由于 $P(x,y)$ 的偏导数在 D 内连续,$P(x,y)$ 本身也一定连续,因此

$$\frac{\partial u}{\partial x}=P(x,y).$$

类似可证

$$\frac{\partial u}{\partial y}=Q(x,y).$$

所以

$$\mathrm{d}u=P\mathrm{d}x+Q\mathrm{d}y.$$

(3)⇒(4) 设存在函数 $u(x,y)$,使得
$$\mathrm{d}u=P\mathrm{d}x+Q\mathrm{d}y,$$

那么有

$$\frac{\partial u}{\partial x}=P(x,y),\quad \frac{\partial u}{\partial y}=Q(x,y),$$

所以

$$\frac{\partial P}{\partial y}=\frac{\partial^2 u}{\partial x\partial y},\quad \frac{\partial Q}{\partial x}=\frac{\partial^2 u}{\partial y\partial x}.$$

因为 $\frac{\partial P}{\partial y}$ 与 $\frac{\partial Q}{\partial x}$ 连续,所以

$$\frac{\partial^2 u}{\partial x\partial y}=\frac{\partial^2 u}{\partial y\partial x},$$

从而

$$\frac{\partial P}{\partial y}=\frac{\partial Q}{\partial x}.$$

(4)⇒(1) 设 L 为 D 中任一分段光滑闭曲线,记 L 所围成的闭区域为 D_1. 由于 D 是单连通区域,因此 D_1 完全在 D 内,应用格林公式及条件(4),可得

$$\oint_L P\mathrm{d}x+Q\mathrm{d}y=\iint_{D_1}\left(\frac{\partial Q}{\partial x}-\frac{\partial P}{\partial y}\right)\mathrm{d}x\mathrm{d}y=0.$$

在定理 2 中,要求 D 为单连通区域,且函数 $P(x,y),Q(x,y)$ 在 D 内具有连续偏导数. 如果这两个条件之一不能满足,那么不能保证定理 2 的结论成立.

例如,在例 6 中我们已经看到,当 L 所围成的闭区域 D 含有原点时,虽然除去原点外恒有 $\dfrac{\partial Q}{\partial x} = \dfrac{\partial P}{\partial y}$,但闭曲线 L 上的曲线积分 $\oint_L P\mathrm{d}x + Q\mathrm{d}y \neq 0$,其原因在于 D 内含有破坏函数 $P(x,y),Q(x,y)$ 及 $\dfrac{\partial Q}{\partial x},\dfrac{\partial P}{\partial y}$ 连续性条件的点 $O(0,0)$. 这种点通常称为**奇点**.

如图 11-15 所示,在公式(11-3-6)中,取有向折线 ARB 为积分路径,得

$$u(x,y) = \int_{x_0}^{x} P(x,y_0)\mathrm{d}x + \int_{y_0}^{y} Q(x,y)\mathrm{d}y;$$

取有向折线 ASB 为积分路径,得

$$u(x,y) = \int_{y_0}^{y} Q(x_0,y)\mathrm{d}y + \int_{x_0}^{x} P(x,y)\mathrm{d}x.$$

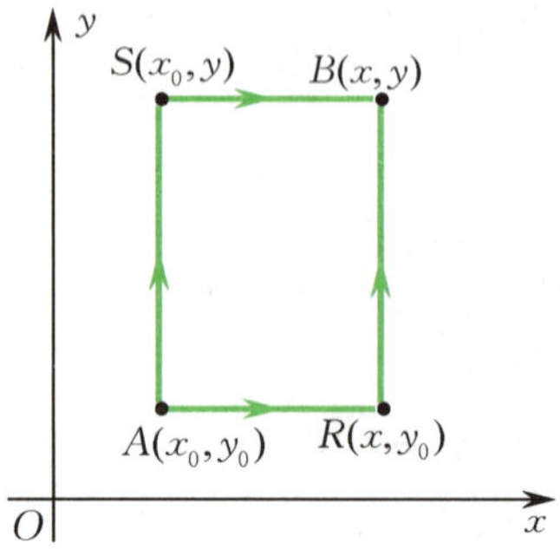

图 11-15

例 8 计算曲线积分 $\int_L (1+xy^2)\mathrm{d}x + x^2 y\mathrm{d}y$,其中 L 是椭圆 $\dfrac{x^2}{4} + y^2 = 1$ 在第一、第二象限的部分,其方向为从点 $A(-2,0)$ 到点 $B(2,0)$(见图 11-16).

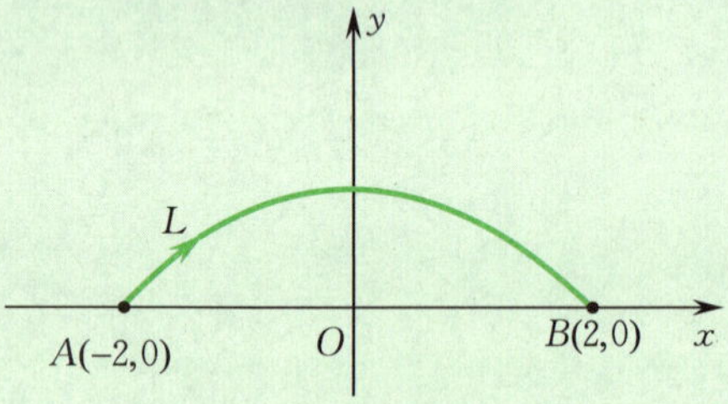

解 在此椭圆上进行积分计算较烦琐,能否换一条积分路径呢?令 $P(x,y) = 1 + xy^2$,$Q(x,y) = x^2 y$,则 $\dfrac{\partial P}{\partial y} = 2xy = \dfrac{\partial Q}{\partial x}$ 在整个 xOy 平面上(单连通区域)成立. 所以,该曲线积分与路径无关. 故我们取 x 轴上的有向线段 AB 作为积分路径.

图 11-16

线段 AB 的方程为 $y=0$,x 从 -2 变到 2,从而

$$\int_L (1+xy^2)\mathrm{d}x + x^2 y\mathrm{d}y = \int_{AB} (1+xy^2)\mathrm{d}x + x^2 y\mathrm{d}y = \int_{-2}^{2} \mathrm{d}x = 4.$$

例 9 验证 $\dfrac{x\mathrm{d}y - y\mathrm{d}x}{x^2 + y^2}$ 在右半平面 $(x>0)$ 内是某个函数的全微分,并求出这个函数.

解 记 $P(x,y) = \dfrac{-y}{x^2+y^2}$,$Q(x,y) = \dfrac{x}{x^2+y^2}$,则有

$$\frac{\partial P}{\partial y} = \frac{y^2 - x^2}{(x^2+y^2)^2} = \frac{\partial Q}{\partial x}$$

在右半平面内恒成立,因此在右半平面内,$\dfrac{x\mathrm{d}y - y\mathrm{d}x}{x^2 + y^2}$ 是某个函数 $u(x,y)$ 的全微分.

取积分路径为 $A(1,0) \to B(x,0) \to C(x,y)$,如图 11-17 所示,利用公式(11-3-6),得

$$\begin{aligned} u(x,y) &= \int_{(1,0)}^{(x,y)} \frac{x\mathrm{d}y - y\mathrm{d}x}{x^2 + y^2} \\ &= \int_{AB} \frac{x\mathrm{d}y - y\mathrm{d}x}{x^2 + y^2} + \int_{BC} \frac{x\mathrm{d}y - y\mathrm{d}x}{x^2 + y^2} \\ &= 0 + \int_0^y \frac{x}{x^2 + y^2}\mathrm{d}y = \left(\arctan \frac{y}{x}\right)\bigg|_0^y \\ &= \arctan \frac{y}{x}. \end{aligned}$$

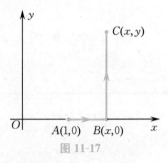

图 11-17

例 10 设曲线积分 $\displaystyle\int_L xy^2\mathrm{d}x + y\varphi(x)\mathrm{d}y$ 与路径无关,其中 $\varphi(x)$ 具有连续导数,且 $\varphi(0) = 0$,计算曲线积分 $\displaystyle\int_{(0,0)}^{(1,1)} xy^2\mathrm{d}x + y\varphi(x)\mathrm{d}y$.

解 记 $P(x,y) = xy^2, Q(x,y) = y\varphi(x)$,则有

$$\frac{\partial P}{\partial y} = 2xy, \quad \frac{\partial Q}{\partial x} = y\varphi'(x).$$

由曲线积分与路径无关的条件,有 $\dfrac{\partial P}{\partial y} = \dfrac{\partial Q}{\partial x}$,所以有

$$y\varphi'(x) = 2xy.$$

因此

$$\varphi(x) = x^2 + C,$$

其中 C 为待定常数. 由 $\varphi(0) = 0$,得 $C = 0$,即 $\varphi(x) = x^2$,故

$$\int_{(0,0)}^{(1,1)} xy^2\mathrm{d}x + y\varphi(x)\mathrm{d}y = \int_0^1 0\mathrm{d}x + \int_0^1 y\mathrm{d}y = \frac{1}{2}.$$

三、全微分方程

如果对于一阶微分方程的微分形式

$$P(x,y)\mathrm{d}x + Q(x,y)\mathrm{d}y = 0, \tag{11-3-7}$$

存在函数 $u(x,y)$,使得

$$\mathrm{d}u = P(x,y)\mathrm{d}x + Q(x,y)\mathrm{d}y,$$

则称方程(11-3-7)为**全微分方程**.

一方面,如果方程(11-3-7)是全微分方程,则存在函数 $u(x,y)$,使得

$$du = P(x,y)dx + Q(x,y)dy.$$

故方程(11-3-7)可化简为

$$du = 0.$$

因此,$u(x,y) = C$ 是方程(11-3-7)的通解,并且满足

$$\frac{\partial u}{\partial x} = P(x,y), \quad \frac{\partial u}{\partial y} = Q(x,y).$$

若函数 $P(x,y),Q(x,y)$ 具有连续偏导数,则有

$$\frac{\partial P}{\partial y} = \frac{\partial Q}{\partial x}. \tag{11-3-8}$$

另一方面,由定理 2 知:在平面单连通区域 D 内,$P(x,y)dx + Q(x,y)dy$ 是某个函数 $u(x,y)$ 的全微分的**充要条件**是 $\frac{\partial P}{\partial y} = \frac{\partial Q}{\partial x}$.

因此,若 $P(x,y),Q(x,y)$ 在单连通区域 D 内具有连续偏导数,则条件

$$\frac{\partial P}{\partial y} = \frac{\partial Q}{\partial x}$$

是方程(11-3-7)为全微分方程的**充要条件**,其通解为

$$u(x,y) = \int_{x_0}^{x} P(x,y_0)dx + \int_{y_0}^{y} Q(x,y)dy = C \tag{11-3-9}$$

或

$$u(x,y) = \int_{x_0}^{x} P(x,y)dx + \int_{y_0}^{y} Q(x_0,y)dy = C, \tag{11-3-10}$$

其中 x_0, y_0 分别是 D 内适当选定的点 $M_0(x_0,y_0)$ 的横坐标和纵坐标.

例 11 求解微分方程 $(2xy - y^2 - 1)dx + (x^2 - 2xy + 1)dy = 0$.

解 **方法 1** 令 $P(x,y) = 2xy - y^2 - 1, Q(x,y) = x^2 - 2xy + 1$,则

$$\frac{\partial P}{\partial y} = 2x - 2y = \frac{\partial Q}{\partial x},$$

可知原方程为全微分方程. 由式(11-3-9),取 $(x_0, y_0) = (0, 0)$,得

$$u(x,y) = \int_0^x P(x,0)dx + \int_0^y Q(x,y)dy$$

$$= \int_0^x (-1)dx + \int_0^y (x^2 - 2xy + 1)dy$$

$$= -x + x^2 y - xy^2 + y,$$

故原方程的通解为

$$-x + x^2 y - xy^2 + y = C.$$

方法 2 用凑微分的方法求解.

原方程可化为

$$(2xy\mathrm{d}x + x^2\mathrm{d}y) - (y^2\mathrm{d}x + 2xy\mathrm{d}y) - \mathrm{d}x + \mathrm{d}y = 0,$$

即
$$\mathrm{d}(x^2y) - \mathrm{d}(xy^2) - \mathrm{d}x + \mathrm{d}y = \mathrm{d}(x^2y - xy^2 - x + y) = 0,$$

从而原方程的通解为
$$x^2y - xy^2 - x + y = C.$$

我们知道,一阶齐线性微分方程
$$\frac{\mathrm{d}y}{\mathrm{d}x} + P(x)y = 0,$$

当 $P(x)$ 不为常值函数时,它不是全微分方程. 但在上册第六章第二节求解一阶线性微分方程时,我们曾指出:若对一阶线性微分方程 $\frac{\mathrm{d}y}{\mathrm{d}x} + P(x)y = Q(x)$ 两端同乘以因子 $\mathrm{e}^{\int P(x)\mathrm{d}x}$,则其左端可简化为 $\frac{\mathrm{d}}{\mathrm{d}x}\left(y\mathrm{e}^{\int P(x)\mathrm{d}x}\right)$,即

$$\mathrm{e}^{\int P(x)\mathrm{d}x}\mathrm{d}y + \mathrm{e}^{\int P(x)\mathrm{d}x}P(x)y\mathrm{d}x = \mathrm{d}\left(y\mathrm{e}^{\int P(x)\mathrm{d}x}\right).$$

这说明,当方程(11-3-7)中函数 $P(x,y), Q(x,y)$ 不满足条件(11-3-8),即 $\frac{\partial P}{\partial y} \neq \frac{\partial Q}{\partial x}$ 时,也可能有一个适当的函数 $\mu = \mu(x,y)$,使得方程(11-3-7)乘以 $\mu(x,y)$ 后变为全微分方程. 我们通常称这样的函数 $\mu(x,y)$ 为方程(11-3-7)的**积分因子**.

下面通过观察找到一个微分方程的积分因子.

例 12 微分方程 $y\mathrm{d}x - x\mathrm{d}y = 0$ 不是全微分方程,但
$$\mathrm{d}\left(\frac{x}{y}\right) = \frac{y\mathrm{d}x - x\mathrm{d}y}{y^2},$$

于是将该方程两端同乘以 $\frac{1}{y^2}$,则有

$$\frac{y\mathrm{d}x - x\mathrm{d}y}{y^2} = 0,$$

即 $\mathrm{d}\left(\frac{x}{y}\right) = 0$,从而 $\frac{x}{y} = C$ 为该方程的通解,此时 $\frac{1}{y^2}$ 为其积分因子.

注意 积分因子一般不唯一,如例 12 中的微分方程,若该方程两端同乘以 $\frac{1}{xy}$,有 $\frac{\mathrm{d}x}{x} - \frac{\mathrm{d}y}{y} = 0$,于是

$$\mathrm{d}(\ln x - \ln y) = 0,$$

即 $\frac{x}{y} = C$ 为该方程的通解,$\frac{1}{xy}$ 是其积分因子.

• 习题 11-3

1. 应用格林公式计算下列曲线积分:

(1) $\oint_L (2x-y+4)dx + (3x+5y-6)dy$, 其中 L 为三个顶点分别是 $(0,0),(3,0),(3,2)$ 的三角形区域的正向边界曲线;

(2) $\oint_L (x^2y\cos x + 2xy\sin x - y^2 e^x)dx + (x^2\sin x - 2ye^x)dy$, 其中 L 为正向星形线 $x^{\frac{2}{3}} + y^{\frac{2}{3}} = a^{\frac{2}{3}}(a>0)$;

(3) $\int_L (2xy^3 - y^2\cos x)dx + (1 - 2y\sin x + 3x^2y^2)dy$, 其中 L 为抛物线 $2x = \pi y^2$ 上由点 $(0,0)$ 到点 $\left(\frac{\pi}{2}, 1\right)$ 的一段弧;

(4) $\int_L (x^2-y)dx - (x+\sin^2 y)dy$, 其中 L 是半圆 $y = \sqrt{2x-x^2}$ 上由点 $(0,0)$ 到点 $(1,1)$ 的一段弧;

(5) $\int_L (e^x \sin y - my)dx + (e^x \cos y - m)dy$, 其中 m 为常数, L 为圆 $x^2+y^2 = ax(a>0)$ 由点 $(a,0)$ 到点 $(0,0)$ 的上半部分.

2. 设 a 为正常数, 利用曲线积分, 求下列曲线所围成的平面图形的面积:

(1) 星形线 $x = a\cos^3 t, y = a\sin^3 t$;

(2) 双纽线 $r^2 = a^2\cos 2\theta$;

(3) 圆 $x^2 + y^2 = 2ax$.

3. 证明下列曲线积分与路径无关, 并计算其值:

(1) $\int_{(0,0)}^{(1,1)} (x-y)(dx-dy)$;

(2) $\int_{(1,2)}^{(3,4)} (6xy^2 - y^3)dx + (6x^2y - 3xy^2)dy$;

(3) $\int_{(1,1)}^{(1,2)} \frac{ydx - xdy}{x^2}$, 沿在右半平面的路径积分;

(4) $\int_{(1,0)}^{(6,8)} \frac{xdx + ydy}{\sqrt{x^2+y^2}}$, 沿不通过原点的路径积分.

4. 验证下列表达式在整个 xOy 平面内是某个函数 $u(x,y)$ 的全微分, 并求这个函数:

(1) $(x+2y)dx + (2x+y)dy$;

(2) $2xydx + x^2dy$;

(3) $(3x^2y + 8xy^2)dx + (x^3 + 8x^2y + 12ye^y)dy$;

(4) $(2x\cos y + y^2\cos x)dx + (2y\sin x - x^2\sin y)dy$.

5. 证明: $\frac{xdx + ydy}{x^2+y^2}$ 在整个 xOy 平面内除 y 轴的负半轴及原点外的开区域 G 内是某个函数的全微分, 并求出这个函数.

6. 设在半平面 $(x>0)$ 中力 $\boldsymbol{F} = -\frac{k}{r^3}(x\boldsymbol{i} + y\boldsymbol{j})$ 构成一个力场, 其中 k 为常数, $r = \sqrt{x^2+y^2}$, 证明: 在此力场中场力所做的功与所取的路径无关.

7. 求下列微分方程的通解:

(1) $(x^2-3xy^2)dx+(y^3-3x^2y)dy=0$;

(2) $(x+y)(dx-dy)=dx+dy$;

(3) $(x\cos y+\cos x)\dfrac{dy}{dx}-y\sin x+\sin y=0$;

(4) $(x^2+y^2)\dfrac{dy}{dx}+2x(y+2x)=0$.

习题答案

第四节 对坐标的曲面积分的概念

一、有向曲面的概念

为了给曲面确定方向,先要说明曲面的侧的概念. 设 Σ 为光滑曲面,即曲面 Σ 上处处都有切平面(或法线),且当一点在 Σ 上连续变动时,该点处的切平面(或法线)也是连续变动的. Σ 在每一点处的法线有两个方向:当指定一个方向为正向时,另一个方向被认定为负向. 设 M_0 为 Σ 上任一点,L 为 Σ 上任一过点 M_0 且不超出 Σ 的边界的闭曲线,又设 M 为 Σ 上的一个动点,开始时它在点 M_0 处,这时点 M 与 M_0 有相同的法线方向. 当点 M 从点 M_0 出发沿 L 连续移动时,点 M 处的法线方向也会连续变动. 最后,当点 M 沿 L 回到点 M_0 时,点 M 处的法线方向若仍与点 M_0 处的法线方向一致,则称 Σ 是**双侧曲面**;若与点 M_0 处的法线方向相反,则称 Σ 为**单侧曲面**. 我们遇到的曲面绝大部分都是双侧的. 例如,由方程 $z=z(x,y)$ 表示的曲面,有**上侧**与**下侧**之分. 又如,一个包围某一空间区域的闭曲面,有**外侧**与**内侧**之分. 以后,我们总假定所考虑的曲面是双侧的.

在讨论对坐标的曲面积分时,需要指定曲面的侧. 我们可以通过曲面上法向量的指向来定出曲面的侧. 例如,对于曲面 $z=z(x,y)$,如果取定的法向量的指向朝上(与 z 轴正向成锐角的方向),我们就认为取定曲面的上侧. 又如,对于闭曲面,如果取定的法向量的指向朝外,我们就认为取定曲面的外侧. 这种取定了法向量,亦即取定了侧的曲面就称为**有向曲面**.

设 Σ 为有向曲面. 在 Σ 上任取一块小曲面 ΔS,把 ΔS 投影到 xOy 平面上,得到一个投影区域,记该投影区域的面积为 $(\Delta\sigma)_{xy}$. 假定 ΔS 上各点处的法向量与 z 轴正向的夹角 γ 的余弦 $\cos\gamma$ 有相同的符号($\cos\gamma$ 都是正的,或都是负的),定义 ΔS 在 xOy 平面上的投影 $(\Delta S)_{xy}$ 为

$$(\Delta S)_{xy}=\begin{cases}(\Delta\sigma)_{xy}, & \cos\gamma>0,\\ -(\Delta\sigma)_{xy}, & \cos\gamma<0,\\ 0, & \cos\gamma\equiv 0,\end{cases}$$

其中 $\cos\gamma \equiv 0$ 也就是 $(\Delta\sigma)_{xy}=0$ 的情形,那么 ΔS 在 xOy 平面上的投影 $(\Delta S)_{xy}$ 实际就是 ΔS 在 xOy 平面上的投影区域的面积附以一个正、负号.

类似地,可以定义 ΔS 在 yOz 平面及 zOx 平面上的投影 $(\Delta S)_{yz}$ 及 $(\Delta S)_{zx}$.

二、引例——流向曲面一侧的流量

设某一流体以速度
$$u(x,y,z)=P(x,y,z)\boldsymbol{i}+Q(x,y,z)\boldsymbol{j}+R(x,y,z)\boldsymbol{k}$$
从有向曲面 Σ 的下(或内)侧流向上(或外)侧,函数 $P(x,y,z),Q(x,y,z)$,$R(x,y,z)$ 都在 Σ 上连续,求单位时间内流向 Σ 指定侧的流体的质量,即流量 Φ(假定流体密度为1).

如果流体流过平面上面积为 A 的一个闭区域(仍记为 A),且流体在闭区域 A 上各点处的流速为常向量 $\boldsymbol{u}$,又设 $\boldsymbol{n}$ 为该平面的单位法向量[见图 11-18(a)],那么在单位时间内流过这个闭区域的流体组成一个底面积为 A、斜高为 $|\boldsymbol{u}|$ 的斜柱体[见图 11-18(b)].

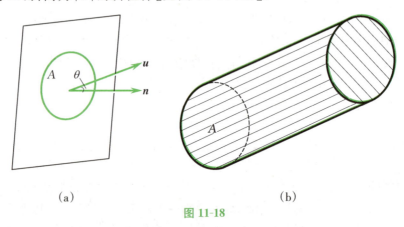

图 11-18

当 $(\widehat{\boldsymbol{u},\boldsymbol{n}})=\theta<\dfrac{\pi}{2}$ 时,这个斜柱体的体积为
$$A|\boldsymbol{u}|\cos\theta=A\boldsymbol{u}\cdot\boldsymbol{n},$$
这也就是通过闭区域 A 流向 $\boldsymbol{n}$ 所指一侧的流量 Φ;

当 $(\widehat{\boldsymbol{u},\boldsymbol{n}})=\dfrac{\pi}{2}$ 时,显然流体通过闭区域 A 流向 $\boldsymbol{n}$ 所指一侧的流量 Φ 为0,而 $A\boldsymbol{u}\cdot\boldsymbol{n}=0$,故 $\Phi=A\boldsymbol{u}\cdot\boldsymbol{n}$;

当 $(\widehat{\boldsymbol{u},\boldsymbol{n}})>\dfrac{\pi}{2}$ 时,$A\boldsymbol{u}\cdot\boldsymbol{n}<0$,这时我们仍把 $A\boldsymbol{u}\cdot\boldsymbol{n}$ 称为流体通过闭区域 A 流向 $\boldsymbol{n}$ 所指一侧的流量,它表示流体通过 A 流向 $-\boldsymbol{n}$ 所指一侧,流量为 $-A\boldsymbol{u}\cdot\boldsymbol{n}$.

因此,不论 $(\widehat{\boldsymbol{u},\boldsymbol{n}})$ 为何值,总有 $\Phi=A\boldsymbol{u}\cdot\boldsymbol{n}$.

由于现在所考虑的不是平面闭区域,而是一个曲面,且流速 $\boldsymbol{u}$ 也不是常向量,因此所求的流量不能直接用上述方法来计算.但过去在引出各类积分概念的例子中一再使用的方法,也可用来解决目前的问题.

把曲面 Σ 分成 n 小块 ΔS_i(ΔS_i 同时也代表第 i 块小曲面的面积,$i=1$,$2,\cdots,n$). 在 Σ 光滑和 $\boldsymbol{u}$ 连续的前提下,只要 ΔS_i 的直径很小,我们就可以用 ΔS_i 上任一点 (ξ_i,η_i,ζ_i) 处的流速

$$\boldsymbol{u}_i = \boldsymbol{u}(\xi_i,\eta_i,\zeta_i) = P(\xi_i,\eta_i,\zeta_i)\boldsymbol{i} + Q(\xi_i,\eta_i,\zeta_i)\boldsymbol{j} + R(\xi_i,\eta_i,\zeta_i)\boldsymbol{k}$$

代替 ΔS_i 上其他各点处的流速,并以点 (ξ_i,η_i,ζ_i) 处的单位法向量

$$\boldsymbol{n}_i = \cos\alpha_i \boldsymbol{i} + \cos\beta_i \boldsymbol{j} + \cos\gamma_i \boldsymbol{k}$$

代替 ΔS_i 上其他各点处的单位法向量(见图 11-19),从而得到通过 ΔS_i 流向指定侧的流量

$$\Delta \Phi_i \approx (\boldsymbol{u}_i \cdot \boldsymbol{n}_i)\Delta S_i \quad (i=1,2,\cdots,n).$$

于是,通过曲面 Σ 流向指定侧的流量为

$$\Phi = \sum_{i=1}^{n} \Delta \Phi_i \approx \sum_{i=1}^{n} (\boldsymbol{u}_i \cdot \boldsymbol{n}_i)\Delta S_i$$

$$= \sum_{i=1}^{n} [P(\xi_i,\eta_i,\zeta_i)\cos\alpha_i + Q(\xi_i,\eta_i,\zeta_i)\cos\beta_i + R(\xi_i,\eta_i,\zeta_i)\cos\gamma_i]\Delta S_i.$$

而

$$\cos\alpha_i \Delta S_i \approx (\Delta S_i)_{yz}, \quad \cos\beta_i \Delta S_i \approx (\Delta S_i)_{zx}, \quad \cos\gamma_i \Delta S_i \approx (\Delta S)_{xy},$$

因此上述和式可以写成

$$\Phi \approx \sum_{n=1}^{n} [P(\xi_i,\eta_i,\zeta_i)(\Delta S_i)_{yz} + Q(\xi_i,\eta_i,\zeta_i)(\Delta S_i)_{zx}$$
$$+ R(\xi_i,\eta_i,\zeta_i)(\Delta S_i)_{xy}].$$

设 λ 表示 n 块小曲面直径的最大值,令 $\lambda \to 0$,取上式右端和式的极限,就得到 Φ 的精确值.

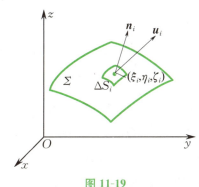

图 11-19

三、对坐标的曲面积分的概念

上面讨论的这种形式的和式极限还会在其他一些问题中遇到,抽去它们的具体意义,就得出下列对坐标的曲面积分的概念.

定义 1 设 Σ 为有向光滑曲面,函数 $R(x,y,z)$ 在 Σ 上有界. 把 Σ 任意分成 n 小块 ΔS_i($i=1,2,\cdots,n$),ΔS_i 同时也表示第 i 块小曲面的面积. 设 ΔS_i 在 xOy 平面上的投影为 $(\Delta S_i)_{xy}$,(ξ_i,η_i,ζ_i) 是 ΔS_i 上任意取定的一点. 如果当所有

小曲面的直径的最大值 $\lambda \to 0$ 时,极限

$$\lim_{\lambda \to 0} \sum_{i=1}^{n} R(\xi_i, \eta_i, \zeta_i)(\Delta S_i)_{xy}$$

总存在,且其极限值与 Σ 的分划和点 (ξ_i, η_i, ζ_i) 的取法无关,那么称此极限值为 $R(x,y,z)$ 在 Σ 上**对坐标 x,y 的曲面积分**,记作 $\iint_{\Sigma} R(x,y,z) \mathrm{d}x \mathrm{d}y$,即

$$\iint_{\Sigma} R(x,y,z) \mathrm{d}x \mathrm{d}y = \lim_{\lambda \to 0} \sum_{i=1}^{n} R(\xi_i, \eta_i, \zeta_i)(\Delta S_i)_{xy},$$

其中 $R(x,y,z)$ 叫作**被积函数**,Σ 叫作**积分曲面**.

类似地,可定义函数 $P(x,y,z)$ 在有向光滑曲面 Σ 上**对坐标 y,z 的曲面积分** $\iint_{\Sigma} P(x,y,z) \mathrm{d}y \mathrm{d}z$ 及函数 $Q(x,y,z)$ 在有向光滑曲面 Σ 上**对坐标 z,x 的曲面积分** $\iint_{\Sigma} Q(x,y,z) \mathrm{d}z \mathrm{d}x$,分别为

$$\iint_{\Sigma} P(x,y,z) \mathrm{d}y \mathrm{d}z = \lim_{\lambda \to 0} \sum_{i=1}^{n} P(\xi_i, \eta_i, \zeta_i)(\Delta S_i)_{yz},$$

$$\iint_{\Sigma} Q(x,y,z) \mathrm{d}z \mathrm{d}x = \lim_{\lambda \to 0} \sum_{i=1}^{n} Q(\xi_i, \eta_i, \zeta_i)(\Delta S_i)_{zx}.$$

以上三个曲面积分也称为**第二类曲面积分**.

我们指出,当函数 $P(x,y,z), Q(x,y,z), R(x,y,z)$ 在有向光滑曲面 Σ 上连续时,上述对坐标的曲面积分总是存在的. 以后总假设 $P(x,y,z), Q(x,y,z), R(x,y,z)$ 在 Σ 上连续.

在应用上出现较多的是

$$\iint_{\Sigma} P(x,y,z) \mathrm{d}y \mathrm{d}z + \iint_{\Sigma} Q(x,y,z) \mathrm{d}z \mathrm{d}x + \iint_{\Sigma} R(x,y,z) \mathrm{d}x \mathrm{d}y$$

这种合并起来的形式. 为了简便起见,通常把它写成

$$\iint_{\Sigma} P(x,y,z) \mathrm{d}y \mathrm{d}z + Q(x,y,z) \mathrm{d}z \mathrm{d}x + R(x,y,z) \mathrm{d}x \mathrm{d}y.$$

例如,上述通过有向曲面 Σ 流向指定侧的流量 Φ 可表示为

$$\Phi = \iint_{\Sigma} P(x,y,z) \mathrm{d}y \mathrm{d}z + Q(x,y,z) \mathrm{d}z \mathrm{d}x + R(x,y,z) \mathrm{d}x \mathrm{d}y.$$

与对坐标的曲线积分一样,对坐标的曲面积分也有以下性质.

性质1 如果把有向光滑曲面 Σ 分成 Σ_1 和 Σ_2(记为 $\Sigma = \Sigma_1 + \Sigma_2$),则

$$\iint_{\Sigma} P(x,y,z) \mathrm{d}y \mathrm{d}z + Q(x,y,z) \mathrm{d}z \mathrm{d}x + R(x,y,z) \mathrm{d}x \mathrm{d}y$$

$$= \iint_{\Sigma_1} P(x,y,z) \mathrm{d}y \mathrm{d}z + Q(x,y,z) \mathrm{d}z \mathrm{d}x + R(x,y,z) \mathrm{d}x \mathrm{d}y$$

$$+ \iint_{\Sigma_2} P(x,y,z) \mathrm{d}y \mathrm{d}z + Q(x,y,z) \mathrm{d}z \mathrm{d}x + R(x,y,z) \mathrm{d}x \mathrm{d}y.$$

(11-4-1)

公式(11-4-1)可以推广到有向光滑曲面 Σ 分成 $\Sigma_1, \Sigma_2, \cdots, \Sigma_n$ 的情形. 所

以，如果 Σ 是分片光滑的有向曲面，我们规定函数在 Σ 上对坐标的曲面积分等于函数在各块光滑曲面上对坐标的曲面积分之和.

性质 2 设 Σ 是有向光滑曲面，$-\Sigma$ 是 Σ 的反侧曲面，则

$$\iint_{-\Sigma} P(x,y,z)\mathrm{d}y\mathrm{d}z = -\iint_{\Sigma} P(x,y,z)\mathrm{d}y\mathrm{d}z,$$
$$\iint_{-\Sigma} Q(x,y,z)\mathrm{d}z\mathrm{d}x = -\iint_{\Sigma} Q(x,y,z)\mathrm{d}z\mathrm{d}x, \qquad (11\text{-}4\text{-}2)$$
$$\iint_{-\Sigma} R(x,y,z)\mathrm{d}x\mathrm{d}y = -\iint_{\Sigma} R(x,y,z)\mathrm{d}x\mathrm{d}y.$$

公式(11-4-2)表示，当积分曲面改变为反侧曲面时，对坐标的曲面积分要改变符号. 因此，关于对坐标的曲面积分，我们要注意积分曲面所取的侧.

这些性质的证明从略.

第五节 对坐标的曲面积分的计算

与对面积的曲面积分一样，对坐标的曲面积分也是通过化为二重积分来计算的.

设积分曲面 Σ 是由方程 $z = z(x,y)$ 所给出的曲面的上侧，Σ 在 xOy 平面上的投影区域为 D_{xy}，函数 $z(x,y)$ 在 D_{xy} 上具有连续偏导数，被积函数 $R(x,y,z)$ 在 Σ 上连续. 按对坐标的曲面积分的定义，有

$$\iint_{\Sigma} R(x,y,z)\mathrm{d}x\mathrm{d}y = \lim_{\lambda \to 0} \sum_{i=1}^{n} R(\xi_i,\eta_i,\zeta_i)(\Delta S_i)_{xy}.$$

因为 Σ 取上侧，$\cos\gamma > 0$，所以

$$(\Delta S_i)_{xy} = (\Delta \sigma_i)_{xy}.$$

又因 (ξ_i,η_i,ζ_i) 是 Σ 上的一点，故 $\zeta_i = z(\xi_i,\eta_i)$，从而有

$$\sum_{i=1}^{n} R(\xi_i,\eta_i,\zeta_i)(\Delta S_i)_{xy} = \sum_{i=1}^{n} R[\xi_i,\eta_i,z(\xi_i,\eta_i)](\Delta \sigma_i)_{xy}.$$

令 $\lambda \to 0$，上式两端取极限，就得到

$$\iint_{\Sigma} R(x,y,z)\mathrm{d}x\mathrm{d}y = \iint_{D_{xy}} R[x,y,z(x,y)]\mathrm{d}x\mathrm{d}y. \qquad (11\text{-}5\text{-}1)$$

这就是把**对坐标的曲面积分化为二重积分的公式**.

公式(11-5-1)表明，计算曲面积分 $\iint_{\Sigma} R(x,y,z)\mathrm{d}x\mathrm{d}y$ 时，只要把其中的变量 z 换为表示 Σ 的函数 $z(x,y)$，然后在 Σ 的投影区域 D_{xy} 上计算二重积分就可以了.

必须注意，公式(11-5-1)中曲面积分的积分曲面 Σ 取的是上侧. 如果积分曲面 Σ 取下侧，这时 $\cos\gamma < 0$，那么

$$(\Delta S_i)_{xy} = -(\Delta \sigma_i)_{xy},$$

从而有

$$\iint_\Sigma R(x,y,z)\mathrm{d}x\mathrm{d}y = -\iint_{D_{xy}} R[x,y,z(x,y)]\mathrm{d}x\mathrm{d}y. \quad (11\text{-}5\text{-}1')$$

类似地,如果积分曲面 Σ 由方程 $x=x(y,z)$ 给出,则有

$$\iint_\Sigma P(x,y,z)\mathrm{d}y\mathrm{d}z = \pm\iint_{D_{yz}} P[x(y,z),y,z]\mathrm{d}y\mathrm{d}z, \quad (11\text{-}5\text{-}2)$$

其中 D_{yz} 为 Σ 在 yOz 平面上的投影区域. 上式右端的符号这样决定:若积分曲面 Σ 是由方程 $x=x(y,z)$ 所给出的曲面的前侧,即 $\cos\alpha>0$,则取正号;反之,若 Σ 取后侧,即 $\cos\alpha<0$,则取负号.

如果积分曲面 Σ 由方程 $y=y(z,x)$ 给出,则有

$$\iint_\Sigma Q(x,y,z)\mathrm{d}z\mathrm{d}x = \pm\iint_{D_{zx}} Q[x,y(z,x),z]\mathrm{d}z\mathrm{d}x, \quad (11\text{-}5\text{-}3)$$

其中 D_{zx} 为 Σ 在 zOx 平面上的投影区域. 上式右端的符号这样决定:若积分曲面 Σ 是由方程 $y=y(z,x)$ 所给出的曲面的右侧,即 $\cos\beta>0$,则取正号;反之,若 Σ 取左侧,即 $\cos\beta<0$,则取负号.

例 1 计算曲面积分 $\iint_\Sigma x\mathrm{d}y\mathrm{d}z+y\mathrm{d}z\mathrm{d}x+z\mathrm{d}x\mathrm{d}y$,其中 Σ 为平面 $x+y+z=a$ $(a>0)$ 在 Ⅰ 卦限的部分,取上侧.

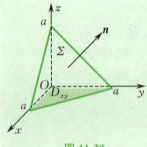

图 11-20

解 Σ 如图 11-20 所示. 为了方便,首先计算 $\iint_\Sigma z\mathrm{d}x\mathrm{d}y$. 易知 Σ 的法向量 $\boldsymbol{n}$ 与 z 轴正向的夹角为锐角,故 $\iint_\Sigma z\mathrm{d}x\mathrm{d}y$ 化为二重积分时取正号. Σ 在 xOy 平面上的投影区域 D_{xy} 为三角形闭区域:

$$D_{xy} = \{(x,y) \mid 0 \leqslant y \leqslant a-x,\ 0 \leqslant x \leqslant a\},$$

所以

$$\iint_\Sigma z\mathrm{d}x\mathrm{d}y = \iint_{D_{xy}} (a-x-y)\mathrm{d}x\mathrm{d}y$$

$$= \int_0^a \mathrm{d}x \int_0^{a-x} (a-x-y)\mathrm{d}y = \frac{1}{6}a^3.$$

由于在所要计算的曲面积分中,x,y,z 是对称的,因此有

$$\iint_\Sigma x\mathrm{d}y\mathrm{d}z = \iint_\Sigma y\mathrm{d}z\mathrm{d}x = \frac{1}{6}a^3,$$

从而

$$\iint_\Sigma x\mathrm{d}y\mathrm{d}z + y\mathrm{d}z\mathrm{d}x + z\mathrm{d}x\mathrm{d}y = \frac{3}{6}a^3 = \frac{1}{2}a^3.$$

例 2 计算曲面积分 $\iint_\Sigma xyz\mathrm{d}x\mathrm{d}y$,其中 Σ 为球面 $x^2+y^2+z^2=1$ 的外侧满足 $x\geqslant 0, y\geqslant 0$ 的部分.

解 如图 11-21 所示,把 Σ 分为 Σ_1 和 Σ_2 两部分,其中 Σ_1 的方程为

Σ_2 的方程为
$$z = \sqrt{1-x^2-y^2},$$

它们在 xOy 平面上的投影区域均为 $D_{xy} = \{(x,y) \mid x^2+y^2 \leqslant 1, x \geqslant 0, y \geqslant 0\}$,所以

$$\iint_\Sigma xyz\,\mathrm{d}x\mathrm{d}y = \iint_{\Sigma_2} xyz\,\mathrm{d}x\mathrm{d}y + \iint_{\Sigma_1} xyz\,\mathrm{d}x\mathrm{d}y,$$

其中积分曲面 Σ_2 取上侧,积分曲面 Σ_1 取下侧. 因此,分别应用公式(11-5-1)及公式(11-5-1'),就有

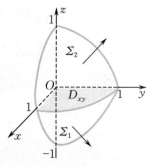

图 11-21

$$\iint_\Sigma xyz\,\mathrm{d}x\mathrm{d}y = \iint_{D_{xy}} xy\sqrt{1-x^2-y^2}\,\mathrm{d}x\mathrm{d}y - \iint_{D_{xy}} xy(-\sqrt{1-x^2-y^2})\,\mathrm{d}x\mathrm{d}y$$
$$= 2\iint_{D_{xy}} xy\sqrt{1-x^2-y^2}\,\mathrm{d}x\mathrm{d}y = 2\iint_{D_{xy}} r^2\sin\theta\cos\theta\sqrt{1-r^2}\cdot r\,\mathrm{d}r\mathrm{d}\theta$$
$$= \int_0^{\frac{\pi}{2}} \sin 2\theta\,\mathrm{d}\theta \int_0^1 r^3\sqrt{1-r^2}\,\mathrm{d}r = \frac{2}{15}.$$

习题 11-5

1. 当 Σ 为 xOy 平面内的一个闭区域时,曲面积分 $\oiint_\Sigma R(x,y,z)\mathrm{d}x\mathrm{d}y$ 与二重积分有什么关系?

2. 计算下列曲面积分:

(1) $\iint_\Sigma x^2 y^2 z\,\mathrm{d}x\mathrm{d}y$,其中 Σ 为球面 $x^2+y^2+z^2=R^2(R>0)$ 下半部分的下侧;

(2) $\iint_\Sigma z\,\mathrm{d}x\mathrm{d}y + x\,\mathrm{d}y\mathrm{d}z + y\,\mathrm{d}z\mathrm{d}x$,其中 Σ 为柱面 $x^2+y^2=1$ 被平面 $z=0$ 与 $z=3$ 所截得在 Ⅰ 卦限部分的前侧;

(3) $\iint_\Sigma x^2\,\mathrm{d}y\mathrm{d}z + y^2\,\mathrm{d}z\mathrm{d}x + z^2\,\mathrm{d}x\mathrm{d}y$,其中 Σ 为球面 $x^2+y^2+z^2=1$ 在 Ⅱ 卦限部分的外侧;

(4) $\oiint_\Sigma xz\,\mathrm{d}x\mathrm{d}y + xy\,\mathrm{d}y\mathrm{d}z + yz\,\mathrm{d}z\mathrm{d}x$,其中 Σ 为平面 $x=0,y=0,z=0,x+y+z=1$ 所围成空间区域的整个边界曲面的外侧;

(5) $\oiint_\Sigma (y-z)\mathrm{d}y\mathrm{d}z + (z-x)\mathrm{d}z\mathrm{d}x + (x-y)\mathrm{d}x\mathrm{d}y$,其中 Σ 为曲面 $z=\sqrt{x^2+y^2}$ 与平面 $z=h$ ($h>0$) 所围成的立体的整个边界曲面的外侧;

(6) $\oiint_\Sigma y(x-z)\mathrm{d}y\mathrm{d}z + x^2\mathrm{d}z\mathrm{d}x + (y^2+xz)\mathrm{d}x\mathrm{d}y$,其中 Σ 为平面 $x=0,y=0,z=0,x=a,y=a,z=a(a>0)$ 所围成的正方体表面的外侧.

习题答案

第六节　高斯公式与斯托克斯公式

一、高斯公式

格林公式揭示了平面闭区域上的二重积分与围成该闭区域的闭曲线上的第二类曲线积分之间的关系，而高斯(Gauss)公式则揭示了空间闭区域上的三重积分与围成该闭区域的闭曲面上的第二类曲面积分之间的关系，可以认为高斯公式是格林公式在三维空间中的一个推广。

定理 1　设空间有界闭区域 Ω 是由分片光滑的闭曲面 Σ 所围成的，函数 $P=P(x,y,z)$，$Q=Q(x,y,z)$，$R=R(x,y,z)$ 在 Ω 及 Σ 上具有连续偏导数，则有

$$\iiint_\Omega \left(\frac{\partial P}{\partial x}+\frac{\partial Q}{\partial y}+\frac{\partial R}{\partial z}\right)\mathrm{d}v = \oiint_\Sigma P\mathrm{d}y\mathrm{d}z + Q\mathrm{d}z\mathrm{d}x + R\mathrm{d}x\mathrm{d}y, \quad (11\text{-}6\text{-}1)$$

这里 Σ 是 Ω 的整个边界曲面的外侧．

公式(11-6-1) 称为**高斯公式**．

证　首先证明如下情形：任一平行于坐标轴的直线和 Ω 的边界曲面 Σ 至多只有两个交点．这时，Σ 可分成下部 Σ_1、上部 Σ_2 两部分（见图11-22），其中 Σ_1 取下侧，Σ_2 取上侧，它们分别由方程 $z=z_1(x,y)$ 和 $z=z_2(x,y)$ 给出，且它们在 xOy 平面上的投影区域均为 D_{xy}，这里 $z_1(x,y) \leqslant z_2(x,y)$．

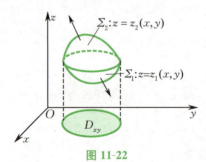

图 11-22

由三重积分的计算方法，有

$$\iiint_\Omega \frac{\partial R}{\partial z}\mathrm{d}v = \iint_{D_{xy}}\left(\int_{z_1(x,y)}^{z_2(x,y)}\frac{\partial R}{\partial z}\mathrm{d}z\right)\mathrm{d}x\mathrm{d}y$$

$$= \iint_{D_{xy}}\{R[x,y,z_2(x,y)]-R[x,y,z_1(x,y)]\}\mathrm{d}x\mathrm{d}y.$$

(11-6-2)

根据曲面积分的计算方法，有

$$\iint_{\Sigma_1} R(x,y,z)\mathrm{d}x\mathrm{d}y = -\iint_{D_{xy}} R[x,y,z_1(x,y)]\mathrm{d}x\mathrm{d}y,$$

$$\iint_{\Sigma_2} R(x,y,z)\mathrm{d}x\mathrm{d}y = \iint_{D_{xy}} R[x,y,z_2(x,y)]\mathrm{d}x\mathrm{d}y.$$

把以上两式相加,得

$$\oiint_{\Sigma} R(x,y,z)\mathrm{d}x\mathrm{d}y = \iint_{D_{xy}} \{R[x,y,z_2(x,y)] - R[x,y,z_1(x,y)]\}\mathrm{d}x\mathrm{d}y.$$

(11-6-3)

由式(11-6-2)和式(11-6-3),得

$$\iiint_{\Omega} \frac{\partial R}{\partial z}\mathrm{d}v = \oiint_{\Sigma} R\mathrm{d}x\mathrm{d}y.$$

类似地,可证

$$\iiint_{\Omega} \frac{\partial P}{\partial x}\mathrm{d}v = \oiint_{\Sigma} P\mathrm{d}y\mathrm{d}z, \quad \iiint_{\Omega} \frac{\partial Q}{\partial y}\mathrm{d}v = \oiint_{\Sigma} Q\mathrm{d}z\mathrm{d}x.$$

以上三式相加,即得高斯公式(11-6-1).

若曲面 Σ 与平行于坐标轴的某些直线的交点多于两个,则可以用光滑曲面将有界闭区域分割成若干个小闭区域,使得围成每一个小闭区域的闭曲面与平行于坐标轴的直线的交点最多两个. 要做到这一点,只须在曲面 Σ 的基础上,再增加若干块曲面,我们称增加的曲面为**辅助曲面**. 这些辅助曲面有一个共同的特点,即辅助曲面的每一侧既是某个小闭区域的内侧,又是另一个小闭区域的外侧. 注意到沿辅助曲面的相反两侧的两个曲面积分之和为 0,因此高斯公式(11-6-1)仍然是成立的.

> **例1** 利用高斯公式计算曲面积分
> $$\oiint_{\Sigma} x\mathrm{d}y\mathrm{d}z + y\mathrm{d}z\mathrm{d}x + z\mathrm{d}x\mathrm{d}y,$$
> 其中 Σ 为球面 $x^2+y^2+z^2=R^2(R>0)$ 的外侧.
>
> **解** 由高斯公式,得
> $$\oiint_{\Sigma} x\mathrm{d}y\mathrm{d}z + y\mathrm{d}z\mathrm{d}x + z\mathrm{d}x\mathrm{d}y = \iiint_{x^2+y^2+z^2\leqslant R^2}(1+1+1)\mathrm{d}v = 4\pi R^3.$$
>
> **例2** 计算曲面积分 $\iint_{\Sigma}(z^2-y)\mathrm{d}z\mathrm{d}x+(x^2-z)\mathrm{d}x\mathrm{d}y$,
> 其中 Σ 为旋转抛物面 $z=1-x^2-y^2$ 在 $0\leqslant z\leqslant 1$ 部分的外侧.
>
> **解** 作辅助平面 $z=0$,记平面 $z=0$ 与旋转抛物面 $z=1-x^2-y^2$ 所围成的闭区域为 Ω. 如图 11-23 所示,Ω 的底面为 $S_1:z=0,x^2+y^2\leqslant 1$,取下侧,它在 xOy 平面上的投影区域 D_{xy} 就是它自身. 由高斯公式,得

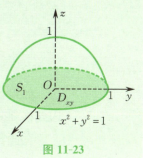

图 11-23

$$\iint_\Sigma (z^2-y)\mathrm{d}z\mathrm{d}x + (x^2-z)\mathrm{d}x\mathrm{d}y$$
$$=\oiint_{\Sigma+S_1^-}(z^2-y)\mathrm{d}z\mathrm{d}x + (x^2-z)\mathrm{d}x\mathrm{d}y - \iint_{S_1}(z^2-y)\mathrm{d}z\mathrm{d}x + (x^2-z)\mathrm{d}x\mathrm{d}y$$
$$=\iiint_\Omega(-2)\mathrm{d}v + \iint_{D_{xy}}x^2\mathrm{d}x\mathrm{d}y = -2\int_0^{2\pi}\mathrm{d}\theta\int_0^1\mathrm{d}r\int_0^{1-r^2}r\mathrm{d}z + \int_0^{2\pi}\mathrm{d}\theta\int_0^1 r^2\cos^2\theta\cdot r\mathrm{d}r$$
$$=-\pi+\frac{\pi}{4}=-\frac{3\pi}{4}.$$

二、斯托克斯公式

我们知道,高斯公式是格林公式在三维空间中的一种推广. 其实,格林公式还可以从另一方面进行推广,就是将曲面积分与该曲面的边界闭曲线上的曲线积分联系起来.

设 Σ 为分片光滑的有向曲面,其边界是分段光滑的空间有向闭曲线 Γ,这里规定 Σ 的侧与 Γ 的正向符合右手法则,即右手的四根手指按 Γ 的正向弯曲时,大拇指则指向曲面 Σ 的侧.

定理 2 设分片光滑的有向曲面 Σ 的边界是分段光滑的空间有向闭曲线 Γ,函数 $P=P(x,y,z), Q=Q(x,y,z), R=R(x,y,z)$ 及其偏导数在 Σ 上连续,则

$$\oint_\Gamma P\mathrm{d}x + Q\mathrm{d}y + R\mathrm{d}z$$
$$=\iint_\Sigma\left(\frac{\partial R}{\partial y}-\frac{\partial Q}{\partial z}\right)\mathrm{d}y\mathrm{d}z + \left(\frac{\partial P}{\partial z}-\frac{\partial R}{\partial x}\right)\mathrm{d}z\mathrm{d}x + \left(\frac{\partial Q}{\partial x}-\frac{\partial P}{\partial y}\right)\mathrm{d}x\mathrm{d}y,$$

(11-6-4)

这里 Σ 的侧与 Γ 的正向符合右手法则.

公式(11-6-4) 称为**斯托克斯(Stokes) 公式**.

为了便于记忆,利用行列式记号,可把公式(11-6-4) 写成

$$\oint_\Gamma P\mathrm{d}x + Q\mathrm{d}y + R\mathrm{d}z = \iint_\Sigma\begin{vmatrix}\mathrm{d}y\mathrm{d}z & \mathrm{d}z\mathrm{d}x & \mathrm{d}x\mathrm{d}y \\ \dfrac{\partial}{\partial x} & \dfrac{\partial}{\partial y} & \dfrac{\partial}{\partial z} \\ P & Q & R\end{vmatrix}.$$

如果 Σ 是 xOy 平面上的一个平面闭区域,斯托克斯公式就变成格林公式,因此格林公式是斯托克斯公式的一个特殊情形.

在此我们不证明公式(11-6-4),仅举例说明其应用.

例 3 利用斯托克斯公式计算曲线积分 $\oint_\Gamma z\mathrm{d}x + x\mathrm{d}y + y\mathrm{d}z$,其中 Γ 为平面 $x+y+z=1$ 被三个坐标面所截成的三角形闭区域 Σ 的整个边界曲线,它的正向与这个三角形闭区域上侧的法向量之间符合右手法则(见图 11-24).

解 按斯托克斯公式,有
$$\oint_\Gamma z\mathrm{d}x + x\mathrm{d}y + y\mathrm{d}z = \iint_\Sigma \mathrm{d}y\mathrm{d}z + \mathrm{d}z\mathrm{d}x + \mathrm{d}x\mathrm{d}y.$$
因 Σ 的法向量的三个方向余弦都为正,以及对称性,故
$$\iint_\Sigma \mathrm{d}y\mathrm{d}z + \mathrm{d}z\mathrm{d}x + \mathrm{d}x\mathrm{d}y = 3\iint_{D_{xy}} \mathrm{d}\sigma,$$
其中 D_{xy} 为 xOy 平面上由直线 $x+y=1$ 及两条坐标轴围成的三角形闭区域. 因此
$$\oint_\Gamma z\mathrm{d}x + x\mathrm{d}y + y\mathrm{d}z = \frac{3}{2}.$$

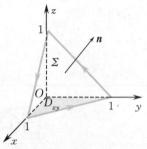

图 11-24

习题 11-6

1. 设某一流体的流速为 $v = (k, y, 0)$,求单位时间内从球面 $x^2 + y^2 + z^2 = 4$ 的内部流过球面的流量.

2. 利用高斯公式计算下列曲面积分:

(1) $\oiint_\Sigma x^2\mathrm{d}y\mathrm{d}z + y^2\mathrm{d}z\mathrm{d}x + z^2\mathrm{d}x\mathrm{d}y$,其中 Σ 为平面 $x=0, y=0, z=0, x=a, y=a, z=a (a>0)$ 所围成立体的表面的外侧;

(2) $\oiint_\Sigma x^3\mathrm{d}y\mathrm{d}z + y^3\mathrm{d}z\mathrm{d}x + z^3\mathrm{d}x\mathrm{d}y$,其中 Σ 为球面 $x^2+y^2+z^2 = a^2 (a>0)$ 的外侧;

(3) $\oiint_\Sigma xz^2\mathrm{d}y\mathrm{d}z + (x^2y - z^3)\mathrm{d}z\mathrm{d}x + (2xy + y^2z)\mathrm{d}x\mathrm{d}y$,其中 Σ 为上半球体 $x^2+y^2 \leqslant a^2, 0 \leqslant z \leqslant \sqrt{a^2-x^2-y^2} (a>0)$ 的表面的外侧;

(4) $\oiint_\Sigma x\mathrm{d}y\mathrm{d}z + y\mathrm{d}z\mathrm{d}x + z\mathrm{d}x\mathrm{d}y$,其中 Σ 为介于平面 $z=0$ 和 $z=3$ 之间的圆柱体 $x^2+y^2=9$ 整个表面的外侧.

3. 利用斯托克斯公式计算下列曲线积分:

(1) $\oint_\Gamma y\mathrm{d}x + z\mathrm{d}y + x\mathrm{d}z$,其中 Γ 为圆 $x^2+y^2+z^2 = a^2 (a>0), x+y+z=0$,若从 x 轴的正向看去,取逆时针方向;

(2) $\oint_\Gamma (y^2-z^2)\mathrm{d}x + (z^2-x^2)\mathrm{d}y + (x^2-y^2)\mathrm{d}z$,其中 Γ 为用平面 $x+y+z=\frac{3}{2}$ 截立方体 $0 \leqslant x \leqslant 1, 0 \leqslant y \leqslant 1, 0 \leqslant z \leqslant 1$ 的表面所得的截痕,若从 x 轴的正向看去,取逆时针方向;

(3) $\oint_\Gamma 3y\mathrm{d}x - xz\mathrm{d}y + yz^2\mathrm{d}z$，其中 Γ 为圆 $x^2 + y^2 = 2z, z = 2$，若从 z 轴的正向看去，取逆时针方向；

(4) $\oint_\Gamma 2y\mathrm{d}x + 3x\mathrm{d}y - z^2\mathrm{d}z$，其中 Γ 为圆 $x^2 + y^2 + z^2 = 9, z = 0$，若从 z 轴的正向看去，取逆时针方向．

习题答案

第七节　两类曲线积分、两类曲面积分之间的联系

一、两类曲线积分之间的联系

对弧长的曲线积分与对坐标的曲线积分的定义是不同的，但由于都是沿曲线的积分，两者之间又有密切关系．我们可以将一个对坐标的曲线积分化为对弧长的曲线积分，反之也一样．下面讨论这两类曲线积分的转换关系．设有向曲线弧 L 的参数方程为

$$\begin{cases} x = \varphi(t), \\ y = \psi(t). \end{cases}$$

又设 L 的起点 A、终点 B 分别对应参数 t 的值 $\alpha, \beta (\alpha < \beta)$，函数 $\varphi(t), \psi(t)$ 在区间 $[\alpha, \beta]$ 上具有连续导数，且 $\varphi'^2(t) + \psi'^2(t) \neq 0$．若 $P = P(x, y)$，$Q = Q(x, y)$ 为定义在 L 上的连续函数，则根据对坐标的曲线积分的计算公式(11-2-1)，有

$$\int_L P\mathrm{d}x + Q\mathrm{d}y = \int_\alpha^\beta \{P[\varphi(t), \psi(t)]\varphi'(t) + Q[\varphi(t), \psi(t)]\psi'(t)\}\mathrm{d}t.$$

注意到有向曲线弧 L 的切向量为 $\boldsymbol{t} = (\varphi'(t), \psi'(t))$，它的方向指向 t 增大的方向，其方向余弦为

$$\cos\alpha = \frac{\varphi'(t)}{\sqrt{\varphi'^2(t) + \psi'^2(t)}},$$

$$\cos\beta = \frac{\psi'(t)}{\sqrt{\varphi'^2(t) + \psi'^2(t)}}.$$

由对弧长的曲线积分的计算公式，可得

$$\int_L (P\cos\alpha + Q\cos\beta)\mathrm{d}s$$
$$=\int_\alpha^\beta \Big\{ P[\varphi(t),\psi(t)]\frac{\varphi'(t)}{\sqrt{\varphi'^2(t)+\psi'^2(t)}}$$
$$+Q[\varphi(t),\psi(t)]\frac{\psi'(t)}{\sqrt{\varphi'^2(t)+\psi'^2(t)}}\Big\}\sqrt{\varphi'^2(t)+\psi'^2(t)}\,\mathrm{d}t$$
$$=\int_\alpha^\beta \{P[\varphi(t),\psi(t)]\varphi'(t)+Q[\varphi(t),\psi(t)]\psi'(t)\}\mathrm{d}t.$$

因此,一般地,平面有向曲线弧 L 上的两类曲线积分之间有如下**联系**:
$$\int_L P\mathrm{d}x + Q\mathrm{d}y = \int_L (P\cos\alpha + Q\cos\beta)\mathrm{d}s, \qquad (11\text{-}7\text{-}1)$$
其中 $\alpha=\alpha(x,y),\beta=\beta(x,y)$ 为有向曲线弧 L 上点 (x,y) 处的切向量的方向角.

类似地可知,空间有向曲线弧 Γ 上的两类曲线积分之间有如下**联系**:
$$\int_\Gamma P\mathrm{d}x + Q\mathrm{d}y + R\mathrm{d}z = \int_\Gamma (P\cos\alpha + Q\cos\beta + R\cos\gamma)\mathrm{d}s, \qquad (11\text{-}7\text{-}2)$$
其中 $\alpha=\alpha(x,y,z),\beta=\beta(x,y,z),\gamma=\gamma(x,y,z)$ 为有向曲线弧 Γ 上点 (x,y,z) 处的切向量的方向角.

二、两类曲面积分之间的联系

与曲线积分一样,两类曲面积分也有密切关系,我们可将一个对坐标的曲面积分化为对面积的曲面积分,反之也一样. 仍然用显式方程 $z=z(x,y)$ 表示的有向曲面 Σ 来说明. 设 Σ 在 xOy 平面上的投影区域为 D_{xy},函数 $z=z(x,y)$ 在 D_{xy} 上具有连续偏导数,函数 $R=R(x,y,z)$ 在 Σ 上连续,Σ 取上侧,则由对坐标的曲面积分的计算公式(11-5-1),有
$$\iint_\Sigma R(x,y,z)\mathrm{d}x\mathrm{d}y = \iint_{D_{xy}} R[x,y,z(x,y)]\mathrm{d}x\mathrm{d}y.$$

另外,Σ 的法向量的方向余弦为
$$\cos\alpha = \frac{-z_x}{\sqrt{1+z_x^2+z_y^2}},$$
$$\cos\beta = \frac{-z_y}{\sqrt{1+z_x^2+z_y^2}},$$
$$\cos\gamma = \frac{1}{\sqrt{1+z_x^2+z_y^2}}.$$

由对面积的曲面积分的计算公式,有
$$\iint_\Sigma R(x,y,z)\cos\gamma\,\mathrm{d}S = \iint_{D_{xy}} R[x,y,z(x,y)]\mathrm{d}x\mathrm{d}y,$$
于是有
$$\iint_\Sigma R(x,y,z)\mathrm{d}x\mathrm{d}y = \iint_\Sigma R(x,y,z)\cos\gamma\,\mathrm{d}S. \qquad (11\text{-}7\text{-}3)$$

如果 Σ 取下侧,则有
$$\iint_\Sigma R(x,y,z)\,dx\,dy = -\iint_{D_{xy}} R[x,y,z(x,y)]\,dx\,dy.$$
而此时 $\cos\gamma = \dfrac{-1}{\sqrt{1+z_x^2+z_y^2}}$,因此式(11-7-3)仍然成立.

类似地,若函数 $P=P(x,y,z), Q=Q(x,y,z)$ 在 Σ 上连续,则有
$$\iint_\Sigma P(x,y,z)\,dy\,dz = \iint_\Sigma P(x,y,z)\cos\alpha\,dS, \tag{11-7-4}$$
$$\iint_\Sigma Q(x,y,z)\,dz\,dx = \iint_\Sigma Q(x,y,z)\cos\beta\,dS. \tag{11-7-5}$$

合并式(11-7-3)、式(11-7-4)和式(11-7-5),得两类曲面积分之间的如下**联系**:
$$\iint_\Sigma P\,dy\,dz + Q\,dz\,dx + R\,dx\,dy = \iint_\Sigma (P\cos\alpha + Q\cos\beta + R\cos\gamma)\,dS, \tag{11-7-6}$$

其中 $\cos\alpha, \cos\beta, \cos\gamma$ 是有向曲面 Σ 上点 (x,y,z) 处的法向量的方向余弦.

例1 计算曲面积分 $\iint_\Sigma (z^2+x)\,dy\,dz - z\,dx\,dy$,其中 Σ 是旋转抛物面 $z = \dfrac{1}{2}(x^2+y^2)$ 介于平面 $z=0$ 和 $z=2$ 之间的部分的下侧.

解 由两类曲面积分之间的联系式(11-7-6),可得
$$\iint_\Sigma (z^2+x)\,dy\,dz = \iint_\Sigma (z^2+x)\cos\alpha\,dS = \iint_\Sigma (z^2+x)\frac{\cos\alpha}{\cos\gamma}\,dx\,dy.$$
在曲面 Σ 上,有
$$\cos\alpha = \frac{x}{\sqrt{1+x^2+y^2}},\quad \cos\gamma = \frac{-1}{\sqrt{1+x^2+y^2}}.$$
故
$$\iint_\Sigma (z^2+x)\,dy\,dz - z\,dx\,dy = \iint_\Sigma [(z^2+x)(-x) - z]\,dx\,dy$$
$$= -\iint_{D_{xy}} \left\{ \left[\frac{1}{4}(x^2+y^2)^2 + x\right](-x) - \frac{1}{2}(x^2+y^2) \right\} dx\,dy,$$

其中 D_{xy} 为 Σ 在 xOy 平面上的投影区域. 注意到 $\iint_{D_{xy}} \dfrac{x}{4}(x^2+y^2)^2\,dx\,dy = 0$,故
$$\iint_\Sigma (z^2+x)\,dy\,dz - z\,dx\,dy = \iint_{D_{xy}} \left[x^2 + \frac{1}{2}(x^2+y^2)\right] dx\,dy$$
$$= \int_0^{2\pi} d\theta \int_0^2 \left(r^2\cos^2\theta + \frac{1}{2}r^2\right) r\,dr$$
$$= 8\pi.$$

*三、高斯公式、斯托克斯公式的另一种表示

在第六节中,我们得到了三重积分与对坐标的曲面积分之间的关系,即高斯公式. 根据两类曲面积分之间的联系,可以得到高斯公式的另一种表示.

定理 1 设空间有界闭区域 Ω 是由分片光滑的闭曲面 Σ 所围成的,函数 $P=P(x,y,z)$,$Q=Q(x,y,z)$,$R=R(x,y,z)$ 在 Ω 上具有连续偏导数,则有

$$\iiint_\Omega \left(\frac{\partial P}{\partial x}+\frac{\partial Q}{\partial y}+\frac{\partial R}{\partial z}\right)\mathrm{d}v = \oiint_\Sigma (P\cos\alpha+Q\cos\beta+R\cos\gamma)\mathrm{d}S,$$

(11-7-7)

这里 Σ 是 Ω 的整个边界曲面的外侧,$\cos\alpha$,$\cos\beta$,$\cos\gamma$ 是 Σ 上点 (x,y,z) 处的法向量的方向余弦.

证 下面仅就任一平行于坐标轴的直线和 Ω 的边界曲面 Σ 至多有两个交点的情形进行证明,其他情形的讨论同第六节的定理 1.

曲面 Σ 可分成上部和下部(见图 11-25),分别记为 Σ_2 和 Σ_1,其中 Σ_2 取上侧,Σ_1 取下侧. 设 Σ_2 的方程为 $z=z_2(x,y)$,Σ_1 的方程为 $z=z_1(x,y)$,又设 Ω 在 xOy 平面上的投影区域为 D_{xy},则

$$\iiint_\Omega \frac{\partial R}{\partial z}\mathrm{d}v = \iiint_\Omega \frac{\partial R}{\partial z}\mathrm{d}x\,\mathrm{d}y\,\mathrm{d}z$$

$$= \iint_{D_{xy}}\left(\int_{z_1(x,y)}^{z_2(x,y)} \frac{\partial R}{\partial z}\mathrm{d}z\right)\mathrm{d}x\,\mathrm{d}y$$

$$= \iint_{D_{xy}}\{R[x,y,z_2(x,y)]-R[x,y,z_1(x,y)]\}\mathrm{d}x\,\mathrm{d}y$$

$$= \iint_{D_{xy}}R[x,y,z_2(x,y)]\mathrm{d}x\,\mathrm{d}y - \iint_{D_{xy}}R[x,y,z_1(x,y)]\mathrm{d}x\,\mathrm{d}y.$$

由于 Σ_2 取上侧,Σ_1 取下侧,因此由两类曲面积分之间的联系,得

$$\iiint_\Omega \frac{\partial R}{\partial z}\mathrm{d}v = \iint_{\Sigma_2} R\cos\gamma\,\mathrm{d}S + \iint_{\Sigma_1} R\cos\gamma\,\mathrm{d}S = \oiint_\Sigma R\cos\gamma\,\mathrm{d}S.$$

同理,可以证明

$$\iiint_\Omega \frac{\partial P}{\partial x}\mathrm{d}v = \oiint_\Sigma P\cos\alpha\,\mathrm{d}S,\quad \iiint_\Omega \frac{\partial Q}{\partial y}\mathrm{d}v = \oiint_\Sigma Q\cos\beta\,\mathrm{d}S.$$

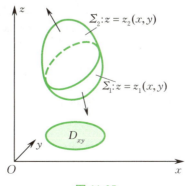

图 11-25

我们根据两类曲线积分之间的联系,同样可得出斯托克斯公式的另一种表示,即对坐标的曲线积分与对面积的曲面积分的联系.

若分片光滑的有向曲面 Σ 的边界为分段光滑的空间有向曲线弧 Γ,函数 $P=P(x,y,z),Q=Q(x,y,z),R=R(x,y,z)$ 在 Σ 及 Γ 上具有对 x,y,z 的连续偏导数,则

$$\oint_\Gamma P\,\mathrm{d}x+Q\,\mathrm{d}y+R\,\mathrm{d}z=\iint_\Sigma\left[\left(\frac{\partial R}{\partial y}-\frac{\partial Q}{\partial z}\right)\cos\alpha+\left(\frac{\partial P}{\partial z}-\frac{\partial R}{\partial x}\right)\cos\beta\right.$$
$$\left.+\left(\frac{\partial Q}{\partial x}-\frac{\partial P}{\partial y}\right)\cos\gamma\right]\mathrm{d}S, \qquad (11\text{-}7\text{-}8)$$

其中 $\cos\alpha,\cos\beta,\cos\gamma$ 是 Σ 上点 (x,y,z) 处的法向量的方向余弦,Γ 的正向与 Σ 的侧符合右手法则.

利用行列式记号,式(11-7-8)也可写成

$$\oint_\Gamma P\,\mathrm{d}x+Q\,\mathrm{d}y+R\,\mathrm{d}z=\iint_\Sigma\begin{vmatrix}\cos\alpha & \cos\beta & \cos\gamma \\ \dfrac{\partial}{\partial x} & \dfrac{\partial}{\partial y} & \dfrac{\partial}{\partial z} \\ P & Q & R\end{vmatrix}\mathrm{d}S.$$

例 2 计算曲线积分

$$I=\oint_\Gamma(y^2-z^2)\mathrm{d}x+(z^2-x^2)\mathrm{d}y+(x^2-y^2)\mathrm{d}z,$$

其中 Γ 是用平面 $x+y+z=\dfrac{3}{2}$ 截立方体 $0\leqslant x\leqslant 1,0\leqslant y\leqslant 1,0\leqslant z\leqslant 1$ 的表面所得的截痕,若从 x 轴的正向看去,取逆时针方向,如图 11-26(a) 所示.

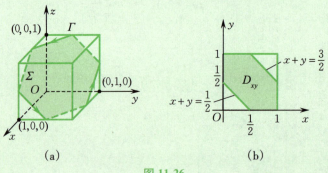

图 11-26

解 设 Σ 为平面 $x+y+z=\dfrac{3}{2}$ 中被 Γ 所围成的部分,取上侧,则 Σ 上点 (x,y,z) 处的单位法向量为 $\boldsymbol{n}=\dfrac{1}{\sqrt{3}}(1,1,1)$,即 $\boldsymbol{n}$ 的方向余弦为 $\cos\alpha=\cos\beta=\cos\gamma=\dfrac{1}{\sqrt{3}}$.按斯托克斯公式,有

$$I = \iint_\Sigma \begin{vmatrix} \dfrac{1}{\sqrt{3}} & \dfrac{1}{\sqrt{3}} & \dfrac{1}{\sqrt{3}} \\ \dfrac{\partial}{\partial x} & \dfrac{\partial}{\partial y} & \dfrac{\partial}{\partial z} \\ y^2-z^2 & z^2-x^2 & x^2-y^2 \end{vmatrix} \mathrm{d}S = -\dfrac{4}{\sqrt{3}} \iint_\Sigma (x+y+z)\mathrm{d}S.$$

因为在 Σ 上有 $x+y+z=\dfrac{3}{2}$，所以

$$I = -\dfrac{4}{\sqrt{3}} \cdot \dfrac{3}{2} \iint_\Sigma \mathrm{d}S = -2\sqrt{3} \iint_{D_{xy}} \sqrt{3}\,\mathrm{d}x\,\mathrm{d}y = -6\sigma_{xy},$$

其中 D_{xy} 为 Σ 在 xOy 平面上的投影区域[见图 11-26(b)], σ_{xy} 为 D_{xy} 的面积. 因

$$\sigma_{xy} = 1 - 2 \times \dfrac{1}{8} = \dfrac{3}{4},$$

故

$$I = -\dfrac{9}{2}.$$

习题 11-7

1. 把对坐标的曲线积分 $\int_L P\mathrm{d}x + Q\mathrm{d}y$ 化成对弧长的曲线积分，其中 L 分别为：

(1) 在 xOy 平面上从点 $(0,0)$ 到点 $(1,1)$ 的线段；

(2) 沿抛物线 $y=x^2$ 从点 $(0,0)$ 到点 $(1,1)$ 的一段弧；

(3) 沿上半圆 $x^2+y^2=2x (0 \leqslant y \leqslant 1)$ 从点 $(0,0)$ 到点 $(1,1)$ 的一段弧.

2. 设 Γ 为曲线 $x=t, y=t^2, z=t^3$ 上相应于 t 从 0 变到 1 的一段弧，把对坐标的曲线积分 $\int_\Gamma P\mathrm{d}x + Q\mathrm{d}y + R\mathrm{d}z$ 化成对弧长的曲线积分.

3. 把对坐标的曲面积分 $\iint_\Sigma P\mathrm{d}y\mathrm{d}z + Q\mathrm{d}z\mathrm{d}x + R\mathrm{d}x\mathrm{d}y$ 化成对面积的曲面积分，其中：

(1) Σ 是平面 $3x+2y+2\sqrt{3}z=6$ 在 I 卦限部分的上侧；

(2) Σ 是抛物面 $z=8-(x^2+y^2)$ 在 xOy 平面上方部分的上侧.

4. 计算曲面积分

$$\iint_\Sigma [f(x,y,z)+x]\mathrm{d}y\mathrm{d}z + [2f(x,y,z)+y]\mathrm{d}z\mathrm{d}x + [f(x,y,z)+z]\mathrm{d}x\mathrm{d}y,$$

其中 $f(x,y,z)$ 为连续函数，Σ 是平面 $x-y+z=1$ 在 IV 卦限部分的上侧.

习题答案

习题十一

1. 填空题:

(1) 已知有向曲线 L 的方程为 $y = 1 - |x|$ ($x \in [-1,1]$),其起点为 $(-1,0)$,终点为 $(1,0)$,则 $\int_L xy\mathrm{d}x + x^2\mathrm{d}y =$ _____.

(2) 设 L 是柱面 $x^2 + y^2 = 1$ 与平面 $z = x + y$ 的交线,其方向从 z 轴的正向看去为逆时针方向,则 $\oint_L xz\mathrm{d}x + x\mathrm{d}y + \dfrac{y^2}{2}\mathrm{d}z =$ _____.

(3) 设 L 为正向圆 $x^2 + y^2 = 2$ 在第一象限的部分,则 $\int_L x\mathrm{d}y - 2y\mathrm{d}x =$ _____.

(4) 设 Σ 是上半球面 $z = \sqrt{4 - x^2 - y^2}$ 的上侧,则 $\iint_\Sigma xy\mathrm{d}y\mathrm{d}z + x\mathrm{d}z\mathrm{d}x + x^2\mathrm{d}x\mathrm{d}y =$ _____.

(5) 设 Σ 是锥面 $z = \sqrt{x^2 + y^2}$ ($0 \leqslant z \leqslant 1$) 的下侧,则 $\iint_\Sigma x\mathrm{d}y\mathrm{d}z + 2y\mathrm{d}z\mathrm{d}x + 3(z-1)\mathrm{d}x\mathrm{d}y =$ _____.

2. 选择题:

(1) 设 L 为从点 $A(0,0)$ 到点 $B(4,3)$ 的线段,则 $\int_L (x-y)\mathrm{d}s = ($ $)$.

A. $\int_0^4 \left(x - \dfrac{3}{4}x\right)\mathrm{d}x$ B. $\int_0^4 \left(x - \dfrac{3}{4}x\right)\sqrt{1 + \dfrac{9}{16}}\mathrm{d}x$

C. $\int_0^3 \left(\dfrac{4}{3}y - y\right)\mathrm{d}y$ D. $\int_0^3 \left(\dfrac{4}{3}y - y\right)\sqrt{1 + \dfrac{9}{16}}\mathrm{d}y$

(2) 使 $\oint_L (y^3 - y)\mathrm{d}x - 2x^3\mathrm{d}y$ 的值最大的正向光滑闭曲线 L 是($\quad$).

A. $6x^2 + 3y^2 = 1$ B. $3x^2 + 6y^2 = 1$
C. $2x^2 + 3y^2 = 1$ D. $3x^2 + 2y^2 = 1$

(3) 设 $L_1: x^2 + y^2 = 1, L_2: x^2 + y^2 = 2, L_3: x^2 + 2y^2 = 2, L_4: 2x^2 + y^2 = 2$ 为四条逆时针方向的平面闭曲线,记 $I_i = \oint_{L_i} \left(y + \dfrac{y^3}{6}\right)\mathrm{d}x + \left(2x - \dfrac{x^3}{3}\right)\mathrm{d}y$ ($i = 1,2,3,4$),则 $\max\{I_1, I_2, I_3, I_4\} = ($ $)$.

A. I_1 B. I_2 C. I_3 D. I_4

(4) 设曲线 $L: f(x,y) = 1$ [$f(x,y)$ 具有连续偏导数] 过第二象限内的点 M 和第四象限内的点 N,Γ 为 L 上从点 M 到点 N 的一段弧,则下列曲线积分小于 0 的是($\quad$).

A. $\int_\Gamma f(x,y)\mathrm{d}x$ B. $\int_\Gamma f(x,y)\mathrm{d}y$

C. $\int_\Gamma f(x,y)\mathrm{d}s$ D. $\int_\Gamma f'_x(x,y)\mathrm{d}x + f'_y(x,y)\mathrm{d}y$

(5) 曲面积分 $\iint_\Sigma (x^2 + y^2)\mathrm{d}x\mathrm{d}y$ 在数值上等于($\quad$).

A. 面密度为 $\rho = x^2 + y^2$ 的曲面 Σ 的质量
B. 均匀曲面(面密度 $\rho = 1$)对 z 轴的转动惯量
C. 流体以速度 $\boldsymbol{v} = (x^2 + y^2)\boldsymbol{k}$ 穿过曲面 Σ 的流量(假定流体密度为 1)
D. 流体以速度 $\boldsymbol{v} = (x^2 + y^2)\boldsymbol{i}$ 穿过曲面 Σ 的流量(假定流体密度为 1)

3. 计算变力 $\boldsymbol{F} = (y^2 - x, x^2 - y)$ 沿曲线弧 L 所做的功,其中 L 为从点 $A(0,0)$ 沿抛物线 $y = x^2$ 到点 $B(1,1)$,再从点 B 沿直线 $y = 2 - x$ 到点 $C(0,2)$ 的曲线弧.

4. 已知 L 是从点 $(0,0)$ 在第一象限中沿圆 $x^2 + y^2 = 2x$ 到点 $(2,0)$,再沿圆 $x^2 + y^2 = 4$ 到点 $(0,2)$ 的曲线弧,计算曲线积分
$$I = \int_L 3x^2 y \,dx + (x^3 + x - 2y) \,dy.$$

5. 设在上半平面 $D = \{(x,y) \mid y > 0\}$ 内函数 $f(x,y)$ 具有连续偏导数,且对于任意的 $t > 0$,都有 $f(tx, ty) = t^{-2} f(x,y)$,证明:对 D 内任意分段光滑的有向闭曲线 L,都有
$$\oint_L y f(x,y) \,dx - x f(x,y) \,dy = 0.$$

6. 计算曲线积分
$$\int_L \sin 2x \,dx + 2(x^2 - 1) y \,dy,$$
其中 L 是曲线 $y = \sin x$ 上从点 $(0,0)$ 到点 $(\pi, 0)$ 的一段.

7. 设函数 $\varphi(y)$ 具有连续导数,在围绕原点的任意分段光滑闭曲线 L 上,曲线积分 $\oint_L \dfrac{\varphi(y) \,dx + 2xy \,dy}{2x^2 + y^4}$ 的值恒为同一常数.

(1) 证明:对右半平面 $x > 0$ 内任意分段光滑的闭曲线 C,有
$$\oint_C \frac{\varphi(y) \,dx + 2xy \,dy}{2x^2 + y^4} = 0;$$

(2) 求函数 $\varphi(y)$ 的表达式.

8. 计算曲线积分
$$\oint_L \left(x - \frac{y}{x^2 + y^2}\right) dx + \left(y + \frac{x}{x^2 + y^2}\right) dy,$$
其中 $L: \dfrac{x^2}{9} + \dfrac{y^2}{4} = 1$,取逆时针方向.

9. 设 Γ 是柱面 $x^2 + y^2 = 1$ 与平面 $z = x + y$ 的交线,其方向从 z 轴的正向看去为逆时针方向,计算曲线积分 $\oint_\Gamma z \,dx + x \,dy + y \,dz$.

10. 设函数 $f(x,y)$ 和 $g(x,y)$ 在闭区域 D 上具有二阶连续偏导数,L 为闭区域 D 的正向边界曲线.
(1) 证明:
$$\iint_D f \frac{\partial g}{\partial x} \,dx\,dy = \oint_L fg \,dy - \iint_D g \frac{\partial f}{\partial x} \,dx\,dy \quad \text{和} \quad \iint_D f \frac{\partial g}{\partial y} \,dx\,dy = -\oint_L fg \,dx - \iint_D g \frac{\partial f}{\partial y} \,dx\,dy;$$

(2) 若 D 为圆形闭区域 $x^2 + y^2 \leqslant 1$,且在 D 上恒有 $\dfrac{\partial^2 f}{\partial x^2} + \dfrac{\partial^2 f}{\partial y^2} = e^{-(x^2 + y^2)}$,求
$$\iint_D \left(x \frac{\partial f}{\partial x} + y \frac{\partial f}{\partial y}\right) dx\,dy.$$

11. 求微分方程 $\dfrac{2x}{y^3} \,dx + \dfrac{y^2 - 3x^2}{y^4} \,dy = 0$ 的通解.

12. 计算曲面积分
$$I = \iint_\Sigma xz \,dy\,dz + yz \,dz\,dx,$$
其中 Σ 是 yOz 平面上的抛物线 $z = 2y^2$ 绕 z 轴旋转一周而形成的旋转曲面和平面 $z = 2$ 所围成立体的表面的外侧.

13. 计算曲面积分

$$I = \iint_\Sigma 2x^3 \mathrm{d}y\mathrm{d}z + 2y^3 \mathrm{d}z\mathrm{d}x + 3(z^2-1)\mathrm{d}x\mathrm{d}y,$$

其中 Σ 是曲面 $z = 1-x^2-y^2 (z \geqslant 0)$ 的上侧.

14. 计算曲面积分

$$I = \oiint_\Sigma \frac{x\mathrm{d}y\mathrm{d}z + y\mathrm{d}z\mathrm{d}x + z\mathrm{d}x\mathrm{d}y}{(x^2+y^2+z^2)^{\frac{3}{2}}},$$

其中 Σ 是曲面 $2x^2+2y^2+z^2=4$ 的外侧.

15. 设 Σ 为上半球面 $z=\sqrt{1-x^2-y^2}$ 的下侧,计算曲面积分 $\iint_\Sigma (z-1)\mathrm{d}x\mathrm{d}y$.

16. 计算曲面积分

$$I = \iint_\Sigma xz\mathrm{d}y\mathrm{d}z + x^2 y\mathrm{d}z\mathrm{d}x + y^2 z\mathrm{d}x\mathrm{d}y,$$

其中 Σ 是由曲线 $\begin{cases} y^2 = 2z, \\ x = 0 \end{cases} (0 \leqslant z \leqslant 4)$ 绕 z 轴旋转一周所形成的曲面,其法向量与 z 轴正向成锐角.

17. 计算曲面积分

$$I = \iint_\Sigma (x^3-z)\mathrm{d}y\mathrm{d}z + (y^3-x)\mathrm{d}z\mathrm{d}x + (x-y^3)\mathrm{d}x\mathrm{d}y,$$

其中 Σ 是锥面 $x^2+y^2=z^2$ 在 $0 \leqslant z \leqslant 1$ 部分的外侧.

18. 证明:存在区域 $D = \{(x,y) \mid x>0, y>0\}$ 内的函数 $u(x,y)$,满足

$$\mathrm{d}u = \left(\frac{y}{x} + \frac{2x}{y}\right)\mathrm{d}x + \left(\ln x - \frac{x^2}{y^2}\right)\mathrm{d}y;$$

并求出满足 $u(1,1)=0$ 的函数 $u(x,y)$.

19. 计算曲面积分

$$I = \iint_\Sigma xz\mathrm{d}y\mathrm{d}z + 2zy\mathrm{d}z\mathrm{d}x + 3xy\mathrm{d}x\mathrm{d}y,$$

其中 Σ 为曲面 $z = 1-x^2-\dfrac{y^2}{4}(0 \leqslant z \leqslant 1)$ 的上侧.

习题答案

第十一章自测题

自测题答案

第十二章
无 穷 级 数

　　无穷级数是数学分析的一个重要工具,也是高等数学的重要组成部分.本章首先讨论常数项级数,然后研究函数项级数,最后研究把函数展开成幂级数和三角级数的问题.我们只介绍两种最常用的级数展开式——泰勒级数展开式和傅里叶级数展开式.

课程思政案例　　知识框图

第一节 常数项级数的概念与性质

一、常数项级数的概念

在中学数学课程中,我们就已经遇到过"无穷项之和"的运算,如等比级数
$$a + ar + ar^2 + \cdots + ar^n + \cdots.$$
另外,无限小数其实也是"无穷项之和",如
$$\sqrt{2} = 1.414\,2\cdots = 1 + \frac{4}{10} + \frac{1}{10^2} + \frac{4}{10^3} + \frac{2}{10^4} + \cdots.$$

对于有限项之和,我们在初等数学里已经详尽地研究了;对于"无穷项之和",因它是一个未知的新概念,不能简单地引用有限项相加的概念,而必须建立一套严格的理论.

定义 1 给定一个数列 $\{u_n\}$,用"+"号将它的各项依次连接起来所得到的表达式

$$u_1 + u_2 + \cdots + u_n + \cdots \tag{12-1-1}$$

称为**常数项无穷级数**,简称**常数项级数**或**级数**,记作 $\sum_{n=1}^{\infty} u_n$,即

$$\sum_{n=1}^{\infty} u_n = u_1 + u_2 + \cdots + u_n + \cdots,$$

其中 $u_1, u_2, \cdots, u_n, \cdots$ 都称为级数(12-1-1)的**项**,u_n 称为级数(12-1-1)的**一般项**或**通项**.

级数 $\sum_{n=1}^{\infty} u_n$ 是"无限多个数的和". 但怎样由我们熟知的"有限多个数的和"的计算转化到"无限多个数的和"的计算呢?我们借助极限这个工具来实现.

设级数 $\sum_{n=1}^{\infty} u_n$ 的前 n 项的和为 s_n,即

$$s_n = u_1 + u_2 + \cdots + u_n \tag{12-1-2}$$

或

$$s_n = \sum_{k=1}^{n} u_k.$$

我们称 s_n 为级数 $\sum_{n=1}^{\infty} u_n$ 的**前 n 项部分和**,简称**部分和**. 显然,这个级数的所有前 n 项部分和 s_n 构成一个数列 $\{s_n\}$,我们称此数列为级数 $\sum_{n=1}^{\infty} u_n$ 的**部分和数列**.

定义 2 若级数 $\sum_{n=1}^{\infty} u_n$ 的部分和数列 $\{s_n\}$ 收敛于 s，即 $\lim_{n\to\infty} s_n = s$，则称级数 $\sum_{n=1}^{\infty} u_n$ **收敛**，或称 $\sum_{n=1}^{\infty} u_n$ 为**收敛级数**，并称 s 为这个级数的**和**，记作

$$s = u_1 + u_2 + \cdots + u_n + \cdots = \sum_{n=1}^{\infty} u_n.$$

而

$$r_n = s - s_n = u_{n+1} + u_{n+2} + \cdots$$

称为这个级数的**余项**.

显然，有

$$\lim_{n\to\infty} r_n = \lim_{n\to\infty}(s - s_n) = 0.$$

若 $\{s_n\}$ 是发散数列，则称级数 $\sum_{n=1}^{\infty} u_n$ **发散**，此时这个级数没有和.

由此可知，级数的收敛与发散是借助级数的部分和数列的收敛与发散定义的. 于是，研究级数及其和，就是研究与其相对应的一个数列及其极限.

例1 设 a,q 为非零常数，无穷级数

$$\sum_{n=0}^{\infty} aq^n = a + aq + aq^2 + \cdots + aq^n + \cdots \tag{12-1-3}$$

称为**等比级数**（又称为**几何级数**），q 称为等比级数的**公比**. 试讨论级数 (12-1-3) 的敛散性.

解 若 $q \neq 1$，则

$$s_n = a + aq + \cdots + aq^{n-1} = \frac{a - aq^n}{1-q} = \frac{a}{1-q} - \frac{aq^n}{1-q}.$$

当 $|q| < 1$ 时，由于 $\lim_{n\to\infty} q^n = 0$，从而 $\lim_{n\to\infty} s_n = \frac{a}{1-q}$，因此这时级数 (12-1-3) 收敛，其和为 $\frac{a}{1-q}$.

当 $|q| > 1$ 时，由于 $\lim_{n\to\infty} q^n = \infty$，从而 $\lim_{n\to\infty} s_n = \infty$，因此这时级数 (12-1-3) 发散. 当 $|q| = 1$ 时，若 $q = 1$，这时 $s_n = na \to \infty (n \to \infty)$，因此级数 (12-1-3) 发散；若 $q = -1$，这时级数 (12-1-3) 成为

$$a - a + a - a + \cdots,$$

显然 s_n 随 n 为奇数或为偶数而等于 a 或等于 0，从而 s_n 的极限不存在，因此级数 (12-1-3) 发散.

综上所述，对于级数 (12-1-3)，当公比 q 的绝对值 $|q| < 1$ 时，它收敛；当 $|q| \geq 1$ 时，它发散.

例2 证明：级数

$$\frac{1}{1 \cdot 3} + \frac{1}{3 \cdot 5} + \cdots + \frac{1}{(2n-1)(2n+1)} + \cdots$$

收敛，并求其和.

解 由于

$$u_n = \frac{1}{(2n-1)(2n+1)} = \frac{1}{2}\left(\frac{1}{2n-1} - \frac{1}{2n+1}\right),$$

因此

$$s_n = \frac{1}{1 \cdot 3} + \frac{1}{3 \cdot 5} + \cdots + \frac{1}{(2n-1)(2n+1)}$$

$$= \frac{1}{2}\left(1 - \frac{1}{3}\right) + \frac{1}{2}\left(\frac{1}{3} - \frac{1}{5}\right) + \cdots + \frac{1}{2}\left(\frac{1}{2n-1} - \frac{1}{2n+1}\right) = \frac{1}{2}\left(1 - \frac{1}{2n+1}\right).$$

于是，$\lim\limits_{n \to \infty} s_n = \frac{1}{2}$，从而该级数收敛，它的和为 $\frac{1}{2}$。

例 3 证明：调和级数

$$\sum_{n=1}^{\infty} \frac{1}{n} = 1 + \frac{1}{2} + \frac{1}{3} + \cdots + \frac{1}{n} + \cdots$$

是发散的。

证 该级数的部分和为

$$s_n = 1 + \frac{1}{2} + \frac{1}{3} + \cdots + \frac{1}{n}.$$

我们已在上册第一章第二节的例 6 中证明了部分和数列 $\{s_n\}$ 是发散的，因此调和级数是发散的。

我们也可用下面的方法证明调和级数的发散性。

显然，部分和数列 $\{s_n\}$ 是单调增加的数列，要证明调和级数发散，只要证明其部分和数列 $\{s_n\}$ 无上界即可。事实上，

$$s_2 = 1 + \frac{1}{2}, \quad s_4 \geqslant 1 + \frac{1}{2} \times 2, \quad s_8 \geqslant 1 + \frac{1}{2} \times 3.$$

假设

$$s_{2^k} \geqslant 1 + \frac{1}{2}k,$$

而

$$s_{2^{k+1}} - s_{2^k} = \frac{1}{2^k+1} + \frac{1}{2^k+2} + \cdots + \frac{1}{2^{k+1}} \geqslant \frac{1}{2^{k+1}} \cdot 2^k = \frac{1}{2},$$

于是

$$s_{2^{k+1}} \geqslant s_{2^k} + \frac{1}{2} \geqslant 1 + \frac{1}{2}(k+1).$$

由数学归纳法，对于一切正整数 n，有

$$s_{2^n} \geqslant 1 + \frac{n}{2},$$

由极限的性质，有

$$\lim_{n \to \infty} s_n = \infty.$$

故调和级数发散。

二、常数项级数的性质

性质 1 若级数 $\sum\limits_{n=1}^{\infty} u_n$ 收敛于和 s,k 为任意常数,则级数 $\sum\limits_{n=1}^{\infty} ku_n$ 也收敛,且其和为 ks.

证 设级数 $\sum\limits_{n=1}^{\infty} u_n$ 与 $\sum\limits_{n=1}^{\infty} ku_n$ 的部分和分别为 s_n 与 s_n^*,显然有 $s_n^* = ks_n$,于是

$$\lim_{n\to\infty} s_n^* = \lim_{n\to\infty} ks_n = k\lim_{n\to\infty} s_n = ks.$$

这表明,级数 $\sum\limits_{n=1}^{\infty} ku_n$ 收敛,且其和为 ks.

需要指出,若级数 $\sum\limits_{n=1}^{\infty} u_n$ 发散,即数列 $\{s_n\}$ 无极限,且 k 为非零常数,那么数列 $\{s_n^*\}$ 也不可能存在极限,即级数 $\sum\limits_{n=1}^{\infty} ku_n$ 也发散. 因此,可以得出如下结论:级数的每一项同乘以一个非零常数后,其敛散性不变.

上述性质的结果可以改写为

$$\sum_{n=1}^{\infty} ku_n = k\sum_{n=1}^{\infty} u_n \quad (k \text{ 为非零常数}),$$

即收敛级数满足分配律.

性质 2 若级数 $\sum\limits_{n=1}^{\infty} u_n, \sum\limits_{n=1}^{\infty} v_n$ 分别收敛于 s_1, s_2,则级数 $\sum\limits_{n=1}^{\infty} (u_n \pm v_n)$ 也收敛,且其和为 $s_1 \pm s_2$.

可以利用数列极限的运算法则给出性质 2 的证明.

性质 2 的结果表明:两个收敛级数可以逐项相加或逐项相减.

性质 3 在级数中去掉、增加或改变有限项,不会改变级数的敛散性.

证 只须证明"去掉、改变级数前面的有限项,或在级数前面增加有限项,不会改变级数的敛散性".

设将级数 $\sum\limits_{n=1}^{\infty} u_n = u_1 + u_2 + \cdots + u_n + \cdots$ 的前 k 项去掉,得新的级数

$$u_{k+1} + u_{k+2} + \cdots + u_{k+n} + \cdots.$$

此级数的前 n 项部分和为

$$A_n = u_{k+1} + u_{k+2} + \cdots + u_{k+n} = s_{k+n} - s_k,$$

其中 s_{k+n} 是原来级数的前 $k+n$ 项的和. 因为 s_k 是常数,所以当 $n \to \infty$ 时,A_n 与 s_{k+n} 同时存在极限,或同时不存在极限.

类似地,可以证明改变级数前面的有限项,或在级数前面加上有限项,不会改变级数的敛散性.

性质 4 收敛级数加括弧后所构成的级数仍收敛,且其和不变.

证 设级数 $\sum\limits_{n=1}^{\infty} u_n$ 的部分和为 s_n,加括弧后的级数(把每一括弧内的项之和视为一项)为

$$(u_1+u_2+\cdots+u_{n_1})+(u_{n_1+1}+u_{n_1+2}+\cdots+u_{n_2})+\cdots$$
$$+(u_{n_{k-1}+1}+u_{n_{k-1}+2}+\cdots+u_{n_k})+\cdots,$$

并设其前 k 项之和为 A_k,则有

$$A_1=u_1+u_2+\cdots+u_{n_1}=s_{n_1},$$
$$A_2=(u_1+u_2+\cdots+u_{n_1})+(u_{n_1+1}+u_{n_1+2}+\cdots+u_{n_2})=s_{n_2},$$
$$\cdots\cdots$$
$$A_k=(u_1+u_2+\cdots+u_{n_1})+(u_{n_1+1}+u_{n_1+2}+\cdots+u_{n_2})+\cdots$$
$$+(u_{n_{k-1}+1}+u_{n_{k-1}+2}+\cdots+u_{n_k})=s_{n_k},$$
$$\cdots\cdots$$

可见,数列 $\{A_k\}$ 是数列 $\{s_n\}$ 的子列. 由收敛数列与其子列的关系可知,数列 $\{A_k\}$ 必定收敛,且有 $\lim\limits_{k\to\infty}A_k=\lim\limits_{n\to\infty}s_n$,即加括弧后所构成的级数收敛,且其和不变.

注意 若加括弧后所构成的级数收敛,不能断定原来的级数也收敛.

例如,级数 $(1-1)+(1-1)+\cdots$ 收敛于 0,但级数 $\sum\limits_{n=1}^{\infty}(-1)^{n-1}=1-1+1-1+\cdots$ 却是发散的.

推论 1 若加括弧后所构成的级数发散,则原来的级数也发散.

性质 5(级数收敛的必要条件) 若级数 $\sum\limits_{n=1}^{\infty} u_n$ 收敛,则它的一般项 u_n 趋于 0,即 $\lim\limits_{n\to\infty}u_n=0$.

证 设级数 $\sum\limits_{n=1}^{\infty} u_n$ 的部分和为 s_n,且 $s_n\to s(n\to\infty)$,则

$$\lim_{n\to\infty}u_n=\lim_{n\to\infty}(s_n-s_{n-1})=\lim_{n\to\infty}s_n-\lim_{n\to\infty}s_{n-1}=s-s=0.$$

由性质 5 可知,若 $n\to\infty$ 时,级数 $\sum\limits_{n=1}^{\infty} u_n$ 的一般项 u_n 不趋于 0,则该级数必定发散. 例如,级数

$$\sum_{n=1}^{\infty}\frac{n}{3n+1}=\frac{1}{4}+\frac{2}{7}+\frac{3}{10}+\cdots+\frac{n}{3n+1}+\cdots$$

的一般项 $u_n=\dfrac{n}{3n+1}$,当 $n\to\infty$ 时,不趋于 0,因此该级数是发散的.

注意 级数的一般项趋于 0,并不是级数收敛的充分条件.

例如,在例 3 中讨论的调和级数 $\sum\limits_{n=1}^{\infty}\dfrac{1}{n}$,虽然它的一般项 $u_n=\dfrac{1}{n}\to 0(n\to\infty)$,但是它是发散的.

*三、柯西收敛准则

因为级数 $\sum\limits_{n=1}^{\infty} u_n$ 的敛散性与它的部分和数列 $\{s_n\}$ 的敛散性是等价的,所以

由数列的柯西收敛准则可得下面的定理.

定理 1（柯西收敛准则） 级数 $\sum\limits_{n=1}^{\infty} u_n$ 收敛的充要条件为对于任意的 $\varepsilon > 0$，总存在正整数 N，使得当 $n > N$ 时，对于任意的正整数 p，都有
$$|u_{n+1} + u_{n+2} + \cdots + u_{n+p}| < \varepsilon$$
成立.

证 设级数 $\sum\limits_{n=1}^{\infty} u_n$ 的部分和为 s_n，因为
$$|u_{n+1} + u_{n+2} + \cdots + u_{n+p}| = |s_{n+p} - s_n|,$$
所以由数列的柯西收敛准则即得结论成立.

例 4 利用柯西收敛准则证明：级数 $\sum\limits_{n=1}^{\infty} \dfrac{\cos 2^n}{2^n}$ 收敛.

证 对于任意的正整数 p，都有
$$|s_{n+p} - s_n| = \left| \frac{\cos 2^{n+1}}{2^{n+1}} + \frac{\cos 2^{n+2}}{2^{n+2}} + \cdots + \frac{\cos 2^{n+p}}{2^{n+p}} \right|$$
$$\leqslant \frac{1}{2^{n+1}} + \frac{1}{2^{n+2}} + \cdots + \frac{1}{2^{n+p}} = \frac{\dfrac{1}{2^{n+1}}\left(1 - \dfrac{1}{2^p}\right)}{1 - \dfrac{1}{2}}$$
$$= \frac{1}{2^n}\left(1 - \frac{1}{2^p}\right) < \frac{1}{2^n}.$$

于是，对于任意的 $\varepsilon > 0 (0 < \varepsilon < 1)$，存在正整数 $N = \left[\log_2 \dfrac{1}{\varepsilon}\right]$（向上取整），使得当 $n > N$ 时，对于任意的正整数 p，都有
$$|s_{n+p} - s_n| < \frac{1}{2^n} < \varepsilon,$$
从而级数 $\sum\limits_{n=1}^{\infty} \dfrac{\cos 2^n}{2^n}$ 收敛.

例 5 证明：级数 $\sum\limits_{n=1}^{\infty} \dfrac{1}{\sqrt{n}}$ 发散.

证 对于任意的正整数 p，都有
$$|s_{n+p} - s_n| = \left| \frac{1}{\sqrt{n+1}} + \frac{1}{\sqrt{n+2}} + \cdots + \frac{1}{\sqrt{n+p}} \right| > \frac{p}{\sqrt{n+p}}.$$

特别地，取 $p = n$，得 $|s_{2n} - s_n| > \dfrac{\sqrt{n}}{2}$，故级数 $\sum\limits_{n=1}^{\infty} \dfrac{1}{\sqrt{n}}$ 发散.

习题 12-1

1. 写出下列级数的一般项：

(1) $1 + \dfrac{1}{3} + \dfrac{1}{5} + \dfrac{1}{7} + \cdots$;

(2) $\dfrac{\sqrt{x}}{2} + \dfrac{x}{2\cdot 4} + \dfrac{x\sqrt{x}}{2\cdot 4\cdot 6} + \dfrac{x^2}{2\cdot 4\cdot 6\cdot 8} + \cdots$;

(3) $\dfrac{a^3}{3} - \dfrac{a^5}{5} + \dfrac{a^7}{7} - \dfrac{a^9}{9} + \cdots$.

2. 求下列级数的和：

(1) $\dfrac{1}{5} + \dfrac{1}{5^2} + \dfrac{1}{5^3} + \cdots$; (2) $\sum\limits_{n=1}^{\infty} \dfrac{1}{n(n+1)(n+2)}$;

(3) $\sum\limits_{n=1}^{\infty} (\sqrt{n+2} - 2\sqrt{n+1} + \sqrt{n})$.

3. 判别下列级数的敛散性：

(1) $\sum\limits_{n=1}^{\infty} (\sqrt{n+1} - \sqrt{n})$;

(2) $\dfrac{1}{1\cdot 6} + \dfrac{1}{6\cdot 11} + \dfrac{1}{11\cdot 16} + \cdots + \dfrac{1}{(5n-4)(5n+1)} + \cdots$;

(3) $\dfrac{2}{3} - \dfrac{2^2}{3^2} + \dfrac{2^3}{3^3} - \cdots + (-1)^{n-1}\dfrac{2^n}{3^n} + \cdots$;

(4) $\dfrac{1}{5} + \dfrac{1}{\sqrt{5}} + \dfrac{1}{\sqrt[3]{5}} + \cdots + \dfrac{1}{\sqrt[n]{5}} + \cdots$.

*4. 利用柯西收敛准则判别下列级数的敛散性：

(1) $\sum\limits_{n=1}^{\infty} \dfrac{(-1)^{n+1}}{n}$; (2) $\sum\limits_{n=1}^{\infty} \dfrac{\cos nx}{2^n}$;

(3) $\sum\limits_{n=0}^{\infty} \left(\dfrac{1}{3n+1} + \dfrac{1}{3n+2} - \dfrac{1}{3n+3} \right)$.

第二节 正项级数敛散性判别法

本节我们讨论各项都是非负数的级数，这种级数称为**正项级数**. 研究正项级数的敛散性十分重要，因为许多其他级数的敛散性问题都可归结为正项级数的敛散性问题.

设级数

$$u_1 + u_2 + \cdots + u_n + \cdots \tag{12-2-1}$$

是一个正项级数($u_n \geqslant 0, n=1,2,\cdots$),它的部分和为 s_n. 显然,数列$\{s_n\}$满足
$$s_1 \leqslant s_2 \leqslant \cdots \leqslant s_n \leqslant \cdots,$$
即$\{s_n\}$是单调增加的数列. 而单调增加的数列收敛的充要条件是该数列有上界,于是可以得到下面的定理.

定理 1 正项级数 $\sum\limits_{n=1}^{\infty} u_n$ 收敛的充要条件是它的部分和数列$\{s_n\}$有上界.

以定理 1 为基础,可以导出判别正项级数敛散性的几种方法.

定理 2(比较判别法) 设 $\sum\limits_{n=1}^{\infty} u_n$ 和 $\sum\limits_{n=1}^{\infty} v_n$ 都是正项级数,且存在正整数 N 和正常数 k,使得当 $n \geqslant N$ 时,有 $u_n \leqslant k v_n$.

(1) 若级数 $\sum\limits_{n=1}^{\infty} v_n$ 收敛,则级数 $\sum\limits_{n=1}^{\infty} u_n$ 也收敛;

(2) 若级数 $\sum\limits_{n=1}^{\infty} u_n$ 发散,则级数 $\sum\limits_{n=1}^{\infty} v_n$ 也发散.

证 根据级数的性质,改变级数的前面有限项,并不改变级数的敛散性. 因此,不妨设对于任意的正整数 n,都有 $u_n \leqslant k v_n$. 设级数 $\sum\limits_{n=1}^{\infty} u_n$ 与 $\sum\limits_{n=1}^{\infty} v_n$ 的部分和分别为 A_n 与 B_n,则由这个不等式有
$$A_n = u_1 + u_2 + \cdots + u_n \leqslant k v_1 + k v_2 + \cdots + k v_n = k B_n.$$

(1) 若级数 $\sum\limits_{n=1}^{\infty} v_n$ 收敛,根据定理 1 的必要性,数列$\{B_n\}$有上界. 由不等式 $A_n \leqslant k B_n$ 知,数列$\{A_n\}$也有上界,于是级数 $\sum\limits_{n=1}^{\infty} u_n$ 收敛.

(2) 采用反证法. 假设级数 $\sum\limits_{n=1}^{\infty} v_n$ 收敛,则由(1)知级数 $\sum\limits_{n=1}^{\infty} u_n$ 收敛,与已知矛盾,因此级数 $\sum\limits_{n=1}^{\infty} v_n$ 发散.

推论 1 设 $\sum\limits_{n=1}^{\infty} u_n$ 和 $\sum\limits_{n=1}^{\infty} v_n$ 都是正项级数,且
$$\lim_{n \to \infty} \frac{u_n}{v_n} = k \quad (0 \leqslant k \leqslant +\infty, v_n \neq 0).$$

(1) 若 $0 < k < +\infty$,则级数 $\sum\limits_{n=1}^{\infty} u_n$ 与 $\sum\limits_{n=1}^{\infty} v_n$ 同时收敛或发散;

(2) 若 $k = 0$,则当级数 $\sum\limits_{n=1}^{\infty} v_n$ 收敛时,级数 $\sum\limits_{n=1}^{\infty} u_n$ 收敛;

(3) 若 $k = +\infty$,则当级数 $\sum\limits_{n=1}^{\infty} v_n$ 发散时,级数 $\sum\limits_{n=1}^{\infty} u_n$ 发散.

证 (1) 由极限的定义,对于 $\varepsilon = \dfrac{k}{2}$,存在正整数 N,使得当 $n \geqslant N$ 时,有

$$k - \frac{k}{2} < \frac{u_n}{v_n} < k + \frac{k}{2},$$

即

$$\frac{k}{2} v_n < u_n < \frac{3k}{2} v_n.$$

再根据比较判别法,即得所要证的结论.

(2) 当 $k = 0$ 时,由极限的定义,对于 $\varepsilon = 1$,存在正整数 N,使得当 $n \geqslant N$ 时,有 $0 \leqslant \frac{u_n}{v_n} < 1$,从而 $u_n < v_n$. 再根据比较判别法,当级数 $\sum_{n=1}^{\infty} v_n$ 收敛时,级数 $\sum_{n=1}^{\infty} u_n$ 收敛.

(3) 当 $k = +\infty$ 时,由极限的定义,存在正整数 N,使得当 $n \geqslant N$ 时,有 $\frac{u_n}{v_n} > 1$,从而 $u_n > v_n$. 再根据比较判别法,当级数 $\sum_{n=1}^{\infty} v_n$ 发散时,级数 $\sum_{n=1}^{\infty} u_n$ 发散.

例1 讨论 p 级数

$$\sum_{n=1}^{\infty} \frac{1}{n^p} = 1 + \frac{1}{2^p} + \frac{1}{3^p} + \cdots + \frac{1}{n^p} + \cdots \tag{12-2-2}$$

的敛散性,其中 p 为正常数.

解 先考虑 $p > 1$ 的情形. 因为当 $n - 1 \leqslant x \leqslant n (n = 2, 3, \cdots)$ 时,有 $\frac{1}{n^p} \leqslant \frac{1}{x^p}$,所以

$$\frac{1}{n^p} = \int_{n-1}^{n} \frac{\mathrm{d}x}{n^p} \leqslant \int_{n-1}^{n} \frac{\mathrm{d}x}{x^p} = \frac{1}{p-1} \left[\frac{1}{(n-1)^{p-1}} - \frac{1}{n^{p-1}} \right] \quad (n = 2, 3, \cdots).$$

考虑级数

$$\sum_{n=2}^{\infty} \left[\frac{1}{(n-1)^{p-1}} - \frac{1}{n^{p-1}} \right], \tag{12-2-3}$$

其部分和为

$$s_n = \left(1 - \frac{1}{2^{p-1}}\right) + \left(\frac{1}{2^{p-1}} - \frac{1}{3^{p-1}}\right) + \cdots + \left[\frac{1}{n^{p-1}} - \frac{1}{(n+1)^{p-1}}\right]$$

$$= 1 - \frac{1}{(n+1)^{p-1}}.$$

因为 $\lim\limits_{n \to \infty} s_n = \lim\limits_{n \to \infty} \left[1 - \frac{1}{(n+1)^{p-1}} \right] = 1$,所以级数 (12-2-3) 收敛. 根据定理 2,p 级数 (12-2-2) 收敛.

当 $0 < p \leqslant 1$ 时,有 $\frac{1}{n^p} \geqslant \frac{1}{n}$,而级数 $\sum_{n=1}^{\infty} \frac{1}{n}$ 发散,根据定理 2,p 级数 (12-2-2) 发散.

例2 判别下列正项级数的敛散性:

(1) $\sum_{n=1}^{\infty} \sin \frac{1}{n}$;

(2) $\sum_{n=1}^{\infty} \ln\left(1 + \frac{1}{n^2}\right)$.

解 (1) 因为 $\lim\limits_{n\to\infty}\dfrac{\sin\dfrac{1}{n}}{\dfrac{1}{n}}=1$，而级数 $\sum\limits_{n=1}^{\infty}\dfrac{1}{n}$ 发散，所以根据定理 2 的推论 1，级数 $\sum\limits_{n=1}^{\infty}\sin\dfrac{1}{n}$ 发散.

(2) 考察 $\lim\limits_{n\to\infty}\dfrac{\ln\left(1+\dfrac{1}{n^2}\right)}{\dfrac{1}{n^2}}$. 用连续变量 x 代替 $\dfrac{1}{n^2}$，并应用洛必达法则，有

$$\lim_{x\to 0}\frac{\ln(1+x)}{x}=\lim_{x\to 0}\frac{1}{1+x}=1.$$

因此，$\lim\limits_{n\to\infty}\dfrac{\ln\left(1+\dfrac{1}{n^2}\right)}{\dfrac{1}{n^2}}=1$. 而级数 $\sum\limits_{n=1}^{\infty}\dfrac{1}{n^2}$ 收敛，故级数 $\sum\limits_{n=1}^{\infty}\ln\left(1+\dfrac{1}{n^2}\right)$ 收敛.

定理 3[比值判别法，达朗贝尔(d'Alembert)判别法] 若对于正项级数 $\sum\limits_{n=1}^{\infty}u_n$，有

$$\lim_{n\to\infty}\frac{u_{n+1}}{u_n}=\rho,$$

则

(1) 当 $0\leqslant\rho<1$ 时，级数 $\sum\limits_{n=1}^{\infty}u_n$ 收敛；

(2) 当 $\rho>1$（或 $\rho=+\infty$）时，级数 $\sum\limits_{n=1}^{\infty}u_n$ 发散；

(3) 当 $\rho=1$ 时，级数 $\sum\limits_{n=1}^{\infty}u_n$ 可能收敛，也可能发散.

证 (1) 当 $0\leqslant\rho<1$ 时，取一个适当小的正数 ε，使得 $0<\rho+\varepsilon=\gamma<1$. 根据极限的定义，存在正整数 N，使得当 $n\geqslant N$ 时，有

$$\frac{u_{n+1}}{u_n}<\rho+\varepsilon=\gamma.$$

由此并利用数学归纳法，容易证明

$$u_{N+k}\leqslant\gamma^k u_N,\quad k=1,2,\cdots.$$

而 $0<\gamma<1$ 时，等比级数 $\sum\limits_{k=1}^{\infty}\gamma^k u_N$ 是收敛的，所以级数 $\sum\limits_{k=1}^{\infty}u_{N+k}$ 也收敛. 由于级数 $\sum\limits_{n=1}^{\infty}u_n$ 只比级数 $\sum\limits_{k=1}^{\infty}u_{N+k}$ 多前 N 项，因此级数 $\sum\limits_{n=1}^{\infty}u_n$ 也收敛.

(2) 当 $\rho>1$ 时，取一个适当小的正数 ε，使得 $\rho-\varepsilon>1$. 根据极限的定义，

存在正整数 N，使得当 $n \geqslant N$ 时，有
$$\frac{u_{n+1}}{u_n} > \rho - \varepsilon > 1,$$

也就是 $u_{n+1} > u_n$. 所以，当 $n \geqslant N$ 时，级数 $\sum\limits_{n=1}^{\infty} u_n$ 的一般项 u_n 是逐渐增大的，从而 $\lim\limits_{n \to \infty} u_n \neq 0$. 根据级数收敛的必要条件，可知级数 $\sum\limits_{n=1}^{\infty} u_n$ 发散.

类似地，可以证明当 $\lim\limits_{n \to \infty} \dfrac{u_{n+1}}{u_n} = +\infty$ 时，级数 $\sum\limits_{n=1}^{\infty} u_n$ 发散.

(3) 当 $\rho = 1$ 时，级数 $\sum\limits_{n=1}^{\infty} u_n$ 可能收敛，也可能发散. 例如，对于 p 级数 $\sum\limits_{n=1}^{\infty} \dfrac{1}{n^p}$，不论 p 为何值，都有

$$\lim_{n \to \infty} \frac{u_{n+1}}{u_n} = \lim_{n \to \infty} \frac{\frac{1}{(n+1)^p}}{\frac{1}{n^p}} = 1.$$

但我们知道，当 $p > 1$ 时，p 级数收敛；当 $p \leqslant 1$ 时，p 级数发散.

例 3 判别下列正项级数的敛散性：

(1) $\sum\limits_{n=1}^{\infty} \dfrac{n}{2^{n-1}}$； (2) $\sum\limits_{n=1}^{\infty} \dfrac{n!}{n^n}$； (3) $\sum\limits_{n=1}^{\infty} \dfrac{6^n}{n^6}$.

解 (1) 这里 $u_n = \dfrac{n}{2^{n-1}}$. 因

$$\lim_{n \to \infty} \frac{u_{n+1}}{u_n} = \lim_{n \to \infty} \frac{\frac{n+1}{2^n}}{\frac{n}{2^{n-1}}} = \lim_{n \to \infty} \frac{n+1}{2n} = \frac{1}{2} < 1,$$

故该级数收敛.

(2) 这里 $u_n = \dfrac{n!}{n^n}$. 因

$$\lim_{n \to \infty} \frac{u_{n+1}}{u_n} = \lim_{n \to \infty} \frac{\frac{(n+1)!}{(n+1)^{n+1}}}{\frac{n!}{n^n}} = \lim_{n \to \infty} \left(\frac{n}{n+1}\right)^n = \frac{1}{e} < 1,$$

故该级数收敛.

(3) 这里 $u_n = \dfrac{6^n}{n^6}$. 因

$$\lim_{n\to\infty}\frac{u_{n+1}}{u_n}=\lim_{n\to\infty}\frac{\dfrac{6^{n+1}}{(n+1)^6}}{\dfrac{6^n}{n^6}}=\lim_{n\to\infty}6\left(\frac{n}{n+1}\right)^6=6>1,$$

故该级数发散.

定理 4（根值判别法，柯西判别法） 若对于正项级数 $\sum\limits_{n=1}^{\infty}u_n$，有

$$\lim_{n\to\infty}\sqrt[n]{u_n}=\rho,$$

则

(1) 当 $0\leqslant\rho<1$ 时，级数 $\sum\limits_{n=1}^{\infty}u_n$ 收敛;

(2) 当 $\rho>1$（或 $\rho=+\infty$）时，级数 $\sum\limits_{n=1}^{\infty}u_n$ 发散;

(3) 当 $\rho=1$ 时，级数 $\sum\limits_{n=1}^{\infty}u_n$ 可能收敛，也可能发散.

证 (1) 当 $0\leqslant\rho<1$ 时，我们总可取到适当小的正数 ε，使得 $0<\rho+\varepsilon<1$. 根据极限的定义，对于该正数 ε，存在正整数 N，使得当 $n\geqslant N$ 时，有 $\sqrt[n]{u_n}<\rho+\varepsilon=r<1$，即 $u_n<r^n$. 由于等比级数 $\sum\limits_{n=1}^{\infty}r^n$（公比 $|r|<1$）收敛，由比较判别法知级数 $\sum\limits_{n=1}^{\infty}u_n$ 收敛.

(2) 当 $\rho>1$ 时，我们总可取到正数 ε，使得 $\rho-\varepsilon>1$. 根据极限的定义，对于该正数 ε，存在正整数 N，使得当 $n\geqslant N$ 时，有

$$\sqrt[n]{u_n}>\rho-\varepsilon>1,\quad\text{即}\quad u_n>1.$$

于是，$\lim\limits_{n\to\infty}u_n\neq 0$，故级数 $\sum\limits_{n=1}^{\infty}u_n$ 发散.

(3) 当 $\rho=1$ 时，仍可用 p 级数作为例子说明.

例 4 判别下列正项级数的敛散性：

(1) $\sum\limits_{n=1}^{\infty}\left(\dfrac{3n}{2n+1}\right)^n$; (2) $\sum\limits_{n=2}^{\infty}\dfrac{1}{\ln^n n}$; (3) $\sum\limits_{n=1}^{\infty}\dfrac{5^n}{3^{\ln n}}$.

解 (1) 这里 $u_n=\left(\dfrac{3n}{2n+1}\right)^n$. 因 $\lim\limits_{n\to\infty}\sqrt[n]{u_n}=\lim\limits_{n\to\infty}\dfrac{3n}{2n+1}=\dfrac{3}{2}>1$，故该级数发散.

(2) 这里 $u_n=\dfrac{1}{\ln^n n}$. 因 $\lim\limits_{n\to\infty}\sqrt[n]{u_n}=\lim\limits_{n\to\infty}\dfrac{1}{\ln n}=0<1$，故该级数收敛.

(3) 这里 $u_n=\dfrac{5^n}{3^{\ln n}}$. 因 $\lim\limits_{n\to\infty}\sqrt[n]{u_n}=\lim\limits_{n\to\infty}\dfrac{5}{3^{\frac{\ln n}{n}}}=5>1$，故该级数发散.

*定理 5(积分判别法) 设 $f(x)$ 为定义在区间 $[1,+\infty)$ 上的非负单调减少函数,那么正项级数 $\sum_{n=1}^{\infty} f(n)$ 与反常积分 $\int_1^{+\infty} f(x)\mathrm{d}x$ 具有相同的敛散性.

证 由于 $f(x)$ 为 $[1,+\infty)$ 上的非负单调减少函数,因此对于任何正数 A,$f(x)$ 在 $[1,A]$ 上可积,且有
$$f(k) \leqslant \int_{k-1}^{k} f(x)\mathrm{d}x \leqslant f(k-1), \quad k=2,3,\cdots,$$
于是可得
$$\sum_{k=2}^{n} f(k) \leqslant \int_1^n f(x)\mathrm{d}x \leqslant \sum_{k=2}^{n} f(k-1) = \sum_{k=1}^{n-1} f(k). \tag{12-2-4}$$
由式(12-2-4)知,对于任何正整数 n,有
$$s_n = \sum_{k=1}^{n} f(k) \leqslant f(1) + \int_1^n f(x)\mathrm{d}x \leqslant f(1) + \int_1^{+\infty} f(x)\mathrm{d}x.$$
若反常积分 $\int_1^{+\infty} f(x)\mathrm{d}x$ 收敛,则由定理1知,级数 $\sum_{n=1}^{\infty} f(n)$ 收敛.

反之,若 $\sum_{n=1}^{\infty} f(n)$ 为收敛级数,设其和为 s,则由式(12-2-4)知,对于任一正整数 n $(n>1)$,有
$$\int_1^n f(x)\mathrm{d}x \leqslant s_{n-1} \leqslant \sum_{k=1}^{\infty} f(k) = s. \tag{12-2-5}$$
因为 $f(x)$ 为非负单调减少函数,所以对于任何正数 $A \in [n,n+1]$,都有
$$0 \leqslant \int_1^A f(x)\mathrm{d}x \leqslant s_n \leqslant s, \quad n \leqslant A \leqslant n+1.$$
因此,关于 A 的函数 $\int_1^A f(x)\mathrm{d}x$ 在 $[1,+\infty)$ 上单调有界,从而 $\lim_{A\to\infty} \int_1^A f(x)\mathrm{d}x$ 存在. 由此可知反常积分 $\int_1^{+\infty} f(x)\mathrm{d}x$ 收敛.

> **例 5** 讨论下列正项级数的敛散性:
> (1) $\sum_{n=2}^{\infty} \dfrac{1}{n\ln^p n}$; (2) $\sum_{n=3}^{\infty} \dfrac{1}{n\ln n(\ln\ln n)^p}$.
>
> **解** (1) 考虑反常积分 $\int_2^{+\infty} \dfrac{\mathrm{d}x}{x\ln^p x}$,有
> $$\int_2^{+\infty} \frac{\mathrm{d}x}{x\ln^p x} = \int_2^{+\infty} \frac{\mathrm{d}(\ln x)}{\ln^p x} = \int_{\ln 2}^{+\infty} \frac{\mathrm{d}u}{u^p}.$$
> 上式第二个等号右端的反常积分当 $p>1$ 时收敛,当 $p \leqslant 1$ 时发散.根据定理5知,该级数当 $p>1$ 时收敛,当 $p \leqslant 1$ 时发散.
>
> (2) 考虑反常积分 $\int_3^{+\infty} \dfrac{\mathrm{d}x}{x\ln x(\ln\ln x)^p}$,类似可推出,该级数当 $p>1$ 时收敛,当 $p \leqslant 1$ 时发散.

习题 12－2

1. 用比较判别法判别下列级数的敛散性：

(1) $\dfrac{1}{4\cdot 6}+\dfrac{1}{5\cdot 7}+\cdots+\dfrac{1}{(n+3)(n+5)}+\cdots$；

(2) $1+\dfrac{1+2}{1+2^2}+\dfrac{1+3}{1+3^2}+\cdots+\dfrac{1+n}{1+n^2}+\cdots$；

(3) $\displaystyle\sum_{n=1}^{\infty}\sin\dfrac{\pi}{3^n}$；

(4) $\displaystyle\sum_{n=1}^{\infty}\dfrac{1}{\sqrt{2+n^3}}$；

(5) $\displaystyle\sum_{n=1}^{\infty}\dfrac{1}{1+a^n}\ (a>0)$；

(6) $\displaystyle\sum_{n=1}^{\infty}\left(2^{\frac{1}{n}}-1\right)$.

2. 用比值判别法判别下列级数的敛散性：

(1) $\displaystyle\sum_{n=1}^{\infty}\dfrac{n^2}{3^n}$；

(2) $\displaystyle\sum_{n=1}^{\infty}\dfrac{n!}{3^n+1}$；

(3) $\dfrac{3}{1\cdot 2}+\dfrac{3^2}{2\cdot 2^2}+\dfrac{3^3}{3\cdot 2^3}+\cdots+\dfrac{3^n}{n\cdot 2^n}+\cdots$；

(4) $\displaystyle\sum_{n=1}^{\infty}\dfrac{2^n\cdot n!}{n^n}$.

3. 用根值判别法判别下列级数的敛散性：

(1) $\displaystyle\sum_{n=1}^{\infty}\left(\dfrac{5n}{3n+1}\right)^n$；

(2) $\displaystyle\sum_{n=1}^{\infty}\dfrac{1}{\ln^n(n+1)}$；

(3) $\displaystyle\sum_{n=1}^{\infty}\left(\dfrac{n}{3n-1}\right)^{2n-1}$；

(4) $\displaystyle\sum_{n=1}^{\infty}\left(\dfrac{b}{a_n}\right)^n$，其中 $a_n\to a\,(n\to\infty)$，$a_n\,(n=1,2,\cdots)$，b,a 均为正数.

第三节　任意项级数敛散性判别法

第二节讨论了正项级数的敛散性判别问题. 任意项级数的敛散性判别普遍比正项级数的敛散性判别复杂，这里先讨论一种特殊的非正项级数的敛散性判别问题.

一、交错级数敛散性判别法

定义 1　如果一个级数各项的符号是正、负交错的，即

$$\sum_{n=1}^{\infty}(-1)^{n-1}u_n=u_1-u_2+u_3-u_4+\cdots \qquad (12\text{-}3\text{-}1)$$

或
$$\sum_{n=1}^{\infty}(-1)^n u_n = -u_1 + u_2 - u_3 + u_4 - \cdots, \qquad (12\text{-}3\text{-}2)$$
其中 $u_n > 0$ $(n=1,2,\cdots)$，则称此级数为**交错级数**.

定理 1（莱布尼茨判别法） 设 $u_n > 0$ $(n=1,2,\cdots)$. 如果交错级数 $\sum_{n=1}^{\infty}(-1)^{n-1}u_n$ **满足条件**：

(1) $u_n \geqslant u_{n+1}$ $(n=1,2,\cdots)$,

(2) $\lim\limits_{n\to\infty} u_n = 0$,

则交错级数 $\sum_{n=1}^{\infty}(-1)^{n-1}u_n$ **收敛，且其和** $s \leqslant u_1$，**其余项** r_n **的绝对值** $|r_n| \leqslant u_{n+1}$.

证 先证明级数 $\sum_{n=1}^{\infty}(-1)^{n-1}u_n$ 的前 $2n$ 项和 s_{2n} 的极限存在. 为此，把 s_{2n} 写成两种形式：
$$s_{2n} = (u_1 - u_2) + (u_3 - u_4) + \cdots + (u_{2n-1} - u_{2n})$$
及
$$s_{2n} = u_1 - (u_2 - u_3) - (u_4 - u_5) - \cdots - (u_{2n-2} - u_{2n-1}) - u_{2n}.$$
根据条件(1)知，所有括号中的差都是非负的，且由第一种形式可见数列 $\{s_{2n}\}$ 是单调增加的，由第二种形式可见 $s_{2n} \leqslant u_1$. 于是，由"单调有界数列必有极限"的准则知，$\lim\limits_{n\to\infty} s_{2n}$ 存在，记为 s，则有
$$\lim_{n\to\infty} s_{2n} = s \leqslant u_1.$$

下面证明级数 $\sum_{n=1}^{\infty}(-1)^{n-1}u_n$ 的前 $2n+1$ 项和 s_{2n+1} 的极限也是 s. 事实上，有
$$s_{2n+1} = s_{2n} + u_{2n+1}.$$
由条件(2)知，$\lim\limits_{n\to\infty} u_{2n+1} = 0$，因此
$$\lim_{n\to\infty} s_{2n+1} = \lim_{n\to\infty}(s_{2n} + u_{2n+1}) = s.$$
由数列 $\{s_{2n}\}$ 与 $\{s_{2n+1}\}$ 趋于同一极限 s，不难证明级数 $\sum_{n=1}^{\infty}(-1)^{n-1}u_n$ 的部分和数列 $\{s_n\}$ 收敛，且其极限为 s. 因此，级数 $\sum_{n=1}^{\infty}(-1)^{n-1}u_n$ 收敛于 s，且 $s \leqslant u_1$.

最后，因为
$$r_n = u_{n+1} - u_{n+2} + \cdots \quad \text{或} \quad r_n = -u_{n+1} + u_{n+2} - \cdots,$$
所以
$$|r_n| = u_{n+1} - u_{n+2} + \cdots.$$
这也是一个满足定理条件的交错级数，根据上面所证，有
$$|r_n| \leqslant u_{n+1}.$$

例1 判别下列交错级数的敛散性：

(1) $\sum_{n=1}^{\infty}(-1)^{n-1}\dfrac{1}{n}$； (2) $\sum_{n=1}^{\infty}(-1)^{n-1}\dfrac{n}{10^n}$.

解 (1) 因为 $\dfrac{1}{n}>\dfrac{1}{n+1}(n=1,2,\cdots)$，$\lim\limits_{n\to\infty}\dfrac{1}{n}=0$，所以根据莱布尼茨判别法，该级数收敛，且其和 $s\leqslant 1$.

(2) 易证 $\dfrac{n}{10^n}>\dfrac{n+1}{10^{n+1}}$（利用 $10n>n+1, n=1,2,\cdots$），且 $\lim\limits_{n\to\infty}\dfrac{n}{10^n}=0$. 根据莱布尼茨判别法，该级数收敛，且其和 $s\leqslant\dfrac{1}{10}$.

二、绝对收敛与条件收敛

现在讨论任意项级数 $\sum\limits_{n=1}^{\infty}u_n$ 的敛散性.

定义 2 如果级数 $\sum\limits_{n=1}^{\infty}|u_n|$ 收敛，则称级数 $\sum\limits_{n=1}^{\infty}u_n$ **绝对收敛**；如果级数 $\sum\limits_{n=1}^{\infty}u_n$ 收敛，而级数 $\sum\limits_{n=1}^{\infty}|u_n|$ 发散，则称级数 $\sum\limits_{n=1}^{\infty}u_n$ **条件收敛**.

定理 2 如果级数 $\sum\limits_{n=1}^{\infty}|u_n|$ 收敛，则级数 $\sum\limits_{n=1}^{\infty}u_n$ 必定收敛.

证 设级数 $\sum\limits_{n=1}^{\infty}|u_n|$ 收敛，令 $v_n=\dfrac{1}{2}(u_n+|u_n|)(n=1,2,\cdots)$. 显然，$v_n\geqslant 0$，且 $v_n\leqslant|u_n|(n=1,2,\cdots)$. 由比较判别法知，级数 $\sum\limits_{n=1}^{\infty}v_n$ 收敛，从而级数 $\sum\limits_{n=1}^{\infty}2v_n$ 也收敛. 而 $u_n=2v_n-|u_n|$，由级数的性质可知，级数

$$\sum_{n=1}^{\infty}u_n=\sum_{n=1}^{\infty}2v_n-\sum_{n=1}^{\infty}|u_n|$$

收敛.

注意 上述定理的逆命题不成立.

定理 2 说明，对于任意项级数 $\sum\limits_{n=1}^{\infty}u_n$，若用正项级数的敛散性判别法判定出级数 $\sum\limits_{n=1}^{\infty}|u_n|$ 收敛，则级数 $\sum\limits_{n=1}^{\infty}u_n$ 亦收敛. 这就使得一大类级数的敛散性判别问题可以转化为正项级数的敛散性判别问题.

一般说来，如果级数 $\sum\limits_{n=1}^{\infty}|u_n|$ 发散，不能推断级数 $\sum\limits_{n=1}^{\infty}u_n$ 一定发散. 但是，如

果级数 $\sum_{n=1}^{\infty}|u_n|$ 的一般项 $|u_n|\not\to 0 (n\to\infty)$,则我们必定可以得到 $u_n\not\to 0 (n\to\infty)$. 再由级数收敛的必要条件,可以判定级数 $\sum_{n=1}^{\infty}u_n$ 发散. 而由正项级数的比值判别法和根值判别法中结论(2)的证明可知,当用这两种判别法判定级数 $\sum_{n=1}^{\infty}|u_n|$ 发散时,必有 $\lim_{n\to\infty}u_n\neq 0$,从而级数 $\sum_{n=1}^{\infty}u_n$ 也必发散.

例 2 判别级数 $\sum_{n=1}^{\infty}\dfrac{\cos nx}{n^2}$ 的敛散性.

解 因为 $\left|\dfrac{\cos nx}{n^2}\right|\leqslant\dfrac{1}{n^2}$,而级数 $\sum_{n=1}^{\infty}\dfrac{1}{n^2}$ 收敛,所以级数 $\sum_{n=1}^{\infty}\left|\dfrac{\cos nx}{n^2}\right|$ 也收敛. 由定理 2 知,级数 $\sum_{n=1}^{\infty}\dfrac{\cos nx}{n^2}$ 绝对收敛.

例 3 判别级数 $\sum_{n=1}^{\infty}(-1)^n\dfrac{1}{2^n}\left(1+\dfrac{1}{n}\right)^{n^2}$ 的敛散性.

解 记 $u_n=(-1)^n\dfrac{1}{2^n}\left(1+\dfrac{1}{n}\right)^{n^2}$,则有

$$\sqrt[n]{|u_n|}=\dfrac{1}{2}\left(1+\dfrac{1}{n}\right)^n,$$

$$\lim_{n\to\infty}\sqrt[n]{|u_n|}=\dfrac{1}{2}\lim_{n\to\infty}\left(1+\dfrac{1}{n}\right)^n=\dfrac{1}{2}\mathrm{e}>1.$$

由正项级数的根值判别法知,级数 $\sum_{n=1}^{\infty}\dfrac{1}{2^n}\left(1+\dfrac{1}{n}\right)^{n^2}$ 发散,且

$$\lim_{n\to\infty}(-1)^n\dfrac{1}{2^n}\left(1+\dfrac{1}{n}\right)^{n^2}\neq 0,$$

因此原级数发散.

绝对收敛级数有一些很好的性质,这是条件收敛级数所不具备的.

*定理 3 绝对收敛级数经任意交换项的位置后,构成的级数也绝对收敛,且与原级数有相同的和(绝对收敛级数具有可交换性).

证 先证定理对收敛的正项级数是正确的.

设 $\sum_{n=1}^{\infty}u_n$ 为收敛的正项级数,其部分和为 s_n,和为 s;级数 $\sum_{n=1}^{\infty}u_n^*$ 为级数 $\sum_{n=1}^{\infty}u_n$ 任意交换项的位置后构成的级数,其部分和为 s_n^*.

对于任何正整数 n,我们总可取 m 足够大,使得 $u_1^*,u_2^*,\cdots,u_n^*$ 各项都出现在 $s_m=u_1+u_2+\cdots+u_m$ 中,于是得 $s_n^*\leqslant s_m\leqslant s$. 所以,单调增加的数列 $\{s_n^*\}$

有上界. 根据极限存在准则可知, $\lim\limits_{n\to\infty} s_n^*$ 存在. 设 $\lim\limits_{n\to\infty} s_n^* = s^*$, 则级数 $\sum\limits_{n=1}^{\infty} u_n^*$ 收敛于 s^*, 且
$$s^* \leqslant s.$$

另外, 原来的级数 $\sum\limits_{n=1}^{\infty} u_n$ 也可看成级数 $\sum\limits_{n=1}^{\infty} u_n^*$ 交换项的位置后所构成的级数, 故应用上面的结论, 又有 $s \leqslant s^*$. 注意到上面已有 $s^* \leqslant s$, 因此必定有 $s = s^*$.

下面证明, 定理对一般的绝对收敛级数是正确的.

设级数 $\sum\limits_{n=1}^{\infty} |u_n|$ 收敛, $v_n = \frac{1}{2}(u_n + |u_n|)$. 在定理 2 的证明中, 已知 $\sum\limits_{n=1}^{\infty} v_n$ 是收敛的正项级数, 故有
$$\sum_{n=1}^{\infty} u_n = \sum_{n=1}^{\infty} (2v_n - |u_n|) = \sum_{n=1}^{\infty} 2v_n - \sum_{n=1}^{\infty} |u_n|.$$

设级数 $\sum\limits_{n=1}^{\infty} u_n$ 任意交换项的位置后所构成的级数为 $\sum\limits_{n=1}^{\infty} u_n^*$, 级数 $\sum\limits_{n=1}^{\infty} v_n$ 相应地改变为级数 $\sum\limits_{n=1}^{\infty} v_n^*$, 级数 $\sum\limits_{n=1}^{\infty} |u_n|$ 相应地改变为级数 $\sum\limits_{n=1}^{\infty} |u_n^*|$, 由上面证得的结论可知
$$\sum_{n=1}^{\infty} v_n = \sum_{n=1}^{\infty} v_n^*, \quad \sum_{n=1}^{\infty} |u_n| = \sum_{n=1}^{\infty} |u_n^*|,$$
所以
$$\sum_{n=1}^{\infty} u_n^* = \sum_{n=1}^{\infty} 2v_n^* - \sum_{n=1}^{\infty} |u_n^*| = \sum_{n=1}^{\infty} 2v_n - \sum_{n=1}^{\infty} |u_n| = \sum_{n=1}^{\infty} u_n.$$

在给出绝对收敛级数的另一性质之前, 我们先来讨论级数的乘法运算.

设级数 $\sum\limits_{n=1}^{\infty} u_n$ 和 $\sum\limits_{n=1}^{\infty} v_n$ 都收敛, 仿照有限项之和相乘的规则, 写出从这两个级数中各取一项所有可能的乘积 $u_i v_k (i, k = 1, 2, \cdots)$:

$$u_1 v_1, \quad u_1 v_2, \quad u_1 v_3, \quad \cdots, \quad u_1 v_n, \quad \cdots;$$
$$u_2 v_1, \quad u_2 v_2, \quad u_2 v_3, \quad \cdots, \quad u_2 v_n, \quad \cdots;$$
$$u_3 v_1, \quad u_3 v_2, \quad u_3 v_3, \quad \cdots, \quad u_3 v_n, \quad \cdots;$$
$$\cdots\cdots$$
$$u_n v_1, \quad u_n v_2, \quad u_n v_3, \quad \cdots, \quad u_n v_n, \quad \cdots;$$
$$\cdots\cdots$$

可以用很多方式将这些乘积排成一个数列. 例如, 可以按"对角线法"和"正方形法"将它们排成下面的数列(见图 12-1):

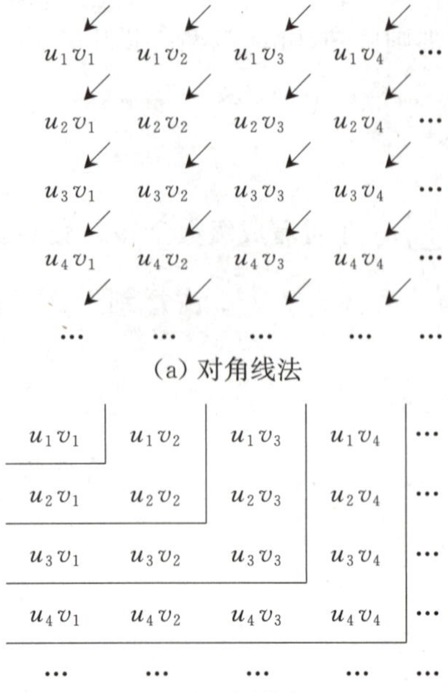

$$\begin{array}{cccc}
u_1v_1 & u_1v_2 & u_1v_3 & u_1v_4 \cdots \\
u_2v_1 & u_2v_2 & u_2v_3 & u_2v_4 \cdots \\
u_3v_1 & u_3v_2 & u_3v_3 & u_3v_4 \cdots \\
u_4v_1 & u_4v_2 & u_4v_3 & u_4v_4 \cdots \\
\cdots & \cdots & \cdots & \cdots \cdots
\end{array}$$

(a) 对角线法

$$\begin{array}{cccc}
u_1v_1 & u_1v_2 & u_1v_3 & u_1v_4 \cdots \\
u_2v_1 & u_2v_2 & u_2v_3 & u_2v_4 \cdots \\
u_3v_1 & u_3v_2 & u_3v_3 & u_3v_4 \cdots \\
u_4v_1 & u_4v_2 & u_4v_3 & u_4v_4 \cdots \\
\cdots & \cdots & \cdots & \cdots
\end{array}$$

(b) 正方形法

图 12-1

对角线法：u_1v_1；u_1v_2，u_2v_1；u_1v_3，u_2v_2，u_3v_1；$\cdots$.

正方形法：u_1v_1；u_1v_2，u_2v_2，u_2v_1；u_1v_3，u_2v_3，u_3v_3，u_3v_2，u_3v_1；$\cdots$.

把上面排列好的数列用加号相连，就得到无穷级数. 我们称按"对角线法"排列所构成的级数

$$u_1v_1 + (u_1v_2 + u_2v_1) + \cdots + (u_1v_n + u_2v_{n-1} + \cdots + u_nv_1) + \cdots$$

为级数 $\sum\limits_{n=1}^{\infty} u_n$ 和 $\sum\limits_{n=1}^{\infty} v_n$ 的**柯西乘积**.

*定理 4（绝对收敛级数的乘法） 设级数 $\sum\limits_{n=1}^{\infty} u_n$ 和 $\sum\limits_{n=1}^{\infty} v_n$ 都绝对收敛，其和分别为 u 和 v，则它们的柯西乘积

$$u_1v_1 + (u_1v_2 + u_2v_1) + \cdots + (u_1v_n + u_2v_{n-1} + \cdots + u_nv_1) + \cdots$$

也是绝对收敛的，且其和为 uv.

证明从略.

由定理 4，我们利用收敛级数可以构造出另外一些非常有用的收敛级数.

例如，当 $|r| < 1$ 时，几何级数 $\sum\limits_{n=1}^{\infty} r^{n-1}$ 是绝对收敛的，且

$$\frac{1}{1-r} = 1 + r + r^2 + \cdots + r^n + \cdots.$$

将 $\left(\sum\limits_{n=1}^{\infty} r^{n-1}\right)^2 (|r| < 1)$ 按对角线法的顺序排列，则得到

$$\frac{1}{(1-r)^2} = 1 + (r+r) + (r^2+r^2+r^2) + \cdots$$
$$+ \underbrace{(r^n + r^n + \cdots + r^n)}_{n+1 \text{个}} + \cdots$$
$$= 1 + 2r + 3r^2 + \cdots + (n+1)r^n + \cdots$$
$$= \sum_{n=1}^{\infty} n r^{n-1} \quad (|r| < 1),$$

即级数 $\sum_{n=1}^{\infty} n r^{n-1}$ $(|r|<1)$ 也是绝对收敛的,其和为 $\frac{1}{(1-r)^2}$.

• 习题 12-3

1. 判别下列级数是否收敛,若收敛,判别是绝对收敛还是条件收敛:

(1) $1 - \frac{1}{\sqrt{2}} + \frac{1}{\sqrt{3}} - \frac{1}{\sqrt{4}} + \cdots$;

(2) $\sum_{n=1}^{\infty} (-1)^{n-1} \frac{1}{\ln(n+1)}$;

(3) $\frac{1}{5} \cdot \frac{1}{3} - \frac{1}{5} \cdot \frac{1}{3^2} + \frac{1}{5} \cdot \frac{1}{3^3} - \frac{1}{5} \cdot \frac{1}{3^4} + \cdots$;

(4) $\sum_{n=1}^{\infty} (-1)^{n+1} \frac{2^n}{n!}$;

(5) $\sum_{n=1}^{\infty} (-1)^{n-1} \frac{\ln n}{n}$;

(6) $\sum_{n=1}^{\infty} (-1)^{n-1} \frac{n}{3^{n-1}}$.

2. 如果级数
$$\frac{1}{2} + \frac{1}{2!}\left(\frac{1}{2}\right)^2 + \frac{1}{3!}\left(\frac{1}{2}\right)^3 + \cdots + \frac{1}{n!}\left(\frac{1}{2}\right)^n + \cdots$$
的和由前 n 项的和代替,试估计其误差.

3. 若 $\lim\limits_{n \to \infty} n^2 u_n$ 存在,证明:级数 $\sum_{n=1}^{\infty} u_n$ 收敛.

*4. 证明:若级数 $\sum_{n=1}^{\infty} u_n^2$ 收敛,则级数 $\sum_{n=1}^{\infty} \frac{u_n}{n}$ 绝对收敛.

习题答案

第四节 函数项级数

本节研究级数的各项都是某个变量的函数的情形,即函数项级数.

一、函数项级数的概念

定义 1 设 $\{u_n(x)\}(n=1,2,\cdots)$ 为定义在数集 I 上的一个函数列,则由此函数列构成的表达式

$$\sum_{n=1}^{\infty} u_n(x) = u_1(x) + u_2(x) + \cdots + u_n(x) + \cdots \qquad (12\text{-}4\text{-}1)$$

称为定义在数集 I 上的**函数项无穷级数**,简称**函数项级数**或**级数**.

对于每一个确定的值 $x_0 \in I$,函数项级数(12-4-1)成为常数项级数

$$\sum_{n=1}^{\infty} u_n(x_0) = u_1(x_0) + u_2(x_0) + \cdots + u_n(x_0) + \cdots. \qquad (12\text{-}4\text{-}2)$$

若级数(12-4-2)收敛,则称 x_0 为函数项级数(12-4-1)的**收敛点**;若级数(12-4-2)发散,则称 x_0 为函数项级数(12-4-1)的**发散点**. 函数项级数(12-4-1)的收敛点的全体构成的集合称为该函数项级数的**收敛域**,发散点的全体构成的集合称为该函数项级数的**发散域**.

对应于收敛域内的任意一个数 x,函数项级数(12-4-1)成为一个收敛的常数项级数,因而有一个确定的和,记作 $s(x)$. 于是,在收敛域内,函数项级数(12-4-1)的和 $s(x)$ 是 x 的函数,通常称 $s(x)$ 为函数项级数(12-4-1)的**和函数**. 和函数 $s(x)$ 的定义域是函数项级数(12-4-1)的收敛域. 在收敛域内,有

$$s(x) = u_1(x) + u_2(x) + \cdots + u_n(x) + \cdots = \sum_{n=1}^{\infty} u_n(x).$$

把函数项级数(12-4-1)的前 n 项的部分和记作 $s_n(x)$,并称 $\{s_n(x)\}$ 为该函数项级数的**部分和函数列**. 在函数项级数(12-4-1)的收敛域内,有

$$\lim_{n \to \infty} s_n(x) = s(x).$$

我们仍把 $r_n(x) = s(x) - s_n(x)$ 称为函数项级数(12-4-1)的**余项**[当然,只有 x 在收敛域内,$r_n(x)$ 才有意义]. 显然,有

$$\lim_{n \to \infty} r_n(x) = 0.$$

与常数项级数类似,函数项级数的敛散性是指其部分和函数列的敛散性.

例 1 判别下列函数项级数的敛散性,并求其收敛域与和函数:

(1) $\sum_{n=1}^{\infty} x^{n-1}$; (2) $\sum_{n=1}^{\infty} \left(\dfrac{1}{x}\right)^n$ $(x \neq 0)$.

解 (1) 该函数项级数为等比级数,由第一节的例1知,当 $|x| < 1$ 时,该函数项级数收敛;当 $|x| \geqslant 1$ 时,该函数项级数发散. 故该函数项级数的收敛域为 $(-1,1)$,和函数为

$$s(x) = \lim_{n \to \infty} s_n(x) = \lim_{n \to \infty} \sum_{k=1}^{n} x^{k-1} = \lim_{n \to \infty} \frac{1-x^n}{1-x} = \frac{1}{1-x} \quad (-1 < x < 1).$$

(2) 该函数项级数为等比级数,公比为 $\dfrac{1}{x}$. 由(1)知,当 $\left|\dfrac{1}{x}\right| < 1$ 时,该函数项级数收敛;当 $\left|\dfrac{1}{x}\right| \geqslant 1$ 时,该函数项级数发散. 故该函数项级数的收敛域为 $(-\infty,-1) \bigcup (1,+\infty)$,和函数为

$$s(x) = \frac{1}{x} \bigg/ \left(1 - \frac{1}{x}\right) = \frac{1}{x-1} \quad (|x| > 1).$$

二、幂级数及其敛散性

函数项级数中一类简单而应用广泛的级数就是各项都是幂函数的级数，称为**幂级数**. 它的形式为

$$\sum_{n=0}^{\infty} a_n x^n = a_0 + a_1 x + a_2 x^2 + \cdots + a_n x^n + \cdots \qquad (12\text{-}4\text{-}3)$$

或

$$\sum_{n=0}^{\infty} a_n (x - x_0)^n = a_0 + a_1(x - x_0) + a_2(x - x_0)^2 + \cdots + a_n(x - x_0)^n + \cdots, \qquad (12\text{-}4\text{-}4)$$

其中 $a_n(n = 0, 1, 2, \cdots)$ 是常数，称为**幂级数的系数**，x_0 也为常数.

对于幂级数(12-4-4)，只须做变量代换 $t = x - x_0$，就可以化为幂级数(12-4-3)的形式. 因此，下面主要讨论幂级数(12-4-3)的敛散性.

显然，$x = 0$ 时幂级数 $\sum_{n=0}^{\infty} a_n x^n$ 收敛于 a_0，因此幂级数 $\sum_{n=0}^{\infty} a_n x^n$ 至少有一个收敛点 $x = 0$. 除点 $x = 0$ 外，幂级数在数轴上其他点处的敛散性如何呢？

先看下面的例子.

考虑幂级数 $\sum_{n=0}^{\infty} x^n = 1 + x + x^2 + \cdots + x^n + \cdots$. 由例 1 可知，该幂级数的收敛域是开区间 $(-1, 1)$，发散域是 $(-\infty, -1] \cup [1, +\infty)$.

从这个例子可以看到，幂级数 $\sum_{n=0}^{\infty} x^n$ 的收敛域是一个区间. 事实上，这个结论对一般的幂级数也是成立的.

名人简介

定理 1 [阿贝尔(Abel)定理] 若幂级数 $\sum_{n=0}^{\infty} a_n x^n$ 在点 $x = x_0 (x_0 \neq 0)$ 处收敛，则对于满足 $|x| < |x_0|$ 的一切 x，该幂级数绝对收敛；反之，若幂级数 $\sum_{n=0}^{\infty} a_n x^n$ 在点 $x = x_0$ 处发散，则对于满足 $|x| > |x_0|$ 的一切 x，该幂级数也发散.

证 先证定理的第一部分，即要证明：若幂级数 $\sum_{n=0}^{\infty} a_n x^n$ 在点 $x = x_0 \neq 0$ 处收敛，则对于满足 $|x| < |x_0|$ 的每一个固定的 x，幂级数 $\sum_{n=0}^{\infty} |a_n x^n|$ 都收敛. 因为

$$|a_n x^n| = |a_n x_0^n| \cdot \left|\frac{x}{x_0}\right|^n, \quad \text{且} \quad \left|\frac{x}{x_0}\right| < 1,$$

而由级数 $\sum_{n=0}^{\infty} a_n x_0^n$ 收敛可知 $\lim_{n \to \infty} a_n x_0^n = 0$，从而根据极限的性质，存在 $M > 0$，使得 $|a_n x_0^n| \leqslant M (n = 0, 1, 2, \cdots)$，所以对于 $n = 0, 1, 2, \cdots$，有

$$|a_n x^n| = |a_n x_0^n| \cdot \left|\frac{x}{x_0}\right|^n \leqslant M \left|\frac{x}{x_0}\right|^n.$$

又 $\sum\limits_{n=0}^{\infty}\left|\dfrac{x}{x_0}\right|^n$ 是收敛的等比级数（公比为 $\left|\dfrac{x}{x_0}\right|<1$），所以根据比较判别法知，幂级数 $\sum\limits_{n=0}^{\infty}|a_n x^n|$ 收敛，即幂级数 $\sum\limits_{n=0}^{\infty}a_n x^n$ 绝对收敛.

定理的第二部分可用反证法证明. 若幂级数 $\sum\limits_{n=0}^{\infty}a_n x^n$ 在点 $x=x_0$ 处发散，而有一点 x_1，使得 $|x_1|>|x_0|$，且该幂级数在点 $x=x_1$ 处收敛，则根据定理的第一部分，该幂级数在点 $x=x_0$ 处应收敛. 这与所设矛盾，定理的第二部分得证.

定理 1 告诉我们，若幂级数 $\sum\limits_{n=0}^{\infty}a_n x^n$ 在点 $x=x_0(x_0\neq 0)$ 处收敛，则对于开区间 $(-|x_0|,|x_0|)$ 内的任何 x，该幂级数都收敛；若幂级数 $\sum\limits_{n=0}^{\infty}a_n x^n$ 在点 $x=x_1$ 处发散，则对于区间 $(-\infty,-|x_1|),(|x_1|,+\infty)$ 上的任何 x，该幂级数都发散.

我们知道，幂函数在整个数轴上有定义，对于给定的幂级数 $\sum\limits_{n=0}^{\infty}a_n x^n$，数轴上所有的点都可归为其收敛点和发散点这两类中的一类，而且仅属于其中一类. 根据前面的讨论，若幂级数 $\sum\limits_{n=0}^{\infty}a_n x^n$ 在点 $x=x_1$ 处发散，则 x_1 不属于收敛域，因而该幂级数的收敛域包含在区间 $(-|x_1|,|x_1|)$ 内. 所以，如果幂级数 $\sum\limits_{n=0}^{\infty}a_n x^n$ 既有非零的收敛点 $x=x_0$，又有发散点 $x=x_1$，则其收敛域是以原点为中心的由点 P' 与 P 所确定的有界区间，其中 $-|x_1|<P'\leqslant-|x_0|$，$|x_0|\leqslant P<|x_1|$，如图 12-2 所示.

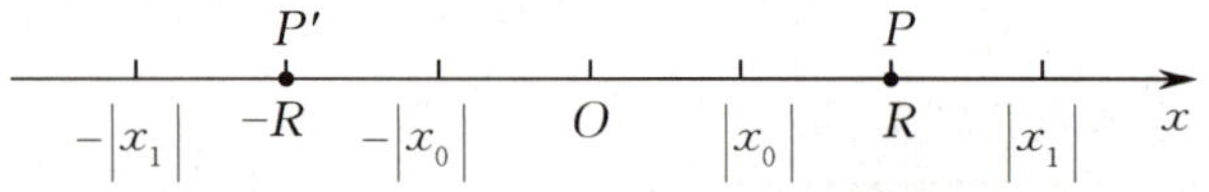

图 12-2

从上面的几何说明可得以下推论.

推论 1 若幂级数 $\sum\limits_{n=0}^{\infty}a_n x^n$ 在 $(-\infty,+\infty)$ 上既有异于 0 的收敛点，也有发散点，则必有一个确定的正数 R 存在，使得

(1) 当 $|x|<R$ 时，幂级数 $\sum\limits_{n=0}^{\infty}a_n x^n$ 在点 x 处绝对收敛；

(2) 当 $|x|>R$ 时，幂级数 $\sum\limits_{n=0}^{\infty}a_n x^n$ 在点 x 处发散；

(3) 当 $|x|=R$ 时，幂级数 $\sum\limits_{n=0}^{\infty}a_n x^n$ 在点 x 处可能收敛，也可能发散.

我们称上述的正数 R 为幂级数 $\sum\limits_{n=0}^{\infty}a_n x^n$ 的**收敛半径**，并称 $(-R,R)$ 为该幂级数的**收敛区间**. 幂级数的收敛区间加上它的收敛端点，就是幂级数的收敛域. 若幂级数 $\sum\limits_{n=0}^{\infty}a_n x^n$ 仅在点 $x=0$ 处收敛，为了方便计算，规定这时收敛半径

$R=0$,并说收敛区间只有一点 $x=0$;若幂级数 $\sum_{n=0}^{\infty} a_n x^n$ 对一切 $x \in (-\infty, +\infty)$ 都收敛,则规定收敛半径 $R=+\infty$,这时收敛区间为 $(-\infty, +\infty)$.

关于幂级数的收敛半径的求法,有下面的定理.

定理 2 若 $\lim\limits_{n\to\infty} \left|\dfrac{a_{n+1}}{a_n}\right| = \rho$,则幂级数 $\sum_{n=0}^{\infty} a_n x^n$ 的收敛半径为

$$R = \begin{cases} \dfrac{1}{\rho}, & \rho \neq 0, \\ +\infty, & \rho = 0, \\ 0, & \rho = +\infty. \end{cases}$$

证 考察幂级数 $\sum_{n=0}^{\infty} a_n x^n$ 的各项取绝对值后所构成的级数

$$|a_0| + |a_1 x| + |a_2 x^2| + \cdots + |a_n x^n| + \cdots. \tag{12-4-5}$$

该级数相邻两项之比为

$$\left|\frac{a_{n+1} x^{n+1}}{a_n x^n}\right| = \left|\frac{a_{n+1}}{a_n}\right| \cdot |x|.$$

(1) 若 $\lim\limits_{n\to\infty} \left|\dfrac{a_{n+1}}{a_n}\right| = \rho$ $(\rho \neq 0)$ 存在,根据正项级数的比值判别法,当 $\rho|x| < 1$,即 $|x| < \dfrac{1}{\rho}$ 时,级数(12-4-5) 收敛,从而幂级数 $\sum_{n=0}^{\infty} a_n x^n$ 绝对收敛;当 $\rho|x| > 1$,即 $|x| > \dfrac{1}{\rho}$ 时,级数(12-4-5) 发散,从而幂级数 $\sum_{n=0}^{\infty} a_n x^n$ 发散(这是因为此时有:当 $n \to \infty$ 时,$|a_n x^n|$ 不趋于 0,从而 $a_n x^n$ 亦不趋于 0). 于是 $R = \dfrac{1}{\rho}$.

(2) 若 $\rho = 0$,则对于任何 $x \neq 0$,有 $\left|\dfrac{a_{n+1} x^{n+1}}{a_n x^n}\right| \to 0$ $(n \to \infty)$. 所以,级数(12-4-5) 收敛,从而幂级数 $\sum_{n=0}^{\infty} a_n x^n$ 绝对收敛,于是 $R = +\infty$.

(3) 若 $\rho = +\infty$,则除 $x = 0$ 外,对于任意 $x \neq 0$,都有 $\lim\limits_{n\to\infty} \dfrac{|a_{n+1} x^{n+1}|}{|a_n x^n|} = \lim\limits_{n\to\infty} \left(\left|\dfrac{a_{n+1}}{a_n}\right| \cdot |x|\right) = +\infty$,即对于一切 $x \neq 0$,幂级数 $\sum_{n=0}^{\infty} a_n x^n$ 都发散. 于是 $R = 0$.

例 2 求幂级数

$$\sum_{n=0}^{\infty} (-1)^n \frac{x^{n+1}}{n+1} = x - \frac{x^2}{2} + \frac{x^3}{3} + \cdots + (-1)^{n-1} \frac{x^n}{n} + \cdots$$

的收敛半径与收敛域.

解 $\sum_{n=0}^{\infty} (-1)^n \dfrac{x^{n+1}}{n+1} = \sum_{n=1}^{\infty} (-1)^{n-1} \dfrac{x^n}{n}$. 令 $a_n = (-1)^{n-1} \dfrac{1}{n}$,则

$$\rho = \lim_{n\to\infty}\left|\frac{a_{n+1}}{a_n}\right| = \lim_{n\to\infty}\frac{\dfrac{1}{n+1}}{\dfrac{1}{n}} = 1,$$

从而该幂级数的收敛半径为 $R = \dfrac{1}{\rho} = 1$,收敛区间为 $(-1,1)$.对于端点 $x=1$,该幂级数成为交错级数 $\sum\limits_{n=1}^{\infty}(-1)^{n-1}\dfrac{1}{n}$,它是收敛的;对于端点 $x=-1$,该幂级数成为 $\sum\limits_{n=1}^{\infty}\dfrac{-1}{n} = -\sum\limits_{n=1}^{\infty}\dfrac{1}{n}$,它是发散的.因此,该幂级数的收敛域为 $(-1,1]$.

例3 求幂级数 $\sum\limits_{n=0}^{\infty} n!\, x^n$ 的收敛半径(这里 $0!=1$).

解 令 $a_n = n!$,则

$$\rho = \lim_{n\to\infty}\left|\frac{a_{n+1}}{a_n}\right| = \lim_{n\to\infty}\frac{(n+1)!}{n!} = +\infty,$$

从而该幂级数的收敛半径为 $R=0$,即该幂级数仅在点 $x=0$ 处收敛.

例4 求幂级数 $1 + x + \dfrac{1}{2!}x^2 + \cdots + \dfrac{1}{n!}x^n + \cdots$ 的收敛区间与收敛域.

解 令 $a_n = \dfrac{1}{n!}$,则

$$\rho = \lim_{n\to\infty}\left|\frac{a_{n+1}}{a_n}\right| = \lim_{n\to\infty}\left[\frac{1}{(n+1)!}\bigg/\frac{1}{n!}\right] = \lim_{n\to\infty}\frac{1}{n+1} = 0,$$

从而该幂级数的收敛半径为 $R = +\infty$,收敛区间为 $(-\infty,+\infty)$,收敛域也为 $(-\infty,+\infty)$.

例5 求幂级数 $\sum\limits_{n=0}^{\infty}(-1)^n\dfrac{x^{2n}}{2^n}$ 的收敛区间与收敛域.

解 该幂级数缺少奇次幂的项,不能直接应用定理2,我们根据比值判别法来求它的收敛半径.因为

$$\lim_{n\to\infty}\left|\frac{(-1)^{n+1}\dfrac{x^{2n+2}}{2^{n+1}}}{(-1)^n\dfrac{x^{2n}}{2^n}}\right| = \lim_{n\to\infty}\frac{x^2}{2} = \frac{x^2}{2},$$

所以当 $\dfrac{x^2}{2} < 1$,即 $|x| < \sqrt{2}$ 时,该幂级数收敛;当 $\dfrac{x^2}{2} > 1$,即 $|x| > \sqrt{2}$ 时,该幂级数发散.于是,该幂级数的收敛半径为 $R = \sqrt{2}$.

另外,当 $x = \pm\sqrt{2}$ 时,该幂级数均成为 $\sum\limits_{n=0}^{\infty}(-1)^n$,它发散.故该幂级数的收敛区间与收敛域均为 $(-\sqrt{2},\sqrt{2})$.

例6 求幂级数 $\sum\limits_{n=1}^{\infty}\dfrac{(x+1)^n}{2^n n}$ 的收敛区间与收敛域.

解 令 $t=x+1$,原幂级数成为新幂级数 $\sum_{n=1}^{\infty}\dfrac{t^n}{2^n n}$.令 $a_n=\dfrac{1}{2^n n}$,因为

$$\rho=\lim_{n\to\infty}\left|\frac{a_{n+1}}{a_n}\right|=\lim_{n\to\infty}\frac{2^n n}{2^{n+1}(n+1)}=\frac{1}{2},$$

所以新幂级数的收敛半径为 $R=2$.

当 $t=2$ 时,新幂级数成为 $\sum_{n=1}^{\infty}\dfrac{1}{n}$,它发散;当 $t=-2$ 时,新幂级数成为 $\sum_{n=1}^{\infty}\dfrac{(-1)^n}{n}$,它收敛.因此,新幂级数的收敛区间为 $(-2,2)$,即 $-2<t<2$.相应于 x,有 $-2<x+1<2$,即 $-3<x<1$.于是,原幂级数的收敛区间为 $(-3,1)$,收敛域为 $[-3,1)$.

三、幂级数的和函数的性质

我们看到,幂级数在其收敛区间内任一点处都是绝对收敛的,因而第一节中常数项级数的运算性质在收敛点处都是成立的.在收敛区间上定义的和函数有下面的性质.

定理 3 设幂级数 $\sum_{n=0}^{\infty}a_n x^n$ 的收敛域为 I,则其和函数 $s(x)$ 在区间 I 上连续.

由函数在区间上连续的定义,我们知道如果收敛域 I 包含左(或右)端点,则和函数 $s(x)$ 在区间 I 的左(或右)端点的连续性相应意指右(或左)连续.

在讨论幂级数的和函数的可导性和可积性之前,我们先说明这样一个事实:幂级数 $\sum_{n=0}^{\infty}a_n x^n$ 在收敛区间 $(-R,R)$ 内逐项求导与逐项积分之后所得到的幂级数

$$a_1+2a_2 x+\cdots+na_n x^{n-1}+\cdots \quad (12\text{-}4\text{-}6)$$

与

$$a_0 x+\frac{a_1}{2}x^2+\cdots+\frac{a_n}{n+1}x^{n+1}+\cdots \quad (12\text{-}4\text{-}7)$$

的收敛区间也是 $(-R,R)$.

事实上,设 x_0 是幂级数 $\sum_{n=0}^{\infty}a_n x^n$ 的收敛区间 $(-R,R)$ 内的任意非零点,则必存在 $x_1\in(-R,R)$,满足

$$|x_0|<|x_1|<R.$$

由于级数 $\sum_{n=0}^{\infty}|a_n x_1^n|$ 收敛,因此有

$$\lim_{n\to\infty}|a_n x_1^n|=0,$$

即 $\{|a_n x_1^n|\}$ 为有界数列.而

$$|a_n x_0^n|=\left|a_n x_1^n\left(\frac{x_0}{x_1}\right)^n\right|=|a_n x_1^n|\cdot\left|\frac{x_0}{x_1}\right|^n,$$

即存在 $M>0$(可取为数列 $\{|a_n x_1^n|\}$ 的上界)及 $0<r<1\left(可取 r=\dfrac{|x_0|}{|x_1|}\right)$, 使得对于一切正整数 n,有
$$|a_n x_0^n| \leqslant Mr^n.$$
而
$$|na_n x_0^{n-1}| = \left|\dfrac{n}{x_0}\right| \cdot |a_n x_0^n| \leqslant \dfrac{M}{|x_0|} nr^n,$$
由正项级数的比值判别法知级数 $\sum\limits_{n=1}^{\infty} nr^n$ 收敛,故 x_0 也是幂级数(12-4-6)的绝对收敛点.

下面证明幂级数(12-4-6)的收敛区间内的非零点也必是幂级数 $\sum\limits_{n=0}^{\infty} a_n x^n$ 的绝对收敛点.

设 x_0 是幂级数(12-4-6)的收敛区间内的任意非零点,则级数 $\sum\limits_{n=1}^{\infty} |na_n x_0^{n-1}|$ 收敛,且存在 $N>0$,使得当 $n>N$ 时,$\dfrac{|x_0|}{n}<1$,从而有
$$|a_n x_0^n| = |na_n x_0^{n-1}| \cdot \left|\dfrac{x_0}{n}\right| \leqslant |na_n x_0^{n-1}|.$$
由正项级数的比较判别法知级数 $\sum\limits_{n=1}^{\infty} |a_n x_0^n|$ 收敛,即 x_0 是幂级数 $\sum\limits_{n=0}^{\infty} a_n x^n$ 的绝对收敛点.

因此,幂级数(12-4-6)与 $\sum\limits_{n=0}^{\infty} a_n x^n$ 有相同的收敛区间.

同理,也可以得到幂级数(12-4-7)与 $\sum\limits_{n=0}^{\infty} a_n x^n$ 有相同的收敛区间.

定理 4 设幂级数 $\sum\limits_{n=0}^{\infty} a_n x^n$ 在收敛区间 $(-R, R)$ 内的和函数为 $s(x)$.若 x 为 $(-R, R)$ 内任一点,则

(1) $s(x)$ 在点 x 处可导,且
$$s'(x) = \sum_{n=1}^{\infty} na_n x^{n-1};$$
(2) $s(x)$ 在以 0 与 x 为端点的闭区间上可积,且
$$\int_0^x s(t)\mathrm{d}t = \sum_{n=0}^{\infty} \dfrac{a_n}{n+1} x^{n+1}.$$

定理 4 给出了幂级数在收敛区间内具有的性质:可逐项求导、可逐项积分.

例 7 在区间 $(-1,1)$ 内求幂级数 $\sum\limits_{n=1}^{\infty} \dfrac{x^{n-1}}{n+1}$ 的和函数.

解 由于 $\lim\limits_{n\to\infty}\left(\dfrac{1}{n+2}\bigg/\dfrac{1}{n+1}\right)=1$,因此该幂级数的收敛半径为 1,收敛区间为 $(-1,1)$. 设和函数为 $s(x)$,则

$$s(x) = \sum_{n=1}^{\infty} \frac{x^{n-1}}{n+1}, \quad s(0) = \frac{1}{2}.$$

对 $x^2 s(x) = \sum_{n=1}^{\infty} \frac{x^{n+1}}{n+1}$ 逐项求导,得

$$[x^2 s(x)]' = \sum_{n=1}^{\infty} \left(\frac{x^{n+1}}{n+1}\right)' = \sum_{n=1}^{\infty} x^n = \frac{x}{1-x} \quad (-1 < x < 1).$$

对上式从 0 到 x 积分,得

$$x^2 s(x) = \int_0^x \frac{x}{1-x} \mathrm{d}x = -x - \ln(1-x).$$

于是,当 $x \neq 0$ 时,有

$$s(x) = -\frac{x + \ln(1-x)}{x^2},$$

从而

$$s(x) = \begin{cases} -\dfrac{x + \ln(1-x)}{x^2}, & 0 < |x| < 1, \\ \dfrac{1}{2}, & x = 0. \end{cases}$$

由幂级数的和函数的连续性可知,例 7 中的和函数 $s(x)$ 在点 $x=0$ 处是连续的. 事实上,我们有

$$\lim_{x \to 0} s(x) = \lim_{x \to 0} \frac{-x - \ln(1-x)}{x^2} = \frac{1}{2} = s(0).$$

四、幂级数的运算

设幂级数

$$\sum_{n=0}^{\infty} a_n x^n = a_0 + a_1 x + a_2 x^2 + \cdots + a_n x^n + \cdots \quad (12\text{-}4\text{-}8)$$

及

$$\sum_{n=0}^{\infty} b_n x^n = b_0 + b_1 x + b_2 x^2 + \cdots + b_n x^n + \cdots \quad (12\text{-}4\text{-}9)$$

的收敛区间分别为 $(-R_1, R_1)$ 及 $(-R_2, R_2)$.

令 $R = \min\{R_1, R_2\}$,则根据收敛级数的性质,我们可在区间 $(-R, R)$ 上对幂级数 (12-4-8) 和 (12-4-9) 进行下面的加法、减法、乘法和除法运算.

(1) 加法:

$$\sum_{n=0}^{\infty} a_n x^n + \sum_{n=0}^{\infty} b_n x^n = \sum_{n=0}^{\infty} (a_n + b_n) x^n, \quad x \in (-R, R).$$

(2) 减法:

$$\sum_{n=0}^{\infty} a_n x^n - \sum_{n=0}^{\infty} b_n x^n = \sum_{n=0}^{\infty} (a_n - b_n) x^n, \quad x \in (-R, R).$$

(3) **乘法**：

$$\left(\sum_{n=0}^{\infty} a_n x^n\right) \cdot \left(\sum_{n=0}^{\infty} b_n x^n\right) = \sum_{n=0}^{\infty} c_n x^n, \quad x \in (-R, R),$$

其中 $c_n = \sum_{k=0}^{n} a_k b_{n-k}$．

(4) **除法**：

$$\frac{\sum_{n=0}^{\infty} a_n x^n}{\sum_{n=0}^{\infty} b_n x^n} = \sum_{n=0}^{\infty} c_n x^n,$$

这里假设 $b_0 \neq 0$．为了确定系数 $c_0, c_1, c_2, \cdots, c_n, \cdots$，可以将幂级数 $\sum_{n=0}^{\infty} b_n x^n$ 与 $\sum_{n=0}^{\infty} c_n x^n$ 相乘（柯西乘积），并令乘积中各项的系数分别等于幂级数 $\sum_{n=0}^{\infty} a_n x^n$ 中同次幂的系数，即得

$$a_0 = b_0 c_0,$$
$$a_1 = b_1 c_0 + b_0 c_1,$$
$$a_2 = b_2 c_0 + b_1 c_1 + b_0 c_2,$$
$$\cdots\cdots$$

由这些方程就可以顺次地求出 $c_0, c_1, c_2, \cdots, c_n, \cdots$．

值得注意的是，幂级数(12-4-8)与(12-4-9)相除后所得的幂级数 $\sum_{n=0}^{\infty} c_n x^n$ 的收敛区间，可能比原来两个幂级数的收敛区间小得多．

习题 12 – 4

1. 求下列函数项级数的收敛域：

(1) $\sum_{n=1}^{\infty} \dfrac{1}{n^x}$；

(2) $\sum_{n=1}^{\infty} (-1)^{n+1} \dfrac{1}{n^x}$．

2. 求下列幂级数的收敛半径与收敛域：

(1) $x + 2x^2 + 3x^3 + \cdots + nx^n + \cdots$；

(2) $\sum_{n=1}^{\infty} \dfrac{n!}{n^n} x^n$；

(3) $\sum_{n=1}^{\infty} \dfrac{x^{2n-1}}{2n-1}$；

(4) $\sum_{n=1}^{\infty} \dfrac{(x-1)^n}{n^2 \cdot 2n}$．

3. 利用幂级数的性质，求下列幂级数的和函数：

(1) $\sum_{n=1}^{\infty} n x^{n-1}$；

(2) $\sum_{n=0}^{\infty} \dfrac{x^{2n+2}}{2n+1}$．

习题答案

第五节 函数展开成幂级数

一、泰勒级数

由第四节的讨论我们知道,幂级数在其收敛区间内有非常好的性质,如可逐项求导、可逐项积分等.因此,把一个函数展开成幂级数,对函数性质的研究是有帮助的.在本节中,我们研究如下问题:对于给定的函数 $f(x)$,是否可以在一个给定的区间上"展开"成幂级数? 即是否能找到这样一个幂级数,它在某个区间内收敛,且其和函数恰好就是 $f(x)$?

我们已经知道,若函数 $f(x)$ 在点 x_0 的某个邻域内具有 $n+1$ 阶导数,则在该邻域内 $f(x)$ 的 n 阶泰勒公式为

$$f(x) = f(x_0) + f'(x_0)(x-x_0) + \frac{f''(x_0)}{2!}(x-x_0)^2 + \cdots$$
$$+ \frac{f^{(n)}(x_0)}{n!}(x-x_0)^n + R_n(x), \tag{12-5-1}$$

其中 $R_n(x)$ 为拉格朗日余项

$$R_n(x) = \frac{f^{(n+1)}(\xi)}{(n+1)!}(x-x_0)^{n+1},$$

ξ 是介于 x 与 x_0 之间的某个值. 此时,在该邻域内 $f(x)$ 可以用 n 次多项式

$$P_n(x) = f(x_0) + f'(x_0)(x-x_0) + \frac{f''(x_0)}{2!}(x-x_0)^2$$
$$+ \cdots + \frac{f^{(n)}(x_0)}{n!}(x-x_0)^n \tag{12-5-2}$$

来近似表达,并且误差随着 n 的增大而减小. 这样,我们一般可以用增加多项式 (12-5-2) 的项数的办法来提高精确度.

若函数 $f(x)$ 在点 x_0 处存在任意阶导数 $f^{(n)}(x_0)$ $(n=1,2,\cdots)$,则可以构造幂级数

$$f(x_0) + f'(x_0)(x-x_0) + \frac{f''(x_0)}{2!}(x-x_0)^2 + \cdots$$
$$+ \frac{f^{(n)}(x_0)}{n!}(x-x_0)^n + \cdots. \tag{12-5-3}$$

幂级数 (12-5-3) 称为函数 $f(x)$ 在点 x_0 处的**泰勒级数**. 显然,当 $x = x_0$ 时, $f(x)$ 的泰勒级数 (12-5-3) 收敛于 $f(x_0)$. 但在点 $x \neq x_0$ 处,它是否一定收敛? 如果收敛,它是否一定收敛于 $f(x)$? 关于这些问题,有下列定理.

定理 1　设函数 $f(x)$ 在点 x_0 的某个邻域 $U(x_0)$ 内具有任意阶导数，则 $f(x)$ 在该邻域内能展开成泰勒级数的充要条件是 $f(x)$ 的泰勒公式中的余项 $R_n(x)$ 当 $n \to \infty$ 时的极限为 0，即

$$\lim_{n\to\infty} R_n(x) = 0, \quad x \in U(x_0).$$

证　先证必要性. 设 $f(x)$ 在点 x_0 的某个邻域 $U(x_0)$ 内能展开成泰勒级数，即

$$f(x) = f(x_0) + f'(x_0)(x - x_0) + \frac{f''(x_0)}{2!}(x - x_0)^2 + \cdots$$

$$+ \frac{f^{(n)}(x_0)}{n!}(x - x_0)^n + \cdots \tag{12-5-4}$$

对于一切 $x \in U(x_0)$ 成立. 把 $f(x)$ 的 n 阶泰勒公式 (12-5-1) 写成

$$f(x) = s_{n+1}(x) + R_n(x), \tag{12-5-5}$$

其中 $s_{n+1}(x)$ 是 $f(x)$ 的泰勒级数 (12-5-3) 的前 $n+1$ 项和. 由式 (12-5-4)，有 $\lim\limits_{n\to\infty} s_{n+1}(x) = f(x)$，于是

$$\lim_{n\to\infty} R_n(x) = \lim_{n\to\infty} [f(x) - s_{n+1}(x)] = f(x) - f(x) = 0.$$

再证充分性. 设 $\lim\limits_{n\to\infty} R_n(x) = 0$ 对于一切 $x \in U(x_0)$ 成立. 由 $f(x)$ 的 n 阶泰勒公式 (12-5-5)，有

$$s_{n+1}(x) = f(x) - R_n(x).$$

令 $n \to \infty$，上式两端取极限，得

$$\lim_{n\to\infty} s_{n+1}(x) = \lim_{n\to\infty} [f(x) - R_n(x)] = f(x),$$

即 $f(x)$ 的泰勒级数 (12-5-3) 在 $U(x_0)$ 内收敛，且收敛于 $f(x)$.

在式 (12-5-3) 中取 $x_0 = 0$，得幂级数

$$f(0) + f'(0)x + \frac{f''(0)}{2!}x^2 + \cdots + \frac{f^{(n)}(0)}{n!}x^n + \cdots. \tag{12-5-6}$$

幂级数 (12-5-6) 称为函数 $f(x)$ 的**麦克劳林级数**.

下面证明，如果函数 $f(x)$ 在点 x_0 处能展开成幂级数，那么这种展开式是唯一的.

我们仅对 $x_0 = 0$ 的情形给出证明，因为 $x_0 \neq 0$ 时可转化为此情形考虑. 若函数 $f(x)$ 在点 $x_0 = 0$ 的某个邻域 $(-R, R)$ 内能展开成 x 的幂级数，即

$$f(x) = a_0 + a_1 x + a_2 x^2 + \cdots + a_n x^n + \cdots \tag{12-5-7}$$

对于一切 $x \in (-R, R)$ 成立. 根据幂级数的性质，式 (12-5-7) 在区间 $(-R, R)$ 内逐项求导，得

$$f'(x) = a_1 + 2a_2 x + 3a_3 x^2 + \cdots + n a_n x^{n-1} + \cdots,$$

$$f''(x) = 2! a_2 + 3 \cdot 2 a_3 x + \cdots + n(n-1) a_n x^{n-2} + \cdots,$$

$$f'''(x) = 3! a_3 + \cdots + n(n-1)(n-2) a_n x^{n-3} + \cdots,$$

……

$$f^{(n)}(x) = n! a_n + (n+1) \cdot n \cdot (n-1) \cdot \cdots \cdot 2 a_{n+1} x + \cdots,$$

……

把 $x=0$ 代入以上各式,得

$$a_0 = f(0), \quad a_1 = f'(0), \quad a_2 = \frac{f''(0)}{2!}, \quad \cdots, \quad a_n = \frac{f^{(n)}(0)}{n!}, \quad \cdots.$$

于是,我们证明了这样的论断:若函数 $f(x)$ 能展开成 x 的幂级数,则它的展开式是唯一的,即这个幂级数就是 $f(x)$ 的麦克劳林级数.

二、函数展开成幂级数

1. 直接方法

设函数 $f(x)$ 在点 x_0 处存在任意阶导数[否则,$f(x)$ 在点 x_0 处不能展开成幂级数],要把 $f(x)$ 在点 x_0 处展开成幂级数,可以按照下列步骤进行:

(1) 求出 $f(x)$ 的各阶导数
$$f^{(n)}(x) \quad (n=1,2,\cdots).$$

(2) 求出 $f(x)$ 及其各阶导数在点 x_0 处的值
$$f(x_0), \quad f^{(n)}(x_0) \quad (n=1,2,\cdots).$$

(3) 写出幂级数
$$f(x_0) + f'(x_0)(x-x_0) + \frac{f''(x_0)}{2!}(x-x_0)^2 + \cdots$$
$$+ \frac{f^{(n)}(x_0)}{n!}(x-x_0)^n + \cdots,$$

并求出其收敛半径 R.

(4) 考察当 x 在区间 (x_0-R, x_0+R) 内时,余项 $R_n(x)$ 的极限 $\lim_{n\to\infty} R_n(x) = \lim_{n\to\infty} \frac{f^{(n+1)}(\xi)}{(n+1)!}(x-x_0)^{n+1}$ (ξ 在 x_0 与 x 之间) 是否为 0. 如果为 0, 则 $f(x)$ 在点 x_0 处的幂级数展开式为
$$f(x) = f(x_0) + f'(x_0)(x-x_0) + \frac{f''(x_0)}{2!}(x-x_0)^2 + \cdots$$
$$+ \frac{f^{(n)}(x_0)}{n!}(x-x_0)^n + \cdots \quad (-R < x-x_0 < R);$$

否则,说明第三步求出的幂级数虽然在其收敛区间内收敛,但它的和函数并不是 $f(x)$.

上述这种通过直接计算函数 $f(x)$ 在点 x_0 处的各阶导数将 $f(x)$ 展开成幂级数的方法,称为**直接方法**.

例1 将函数 $f(x) = e^x$ 展开成 x 的幂级数.

解 $f(x)$ 的各阶导数为
$$f^{(n)}(x) = e^x \quad (n=1,2,\cdots),$$

故

$$f(0)=1, \quad f^{(n)}(0)=1 \quad (n=1,2,\cdots).$$

于是得幂级数

$$1+x+\frac{x^2}{2!}+\cdots+\frac{x^n}{n!}+\cdots,$$

它的收敛半径为 $R=+\infty$.

对于任意取定的 $x\in(-\infty,+\infty)$,余项的绝对值为

$$|R_n(x)|=\left|\frac{\mathrm{e}^\xi}{(n+1)!}x^{n+1}\right|<\mathrm{e}^{|x|}\frac{|x|^{n+1}}{(n+1)!},\quad \xi\text{ 在 } 0 \text{ 与 } x \text{ 之间}.$$

因为 $\dfrac{|x|^{n+1}}{(n+1)!}$ 为收敛级数 $\sum\limits_{n=0}^{\infty}\dfrac{|x|^{n+1}}{(n+1)!}$ 的一般项,所以当 $n\to\infty$ 时,有 $\dfrac{|x|^{n+1}}{(n+1)!}\to 0$,从而有 $\mathrm{e}^{|x|}\dfrac{|x|^{n+1}}{(n+1)!}\to 0$,即当 $n\to\infty$ 时,有 $R_n(x)\to 0$. 于是,得展开式

$$\mathrm{e}^x=1+x+\frac{x^2}{2!}+\cdots+\frac{x^n}{n!}+\cdots \quad (-\infty<x<+\infty). \tag{12-5-8}$$

例 2 将函数 $f(x)=\sin x$ 展开成 x 的幂级数.

解 $f(0)=\sin 0=0$. $f(x)$ 的各阶导数为

$$f^{(n)}(x)=\sin\left(x+\frac{n\pi}{2}\right) \quad (n=1,2,\cdots).$$

由此有

$$f^{(n)}(0)=\begin{cases}(-1)^{k-1}, & n=2k-1,\\ 0, & n=2k,\end{cases} \quad k=1,2,\cdots,$$

于是得幂级数

$$x-\frac{x^3}{3!}+\frac{x^5}{5!}-\cdots+(-1)^{n-1}\frac{x^{2n-1}}{(2n-1)!}+\cdots,$$

其收敛半径为 $R=+\infty$.

对于任意取定的 $x\in(-\infty,+\infty)$,余项的绝对值为

$$|R_n(x)|=\left|\frac{\sin\left[\xi+\frac{(n+1)\pi}{2}\right]}{(n+1)!}x^{n+1}\right|\leqslant\frac{|x|^{n+1}}{(n+1)!}\to 0 \ (n\to\infty),\quad \xi\text{ 在 } 0 \text{ 与 } x \text{ 之间}.$$

因此,得展开式

$$\sin x=x-\frac{x^3}{3!}+\frac{x^5}{5!}-\cdots+(-1)^{n-1}\frac{x^{2n-1}}{(2n-1)!}+\cdots \quad (-\infty<x<+\infty),$$

即

$$\sin x=\sum_{n=1}^{\infty}(-1)^{n-1}\frac{x^{2n-1}}{(2n-1)!} \quad (-\infty<x<+\infty). \tag{12-5-9}$$

2. 间接方法

利用直接方法将函数展开成幂级数,其困难不仅在于计算函数的各阶导数,而且要考察余项 $R_n(x)$ 是否趋于 $0(n \to \infty)$,但即使对初等函数,要判断相应的 $R_n(x)$ 是否趋于 0 也不是一件容易的事情. 下面我们介绍另一种将函数展开成幂级数的方法 —— **间接方法**,即借助一些已知函数的幂级数展开式,利用幂级数的四则运算在收敛区间内的性质(可逐项求导、可逐项积分)及变量代换等,将所给函数展开成幂级数. 由于函数展开的唯一性,这样得到的结果与直接方法所得的结果是一致的.

例 3 将函数 $\cos x$ 展开成 x 的幂级数.

解 此题可以用直接方法,但如用间接方法则显得简便. 对式(12-5-9)逐项求导就得

$$\cos x = 1 - \frac{x^2}{2!} + \frac{x^4}{4!} - \cdots + (-1)^n \frac{x^{2n}}{(2n)!} + \cdots \quad (-\infty < x < +\infty),$$

即

$$\cos x = \sum_{n=0}^{\infty} (-1)^n \frac{x^{2n}}{(2n)!}, \quad -\infty < x < +\infty. \tag{12-5-10}$$

例 4 将函数 $\dfrac{1}{1+x^2}$ 展开成 x 的幂级数.

解 由

$$\frac{1}{1-x} = 1 + x + x^2 + \cdots + x^n + \cdots \quad (-1 < x < 1),$$

把 x 换成 $-x^2$,得

$$\frac{1}{1+x^2} = 1 - x^2 + x^4 - \cdots + (-1)^n x^{2n} + \cdots \quad (-1 < x < 1).$$

值得指出的是,若函数 $f(x)$ 在开区间 $(-R, R)$ 内的幂级数展开式为 $f(x) = \sum_{n=0}^{\infty} a_n x^n (-R < x < R)$,又此式中的幂级数在该区间的端点 $x = R$(或 $x = -R$)仍收敛,而 $f(x)$ 在点 $x = R$(或 $x = -R$)处有定义且连续,那么根据幂级数和函数的连续性,这个展开式对 $x = R$(或 $x = -R$)也成立.

例 5 将函数 $f(x) = \ln(1+x)$ 展开成 x 的幂级数.

解 因为 $f'(x) = \dfrac{1}{1+x}$,所以考虑 $\dfrac{1}{1+x}$ 的幂级数展开式. 而 $\dfrac{1}{1+x}$ 是收敛的等比级数 $\sum\limits_{n=0}^{\infty} (-1)^n x^n (-1 < x < 1)$ 的和函数,即

$$\frac{1}{1+x} = 1 - x + x^2 - x^3 + \cdots + (-1)^n x^n + \cdots \quad (-1 < x < 1).$$

将上式从 0 到 x 逐项积分,得

$$\ln(1+x) = x - \frac{x^2}{2} + \frac{x^3}{3} - \frac{x^4}{4} + \cdots + (-1)^n \frac{x^{n+1}}{n+1} + \cdots \quad (-1 < x \leqslant 1).$$

(12-5-11)

这个展开式对 $x=1$ 也成立,这是因为上式右端的幂级数当 $x=1$ 时收敛,而 $\ln(1+x)$ 在点 $x=1$ 处有定义且连续.

例 6 将函数 $f(x) = (1+x)^m$ 展开成 x 的幂级数,其中 m 为任意常数.

解 $f(x)$ 的各阶导数为

$$f'(x) = m(1+x)^{m-1},$$
$$f''(x) = m(m-1)(1+x)^{m-2},$$
$$\cdots\cdots$$
$$f^{(n)}(x) = m(m-1)(m-2)\cdots(m-n+1)(1+x)^{m-n},$$
$$\cdots\cdots$$

所以

$$f(0) = 1, \quad f'(0) = m, \quad f''(0) = m(m-1), \quad \cdots,$$
$$f^{(n)}(0) = m(m-1)(m-2)\cdots(m-n+1), \quad \cdots.$$

于是,得幂级数

$$1 + mx + \frac{m(m-1)}{2!}x^2 + \cdots + \frac{m(m-1)\cdots(m-n+1)}{n!}x^n + \cdots. \quad (12\text{-}5\text{-}12)$$

该幂级数相邻两项的系数之比的绝对值为

$$\left|\frac{a_{n+1}}{a_n}\right| = \left|\frac{m-n}{n+1}\right| \to 1 \quad (n \to \infty).$$

因此,幂级数(12-5-12)的收敛半径为 $R=1$,从而对于任意常数 m,幂级数(12-5-12)在开区间 $(-1,1)$ 内收敛.

为了避免直接研究余项,设幂级数(12-5-12)在开区间 $(-1,1)$ 内收敛于函数 $F(x)$,即

$$F(x) = 1 + mx + \frac{m(m-1)}{2!}x^2 + \cdots + \frac{m(m-1)\cdots(m-n+1)}{n!}x^n + \cdots \quad (-1 < x < 1).$$

我们来证明 $F(x) = (1+x)^m (-1 < x < 1)$.

对幂级数(12-5-12)逐项求导,得

$$F'(x) = m\left[1 + \frac{m-1}{1}x + \cdots + \frac{(m-1)\cdots(m-n+1)}{(n-1)!}x^{n-1} + \cdots\right].$$

上式两端乘以 $(1+x)$,并把含有 $x^n (n=1,2,\cdots)$ 的两项合并起来,根据恒等式

$$\frac{(m-1)\cdots(m-n+1)}{(n-1)!} + \frac{(m-1)\cdots(m-n)}{n!} = \frac{m(m-1)\cdots(m-n+1)}{n!}$$

$$(n=1,2,\cdots),$$

有
$$(1+x)F'(x) = m\left[1 + mx + \frac{m(m-1)}{2!}x^2 + \cdots + \frac{m(m-1)\cdots(m-n+1)}{n!}x^n + \cdots\right]$$
$$= mF(x) \quad (-1 < x < 1).$$

令 $\varphi(x) = \dfrac{F(x)}{(1+x)^m}$，则 $\varphi(0) = F(0) = 1$，且

$$\varphi'(x) = \frac{(1+x)^m F'(x) - m(1+x)^{m-1} F(x)}{(1+x)^{2m}}$$
$$= \frac{(1+x)^{m-1}[(1+x)F'(x) - mF(x)]}{(1+x)^{2m}} = 0,$$

所以 $\varphi(x) \equiv c$. 而 $\varphi(0) = 1$，则 $\varphi(x) \equiv 1$，即
$$F(x) = (1+x)^m, \quad x \in (-1, 1).$$

因此，在区间 $(-1,1)$ 内，有幂级数展开式

$$(1+x)^m = 1 + mx + \frac{m(m-1)}{2!}x^2 + \cdots$$
$$+ \frac{m(m-1)\cdots(m-n+1)}{n!}x^n + \cdots \quad (-1 < x < 1). \quad (12\text{-}5\text{-}13)$$

在区间的端点 $x = \pm 1$ 处，式(12-5-13)是否成立要看 m 的数值而定.

式(12-5-13)叫作**二项展开式**. 特别地，当 m 为正整数时，式(12-5-13)右端的幂级数为 x 的 m 次多项式，式(12-5-13)就是代数学中的二项式定理.

对应于 $m = \dfrac{1}{2}, -\dfrac{1}{2}$ 的二项展开式分别为

$$\sqrt{1+x} = 1 + \frac{1}{2}x - \frac{1}{2\cdot 4}x^2 + \frac{1\cdot 3}{2\cdot 4\cdot 6}x^3 - \cdots \quad (-1 \leqslant x \leqslant 1),$$

$$\frac{1}{\sqrt{1+x}} = 1 - \frac{1}{2}x + \frac{1\cdot 3}{2\cdot 4}x^2 - \frac{1\cdot 3\cdot 5}{2\cdot 4\cdot 6}x^3 + \cdots \quad (-1 < x \leqslant 1).$$

对上面一些函数的幂级数展开式，以后可以直接引用.

例7 将函数 $\sin x$ 在点 $x_0 = \dfrac{\pi}{4}$ 处展开成幂级数.

解 因为
$$\sin x = \sin\left[\frac{\pi}{4} + \left(x - \frac{\pi}{4}\right)\right] = \sin\frac{\pi}{4}\cos\left(x - \frac{\pi}{4}\right) + \cos\frac{\pi}{4}\sin\left(x - \frac{\pi}{4}\right)$$
$$= \frac{\sqrt{2}}{2}\left[\cos\left(x - \frac{\pi}{4}\right) + \sin\left(x - \frac{\pi}{4}\right)\right],$$

而

$$\cos\left(x-\frac{\pi}{4}\right)=1-\frac{\left(x-\frac{\pi}{4}\right)^2}{2!}+\frac{\left(x-\frac{\pi}{4}\right)^4}{4!}-\cdots \quad (-\infty<x<+\infty),$$

$$\sin\left(x-\frac{\pi}{4}\right)=\left(x-\frac{\pi}{4}\right)-\frac{\left(x-\frac{\pi}{4}\right)^3}{3!}+\frac{\left(x-\frac{\pi}{4}\right)^5}{5!}-\cdots \quad (-\infty<x<+\infty),$$

所以

$$\sin x=\frac{\sqrt{2}}{2}\left[1+\left(x-\frac{\pi}{4}\right)-\frac{\left(x-\frac{\pi}{4}\right)^2}{2}-\frac{\left(x-\frac{\pi}{4}\right)^3}{3!}+\cdots\right] \quad (-\infty<x<+\infty).$$

例 8 将函数 $f(x)=\dfrac{1}{x^2+4x+3}$ 展开成 $x-1$ 的幂级数.

解 因为

$$f(x)=\frac{1}{x^2+4x+3}=\frac{1}{(x+1)(x+3)}$$

$$=\frac{1}{2(1+x)}-\frac{1}{2(3+x)}=\frac{1}{4\left(1+\frac{x-1}{2}\right)}-\frac{1}{8\left(1+\frac{x-1}{4}\right)},$$

而

$$\frac{1}{4\left(1+\frac{x-1}{2}\right)}=\frac{1}{4}\left[1-\frac{x-1}{2}+\frac{(x-1)^2}{2^2}-\cdots+(-1)^n\frac{(x-1)^n}{2^n}+\cdots\right]$$

$$(-1<x<3),$$

$$\frac{1}{8\left(1+\frac{x-1}{4}\right)}=\frac{1}{8}\left[1-\frac{x-1}{4}+\frac{(x-1)^2}{4^2}-\cdots+(-1)^n\frac{(x-1)^n}{4^n}+\cdots\right]$$

$$(-3<x<5),$$

所以

$$f(x)=\frac{1}{x^2+4x+3}=\sum_{n=0}^{\infty}(-1)^n\left(\frac{1}{2^{n+2}}-\frac{1}{2^{2n+3}}\right)(x-1)^n \quad (-1<x<3).$$

例 9 将函数 $f(x)=\arctan\dfrac{1+x}{1-x}$ 展开成 x 的幂级数.

解 由已知,有

$$f'(x)=\frac{1}{1+x^2}=\sum_{n=0}^{\infty}(-1)^n x^{2n} \quad (-1<x<1),$$

故

$$f(x)=\int_0^x f'(t)\mathrm{d}t+f(0)=\sum_{n=0}^{\infty}\frac{(-1)^n}{2n+1}x^{2n+1}+\frac{\pi}{4} \quad (-1\leqslant x<1).$$

上式对 $x=-1$ 也成立,是因为其右端的幂级数当 $x=-1$ 时收敛,而 $f(x)=\arctan\dfrac{1+x}{1-x}$ 在点 $x=-1$ 处有定义且连续.

例 10 设函数 $f(x)=x^2\ln(1+2x)$,求 $f^{(n)}(0)$.

解 由已知,有
$$\ln(1+2x)=\sum_{n=1}^{\infty}\dfrac{(-1)^{n-1}}{n}(2x)^n=\sum_{n=1}^{\infty}\dfrac{(-1)^{n-1}\cdot 2^n}{n}x^n \quad \left(-\dfrac{1}{2}<x\leqslant\dfrac{1}{2}\right),$$
故
$$f(x)=\sum_{n=1}^{\infty}\dfrac{(-1)^{n-1}\cdot 2^n}{n}x^{n+2}=\sum_{n=3}^{\infty}\dfrac{(-1)^{n-1}\cdot 2^{n-2}}{n-2}x^n \quad \left(-\dfrac{1}{2}<x\leqslant\dfrac{1}{2}\right).$$
又 $f(x)$ 的麦克劳林级数展开式为
$$f(x)=\sum_{n=0}^{\infty}\dfrac{f^{(n)}(0)}{n!}x^n \quad \left(-\dfrac{1}{2}<x\leqslant\dfrac{1}{2}\right).$$
比较上两式 x 同次幂的系数,得
$$f'(0)=f''(0)=0, \quad f^{(n)}(0)=\dfrac{(-1)^{n-1}\cdot 2^n n!}{4(n-2)} \quad (n\geqslant 3).$$

例 11 求幂级数 $\sum_{n=1}^{\infty}\dfrac{(x-5)^n}{n\cdot 5^n}$ 的和函数.

解
$$\sum_{n=1}^{\infty}\dfrac{(x-5)^n}{n\cdot 5^n}=-\sum_{n=1}^{\infty}\dfrac{(-1)^{n-1}}{n}\left(-\dfrac{x-5}{5}\right)^n=-\ln\left(1-\dfrac{x-5}{5}\right)$$
$$=-\ln\left(2-\dfrac{x}{5}\right),$$
其中 $-1<-\dfrac{x-5}{5}\leqslant 1$,即 $0\leqslant x<10$,从而
$$\sum_{n=1}^{\infty}\dfrac{(x-5)^n}{n\cdot 5^n}=-\ln\left(2-\dfrac{x}{5}\right) \quad (0\leqslant x<10).$$

三、函数的幂级数展开式在近似计算中的应用

利用函数的幂级数展开式可以计算函数的近似值,并能估计误差. 这个方法被广泛应用于科学与工程计算中.

例 12 计算 e 的值,精确到小数点后第四位.

解 e^x 的幂级数展开式为
$$e^x=1+x+\dfrac{x^2}{2!}+\cdots+\dfrac{x^n}{n!}+\cdots \quad (-\infty<x<+\infty).$$

令 $x=1$，得

$$e = 1 + 1 + \frac{1}{2!} + \frac{1}{3!} + \cdots + \frac{1}{n!} + \cdots. \qquad (12\text{-}5\text{-}14)$$

取前 $n+1$ 项作为 e 的近似值，有

$$e \approx 1 + 1 + \frac{1}{2!} + \frac{1}{3!} + \cdots + \frac{1}{n!},$$

其误差为

$$\begin{aligned}
R_{n+1} &= \frac{1}{(n+1)!} + \frac{1}{(n+2)!} + \frac{1}{(n+3)!} + \cdots \\
&= \frac{1}{(n+1)!}\left[1 + \frac{1}{n+2} + \frac{1}{(n+2)(n+3)} + \cdots\right] \\
&< \frac{1}{(n+1)!}\left[1 + \frac{1}{n+1} + \frac{1}{(n+1)^2} + \cdots\right] \\
&= \frac{1}{(n+1)!} \cdot \frac{1}{1 - \frac{1}{n+1}} \\
&= \frac{1}{(n+1)!} \cdot \frac{n+1}{n} = \frac{1}{n \cdot n!}.
\end{aligned}$$

要求 e 的值精确到小数点后第四位，需误差不超过 10^{-4}. 而

$$\frac{1}{6 \cdot 6!} = \frac{1}{4\,320} > 10^{-4},$$

$$\frac{1}{7 \cdot 7!} = \frac{1}{35\,280} < 3 \times 10^{-5} < 10^{-4},$$

故取 $n=7$，即取式(12-5-14)右端级数的前八项之和作为 e 的近似值，得

$$e \approx 1 + 1 + \frac{1}{2!} + \frac{1}{3!} + \frac{1}{4!} + \frac{1}{5!} + \frac{1}{6!} + \frac{1}{7!} \approx 2.718\,25.$$

例 13 求 $\sqrt[5]{245}$ 的近似值，要求误差不超过 10^{-4}.

解 利用二项展开式进行计算. 因为 $245 = 3^5 + 2$，所以

$$\sqrt[5]{245} = \sqrt[5]{3^5 + 2} = \sqrt[5]{3^5\left(1 + \frac{2}{3^5}\right)} = 3\left(1 + \frac{2}{3^5}\right)^{\frac{1}{5}}.$$

以 $x = \frac{2}{3^5}$，$m = \frac{1}{5}$ 代入二项展开式(12-5-13)，得

$$\begin{aligned}
\sqrt[5]{245} &= 3\left(1 + \frac{2}{3^5}\right)^{\frac{1}{5}} = 3\left[1 + \frac{1}{5} \cdot \frac{2}{3^5} + \frac{1}{5}\left(\frac{1}{5} - 1\right) \cdot \frac{1}{2!}\left(\frac{2}{3^5}\right)^2 + \cdots\right] \\
&= 3\left(1 + \frac{1}{5} \cdot \frac{2}{3^5} - \frac{1}{5} \cdot \frac{4}{5} \cdot \frac{1}{2!} \cdot \frac{4}{3^{10}} + \cdots\right).
\end{aligned}$$

上式第三个等号右端的级数自第二项开始，后面的项构成交错级数，它满足交错级数判别法的两个条件，如取前两项之和作为 $\sqrt[5]{245}$ 的近似值，则余项(误差)估计为

$$|R_2| \leqslant 3 \cdot \frac{1}{5} \cdot \frac{4}{5} \cdot \frac{1}{2!} \cdot \frac{4}{3^{10}} = \frac{3 \cdot 8}{5^2 \cdot 3^{10}} < 10^{-4},$$

于是得到

$$\sqrt[5]{245} \approx 3\left(1 + \frac{1}{5} \cdot \frac{2}{3^5}\right) \approx 3.0049.$$

例 14 利用 $\sin x \approx x - \dfrac{x^3}{3!}$ 求 $\sin 9°$ 的近似值,并估计误差.

解 首先,把角度化成弧度,得

$$9° = \frac{\pi}{180} \times 9 = \frac{\pi}{20},$$

从而

$$\sin \frac{\pi}{20} \approx \frac{\pi}{20} - \frac{1}{3!}\left(\frac{\pi}{20}\right)^3.$$

其次,估计这个近似值的精确度. 在 $\sin x$ 的幂级数展开式中令 $x = \dfrac{\pi}{20}$,得

$$\sin \frac{\pi}{20} = \frac{\pi}{20} - \frac{1}{3!}\left(\frac{\pi}{20}\right)^3 + \frac{1}{5!}\left(\frac{\pi}{20}\right)^5 - \frac{1}{7!}\left(\frac{\pi}{20}\right)^7 + \cdots.$$

上式右端是一个收敛的交错级数,且各项的绝对值单调减少,取它的前两项之和作为 $\sin \dfrac{\pi}{20}$ 的近似值,则误差为

$$|R_2| \leqslant \frac{1}{5!}\left(\frac{\pi}{20}\right)^5 < \frac{1}{120} \cdot (0.2)^5 < \frac{1}{300\,000}.$$

因此,取

$$\frac{\pi}{20} \approx 0.157\,080, \quad \left(\frac{\pi}{20}\right)^3 \approx 0.003\,876,$$

从而得

$$\sin 9° \approx 0.156\,43.$$

这时,误差不超过 10^{-5}.

利用幂级数不仅可以计算一些函数值的近似值,还可以计算一些定积分的近似值:先把定积分的被积函数在积分区间上展开成幂级数,再把这个幂级数逐项积分,最后利用积分所得的幂级数就可以计算原定积分的近似值.

例 15 计算定积分 $\dfrac{2}{\sqrt{\pi}} \displaystyle\int_0^{\frac{1}{2}} e^{-x^2} dx$ 的近似值,要求误差不超过 $10^{-4}\left(\text{取} \dfrac{1}{\sqrt{\pi}} = 0.564\,19\right)$.

解 e^{-x^2} 不存在初等原函数. 将 e^x 的幂级数展开式中的 x 换成 $-x^2$, 得

$$e^{-x^2} = 1 + (-x^2) + \frac{(-x^2)^2}{2!} + \frac{(-x^2)^3}{3!} + \cdots$$

$$= \sum_{n=0}^{\infty}(-1)^n \frac{x^{2n}}{n!} \quad (-\infty < x < +\infty).$$

上式两端乘以 $\frac{2}{\sqrt{\pi}}$ 并在区间 $\left[0, \frac{1}{2}\right]$ 上逐项积分, 得

$$\frac{2}{\sqrt{\pi}}\int_0^{\frac{1}{2}} e^{-x^2} dx = \frac{2}{\sqrt{\pi}}\int_0^{\frac{1}{2}}\left[\sum_{n=0}^{\infty}\frac{(-1)^n}{n!}x^{2n}\right]dx = \frac{2}{\sqrt{\pi}}\sum_{n=0}^{\infty}\frac{(-1)^n}{n!}\int_0^{\frac{1}{2}} x^{2n}dx$$

$$= \frac{1}{\sqrt{\pi}}\left(1 - \frac{1}{2^2 \cdot 3} + \frac{1}{2^4 \cdot 5 \cdot 2!} - \frac{1}{2^6 \cdot 7 \cdot 3!} + \cdots\right).$$

取前四项的和作为 $\frac{2}{\sqrt{\pi}}\int_0^{\frac{1}{2}} e^{-x^2} dx$ 的近似值, 则误差为

$$|R_4| \leqslant \frac{1}{\sqrt{\pi}} \cdot \frac{1}{2^8 \cdot 9 \cdot 4!} < \frac{1}{90\,000}.$$

所以

$$\frac{2}{\sqrt{\pi}}\int_0^{\frac{1}{2}} e^{-x^2} dx \approx \frac{1}{\sqrt{\pi}}\left(1 - \frac{1}{2^2 \cdot 3} + \frac{1}{2^4 \cdot 5 \cdot 2!} - \frac{1}{2^6 \cdot 7 \cdot 3!}\right) \approx 0.520\,5.$$

*四、函数的幂级数展开式在微分方程求解中的应用

把微分方程的解用初等函数或它们的积分来表示的微分方程求解方法, 称为**初等积分法**. 我们在上册第六章中介绍的微分方程求解方法均为初等积分法. 但众多微分方程不能用初等积分法求解, 这除了求解过程中会遇到困难外, 还由于一些微分方程的精确解不是初等函数, 而这些非初等函数解却可以较方便地用幂级数(泰勒级数)来表示. 还有一些微分方程的初等积分法求解过程较烦琐, 但借助函数的幂级数展开式可以比较方便地求出它的幂级数形式的解(称为微分方程的**幂级数解**). 这种利用函数的幂级数展开式求解微分方程的方法, 称为**幂级数解法**. 幂级数解法不仅在理论上是一种精确解法, 也为求微分方程的近似解提供了一种有效方法. 在实际应用中, 幂级数解当然只能取前若干项作为近似解. 但这种幂级数解对分析微分方程表示的实际问题的规律是很有用的, 而且根据泰勒公式的理论, 其误差估计也是方便的, 所以幂级数解法有其独特的优点.

当用幂级数解法求解 n 阶线性微分方程

$$y^{(n)} + p_1(x)y^{(n-1)} + \cdots + p_{n-1}(x)y' + p_n(x)y = f(x) \qquad (12\text{-}5\text{-}15)$$

时, 有下面的定理.

定理 2 如果方程(12-5-15)中的系数 $p_i(x)(i=1,2,\cdots,n)$ 及自由项

$f(x)$ 都可展开成 $x-x_0$ 的幂级数,且这些幂级数在区间 (x_0-R,x_0+R) 内收敛,则对于任意给定的初始条件

$$y(x_0)=y_0, \quad y'(x_0)=y'_0, \quad \cdots, \quad y^{(n-1)}(x_0)=y_0^{(n-1)},$$

方程(12-5-15)有唯一的解,且该解在区间 (x_0-R,x_0+R) 内也可展开成 $x-x_0$ 的幂级数.

证明从略.

例 16 用幂级数解法求微分方程

$$y''+y\sin x=\mathrm{e}^{x^2}$$

的通解.

解 先将系数和自由项展开成幂级数:

$$\sin x=x-\frac{x^3}{3!}+\frac{x^5}{5!}-\frac{x^7}{7!}+\cdots,$$

$$\mathrm{e}^{x^2}=1+x^2+\frac{x^4}{2!}+\frac{x^6}{3!}+\cdots.$$

设解具有形式

$$y=a_0+a_1x+a_2x^2+\cdots+a_nx^n+\cdots,$$

其中 $a_i(i=0,1,2,\cdots,n,\cdots)$ 是待定常数,于是

$$y'=a_1+2a_2x+3a_3x^2+\cdots+na_nx^{n-1}+\cdots,$$

$$y''=2a_2+6a_3x+12a_4x^2+\cdots+n(n-1)a_nx^{n-2}+\cdots.$$

把 y 及 y'' 代入原微分方程,得

$$(2a_2+6a_3x+12a_4x^2+20a_5x^3+\cdots)+\left(x-\frac{x^3}{3!}+\frac{x^5}{5!}-\cdots\right)(a_0+a_1x+a_2x^2+\cdots)$$

$$=1+x^2+\frac{x^4}{2!}+\frac{x^6}{3!}+\cdots.$$

比较上式两端 x 的同次幂系数,得

$$2a_2=1,$$

$$6a_3+a_0=0,$$

$$12a_4+a_1=1,$$

$$20a_5+a_2-\frac{a_0}{3!}=0,$$

$$\cdots\cdots$$

解得

$$a_2=\frac{1}{2},$$

$$a_3 = -\frac{a_0}{6},$$
$$a_4 = \frac{1}{12} - \frac{a_1}{12},$$
$$a_5 = \frac{a_0}{120} - \frac{1}{40},$$
......

取 a_0, a_1 为任意常数,则有通解
$$y = a_0 + a_1 x + \frac{x^2}{2} - \frac{a_0}{6}x^3 + \left(\frac{1}{12} - \frac{a_1}{12}\right)x^4 + \left(\frac{a_0}{120} - \frac{1}{40}\right)x^5 + \cdots$$
$$= a_0\left(1 - \frac{x^3}{6} + \frac{x^5}{120} + \cdots\right) + a_1\left(x - \frac{x^4}{12} + \cdots\right) + \left(\frac{x^2}{2} + \frac{x^4}{12} - \frac{x^5}{40} + \cdots\right).$$

有时候用上面的待定系数法求微分方程的幂级数解比较麻烦,我们可以通过对所给微分方程本身求导数,来确定幂级数解中每一项的系数. 另外,幂级数解法也可用于一般的非线性微分方程. 下面举例说明.

例 17 求微分方程
$$y' = x^2 - y^2$$
满足 $y\big|_{x=1} = 1$ 的解.

解 因为初始条件 $y\big|_{x=1} = 1$ 即 "$x=1$ 时 $y=1$",所以将原微分方程的解 $y(x)$ 在点 $x=1$ 处展开成幂级数:
$$y(x) = y(1) + y'(1)(x-1) + \frac{y''(1)}{2!}(x-1)^2 + \frac{y'''(1)}{3!}(x-1)^3 + \cdots.$$
又 $y(1) = 1$,所以由原微分方程直接得
$$y'(1) = 1 - y^2(1) = 0.$$
再对原微分方程连续求导数,然后代入初始条件,得
$$y'' = 2x - 2yy', \qquad y''(1) = 2;$$
$$y''' = 2 - 2(y')^2 - 2yy'', \qquad y'''(1) = -2;$$
$$y^{(4)} = -6y'y'' - 2yy''', \qquad y^{(4)}(1) = 4;$$
$$y^{(5)} = -6(y'')^2 - 8y'y''' - 2yy^{(4)}, \qquad y^{(5)}(1) = -32;$$
$$y^{(6)} = -20y''y''' - 10y'y^{(4)} - 2yy^{(5)}, \qquad y^{(6)}(1) = 144;$$
......

因此
$$y(x) = 1 + \frac{2}{2!}(x-1)^2 - \frac{2}{3!}(x-1)^3 + \frac{4}{4!}(x-1)^4 - \frac{32}{5!}(x-1)^5 + \frac{144}{6!}(x-1)^6 + \cdots.$$

• 习题 12 – 5

1. 将下列函数展开成 x 的幂级数,并求幂级数展开式成立的区间:
   (1) $f(x) = \ln(2+x)$; (2) $f(x) = \cos^2 x$;
   (3) $f(x) = (1+x)\ln(1+x)$; (4) $f(x) = \dfrac{x^2}{\sqrt{1+x^2}}$;
   (5) $f(x) = \dfrac{x}{3+x^2}$; (6) $f(x) = \dfrac{1}{2}(e^x - e^{-x})$.

2. 将函数 $f(x) = \dfrac{1}{x^2+3x+2}$ 展开成 $x+4$ 的幂级数.

3. 将函数 $f(x) = \sqrt{x^3}$ 展开成 $x-1$ 的幂级数.

4. 利用函数的幂级数展开式,求下列数的近似值:
   (1) $\ln 3$ (误差不超过 10^{-4}); (2) $\cos 2°$ (误差不超过 10^{-4}).

5. 将函数 $F(x) = \displaystyle\int_0^x \dfrac{\arctan t}{t}\,dt$ 展开成 x 的幂级数.

6. 求下列幂级数的和函数:
   (1) $\displaystyle\sum_{n=0}^{\infty} \dfrac{x^{2n+1}}{2n+1}$; (2) $\displaystyle\sum_{n=1}^{\infty} \dfrac{n}{(n-1)!} x^{n-1}$ (提示:应用 e^x 的幂级数展开式).

*7. 试用幂级数解法求下列微分方程的通解:
   (1) $y'' - x^2 y = 0$; (2) $y'' + xy' + y = 0$;
   (3) $y' - xy - x = 1$; (4) $(1-x)y' = x^2 - y$;
   (5) $(x+1)y' = x^2 - 2x + y$.

*8. 试用幂级数解法求下列微分方程满足所给初始条件的解:
   (1) $(x^2 - 2x)y'' + 2(1-x)y' + 2y = 0, y\big|_{x=0} = y\big|_{x=1} = 1$;
   (2) $\dfrac{dy}{dx} = x + y^2, y\big|_{x=0} = 0$;
   (3) $\dfrac{d^2 y}{dx^2} + y\cos x = 0, y\big|_{x=0} = a, y'\big|_{x=0} = 0$.

习题答案

第六节 傅里叶级数

在自然界和工程技术中,常常遇见一些周期现象. 例如,地球运转、潮汐现象、力学中的简谐振动及电学中的电路振荡等,都是在每隔一定的时间就重复原来的过程,这样的现象称为**周期现象**. 周期现象反映在数学上就是周期函数. 而最简单的周期函数就是正弦函数、余弦函数等三角函数.

一、三角级数、三角函数系的正交性

在这一节里,我们要讨论三角级数. 具体地说,讨论如何将周期为 $T\left(T=\dfrac{2\pi}{\omega}\right)$ 的周期函数 $f(t)$ 表示成由一系列三角函数 $A_n\sin(n\omega t+\varphi_n)$ 构成的级数:

$$f(t)=A_0+\sum_{n=1}^{\infty}A_n\sin(n\omega t+\varphi_n), \tag{12-6-1}$$

其中 $A_0, A_n, \varphi_n (n=1,2,\cdots)$ 都是常数.

将周期函数按上述方式展开,它的物理意义是很明显的,这就是把一个比较复杂的周期运动看成许多不同的简单运动的叠加. 为了以后讨论方便起见,我们将式(12-6-1)中的正弦函数按三角公式变形:

$$A_n\sin(n\omega t+\varphi_n)=A_n\sin\varphi_n\cos n\omega t+A_n\cos\varphi_n\sin n\omega t.$$

若记 $a_0=2A_0, a_n=A_n\sin\varphi_n, b_n=A_n\cos\varphi_n (n=1,2,\cdots), \omega t=x$,则式(12-6-1)右端的级数可以改写为

$$\dfrac{a_0}{2}+\sum_{n=1}^{\infty}(a_n\cos nx+b_n\sin nx). \tag{12-6-2}$$

我们将形如式(12-6-2)的级数叫作**三角级数**,其中 $a_0, a_n, b_n (n=1,2,\cdots)$ 都是常数.

如同讨论幂级数一样,我们需要讨论三角级数(12-6-2)的敛散性,以及对给定周期为 2π 的周期函数如何把它展开成三角级数(12-6-2)的问题. 为此,下面首先介绍三角函数系的正交性.

如果在区间 $[a,b]$ 上定义的两个函数 $\varphi(x)$ 与 $\psi(x)$ 满足

$$\int_a^b\varphi(x)\psi(x)\mathrm{d}x=0,$$

则称这两个函数在该区间上**正交**. 若定义在区间 $[a,b]$ 上的函数系 $\{\varphi_n(x)\}$ 中,各函数两两正交,即

$$\int_a^b\varphi_n(x)\varphi_m(x)\mathrm{d}x=0\quad(n,m=1,2,\cdots;n\neq m),$$

则称此函数系为**正交函数系**.

不难证明,三角函数系

$$1, \quad \cos x, \quad \sin x, \quad \cos 2x, \quad \sin 2x, \quad \cdots, \quad \cos nx, \quad \sin nx, \quad \cdots$$

在任何一个长度为 2π 的闭区间上是正交的,即对于任意实数 a,有

$$\int_a^{a+2\pi}\cos nx\,\mathrm{d}x=0\quad(n=1,2,\cdots),$$

$$\int_a^{a+2\pi}\sin nx\,\mathrm{d}x=0\quad(n=1,2,\cdots),$$

$$\int_a^{a+2\pi}\sin mx\cos nx\,\mathrm{d}x=0\quad(m,n=1,2,\cdots),$$

$$\int_a^{a+2\pi}\cos mx\cos nx\,\mathrm{d}x=0\quad(m,n=1,2,\cdots;m\neq n),$$

$$\int_a^{a+2\pi}\sin mx\sin nx\,\mathrm{d}x=0\quad(m,n=1,2,\cdots;m\neq n).$$

我们只验证这些等式中的第四个,其余等式留给读者证明. 事实上,由积化和差公式

$$\cos mx \cos nx = \frac{1}{2}[\cos(m+n)x + \cos(m-n)x],$$

可得

$$\int_a^{a+2\pi} \cos mx \cos nx \, dx = \frac{1}{2}\int_a^{a+2\pi}[\cos(m+n)x + \cos(m-n)x]dx$$

$$= \frac{1}{2}\left[\frac{\sin(m+n)x}{m+n} + \frac{\sin(m-n)x}{m-n}\right]\Big|_a^{a+2\pi}$$

$$= 0 \quad (m,n=1,2,\cdots; m \neq n).$$

在上述三角函数系中,还有

$$\int_a^{a+2\pi} 1^2 dx = 2\pi,$$

$$\int_a^{a+2\pi} \sin^2 nx \, dx = \pi, \quad \int_a^{a+2\pi} \cos^2 nx \, dx = \pi \quad (n=1,2,\cdots).$$

为了确定起见,以后我们把长度为 2π 的闭区间取为 $[-\pi,\pi]$.

二、周期函数展开成傅里叶级数

设 $f(x)$ 是周期为 2π 的周期函数,先假设 $f(x)$ 能展开成三角级数:

$$f(x) = \frac{a_0}{2} + \sum_{k=1}^{\infty}(a_k \cos kx + b_k \sin kx), \qquad (12\text{-}6\text{-}3)$$

并且上式可逐项积分. 接下来解决两个问题:一是求出系数 $a_0, a_n, b_n (n=1,2,\cdots)$,二是考察所得到的三角级数的敛散性.

首先,求 a_0. 对式(12-6-3)在区间 $[-\pi,\pi]$ 上逐项积分,并利用三角函数系的正交性,得

$$\int_{-\pi}^{\pi} f(x)dx = \int_{-\pi}^{\pi}\frac{a_0}{2}dx + \sum_{k=1}^{\infty}\left(a_k\int_{-\pi}^{\pi}\cos kx \, dx + b_k\int_{-\pi}^{\pi}\sin kx \, dx\right)$$

$$= a_0 \pi,$$

所以

$$a_0 = \frac{1}{\pi}\int_{-\pi}^{\pi} f(x)dx.$$

其次,求 $a_n(n=1,2,\cdots)$. 将式(12-6-3)两端同乘以 $\cos nx$,再像上面一样逐项积分,并利用三角函数系的正交性,得

$$\int_{-\pi}^{\pi} f(x)\cos nx \, dx$$

$$= \int_{-\pi}^{\pi}\frac{a_0}{2}\cos nx \, dx + \sum_{k=1}^{\infty}\left(a_k\int_{-\pi}^{\pi}\cos kx \cos nx \, dx + b_k\int_{-\pi}^{\pi}\sin kx \cos nx \, dx\right)$$

$$= a_n\int_{-\pi}^{\pi}\cos^2 nx \, dx = a_n\pi,$$

所以

$$a_n = \frac{1}{\pi}\int_{-\pi}^{\pi} f(x)\cos nx \, dx \quad (n=1,2,\cdots).$$

最后,求 $b_n(n=1,2,\cdots)$.将式(12-6-3)两端同乘以 $\sin nx$,再逐项积分,可得
$$b_n = \frac{1}{\pi}\int_{-\pi}^{\pi} f(x)\sin nx\,\mathrm{d}x \quad (n=1,2,\cdots).$$

综上结果,得
$$\begin{cases} a_n = \dfrac{1}{\pi}\int_{-\pi}^{\pi} f(x)\cos nx\,\mathrm{d}x & (n=0,1,2,\cdots), \\ b_n = \dfrac{1}{\pi}\int_{-\pi}^{\pi} f(x)\sin nx\,\mathrm{d}x & (n=1,2,\cdots). \end{cases} \quad (12\text{-}6\text{-}4)$$

由公式(12-6-4)所求出的系数 $a_0,a_1,b_1,a_2,b_2,\cdots$ 叫作函数 $f(x)$ 的**傅里叶(Fourier)系数**.公式(12-6-4)表明,若一个以 2π 为周期的函数 $f(x)$ 能展开成三角级数,那么这个三角级数的系数必是 $f(x)$ 的傅里叶系数,从而是唯一的.将这些系数代入式(12-6-3)右端,所得的三角级数
$$\frac{a_0}{2} + \sum_{n=1}^{\infty}(a_n\cos nx + b_n\sin nx)$$

叫作函数 $f(x)$ 的**傅里叶级数**,记为
$$f(x) \sim \frac{a_0}{2} + \sum_{n=1}^{\infty}(a_n\cos nx + b_n\sin nx).$$

这里,我们用记号"$\sim$"是因为还不知道这个傅里叶级数是否收敛,而且即使它收敛,也不知其和函数是不是 $f(x)$.那么,函数 $f(x)$ 在怎样的条件下,它的傅里叶级数收敛于 $f(x)$?换言之,$f(x)$ 满足什么条件就可以展开成傅里叶级数?为了回答这一问题,我们不加证明地给出下面的定理.

定理 1(狄利克雷定理) 设 $f(x)$ 是以 2π 为周期的周期函数.如果它满足条件:在一个周期内连续或只有有限个第一类间断点,且在一个周期内至多有有限个极值点,则 $f(x)$ 的傅里叶级数收敛,并且

(1) 当 x 是 $f(x)$ 的连续点时,该级数收敛于 $f(x)$;

(2) 当 x 是 $f(x)$ 的间断点时,该级数收敛于 $\dfrac{f(x^-)+f(x^+)}{2}$.

由定理1不难看出,函数展开成傅里叶级数的条件比展开成幂级数的条件低得多,它甚至不要求函数可导.

例 1 设 $f(x)$ 是周期为 2π 的周期函数,它在区间 $(-\pi,\pi]$ 上的表达式为
$$f(x) = \begin{cases} -1, & -\pi < x \leqslant 0, \\ 1+x^2, & 0 < x \leqslant \pi, \end{cases}$$
问:$f(x)$ 的傅里叶级数在点 $x=\pi$ 处收敛于何值?

解 $f(x)$ 满足狄利克雷定理的条件,$x=\pi$ 是它的间断点,故 $f(x)$ 的傅里叶级数在点 $x=\pi$ 处收敛于
$$\frac{f(\pi^-)+f(\pi^+)}{2} = \frac{1}{2}(1+\pi^2-1) = \frac{1}{2}\pi^2.$$

例 2 设 $f(x)$ 是周期为 2π 的周期函数（见图 12-3），它在区间 $[-\pi,\pi)$ 上的表达式为
$$f(x)=\begin{cases} x, & -\pi\leqslant x<0, \\ 0, & 0\leqslant x<\pi, \end{cases}$$
将 $f(x)$ 展开成傅里叶级数．

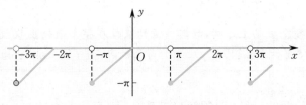

图 12-3

解 $f(x)$ 满足狄利克雷定理的条件，$x=(2k+1)\pi\ (k=0,\pm1,\pm2,\cdots)$ 是它的间断点，故 $f(x)$ 的傅里叶级数在点 $x=(2k+1)\pi$ 处收敛于
$$\frac{f(\pi^-)+f(\pi^+)}{2}=\frac{0-\pi}{2}=-\frac{\pi}{2}.$$

在点 $x\neq(2k+1)\pi$ 处，由公式 (12-6-4) 得
$$a_0=\frac{1}{\pi}\int_{-\pi}^{\pi}f(x)\mathrm{d}x=\frac{1}{\pi}\int_{-\pi}^{0}x\mathrm{d}x=-\frac{\pi}{2},$$
$$a_n=\frac{1}{\pi}\int_{-\pi}^{\pi}f(x)\cos nx\,\mathrm{d}x=\frac{1}{\pi}\int_{-\pi}^{0}x\cos nx\,\mathrm{d}x=\frac{1}{n^2\pi}(1-\cos n\pi)$$
$$=\begin{cases} \dfrac{2}{n^2\pi}, & n=1,3,5,\cdots, \\ 0, & n=2,4,6,\cdots, \end{cases}$$
$$b_n=\frac{1}{\pi}\int_{-\pi}^{\pi}f(x)\sin nx\,\mathrm{d}x=\frac{1}{\pi}\int_{-\pi}^{0}x\sin nx\,\mathrm{d}x=-\frac{\cos n\pi}{n}=\frac{(-1)^{n+1}}{n}\quad (n=1,2,\cdots),$$

于是 $f(x)$ 的傅里叶级数展开式为
$$f(x)=-\frac{\pi}{4}+\left(\frac{2}{\pi}\cos x+\sin x\right)-\frac{1}{2}\sin 2x+\left(\frac{2}{3^2\pi}\cos 3x+\frac{1}{3}\sin 3x\right)$$
$$-\frac{1}{4}\sin 4x+\left(\frac{2}{5^2\pi}\cos 5x+\frac{1}{5}\sin 5x\right)-\cdots$$
$$(-\infty<x<+\infty, x\neq\pm\pi,\pm3\pi,\cdots).$$

例 3 将函数 $f(x)=\arcsin(\sin x)$ 展开成傅里叶级数．

解 $f(x)$ 是以 2π 为周期的周期函数（见图 12-4），它在区间 $[-\pi,\pi)$ 上的表达式为
$$f(x)=\begin{cases} -\pi-x, & -\pi\leqslant x<-\dfrac{\pi}{2}, \\ x, & -\dfrac{\pi}{2}\leqslant x\leqslant\dfrac{\pi}{2}, \\ \pi-x, & \dfrac{\pi}{2}<x<\pi. \end{cases}$$

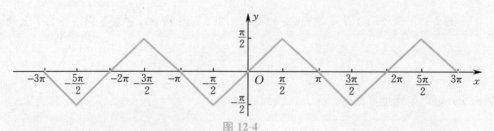

图 12-4

易知 $f(x)$ 在整个数轴上连续,故其傅里叶级数在整个数轴上收敛于 $f(x)$.

计算 $f(x)$ 的傅里叶系数:因为 $f(x)$ 为奇函数,从而 $f(x)\cos nx$ 为奇函数,$f(x)\sin nx$ 为偶函数,所以有

$$a_n = \frac{1}{\pi}\int_{-\pi}^{\pi} f(x)\cos nx\,dx = 0 \quad (n=0,1,2,\cdots),$$

$$b_n = \frac{1}{\pi}\int_{-\pi}^{\pi} f(x)\sin nx\,dx = \frac{2}{\pi}\int_0^{\pi} f(x)\sin nx\,dx$$

$$= \frac{2}{\pi}\left[\int_0^{\frac{\pi}{2}} x\sin nx\,dx + \int_{\frac{\pi}{2}}^{\pi}(\pi-x)\sin nx\,dx\right]$$

(在第二个积分中令 $u=\pi-x$)

$$= \frac{2}{\pi}\int_0^{\frac{\pi}{2}}[1+(-1)^{n+1}]x\sin nx\,dx$$

$$= \frac{2}{\pi}[1+(-1)^{n+1}]\left(-\frac{x\cos nx}{n}+\frac{\sin nx}{n^2}\right)\bigg|_0^{\frac{\pi}{2}}$$

$$= \begin{cases} 0, & n=2m, \\ \dfrac{4}{\pi}\cdot\dfrac{(-1)^{m+1}}{(2m-1)^2}, & n=2m-1 \end{cases} \quad (m=1,2,\cdots).$$

于是

$$\arcsin(\sin x) = \frac{4}{\pi}\sum_{n=1}^{\infty}\frac{(-1)^{n+1}}{(2n-1)^2}\sin(2n-1)x \quad (-\infty<x<+\infty).$$

例 4 设 $f(x)$ 是周期为 2π 的周期函数(见图 12-5),它在区间 $[-\pi,\pi)$ 上的表达式为

$$f(x)=\begin{cases} -x, & -\pi\leqslant x<0, \\ x, & 0\leqslant x<\pi, \end{cases}$$

将 $f(x)$ 展开成傅里叶级数.

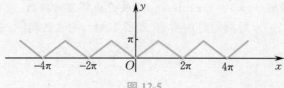

图 12-5

解 易知 $f(x)$ 在整个数轴上连续,故其傅里叶级数在整个数轴上都收敛于 $f(x)$.

注意到 $f(x)$ 为偶函数,从而 $f(x)\cos nx$ 为偶函数,$f(x)\sin nx$ 为奇函数.计算 $f(x)$ 的傅里叶系数:

$$b_n = \frac{1}{\pi}\int_{-\pi}^{\pi} f(x)\sin nx\,dx = 0 \quad (n=1,2,\cdots),$$

$$a_0 = \frac{1}{\pi}\int_{-\pi}^{\pi} f(x)\,dx = \frac{1}{\pi}\int_{-\pi}^{0}(-x)\,dx + \frac{1}{\pi}\int_{0}^{\pi} x\,dx = \pi,$$

$$a_n = \frac{1}{\pi}\int_{-\pi}^{\pi} f(x)\cos nx\,dx = \frac{2}{\pi}\int_{0}^{\pi} x\cos nx\,dx$$

$$= \frac{2}{\pi}\left(\frac{x\sin nx}{n} + \frac{\cos nx}{n^2}\right)\Big|_0^{\pi} = \frac{2}{n^2\pi}(\cos n\pi - 1)$$

$$= \begin{cases} -\dfrac{4}{n^2\pi}, & n=1,3,5,\cdots, \\ 0, & n=2,4,6,\cdots. \end{cases}$$

于是，$f(x)$ 的傅里叶级数展开式为

$$f(x) = \frac{\pi}{2} - \frac{4}{\pi}\sum_{n=1}^{\infty}\frac{1}{(2n-1)^2}\cos(2n-1)x \quad (-\infty < x < +\infty). \tag{12-6-5}$$

与牛顿和莱布尼茨同时代的瑞士数学家雅各布·伯努利(Jakob Bernoulli)发现过几个级数的和，但他未能求出级数

$$1 + \frac{1}{2^2} + \frac{1}{3^2} + \cdots + \frac{1}{n^2} + \cdots$$

的和．下面我们利用例4中函数 $f(x)$ 的傅里叶级数展开式来解决这个问题，附带求出另外几个级数的和．

在例4中，当 $x=0$ 时，$f(0)=0$，利用式(12-6-5)，可得

$$1 + \frac{1}{3^2} + \frac{1}{5^2} + \cdots + \frac{1}{(2n-1)^2} + \cdots = \frac{\pi^2}{8}.$$

若记

$$\sigma = 1 + \frac{1}{2^2} + \frac{1}{3^2} + \cdots + \frac{1}{n^2} + \cdots,$$

$$\sigma_1 = 1 + \frac{1}{3^2} + \frac{1}{5^2} + \cdots + \frac{1}{(2n-1)^2} + \cdots,$$

$$\sigma_2 = \frac{1}{2^2} + \frac{1}{4^2} + \cdots + \frac{1}{(2n)^2} + \cdots,$$

$$\sigma_3 = 1 - \frac{1}{2^2} + \frac{1}{3^2} - \cdots + (-1)^{n-1}\frac{1}{n^2} + \cdots,$$

则由 $\sigma = \sigma_1 + \sigma_2, \sigma_2 = \dfrac{1}{4}\sigma$ 得

$$\sigma_2 = \frac{1}{3}\sigma_1 = \frac{1}{3}\cdot\frac{\pi^2}{8} = \frac{\pi^2}{24},$$

$$\sigma = \sigma_1 + \sigma_2 = \frac{\pi^2}{8} + \frac{\pi^2}{24} = \frac{\pi^2}{6},$$

$$\sigma_3 = \sigma_1 - \sigma_2 = \frac{\pi^2}{8} - \frac{\pi^2}{24} = \frac{\pi^2}{12}.$$

由例 3 和例 4 的解题过程可知,若 $f(x)$ 是以 2π 为周期的奇函数,则其傅里叶系数为

$$a_n = 0 \quad (n = 0, 1, 2, \cdots),$$

$$b_n = \frac{2}{\pi} \int_0^\pi f(x) \sin nx \, dx \quad (n = 1, 2, \cdots),$$

从而

$$f(x) = \sum_{n=1}^{\infty} b_n \sin nx, \quad x \text{ 为 } f(x) \text{ 的连续点}.$$

这种只含正弦函数项的傅里叶级数称为 正弦级数.

类似地,若 $f(x)$ 是以 2π 为周期的偶函数,则其傅里叶系数为

$$b_n = 0 \quad (n = 1, 2, \cdots),$$

$$a_n = \frac{2}{\pi} \int_0^\pi f(x) \cos nx \, dx \quad (n = 0, 1, 2, \cdots),$$

从而

$$f(x) = \frac{a_0}{2} + \sum_{n=1}^{\infty} a_n \cos nx, \quad x \text{ 为 } f(x) \text{ 的连续点}.$$

这种只含余弦函数项的傅里叶级数称为 余弦级数.

上述结论的证明是显然的.

三、非周期函数的傅里叶展开

前面讨论了以 2π 为周期的周期函数的傅里叶级数. 在这里,我们将讨论非周期函数的傅里叶展开.

设函数 $f(x)$ 只在区间 $[-\pi, \pi]$ 上有定义,且满足狄利克雷定理的条件. 我们定义一个以 2π 为周期的函数 $F(x)$,在 $[-\pi, \pi]$[或 $(-\pi, \pi]$,$[-\pi, \pi)$] 上有 $F(x) \equiv f(x)$,则 $F(x)$ 可以展开成傅里叶级数. 当限制 $x \in (-\pi, \pi)$ 时,由 $F(x) \equiv f(x)$,便得到 $f(x)$ 的傅里叶级数展开式. 而当 $x = \pm\pi$ 时,该级数收敛于 $\frac{1}{2}[f(\pi^-) + f(-\pi^+)]$. 由 $f(x)$ 扩充为 $F(x)$ 的过程称为 周期延拓.

例 5 将函数 $f(x) = e^x \, (-\pi \leqslant x \leqslant \pi)$ 展开成傅里叶级数.

解 易知 $f(x)$ 在区间 $[-\pi, \pi]$ 上满足狄利克雷定理的条件. 对 $f(x)$ 做周期延拓(见图 12-6),所得的周期函数的傅里叶级数在区间 $(-\pi, \pi)$ 内收敛于 $f(x)$,在点 $x = \pm\pi$ 处将收敛于

$$\frac{1}{2}[f(\pi^-) + f(-\pi^+)] = \frac{1}{2}(e^\pi + e^{-\pi}).$$

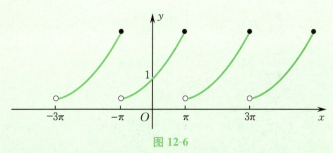

图 12-6

计算傅里叶系数：

$$a_0 = \frac{1}{\pi}\int_{-\pi}^{\pi} e^x \, dx = \frac{e^\pi - e^{-\pi}}{\pi},$$

$$a_n = \frac{1}{\pi}\int_{-\pi}^{\pi} e^x \cos nx \, dx = (-1)^n \frac{e^\pi - e^{-\pi}}{\pi(1+n^2)} \quad (n=1,2,\cdots),$$

$$b_n = \frac{1}{\pi}\int_{-\pi}^{\pi} e^x \sin nx \, dx = (-1)^{n-1} \frac{n(e^\pi - e^{-\pi})}{\pi(1+n^2)} \quad (n=1,2,\cdots).$$

故 $f(x)$ 的傅里叶级数展开式为

$$f(x) = \frac{e^\pi - e^{-\pi}}{\pi}\left(\frac{1}{2} - \frac{\cos x}{1+1^2} + \frac{\sin x}{1+1^2} + \frac{\cos 2x}{1+2^2} - \frac{2\sin 2x}{1+2^2} \right.$$

$$\left. - \frac{\cos 3x}{1+3^2} + \frac{3\sin 3x}{1+3^2} + \cdots\right), \quad -\pi < x < \pi.$$

若函数 $f(x)$ 只在区间 $[0,\pi]$ 上有定义，且满足狄利克雷定理的条件(狄利克雷定理中关于函数在一个周期内所设的条件). 要将 $f(x)$ 在 $[0,\pi]$ 上展开成傅里叶级数，需要先在区间 $[-\pi,0)$ 上补充函数 $f(x)$ 的定义，得到定义在区间 $[-\pi,\pi]$ 上的新函数 $F(x)$，再将 $F(x)$ 按前面介绍的方法展开成傅里叶级数. 当限制 $x \in (0,\pi)$ 时，$F(x) \equiv f(x)$，便得到 $f(x)$ 的傅里叶级数展开式. 在定义新函数 $F(x)$ 时，通常采用下面两种**方法**：

(1) 定义 $F(x) = \begin{cases} f(x), & 0 < x \leqslant \pi, \\ 0, & x = 0, \\ -f(-x), & -\pi \leqslant x < 0, \end{cases}$ 则 $F(x)$ 为奇函数，这种延拓过程称为奇延拓，这样得到的傅里叶级数为正弦级数.

(2) 定义 $F(x) = \begin{cases} f(x), & 0 \leqslant x \leqslant \pi, \\ f(-x), & -\pi \leqslant x < 0, \end{cases}$ 则 $F(x)$ 为偶函数，这种延拓过程称为偶延拓，这样得到的傅里叶级数为余弦级数.

例 6 将函数 $f(x) = \pi^2 - x^2 (0 \leqslant x \leqslant \pi)$ 分别展开成正弦级数和余弦级数.

解 对 $f(x)$ 做奇延拓，则有

$$a_n = 0 \quad (n=0,1,2,\cdots),$$

$$b_n = \frac{2}{\pi}\int_0^\pi f(x)\sin nx\,dx = \frac{2}{\pi}\int_0^\pi (\pi^2 - x^2)\sin nx\,dx$$

$$= \frac{2\pi}{n} + [1 - (-1)^n]\frac{4}{n^3\pi} \quad (n = 1, 2, \cdots),$$

从而

$$f(x) = \sum_{n=1}^{\infty}\left\{\frac{2\pi}{n} + [1 - (-1)^n]\frac{4}{n^3\pi}\right\}\sin nx \quad (0 < x \leqslant \pi).$$

对 $f(x)$ 做偶延拓，则有

$$b_n = 0 \quad (n = 1, 2, \cdots),$$

$$a_n = \frac{2}{\pi}\int_0^\pi (\pi^2 - x^2)\cos nx\,dx = (-1)^n\frac{-4}{n^2} \quad (n = 1, 2, \cdots),$$

$$a_0 = \frac{2}{\pi}\int_0^\pi (\pi^2 - x^2)\,dx = \frac{4}{3}\pi^2,$$

从而

$$f(x) = \frac{2\pi^2}{3} - 4\sum_{n=1}^{\infty}\frac{(-1)^n}{n^2}\cos nx \quad (0 \leqslant x \leqslant \pi).$$

四、任意区间上的傅里叶级数

前面的讨论都限制在区间 $[-\pi, \pi]$ 或 $[0, \pi]$ 上. 在这里，我们要研究定义在任意区间 $[a, b]$ 上的函数 $f(x)$ 如何展开成傅里叶级数. 首先，我们讨论定义在区间 $[-l, l]$ 上的函数 $f(x)$ 的傅里叶展开.

设函数 $f(x)$ 在区间 $[-l, l]$ 上有定义，且满足狄利克雷定理的条件. 令 $x = \frac{l}{\pi}t$，则当 x 在区间 $[-l, l]$ 上变化时，t 就在区间 $[-\pi, \pi]$ 上变化. 记 $f(x) = f\left(\frac{l}{\pi}t\right) = \varphi(t)$，则 $\varphi(t)$ 在 $[-\pi, \pi]$ 上有意义，且满足狄利克雷定理的条件. 于是，$\varphi(t)$ 在区间 $(-\pi, \pi)$ 上可以展开成傅里叶级数：

$$\varphi(t) = \frac{a_0}{2} + \sum_{n=1}^{\infty}(a_n\cos nt + b_n\sin nt), \quad (12\text{-}6\text{-}6)$$

其中

$$\begin{cases} a_n = \frac{1}{\pi}\int_{-\pi}^{\pi}\varphi(t)\cos nt\,dt & (n = 0, 1, 2, \cdots), \\ b_n = \frac{1}{\pi}\int_{-\pi}^{\pi}\varphi(t)\sin nt\,dt & (n = 1, 2, \cdots). \end{cases}$$

在式(12-6-6)中，用 $t = \frac{\pi}{l}x$ 回代，就得到函数 $f(x)$ 在区间 $(-l, l)$ 上的傅里叶展开式

$$f(x) = \frac{a_0}{2} + \sum_{n=1}^{\infty}\left(a_n\cos\frac{n\pi x}{l} + b_n\sin\frac{n\pi x}{l}\right), \quad (12\text{-}6\text{-}7)$$

这里
$$\begin{cases} a_n = \dfrac{1}{l}\int_{-l}^{l} f(x)\cos\dfrac{n\pi x}{l}\mathrm{d}x & (n=0,1,2,\cdots), \\ b_n = \dfrac{1}{l}\int_{-l}^{l} f(x)\sin\dfrac{n\pi x}{l}\mathrm{d}x & (n=1,2,\cdots). \end{cases}$$

同样可以证明,级数(12-6-7)在 $(-l,l)$ 内 $f(x)$ 的间断点 x_0 处收敛于
$$\frac{f(x_0^-)+f(x_0^+)}{2},$$
而在区间的端点 $x=\pm l$ 处收敛于
$$\frac{f(-l^+)+f(l^-)}{2}.$$

若函数 $f(x)$ 在区间 $[0,l]$ 上有定义,且在此区间上满足狄利克雷定理的条件,我们可以仿照前面的方法通过奇延拓或偶延拓,将它展开成正弦级数或余弦级数. 这时,正弦级数的傅里叶系数为
$$\begin{cases} a_n = 0 & (n=0,1,2,\cdots), \\ b_n = \dfrac{2}{l}\int_{0}^{l} f(x)\sin\dfrac{n\pi x}{l}\mathrm{d}x & (n=1,2,\cdots), \end{cases}$$
余弦级数的傅里叶系数为
$$\begin{cases} a_n = \dfrac{2}{l}\int_{0}^{l} f(x)\cos\dfrac{n\pi x}{l}\mathrm{d}x & (n=0,1,2,\cdots), \\ b_n = 0 & (n=1,2,\cdots). \end{cases}$$

例7 将函数 $f(x)=\begin{cases} 1, & 0\leqslant x\leqslant 2, \\ 0, & -2\leqslant x<0 \end{cases}$ 展开成傅里叶级数.

解 易知 $f(x)$ 在区间 $[-2,2]$ 上满足狄利克雷定理的条件. 计算 $f(x)$ 的傅里叶系数:
$$a_0 = \frac{1}{l}\int_{-l}^{l} f(x)\mathrm{d}x = \frac{1}{2}\int_{0}^{2}\mathrm{d}x = 1,$$
$$a_n = \frac{1}{l}\int_{-l}^{l} f(x)\cos\frac{n\pi x}{l}\mathrm{d}x = \frac{1}{2}\int_{0}^{2}\cos\frac{n\pi x}{2}\mathrm{d}x = 0 \quad (n=1,2,\cdots),$$
$$b_n = \frac{1}{l}\int_{-l}^{l} f(x)\sin\frac{n\pi x}{l}\mathrm{d}x = \frac{1}{2}\int_{0}^{2}\sin\frac{n\pi x}{2}\mathrm{d}x = \frac{1}{n\pi}[1-(-1)^n]$$
$$= \begin{cases} \dfrac{2}{(2k-1)\pi}, & n=2k-1, \\ 0, & n=2k \end{cases} \quad (k=1,2,\cdots).$$

故
$$f(x) = \frac{1}{2} + \frac{2}{\pi}\left(\sin\frac{\pi x}{2} + \frac{1}{3}\sin\frac{3\pi x}{2} + \frac{1}{5}\sin\frac{5\pi x}{2} + \cdots\right) \quad (-2<x<2 \text{ 且 } x\neq 0).$$

在 $x=0,\pm 2$ 处,上式右端的级数收敛于 $\dfrac{1}{2}$.

例8 将函数 $f(x)=x$ 在区间 $[0,3]$ 上分别展开成余弦级数和正弦级数.

解 对 $f(x)$ 做偶延拓,则有
$$b_n=0 \quad (n=1,2,\cdots),$$
$$a_0=\frac{2}{3}\int_0^3 x\,\mathrm{d}x=3,$$
$$a_n=\frac{2}{3}\int_0^3 x\cos\frac{n\pi x}{3}\mathrm{d}x=\frac{6}{(n\pi)^2}[(-1)^n-1]$$
$$=\begin{cases}\dfrac{-12}{(2k-1)^2\pi^2}, & n=2k-1, \\ 0, & n=2k\end{cases} \quad (k=1,2,\cdots).$$

于是
$$f(x)=\frac{3}{2}-12\left(\frac{1}{\pi^2}\cos\frac{\pi x}{3}+\frac{1}{3^2\pi^2}\cos\frac{3\pi x}{3}+\frac{1}{5^2\pi^2}\cos\frac{5\pi x}{3}+\cdots\right) \quad (0\leqslant x\leqslant 3).$$

对 $f(x)$ 做奇延拓,则有
$$a_n=0 \quad (n=0,1,2,\cdots),$$
$$b_n=\frac{2}{3}\int_0^3 x\sin\frac{n\pi x}{3}\mathrm{d}x=(-1)^{n+1}\frac{6}{n\pi} \quad (n=1,2,\cdots).$$

于是
$$f(x)=6\left(\frac{1}{\pi}\sin\frac{\pi x}{3}-\frac{1}{2\pi}\sin\frac{2\pi x}{3}+\frac{1}{3\pi}\sin\frac{3\pi x}{3}-\cdots\right) \quad (0\leqslant x<3).$$

在点 $x=3$ 处,上式右端的级数收敛于 0.

对于定义在任意区间 $[a,b]$ 上的函数 $f(x)$,若它在此区间上满足狄利克雷定理的条件,令
$$l=\max\{|a|,|b|\},$$
我们可以适当地补充定义,使得 $F(x)$ 在区间 $[-l,l]$ 上有定义,且当 $x\in[a,b]$ 时,$F(x)\equiv f(x)$.于是,仍可以用前面介绍的方法将 $f(x)$ 展开成傅里叶级数.

习题 12-6

1. 设 $f(x)$ 是周期为 2π 的周期函数,它在区间 $(-\pi,\pi]$ 上的表达式为
$$f(x)=\begin{cases}2, & -\pi<x\leqslant 0, \\ x^3, & 0<x\leqslant\pi,\end{cases}$$
问:$f(x)$ 的傅里叶级数在点 $x=-\pi$ 处收敛于何值?

2. 写出函数 $f(x)=\begin{cases}-1, & -\pi\leqslant x\leqslant 0, \\ x^2, & 0<x\leqslant\pi\end{cases}$ 的傅里叶级数的和函数.

3. 写出以 2π 为周期的周期函数 $f(x)$ 的傅里叶级数,其中 $f(x)$ 在区间 $[-\pi,\pi)$ 上的表达式如下:

(1) $f(x) = \begin{cases} -\dfrac{\pi}{4}, & -\pi \leqslant x < 0, \\ \dfrac{\pi}{4}, & 0 \leqslant x < \pi; \end{cases}$ (2) $f(x) = x^2 \quad (-\pi \leqslant x < \pi)$;

(3) $f(x) = \begin{cases} -\dfrac{\pi}{2}, & -\pi \leqslant x < -\dfrac{\pi}{2}, \\ x, & -\dfrac{\pi}{2} \leqslant x < \dfrac{\pi}{2}, \\ \dfrac{\pi}{2}, & \dfrac{\pi}{2} \leqslant x < \pi; \end{cases}$ (4) $f(x) = \cos\dfrac{x}{2} \quad (-\pi \leqslant x < \pi)$.

4. 将下列函数展开成傅里叶级数:

(1) $f(x) = \dfrac{\pi}{4} - \dfrac{x}{2} \quad (-\pi < x < \pi)$; (2) $f(x) = |\sin x| \quad (-\pi \leqslant x < \pi)$.

5. 设函数 $f(x) = x + 1 (0 \leqslant x \leqslant \pi)$,试将 $f(x)$ 分别展开成正弦级数和余弦级数.

6. 将函数 $f(x) = 2 + |x| (-1 \leqslant x \leqslant 1)$ 展开成以 2 为周期的傅里叶级数,并求级数 $\sum_{n=1}^{\infty} \dfrac{1}{n^2}$ 的和.

7. 将函数 $f(x) = x - 1 (0 \leqslant x \leqslant 2)$ 展开成周期为 4 的余弦级数.

8. 设函数 $f(x) = \begin{cases} x, & 0 \leqslant x \leqslant \dfrac{1}{2}, \\ 2 - 2x, & \dfrac{1}{2} < x < 1, \end{cases}$ $s(x) = \dfrac{a_0}{2} + \sum_{n=1}^{\infty} a_n \cos n\pi x (-\infty < x < +\infty)$,其中 $a_n = 2\int_0^1 f(x) \cos n\pi x \, dx (n = 0, 1, 2, \cdots)$,求 $s\left(-\dfrac{5}{2}\right)$.

9. 设函数 $f(x) = x^2 (0 \leqslant x < 1)$,而 $s(x) = \sum_{n=1}^{\infty} b_n \sin n\pi x (-\infty < x < +\infty)$,其中 $b_n = 2\int_0^1 f(x) \sin n\pi x \, dx (n = 1, 2, \cdots)$,求 $s\left(-\dfrac{1}{2}\right)$.

10. 将周期函数 $f(x)$ 展开成傅里叶级数,其中 $f(x)$ 在一个周期内的表达式如下:

(1) $f(x) = 1 - x^2 \quad \left(-\dfrac{1}{2} \leqslant x < \dfrac{1}{2}\right)$;

(2) $f(x) = \begin{cases} 2x + 1, & -3 \leqslant x < 0, \\ 1, & 0 \leqslant x < 3. \end{cases}$

习 题 十 二

1. 填空题:

(1) 级数 $\sum_{n=1}^{\infty} \left(\dfrac{1}{n^2 + 1}\right)^{\frac{1}{n}}$ 的敛散性是_____.

(2) 级数 $\sum\limits_{n=1}^{\infty}\left(\dfrac{n}{2n-1}\right)^n$ 的敛散性是_____.

(3) 已知幂级数 $\sum\limits_{n=0}^{\infty}a_n(x+2)^n$ 在点 $x=0$ 处收敛,在点 $x=-4$ 处发散,则幂级数 $\sum\limits_{n=0}^{\infty}a_n(x-3)^n$ 的收敛域为_____.

(4) 设函数 $f(x)=x+1(-\pi<x<\pi)$ 的傅里叶级数的和函数为 $s(x)$,则 $s(5\pi)=$_____.

(5) 设函数 $f(x)=x^2(0\leqslant x\leqslant\pi)$ 的正弦级数 $\sum\limits_{n=1}^{\infty}b_n\sin nx$ 的和函数为 $s(x)$,则当 $x\in(\pi,2\pi)$ 时,$s(x)=$_____.

2. 选择题:

(1) 正项级数 $\sum\limits_{n=1}^{\infty}a_n$ 收敛的一个充分条件是( ).

A. $\sum\limits_{n=1}^{\infty}a_n^2$ 收敛   B. $\sum\limits_{n=1}^{\infty}(-1)^{n-1}a_n$ 收敛

C. $\sum\limits_{n=1}^{\infty}(a_{2n-1}+a_{2n})$ 收敛   D. $\sum\limits_{n=1}^{\infty}(a_{2n-1}-a_{2n})$ 收敛

(2) 设级数 $\sum\limits_{n=1}^{\infty}(-1)^n a_n^2$ 条件收敛,则( ).

A. $\sum\limits_{n=1}^{\infty}a_n$ 一定条件收敛   B. $\sum\limits_{n=1}^{\infty}a_n$ 一定绝对收敛

C. $\sum\limits_{n=1}^{\infty}\dfrac{a_n}{n}$ 一定条件收敛   D. $\sum\limits_{n=1}^{\infty}\dfrac{a_n}{n^2}$ 一定绝对收敛

(3) 设函数 $f(x)$ 在点 $x=0$ 的某个邻域内具有连续导数,且 $f(0)=a,f'(0)=b$,则级数 $\sum\limits_{n=1}^{\infty}(-1)^n f\left(\dfrac{1}{n}\right)$ 条件收敛的充分条件是( ).

A. $a=0,b\neq 0$ B. $a\neq 0,b=0$

C. $a=b=0$ D. $a\neq 0,b\neq 0$

(4) 设数列 $\{a_n\}$ 单调减少,$\lim\limits_{n\to\infty}a_n=0$,$S_n=\sum\limits_{k=1}^{n}a_k(n=1,2,\cdots)$ 无界,则幂级数 $\sum\limits_{n=1}^{\infty}a_n(x-1)^n$ 的收敛域为( ).

A. $(-1,1]$ B. $[-1,1)$ C. $[0,2)$ D. $(0,2]$

(5) 设 $f(x)$ 是以 2π 为周期的周期函数,且 $f(x)=\begin{cases}x, & 0\leqslant x\leqslant\pi,\\ 2\pi-x, & \pi<x<2\pi,\end{cases}$ $a_n(n=0,1,2,\cdots),b_n(n=1,2,\cdots)$ 为其傅里叶系数,则有( ).

A. $a_{2n}=0,b_{2n}\neq 0$ B. $a_{2n}\neq 0,b_{2n}=0$

C. $a_{2n+1}\neq 0,b_{2n+1}=0$ D. $a_{2n+1}=0,b_{2n+1}\neq 0$

3. 设 $a_n=\int_0^{\frac{\pi}{4}}\tan^n x\,\mathrm{d}x(n=1,2,\cdots)$,证明:

(1) $a_n+a_{n-2}=\dfrac{1}{n-1}(n=3,4,\cdots)$,并求级数 $\sum\limits_{n=3}^{\infty}\dfrac{1}{n}(a_n+a_{n-2})$ 的和;

(2) 级数 $\sum\limits_{n=1}^{\infty}\dfrac{a_n}{\sqrt{n}}$ 收敛.

4. 设 a 为正常数,讨论级数 $\sum\limits_{n=1}^{\infty}\dfrac{(-1)^n}{1+a^n}$ 的敛散性,若收敛,指出是条件收敛还是绝对收敛.

5. 设 a_n 为曲线 $y=x^n$ 与 $y=x^{n+1}(n=1,2,\cdots)$ 所围成平面图形的面积,讨论级数 $\sum\limits_{n=1}^{\infty}n^{\lambda}a_n$ 的敛散性(λ 为常数).

6. 将函数 $f(x)=\int_0^x \dfrac{\ln(1+t^2)}{t}\mathrm{d}t$ 展开成 x 的幂级数,并指出其收敛域.

7. 求幂级数 $\sum\limits_{n=0}^{\infty}\dfrac{4n^2+4n+3}{2n+1}x^{2n}$ 的收敛域与和函数 $s(x)$.

8. (1) 求幂级数 $\sum\limits_{n=0}^{\infty}(n+1)^2 x^n$ 的收敛域与和函数 $s(x)$;

(2) 求级数 $\sum\limits_{n=0}^{\infty}\left(\dfrac{n+1}{2^n}\right)^2$ 的和.

9. 求幂级数 $\sum\limits_{n=1}^{\infty}\dfrac{(-1)^{n-1}}{2n-1}x^{2n}$ 的收敛域与和函数 $s(x)$.

10. 求幂级数 $\sum\limits_{n=1}^{\infty}\dfrac{x^n}{n(n+1)}$ 的收敛域与和函数 $s(x)$,并求级数 $\sum\limits_{n=1}^{\infty}\dfrac{1}{n(n+1)2^n}$ 的和.

11. 求幂级数 $\sum\limits_{n=1}^{\infty}(-1)^{n-1}\left[1+\dfrac{1}{n(2n-1)}\right]x^{2n}$ 的收敛区间与和函数 $s(x)$.

12. (1) 将函数 $f(x)=x\cos x^2$ 展开成麦克劳林级数;

(2) 求级数 $\dfrac{1}{2}-\dfrac{1}{6}\cdot\dfrac{1}{2!}+\dfrac{1}{10}\cdot\dfrac{1}{4!}-\dfrac{1}{14}\cdot\dfrac{1}{6!}+\cdots$ 的和.

13. 将函数 $f(x)=\dfrac{x}{2+x-x^2}$ 展开成 x 的幂级数.

14. 将函数 $f(x)=1-x^2(0\leqslant x\leqslant \pi)$ 展开成余弦级数,并求级数 $\sum\limits_{n=1}^{\infty}\dfrac{(-1)^{n-1}}{n^2}$ 的和.

15. 设有方程 $x^n+nx-1=0$,其中 n 为正整数,证明:此方程存在唯一正实根 x_n,以及当 $\alpha>1$ 时,级数 $\sum\limits_{n=1}^{\infty}x_n^{\alpha}$ 收敛.

习题参考答案与提示

习题 7-1

1. 略.
2. $z=0$; $x=0$; $y=0$.
3. $y=0, z=0$; $x=0, z=0$; $x=0, y=0$.
4. (1) $\sqrt{29}$;   (2) $\sqrt{29}$;   (3) $\sqrt{67}$;   (4) $3\sqrt{5}$.
5. $5\sqrt{2}, \sqrt{34}, \sqrt{41}, 5$.
6. $\left(0, 0, \dfrac{14}{9}\right)$.
7. 略.

习题 7-2

1. 略.
2. $5\boldsymbol{a} - 11\boldsymbol{b} + 7\boldsymbol{c}$.
3. $\overrightarrow{D_1A} = -\left(\boldsymbol{c} + \dfrac{1}{5}\boldsymbol{a}\right), \overrightarrow{D_2A} = -\left(\boldsymbol{c} + \dfrac{2}{5}\boldsymbol{a}\right), \overrightarrow{D_3A} = -\left(\boldsymbol{c} + \dfrac{3}{5}\boldsymbol{a}\right), \overrightarrow{D_4A} = -\left(\boldsymbol{c} + \dfrac{4}{5}\boldsymbol{a}\right)$.
4. 2.
5. $(-2, 3, 0)$.
6. (1) $a_x = 3, a_y = 1, a_z = -2$;   (2) $\sqrt{14}$;

    (3) $\boldsymbol{e}_{\overrightarrow{P_1P_2}} = \dfrac{3}{\sqrt{14}}\boldsymbol{i} + \dfrac{1}{\sqrt{14}}\boldsymbol{j} - \dfrac{2}{\sqrt{14}}\boldsymbol{k}$;

    (4) $\cos\alpha = \dfrac{3}{\sqrt{14}}, \cos\beta = \dfrac{1}{\sqrt{14}}, \cos\gamma = -\dfrac{2}{\sqrt{14}}$.

7. $\sqrt{21}$; $\cos\alpha = \dfrac{2}{\sqrt{21}}, \cos\beta = \dfrac{1}{\sqrt{21}}, \cos\gamma = \dfrac{4}{\sqrt{21}}$.
8. $\sqrt{3}, \sqrt{38}, 3$; $\boldsymbol{a} = \sqrt{3}\boldsymbol{e}_a, \boldsymbol{b} = \sqrt{38}\boldsymbol{e}_b, \boldsymbol{c} = 3\boldsymbol{e}_c$.
9. $13, 7\boldsymbol{j}$.
10. $\left(\dfrac{1}{2}, \dfrac{1}{2}, \pm\dfrac{\sqrt{2}}{2}\right)$ 或 $\left(\dfrac{1}{2}, -\dfrac{1}{2}, \pm\dfrac{\sqrt{2}}{2}\right)$.
11. $\left(\dfrac{11}{4}, -\dfrac{1}{4}, 3\right)$.
12. $\left(\dfrac{190}{49}, \dfrac{285}{49}, \dfrac{570}{49}\right)$ 或 $(2, 3, 6)$.
13. (1) -6;   (2) -61.

14. (1) 38;　　　(2) −113;　　　(3) 9.
15. (1) $3\boldsymbol{i}-7\boldsymbol{j}-5\boldsymbol{k}$;　　(2) $42\boldsymbol{i}-98\boldsymbol{j}-70\boldsymbol{k}$;
　　(3) $-42\boldsymbol{i}+98\boldsymbol{j}+70\boldsymbol{k}$;　　(4) $\boldsymbol{0}$.
16. (1) 24;　　　(2) 84.

习　题　7-3

1. $3x-2y+6z+2=0$.
2. $x+7y-3z-59=0$.
3. $\dfrac{x}{4}+\dfrac{y}{2}+\dfrac{z}{4}=1$.
4. $x-3y-2z=0$.
5. 略.
6. $x-y=0$.
7. (1) $\dfrac{x-1}{2}=\dfrac{y+2}{3}=\dfrac{z-1}{-2}$ 或 $\dfrac{x-3}{2}=\dfrac{y-1}{3}=\dfrac{z+1}{-2}$;
　(2) $\dfrac{x-3}{2}=\dfrac{y+1}{-1}=\dfrac{z}{3}$ 或 $\dfrac{x-1}{2}=\dfrac{y}{-1}=\dfrac{z+3}{3}$.
8. $\dfrac{x}{1}=\dfrac{y-7}{-7}=\dfrac{z-17}{-19}$; $x=t, y=7-7t, z=17-19t$.
9. (1) -4;　　　(2) $\pm\dfrac{\sqrt{70}}{2}$.
10. (1) $18, -\dfrac{2}{3}$;　　(2) 6.
11. $2x-y-3z=0$.
12. $\pm\dfrac{1}{\sqrt{30}}(5\boldsymbol{i}+\boldsymbol{j}-2\boldsymbol{k})$.
13. (1) $\dfrac{\pi}{2}$;　　　(2) $78°5'$.
14. (1) $(2,-3,6)$;　　(2) $(-2,1,3)$.
15. 1.

习　题　7-4

1. $x^2+y^2+z^2-2x-6y+4z=0$.
2. $8x^2+8y^2+8z^2-68x+108y-114z+779=0$.
3. ~ 5. 略.
6. (1) $(3,4,-2)$ 及 $(6,-2,2)$;　　(2) $(4,-3,2)$.
7. $\begin{cases} x^2+y^2=9, \\ z=\pm 5. \end{cases}$
8. (1) $\begin{cases} -\dfrac{y^2}{\left(\dfrac{5\sqrt{5}}{3}\right)^2}+\dfrac{z^2}{\left(\dfrac{2\sqrt{5}}{3}\right)^2}=1, \\ x=2; \end{cases}$　　(2) $\begin{cases} \dfrac{x^2}{9}+\dfrac{z^2}{4}=1, \\ y=0; \end{cases}$

(3) $\begin{cases} \dfrac{x^2}{(3\sqrt{2})^2} + \dfrac{z^2}{(2\sqrt{2})^2} = 1, \\ y = 5; \end{cases}$ (4) $\begin{cases} \dfrac{x^2}{9} - \dfrac{y^2}{25} = 0, \\ z = 2. \end{cases}$

9. $\begin{cases} x^2 + y^2 = \dfrac{a^2}{2}, \\ z = 0. \end{cases}$

10. $\begin{cases} \left(x - \dfrac{1}{2}\right)^2 + y^2 = \dfrac{5}{4}, \\ z = 0. \end{cases}$

习 题 七

1. (1) $x - y + z = -1$; (2) $\sqrt{2}$;
   (3) $(-12, -4, 18)$; (4) $\begin{cases} 2x^2 + 5y^2 + 4xy = 1, \\ z = 0; \end{cases}$
   (5) $x^2 + y^2 + z^2 = 1$.

2. (1) B; (2) A; (3) B; (4) B; (5) D.

3. $-\dfrac{4}{7}$.

4. $\dfrac{\pi}{3}$.

5. 略.

6. $\pm\dfrac{\sqrt{3}}{3}(-\boldsymbol{i} - \boldsymbol{j} + \boldsymbol{k}), \dfrac{5\sqrt{13}}{26}$.

7. 1.

8. ~ 9. 略.

10. $\dfrac{1}{2} + \sqrt{2} + \sqrt{3} + \dfrac{3}{2}\sqrt{5}$.

11. 2.

12. 略.

13. $2x + 3y - 4z - 1 = 0$.

14. (1) $\dfrac{x-2}{3} = \dfrac{y+3}{-1} = \dfrac{z-4}{2}$; (2) $\dfrac{x}{-2} = \dfrac{y-2}{3} = \dfrac{z-4}{1}$;
    (3) $\dfrac{x+1}{2} = \dfrac{y-2}{-1} = \dfrac{z-1}{3}$.

15. (1) 平行; (2) 垂直; (3) 重合.

16. $x + 2y + 3z = 0$.

17. $2x + 15y + 7z + 7 = 0$.

18. $\left(-\dfrac{5}{3}, \dfrac{2}{3}, \dfrac{2}{3}\right)$.

19. $\dfrac{\sqrt{38}}{2}$.

20. $\begin{cases} 2x - y + 5z - 3 = 0, \\ x + 2y - 7 = 0. \end{cases}$

21. $5x+2y+z+1=0$.

22. (1) $\begin{cases} 1-2x=y^2, \\ z=0; \end{cases}$ (2) $1-2x=y^2$.

习 题 8-1

1. (1) 开集、无界点集、聚点集：$\mathbf{R}^2$，边界：$\{(x,y) \mid x=0\}$；
   (2) 既非开集又非闭集、有界点集、聚点集：$\{(x,y) \mid 1 \leqslant x^2+y^2 < 4\}$，
   边界：$\{(x,y) \mid x^2+y^2=1\} \cup \{(x,y) \mid x^2+y^2=4\}$；
   (3) 开集、区域、无界点集、聚点集：$\{(x,y) \mid y < x^2\}$，边界：$\{(x,y) \mid y=x^2\}$；
   (4) 闭集、有界点集、聚点集：本身，
   边界：$\{(x,y) \mid (x-1)^2+y^2=1\} \cup \{(x,y) \mid (x+1)^2+y^2=1\}$.

2. $t^2 f(x,y)$.

3. $(x+y)^{xy}+(xy)^{2x}$.

4. (1) $\{(x,y) \mid y^2-2x+1 > 0\}$；
   (2) $\{(x,y) \mid x+y > 0, x-y > 0\}$；
   (3) $\{(x,y) \mid 4x-y^2 \geqslant 0, 1-x^2-y^2 > 0, x^2+y^2 \neq 0\}$；
   (4) $\{(x,y,z) \mid x > 0, y > 0, z > 0\}$；
   (5) $\{(x,y) \mid x \geqslant 0, y \geqslant 0, x^2 \geqslant y\}$；
   (6) $\{(x,y) \mid y-x > 0, x \geqslant 0, x^2+y^2 < 1\}$；
   (7) $\{(x,y,z) \mid x^2+y^2-z^2 \geqslant 0, x^2+y^2 \neq 0\}$.

习 题 8-2

1. (1) $\ln 2$； (2) e^2； (3) $-\dfrac{1}{4}$； (4) 2；
   (5) 0； (6) 0.

2. (1) 连续； (2) 不连续； (3) 不连续.

3. (1) $\{(x,y) \mid y=-x\}$； (2) $\{(x,y) \mid y^2=2x\}$；
   (3) $\{(x,y) \mid x^2+y^2=1\}$.

习 题 8-3

1. (1) $\dfrac{\partial z}{\partial x}=2xy+\dfrac{1}{y^2}, \dfrac{\partial z}{\partial y}=x^2-\dfrac{2x}{y^3}$； (2) $\dfrac{\partial s}{\partial u}=\dfrac{1}{v}-\dfrac{v}{u^2}, \dfrac{\partial s}{\partial v}=\dfrac{1}{u}-\dfrac{u}{v^2}$；
   (3) $\dfrac{\partial z}{\partial x}=\dfrac{1}{2}\ln(x^2+y^2)+\dfrac{x^2}{x^2+y^2}, \dfrac{\partial z}{\partial y}=\dfrac{xy}{x^2+y^2}$；
   (4) $\dfrac{\partial z}{\partial x}=\dfrac{2}{y}\csc\dfrac{2x}{y}, \dfrac{\partial z}{\partial y}=-\dfrac{2x}{y^2}\csc\dfrac{2x}{y}$；
   (5) $\dfrac{\partial z}{\partial x}=y^2(1+xy)^{y-1}, \dfrac{\partial z}{\partial y}=(1+xy)^y\left[\ln(1+xy)+\dfrac{xy}{1+xy}\right]$；
   (6) $\dfrac{\partial u}{\partial x}=yz^{xy}\ln z, \dfrac{\partial u}{\partial y}=xz^{xy}\ln z, \dfrac{\partial u}{\partial z}=xyz^{xy-1}$；
   (7) $\dfrac{\partial u}{\partial x}=\dfrac{z(x-y)^{z-1}}{1+(x-y)^{2z}}, \dfrac{\partial u}{\partial y}=-\dfrac{z(x-y)^{z-1}}{1+(x-y)^{2z}}, \dfrac{\partial u}{\partial z}=\dfrac{(x-y)^z\ln(x-y)}{1+(x-y)^{2z}}$；

(8) $\dfrac{\partial u}{\partial x} = yx^{y-1} + z^x \ln z, \dfrac{\partial u}{\partial y} = x^y \ln x + zy^{z-1}, \dfrac{\partial u}{\partial z} = y^z \ln y + xz^{x-1}.$

2. ~ 3. 略.

4. 1.

5. $\dfrac{\pi}{4}$.

6. (1) $\dfrac{\partial^2 z}{\partial x^2} = 12x^2 - 8y^2, \dfrac{\partial^2 z}{\partial x \partial y} = -16xy, \dfrac{\partial^2 z}{\partial y^2} = 12y^2 - 8x^2$;

   (2) $\dfrac{\partial^2 z}{\partial x^2} = \dfrac{2xy}{(x^2+y^2)^2}, \dfrac{\partial^2 z}{\partial x \partial y} = \dfrac{y^2 - x^2}{(x^2+y^2)^2}, \dfrac{\partial^2 z}{\partial y^2} = -\dfrac{2xy}{(x^2+y^2)^2}$;

   (3) $\dfrac{\partial^2 z}{\partial x^2} = y^x \ln^2 y, \dfrac{\partial^2 z}{\partial x \partial y} = y^{x-1}(1 + x \ln y), \dfrac{\partial^2 z}{\partial y^2} = x(x-1)y^{x-2}$;

   (4) $\dfrac{\partial^2 z}{\partial x^2} = 2(1+2x^2)e^{x^2+y}, \dfrac{\partial^2 z}{\partial x \partial y} = 2xe^{x^2+y}, \dfrac{\partial^2 z}{\partial y^2} = e^{x^2+y}$.

7. $-1, 1$.

习 题 8-4

1. (1) $dz = 2e^{x^2+y^2}(xdx + ydy)$;

   (2) $dz = -\dfrac{x}{(x^2+y^2)^{3/2}}(ydx - xdy)$;

   (3) $du = yzx^{yz-1}dx + zx^{yz} \ln x \, dy + yx^{yz} \ln x \, dz$;

   (4) $du = \dfrac{y}{z}x^{\frac{y}{z}-1}dx + \dfrac{1}{z}x^{\frac{y}{z}}\ln x \, dy - \dfrac{y}{z^2}x^{\frac{y}{z}}\ln x \, dz$.

2. (1) 1.68, 1.6;   (2) 0.30e, 0.25e.

3. (1) 1.00;   (2) 4.998;   (3) 2.039.

4. 0.062 cm.

5. 体积减少约 30π cm³.

6. 精确值为 13.632 m³, 近似值为 14.8 m³.

习 题 8-5

1. (1) $\dfrac{\partial z}{\partial u} = 3u^2 \sin v \cos v(\cos v - \sin v), \dfrac{\partial z}{\partial v} = -2u^3 \sin v \cos v(\sin v + \cos v) + u^3(\sin^3 v + \cos^3 v)$;

   (2) $\dfrac{\partial z}{\partial u} = \dfrac{-v}{u^2+v^2}, \dfrac{\partial z}{\partial v} = \dfrac{u}{u^2+v^2}$;   (3) $\dfrac{du}{dx} = \dfrac{e^x + 3x^2 e^{x^3}}{e^x + e^{x^3}}$;   (4) $\dfrac{du}{dt} = 4e^{2t}$.

2. (1) $\dfrac{\partial u}{\partial x} = 2xf_1' + ye^{xy}f_2', \dfrac{\partial u}{\partial y} = -2yf_1' + xe^{xy}f_2'$;

   (2) $\dfrac{\partial u}{\partial x} = \dfrac{1}{y}f_1', \dfrac{\partial u}{\partial y} = -\dfrac{x}{y^2}f_1' + \dfrac{1}{z}f_2', \dfrac{\partial u}{\partial z} = -\dfrac{y}{z^2}f_2'$;

   (3) $\dfrac{\partial u}{\partial x} = f_1' + yf_2' + yzf_3', \dfrac{\partial u}{\partial y} = xf_2' + xzf_3', \dfrac{\partial u}{\partial z} = xyf_3'$.

3. ~ 4. 略.

5. $\dfrac{\partial^2 z}{\partial x^2} = 2f' + 4x^2 f'', \dfrac{\partial^2 z}{\partial x \partial y} = 4xyf'', \dfrac{\partial^2 z}{\partial y^2} = 2f' + 4y^2 f''.$

6. (1) $\frac{\partial^2 z}{\partial x^2} = f''_{11} + \frac{2}{y}f''_{12} + \frac{1}{y^2}f''_{22}, \frac{\partial^2 z}{\partial x \partial y} = -\frac{x}{y^2}(f''_{12} + \frac{1}{y}f''_{22}) - \frac{1}{y^2}f'_2, \frac{\partial^2 z}{\partial y^2} = \frac{2x}{y^3}f'_2 + \frac{x^2}{y^4}f''_{22}$;

(2) $\frac{\partial^2 z}{\partial x^2} = 2yf'_2 + y^4 f''_{11} + 4xy^3 f''_{12} + 4x^2 y^2 f''_{22}$,

$\frac{\partial^2 z}{\partial x \partial y} = 2yf'_1 + 2xf'_2 + 2xy^3 f''_{11} + 2x^3 y f''_{22} + 5x^2 y^2 f''_{12}$,

$\frac{\partial^2 z}{\partial y^2} = 2xf'_1 + 4x^2 y^2 f''_{11} + 4x^3 y f''_{12} + x^4 f''_{22}$;

(3) $\frac{\partial^2 z}{\partial x^2} = e^{x+y} f'_3 - \sin x f'_1 + \cos^2 x f''_{11} + 2e^{x+y} \cos x f''_{13} + e^{2(x+y)} f''_{33}$,

$\frac{\partial^2 z}{\partial x \partial y} = e^{x+y} f'_3 - \cos x \sin y f''_{12} + e^{x+y} \cos x f''_{13} - e^{x+y} \sin y f''_{32} + e^{2(x+y)} f''_{33}$,

$\frac{\partial^2 z}{\partial y^2} = e^{x+y} f'_3 - \cos y f'_2 + \sin^2 y f''_{22} - 2e^{x+y} \sin y f''_{23} + e^{2(x+y)} f''_{33}$.

习 题 8-6

1. (1) $\frac{dy}{dx} = \frac{y^2 - e^x}{\cos y - 2xy}$; (2) $\frac{dy}{dx} = \frac{x+y}{x-y}$;

(3) $\frac{\partial z}{\partial x} = \frac{yz - \sqrt{xyz}}{\sqrt{xyz} - xy}, \frac{\partial z}{\partial y} = \frac{xz - 2\sqrt{xyz}}{\sqrt{xyz} - xy}$;

(4) $\frac{\partial z}{\partial x} = \frac{yz}{z^2 - xy}, \frac{\partial^2 z}{\partial y^2} = \frac{2x^3 yz}{(xy - z^2)^3}$.

2. 略.

3. $\frac{\partial z}{\partial x} = \frac{F'_1}{x^2 F'_2}, \frac{\partial z}{\partial y} = \frac{F'_2 - y^2 F'_1}{y^2 F'_2}$.

4. (1) $\frac{dy}{dx} = -\frac{x(6z+1)}{2y(3z+1)}, \frac{dz}{dx} = \frac{x}{3z+1}$;

(2) $\frac{\partial u}{\partial x} = \frac{vy - ux}{x^2 + y^2}, \frac{\partial v}{\partial x} = -\frac{uy + vx}{x^2 + y^2}, \frac{\partial u}{\partial y} = -\frac{vx + uy}{x^2 + y^2}, \frac{\partial v}{\partial y} = \frac{ux - vy}{x^2 + y^2}$;

(3) $\frac{\partial u}{\partial x} = \frac{-uf'_1(2yvg'_2 - 1) - f'_2 g'_1}{(xf'_1 - 1)(2yvg'_2 - 1) - f'_2 g'_1}, \frac{\partial v}{\partial x} = \frac{g'_1(xf'_1 + uf'_1 - 1)}{(xf'_1 - 1)(2yvg'_2 - 1) - f'_2 g'_1}$;

(4) $\frac{\partial u}{\partial x} = \frac{\sin v}{e^u(\sin v - \cos v) + 1}, \frac{\partial u}{\partial y} = \frac{-\cos v}{e^u(\sin v - \cos v) + 1}$,

$\frac{\partial v}{\partial x} = \frac{\cos v - e^u}{u[e^u(\sin v - \cos v) + 1]}, \frac{\partial v}{\partial y} = \frac{\sin v + e^u}{u[e^u(\sin v - \cos v) + 1]}$.

5. $\frac{\partial z}{\partial x} = (v\cos v - u\sin v)e^{-u}, \frac{\partial z}{\partial y} = (u\cos v + v\sin v)e^{-u}$.

习 题 8-7

1. $f(x,y) = 2 + 3(x-2) + (y+1) + (x-2)^2 - (x-2)(y+1) + (y+1)^2 + (x-2)^3$.

2. $f(x,y) = 1 + (y-1) + (x-1)(y-1) + o(\rho^2)$.

3. $e^{x+y} = \sum_{i=0}^{n} \frac{1}{i!}(x+y)^i + \frac{(x+y)^{n+1}}{(n+1)!} e^{\theta(x+y)}$ $(0 < \theta < 1)$.

4. $f(x,y) = y + \frac{1}{2!}(2xy - y^2) + \frac{1}{3!}(3x^2y - 3xy^2 + y^3) + R_3$,其中

$$R_3 = \frac{e^{\theta x}}{4!}\left[\frac{x^3 y}{1+\theta y} - \frac{x^2 y^2}{(1+\theta y)^2} + \frac{2xy^3}{(1+\theta y)^3} - \frac{6y^4}{(1+\theta y)^4}\right] \quad (0 < \theta < 1).$$

习 题 八

1. (1) 1; (2) $\frac{1}{2}(dx + dy)$; (3) $xf''_{12} + f'_2 + xyf''_{22}$;
   (4) 4; (5) 2.
2. (1) B; (2) C; (3) B; (4) D.
3. 略.
4. $2xy$.
5. -1.
6. 2.
7. 1.
8. $f''_{11}(1,1) + f''_{12}(1,1) + f'_1(1,1)$.
9. $2, 0, 0$.
10. $\frac{\partial^3 z}{\partial x^2 \partial y} = 0, \frac{\partial^3 z}{\partial x \partial y^2} = -\frac{1}{y^2}$.
11. 略.

习 题 9-1

1. (1) $\begin{cases} \frac{x - \frac{a}{2}}{a} = \frac{z - \frac{c}{2}}{-c}, \\ y = \frac{b}{2}, \end{cases} ax - cz - \frac{a^2}{2} + \frac{c^2}{2} = 0$;

   (2) $\begin{cases} y = -2, \\ x + z - 2 = 0, \end{cases} x - z = 0$;

   (3) $\frac{x - x_0}{1} = \frac{y - y_0}{\frac{m}{y_0}} = \frac{z - z_0}{-\frac{1}{2z_0}}, (x - x_0) + \frac{m}{y_0}(y - y_0) - \frac{1}{2z_0}(z - z_0) = 0$.

2. $\frac{\pi}{2}, \frac{x - \frac{\pi}{2} + 1}{1} = \frac{y - 1}{1} = \frac{z - 2\sqrt{2}}{\sqrt{2}}, x + y + \sqrt{2}z - \left(4 + \frac{\pi}{2}\right) = 0$.

3. $(-1, 1, -1)$ 或 $\left(-\frac{1}{3}, \frac{1}{9}, -\frac{1}{27}\right)$.

习 题 9-2

1. $(2, -1, -2), \frac{x-2}{-1} = \frac{y+1}{2} = \frac{z+2}{-1}, x - 2y + z - 2 = 0$.

2. (1) $2x + 4y - z = 5, \frac{x-1}{2} = \frac{y-2}{4} = \frac{z-5}{-1}$;

(2) $-\frac{1}{2}(x-1)+\frac{1}{2}(y-1)-\left(z-\frac{\pi}{4}\right)=0, \frac{x-1}{-\frac{1}{2}}=\frac{y-1}{\frac{1}{2}}=\frac{z-\frac{\pi}{4}}{-1}$.

3. 略.

4. $-5,-2$.

习 题 9-3

1. 5.

2. $\frac{98}{13}$.

3. $-\sqrt{2}x-\sqrt{2}y$.

4. $1+2\sqrt{3}$.

习 题 9-4

1. (1) 极小值：$z(2,2)=-8$，极大值：$z(0,0)=0$.

(2) 极小值：$z\left(\frac{1}{2},-1\right)=-\frac{e}{2}$，无极大值.

(3) 极大值：$z(3,2)=36$，无极小值.

(4) 极小值：$z(0,0)=0$，极大值：$z\big|_{x^2+y^2=1}=e^{-1}$.

(5) $a<0$ 时，有极小值 $z\left(\frac{a}{3},\frac{a}{3}\right)=\frac{a^3}{27}$，无极大值；$a>0$ 时，有极大值 $z\left(\frac{a}{3},\frac{a}{3}\right)=\frac{a^3}{27}$，无极小值.

2. 极小值：$z(-2,0)=1$，极大值：$z\left(\frac{16}{7},0\right)=-\frac{8}{7}$.

3. $\left(\frac{8}{5},\frac{16}{5}\right)$.

4. $\frac{\sqrt{3}}{6}$.

5. 最长距离为 $\sqrt{9+5\sqrt{3}}$，最短距离为 $\sqrt{9-5\sqrt{3}}$.

6. $\left(\frac{a}{\sqrt{3}},\frac{b}{\sqrt{3}},\frac{c}{\sqrt{3}}\right)$.

7. $\left(\frac{1}{n}\sum_{i=1}^{n}x_i,\frac{1}{n}\sum_{i=1}^{n}y_i,0\right)$.

8. $y=0.884x-5.894, y(120)=100.186\times 10^3$ 元.

习 题 九

1. (1) $\dfrac{|x_0 F'_x+y_0 F'_y+z_0 F'_z|}{\sqrt{F'^2_x+F'^2_y+F'^2_z}}$; (2) $\dfrac{|\overrightarrow{OP_0}\times(x'(t_0),y'(t_0),z'(t_0))|}{\sqrt{x'^2(t_0)+y'^2(t_0)+z'^2(t_0)}}$;

(3) $\dfrac{5}{4}$; (4) $\dfrac{2}{\sqrt{\pi}}$;

(5) $ac-b^2>0, a>0$.

2. (1) A;　　　(2) A;　　　(3) C;　　　(4) A;　　　(5) D.

3. 略.

4. 切平面方程: $x - y + z = 0$, 法线方程: $\dfrac{x-1}{1} = \dfrac{y-2}{-1} = \dfrac{z-1}{1}$.

5. $\left(-\dfrac{1}{6}, \dfrac{1}{3}, \dfrac{1}{6}\right)$ 或 $\left(\dfrac{1}{6}, -\dfrac{1}{3}, \dfrac{5}{6}\right)$, 切平面方程为
$$x - 2y + 2z + \dfrac{1}{2} = 0 \quad \text{或} \quad x - 2y + 2z - \dfrac{5}{2} = 0.$$

6. $\dfrac{1}{ab}\sqrt{2(a^2+b^2)}$.

7. 极大值: $f(0,1) = 5$, 极小值: $f(2,-3) = -31$.

8. 极小值: $f\left(1, -\dfrac{4}{3}\right) = -e^{-\frac{1}{3}}$, 无极大值.

9. 极小值: $f\left(0, \dfrac{1}{e}\right) = -\dfrac{1}{e}$, 无极大值.

10. $(9,3)$ 是 $z = z(x,y)$ 的极小值点, 极小值为 $z(9,3) = 3$;
    $(-9,-3)$ 是 $z = z(x,y)$ 的极大值点, 极大值为 $z(-9,-3) = -3$.

11. 最远的点为 $(-5,-5,5)$, 最近的点为 $(1,1,1)$.

12. 点 $(-4, \pm 4, 2)$ 处.

习 题 10-1

1. (1) $I_1 \geqslant I_2$;　　　(2) $I_1 \leqslant I_2$.

2. (1) $8 \leqslant I \leqslant 8\sqrt{2}$;　　(2) $0 \leqslant I \leqslant \pi^2$;　　(3) $36\pi \leqslant I \leqslant 100\pi$.

3. (1) $\dfrac{1}{3}\pi a^3$;　　　(2) $\dfrac{2}{3}\pi a^3$.

4. $f(x_0, y_0)$.

5. 画图略.

(1) $\displaystyle\int_0^1 dy \int_{y-1}^{1-y} f(x,y) dx$;　　　　(2) $\displaystyle\int_{-1}^2 dy \int_{y^2}^{y+2} f(x,y) dx$;

(3) $\displaystyle\int_1^2 dx \int_{\frac{2}{x}}^{2x} f(x,y) dy$.

6. 画图略.

(1) $\displaystyle\int_0^4 dx \int_{\frac{x}{2}}^{\sqrt{x}} f(x,y) dy$;　　　　(2) $\displaystyle\int_0^1 dy \int_{e^y}^{e} f(x,y) dx$;

(3) $\displaystyle\int_0^1 dx \int_0^{x^2} f(x,y) dy + \int_1^3 dx \int_0^{\frac{1}{2}(3-x)} f(x,y) dy$;

(4) $\displaystyle\int_{-1}^0 dy \int_{-2\arcsin y}^{\pi} f(x,y) dx + \int_0^1 dy \int_{\arcsin y}^{\pi - \arcsin y} f(x,y) dx$;

(5) $\displaystyle\int_0^2 dx \int_{\frac{1}{2}x}^{3-x} f(x,y) dy$.

7. $xy + \dfrac{1}{8}$.

8. (1) $\dfrac{9}{4}$;　　(2) $\dfrac{1}{2}$;　　(3) $\dfrac{\pi}{6}$;　　(4) -2.

9. (1) $1 - \sin 1$;　　(2) $\dfrac{3}{8}e - \dfrac{1}{2}\sqrt{e}$.

10. (1) $-6\pi^2$;   (2) $\pi\left(1-\dfrac{1}{e}\right)$;   (3) $\dfrac{3}{64}\pi^2$;   (4) $\dfrac{\pi}{2}$.

11. (1) $\dfrac{3}{4}\pi a^4$;   (2) $\dfrac{1}{6}a^3[\sqrt{2}+\ln(1+\sqrt{2})]$;

     (3) $\sqrt{2}-1$;   (4) $\dfrac{1}{8}\pi a^4$.

12. (1) $\dfrac{28}{3}\ln 3$;   (2) $\dfrac{14}{45}$;   (3) $\dfrac{3}{2}$;   (4) $\dfrac{1}{2}\pi ab$;

     (5) $\dfrac{41\pi}{2}$;   (6) 9π.

习 题 10-2

1. (1) $m>1$ 时收敛，$m\leqslant 1$ 时发散;   (2) $p>1$ 且 $q>1$ 时收敛，其他情形均发散;

   (3) $p>\dfrac{1}{2}$ 时收敛，$p\leqslant\dfrac{1}{2}$ 时发散.

2. $\dfrac{\pi}{2}$.

3. (1) $m<1$ 时收敛，$m\geqslant 1$ 时发散;   (2) $p<1$ 时收敛，$p\geqslant 1$ 时发散.

习 题 10-3

1. (1) $\displaystyle\int_0^1 dx\int_0^{1-x}dy\int_0^{xy}f(x,y,z)dz$;   (2) $\displaystyle\int_{-1}^1 dx\int_{-\sqrt{1-x^2}}^{\sqrt{1-x^2}}dy\int_{x^2+y^2}^1 f(x,y,z)dz$;

   (3) $\displaystyle\int_{-1}^1 dx\int_{-\sqrt{1-x^2}}^{\sqrt{1-x^2}}dy\int_{x^2+y^2}^{2-x^2}f(x,y,z)dz$;   (4) $\displaystyle\int_0^a dx\int_0^{b\sqrt{1-\frac{x^2}{a^2}}}dy\int_0^{\frac{xy}{c}}f(x,y,z)dz$.

2. (1) $\dfrac{1}{364}$;   (2) $\dfrac{1}{2}\left(\ln 2-\dfrac{5}{8}\right)$;   (3) $\dfrac{59}{480}\pi R^5$;   (4) $\dfrac{1}{48}a^6$;

   (5) $3\pi(e^2-1)$;   (6) $\dfrac{\pi}{4}-\dfrac{1}{2}$.

3. 略.

4. (1) $\dfrac{7\pi}{12}$;   (2) $\dfrac{16\pi}{3}$.

5. (1) $\dfrac{4\pi}{5}$;   (2) $\dfrac{7}{6}\pi a^4$.

6. (1) $\dfrac{1}{8}$;   (2) $\dfrac{\pi}{10}$;   (3) 8π;   (4) $\dfrac{4}{15}\pi(A^5-a^5)$.

习 题 10-4

1. $k\pi R^4$.

2. $2a^2(\pi-2)$.

3. $\sqrt{2}\pi$.

4. $16R^2$.

5. (1) $\left(\dfrac{3}{5}x_0,\dfrac{3}{8}y_0\right)$，其中 $y_0=\sqrt{2px_0}$;   (2) $\left(0,\dfrac{4b}{3\pi}\right)$;

(3) $\left(\dfrac{a^2+ab+b^2}{2(a+b)},0\right)$.

6. $\left(\dfrac{35}{48},\dfrac{35}{54}\right)$.

7. $\left(\dfrac{2}{5}a,\dfrac{2}{5}a\right)$.

8. (1) $I_y=\dfrac{1}{4}\pi a^3 b$;   (2) $I_x=\dfrac{72}{5}$, $I_y=\dfrac{96}{7}$;

    (3) $I_x=\dfrac{1}{3}ab^3$, $I_y=\dfrac{1}{3}a^3b$.

9. $\dfrac{1}{12}Mh^2$, $\dfrac{1}{12}Mb^2$ ($M=bh\rho$ 为矩形板的质量).

10. $\dfrac{ab^3}{12}\rho$.

11. $\dfrac{368}{105}\rho$.

习 题 10-5

1. (1) $2\pi a^{2n+1}$;   (2) $\sqrt{2}$;   (3) $\dfrac{1}{12}(5\sqrt{5}+6\sqrt{2}-1)$;

    (4) $e^a\left(2+\dfrac{\pi}{4}a\right)-2$;   (5) $\dfrac{\sqrt{3}}{2}(1-e^{-2})$.

习 题 10-6

1. (1) $\dfrac{13\pi}{3}$;   (2) $\dfrac{149\pi}{30}$;   (3) $\dfrac{111\pi}{10}$.

2. (1) $\dfrac{1+\sqrt{2}}{2}\pi$;   (2) 9π.

3. (1) $4\sqrt{61}$;   (2) $-\dfrac{27}{4}$;   (3) $\pi a(a^2-h^2)$;   (4) $\dfrac{64}{15}\sqrt{2}a^4$;

    (5) πR^3.

4. $\dfrac{2\pi}{15}(6\sqrt{3}+1)$.

5. $\dfrac{4}{3}\rho_0\pi a^4$.

习 题 十

1. (1) e^2-1;   (2) $\dfrac{\pi}{3}$;   (3) $\dfrac{4\pi}{15}$;   (4) $\dfrac{13}{6}$;   (5) $\dfrac{\sqrt{3}}{12}$.

2. (1) B;   (2) A;   (3) C;   (4) C;   (5) B.

3. $\dfrac{\pi}{2}\ln 2$.

4. $\dfrac{1}{4}\ln 17$.

5. $\ln(1+\sqrt{2})$.

6. a.

7. $\dfrac{3}{8}$.

8. (1) $\dfrac{1}{6}ab$;   (2) $\dfrac{a^2}{2}\ln 2$.

9. 略.

10. $\dfrac{1}{4}\pi h^4$.

11. (1) $\dfrac{32\pi}{3}$;   (2) πa^3;   (3) $\dfrac{\pi}{6}$;   (4) $\dfrac{2\pi}{3}(5\sqrt{5}-4)$.

12. (1) $\dfrac{1}{4}\pi^2 abc$;   (2) $4\pi(e-2)abc$.

13. (1) $\dfrac{\pi}{6}(17\sqrt{17}-1)$;   (2) $9-2\pi$.

14. (1) 9;   (2) $\dfrac{256}{15}a^3$;   (3) $2\pi^2 a^3(1+2\pi^2)$;   (4) $\dfrac{\sqrt{2}}{3}a\pi^3$.

15. $\dfrac{\sqrt{3}\pi}{2}$.

习 题 11-2

1.~2. 略.

3. (1) $-\dfrac{56}{15}$;   (2) $-\dfrac{1}{2}\pi a^3$;   (3) 0;   (4) -2π;

   (5) $\dfrac{k^3\pi^3}{3}-a^2\pi$;   (6) $-\dfrac{87}{4}$;   (7) $\dfrac{1}{2}$;   (8) $-\dfrac{14}{15}$.

4. (1) $\dfrac{34}{3}$;   (2) 11;   (3) 14;   (4) $\dfrac{32}{3}$.

5. $\dfrac{k}{2}(b^2-a^2)$ (k 为比例系数).

6. (1) $\dfrac{\sqrt{2}}{16}\pi$;   (2) -4.

习 题 11-3

1. (1) 12;   (2) 0;   (3) $\dfrac{\pi^2}{4}$;   (4) $\dfrac{\sin 2}{4}-\dfrac{7}{6}$;

   (5) $\dfrac{1}{8}m\pi a^2$.

2. (1) $\dfrac{3}{8}\pi a^2$;   (2) a^2;   (3) πa^2.

3. 证明略.

   (1) 0;   (2) 236;   (3) -1;   (4) 9.

4. 验证略. (1) $\frac{1}{2}x^2 + 2xy + \frac{1}{2}y^2$; (2) $x^2 y$;

(3) $x^3 y + 4x^2 y^2 - 12e^y + 12ye^y$; (4) $y^2 \sin x + x^2 \cos y$.

5. 证明略. $\frac{1}{2}\ln(x^2 + y^2)$.

6. 略.

7. (1) $\frac{x^3}{3} - \frac{3}{2}x^2 y^2 + \frac{y^4}{4} = C$; (2) $x - y - \ln(x + y) = C$;

(3) $x \sin y + y \cos x = C$; (4) $\frac{4}{3}x^3 + \frac{1}{3}y^3 + x^2 y = C$.

习 题 11-5

1. 略.

2. (1) $\frac{2}{105}\pi R^7$; (2) $\frac{3\pi}{2}$; (3) $\frac{\pi}{8}$; (4) $\frac{1}{8}$;

(5) 0; (6) a^4.

习 题 11-6

1. $\frac{32\pi}{3}$.

2. (1) $3a^4$; (2) $\frac{12}{5}\pi a^5$; (3) $\frac{2}{5}\pi a^5$; (4) 81π.

3. (1) $-\sqrt{3}\pi a^2$; (2) $-\frac{9}{2}$; (3) -20π; (4) 9π.

习 题 11-7

1. (1) $\int_L \frac{P+Q}{\sqrt{2}}ds$; (2) $\int_L \frac{P+2xQ}{\sqrt{1+4x^2}}ds$; (3) $\int_L [\sqrt{2x-x^2}P + (1-x)Q]ds$.

2. $\int_\Gamma \frac{P+2xQ+3yR}{\sqrt{1+4x^2+9y^2}}ds$.

3. (1) $\iint_\Sigma \left(\frac{3}{5}P + \frac{2}{5}Q + \frac{2\sqrt{3}}{5}R\right)dS$; (2) $\iint_\Sigma \frac{2xP+2yQ+R}{\sqrt{1+4x^2+4y^2}}dS$.

4. $\frac{1}{2}$.

习 题 十 一

1. (1) 0; (2) π; (3) $\frac{3\pi}{2}$; (4) 4π; (5) 2π.

2. (1) B; (2) A; (3) D; (4) B; (5) C.

3. $-\frac{33}{10}$.

4. $\frac{\pi}{2} - 4$.

5. 略.

6. $-\dfrac{1}{2}\pi^2$.

7. (1) 略; (2) $\varphi(y) = -y^2$.

8. 2π.

9. $-\pi$.

10. (1) 略; (2) $\pi\left(\dfrac{1}{e} - \dfrac{1}{2}\right)$.

11. $-\dfrac{1}{y} + \dfrac{x^2}{y^3} = C$.

12. $\dfrac{8\pi}{3}$.

13. $-\pi$.

14. 4π.

15. $\dfrac{\pi}{3}$.

16. $-\dfrac{64\pi}{3}$.

17. $\dfrac{11\pi}{20}$.

18. 证明略. $u(x,y) = y\ln x + \dfrac{x^2}{y} - 1$.

19. π.

习 题 12-1

1. (1) $\dfrac{1}{2n-1}$; (2) $\dfrac{x^{\frac{n}{2}}}{(2n)!!}$; (3) $(-1)^{n+1}\dfrac{a^{2n+1}}{2n+1}$.

2. (1) $\dfrac{1}{4}$; (2) $\dfrac{1}{4}$; (3) $1-\sqrt{2}$.

3. (1) 发散; (2) 收敛; (3) 收敛; (4) 发散.

4. (1) 收敛; (2) 收敛; (3) 发散.

习 题 12-2

1. (1) 收敛; (2) 发散; (3) 收敛; (4) 收敛;
   (5) $a>1$ 时收敛, $0<a\leqslant 1$ 时发散; (6) 发散.

2. (1) 收敛; (2) 发散; (3) 发散; (4) 收敛.

3. (1) 发散; (2) 收敛; (3) 收敛;
   (4) $b<a$ 时收敛, $b>a$ 时发散, $b=a$ 时不能判定.

习 题 12-3

1. (1) 条件收敛; (2) 条件收敛; (3) 绝对收敛; (4) 绝对收敛;
   (5) 条件收敛; (6) 绝对收敛.

2. $\dfrac{1}{2^n(n+1)!}$.

3. ~ 4. 略.

习 题 12-4

1. (1) $(1,+\infty)$; (2) $(0,+\infty)$.
2. (1) $1,(-1,1)$; (2) $e,(-e,e)$; (3) $1,(-1,1)$; (4) $1,[0,2]$.
3. (1) $\dfrac{1}{(1-x)^2}$ $(|x|<1)$; (2) $\dfrac{x}{2}\ln\dfrac{1+x}{1-x}$ $(|x|<1)$.

习 题 12-5

1. (1) $\ln 2+\sum\limits_{n=1}^{\infty}(-1)^{n-1}\dfrac{1}{n}\left(\dfrac{x}{2}\right)^n$, $(-2,2]$;

  (2) $\dfrac{1}{2}+\dfrac{1}{2}\sum\limits_{n=0}^{\infty}\dfrac{(-4)^n x^{2n}}{(2n)!}$, $(-\infty,+\infty)$;

  (3) $x+\sum\limits_{n=2}^{\infty}(-1)^n\dfrac{x^n}{n(n-1)}$, $(-1,1]$;

  (4) $x^2+\sum\limits_{n=1}^{\infty}\left(-\dfrac{1}{4}\right)^n\dfrac{(2n-1)!!}{n!}x^{2(n+1)}$, $[-1,1]$;

  (5) $\sum\limits_{n=0}^{\infty}(-1)^n\dfrac{x^{2n+1}}{3^{n+1}}$, $(-\sqrt{3},\sqrt{3})$; (6) $\sum\limits_{n=0}^{\infty}\dfrac{x^{2n+1}}{(2n+1)!}$, $(-\infty,+\infty)$.

2. $\sum\limits_{n=0}^{\infty}\left(\dfrac{1}{2^{n+1}}-\dfrac{1}{3^{n+1}}\right)(x+4)^n$ $(-6<x<-2)$.

3. $1+\sum\limits_{n=1}^{\infty}\dfrac{3\cdot 1\cdot(-1)\cdot\cdots\cdot(5-2n)}{2^n\cdot n!}(x-1)^n$ $(0<x<2)$.

4. (1) 1.098 6; (2) 0.999 4.

5. $\sum\limits_{n=0}^{\infty}(-1)^n\dfrac{x^{2n+1}}{(2n+1)^2}$ $(|x|\leqslant 1)$.

6. (1) $\dfrac{1}{2}\ln\dfrac{1+x}{1-x}$ $(-1<x<1)$; (2) $(1+x)e^x$ $(-\infty<x<+\infty)$.

7. (1) $y=C_1\left[1+\sum\limits_{n=1}^{\infty}\dfrac{x^{4n}}{3\cdot 4\cdot 7\cdot 8\cdot\cdots\cdot(4n-1)\cdot 4n}\right]$

  $+C_2\left[x+\sum\limits_{n=1}^{\infty}\dfrac{x^{4n+1}}{4\cdot 5\cdot 8\cdot 9\cdot\cdots\cdot 4n\cdot(4n+1)}\right]$;

  (2) $y=C_1\left(1+\dfrac{1}{2!}x^2+\dfrac{3}{4!}x^4-\dfrac{3\cdot 5}{6!}x^6+\cdots\right)+C_2\left(x-\dfrac{2}{3!}x^3+\dfrac{2\cdot 4}{5!}x^5+\cdots\right)$;

  (3) $y=Ce^{\frac{x^2}{2}}+\left[-1+x+\dfrac{1}{1\cdot 3}x^3+\cdots+\dfrac{x^{2n-1}}{1\cdot 3\cdot 5\cdot\cdots\cdot(2n-1)}+\cdots\right]$;

  (4) $y=C(1-x)+x^3\left[\dfrac{1}{3}+\dfrac{1}{6}x+\dfrac{1}{10}x^2+\cdots+\dfrac{2}{(n+2)(n+3)}x^n+\cdots\right]$;

  (5) $y=C(1+x)-x^2+\dfrac{2}{3}x^3-\dfrac{1}{3}x^4+\dfrac{1}{5}x^5-\dfrac{2}{15}x^6+\cdots$.

8. (1) $y=1-x+x^2$; (2) $y=\dfrac{1}{2}x^2+\dfrac{1}{20}x^5+\cdots$;

(3) $y = a\left(1 - \frac{1}{2!}x^2 + \frac{2}{4!}x^4 - \frac{9}{6!}x^6 + \frac{55}{8!}x^8 - \cdots\right)$.

习 题 12-6

1. $\frac{1}{2}(\pi^3 + 2)$.

2. $s(x) = \begin{cases} -1, & -\pi < x < 0, \\ x^2, & 0 < x < \pi, \\ -\frac{1}{2}, & x = 0, \\ \frac{\pi^2 - 1}{2}, & x = \pm\pi. \end{cases}$

3. (1) $f(x) = \sum_{n=1}^{\infty} \frac{1}{2n-1} \sin(2n-1)x \quad (x \neq n\pi)$;

   (2) $f(x) = \frac{\pi^2}{3} + 4\sum_{n=1}^{\infty} \frac{(-1)^n}{n^2} \cos nx \quad (-\infty < x < +\infty)$;

   (3) $f(x) = \frac{2}{\pi}\sum_{n=1}^{\infty} \left[\frac{1}{n^2}\sin\frac{n\pi}{2} + (-1)^{n+1}\frac{\pi}{2n}\right] \sin nx \quad (x \neq (2n+1)\pi, n = 0, \pm 1, \pm 2, \cdots)$;

   (4) $f(x) = \frac{2}{\pi} + \frac{4}{\pi}\sum_{n=1}^{\infty} \frac{(-1)^{n-1}}{4n^2 - 1}\cos nx \quad (-\pi \leqslant x \leqslant \pi)$.

4. (1) $f(x) = \frac{\pi}{4} + \sum_{n=1}^{\infty} \frac{(-1)^n}{n}\sin nx \quad (-\pi < x < \pi)$;

   (2) $f(x) = \frac{2}{\pi} - \frac{4}{\pi}\sum_{n=1}^{\infty} \frac{\cos 2nx}{4n^2 - 1} \quad (-\pi \leqslant x \leqslant \pi)$.

5. $f(x) = \frac{2}{\pi}\sum_{n=1}^{\infty} \frac{1 - (-1)^n(1+\pi)}{n}\sin nx \quad (0 < x < \pi)$;

   $f(x) = \frac{\pi + 2}{2} - \frac{4}{\pi}\sum_{n=1}^{\infty} \frac{\cos(2n-1)x}{(2n-1)^2} \quad (0 \leqslant x \leqslant \pi)$.

6. $f(x) = \frac{5}{2} - \frac{4}{\pi^2}\sum_{n=1}^{\infty} \frac{\cos(2n-1)\pi x}{(2n-1)^2}, x \in [-1, 1]; \quad \frac{\pi^2}{6}$.

7. $f(x) = -\frac{8}{\pi^2}\sum_{n=1}^{\infty} \frac{1}{(2n-1)^2}\cos\frac{(2n-1)\pi x}{2} \quad (0 \leqslant x \leqslant 2)$.

8. $\frac{3}{4}$.

9. $-\frac{1}{4}$.

10. (1) $f(x) = \frac{11}{12} + \frac{1}{\pi^2}\sum_{n=1}^{\infty} \frac{(-1)^{n+1}}{n^2}\cos 2n\pi x \quad (-\infty < x < +\infty)$;

    (2) $f(x) = -\frac{1}{2} + \sum_{n=1}^{\infty}\left\{\frac{6[1-(-1)^n]}{n^2\pi^2}\cos\frac{n\pi x}{3} + (-1)^{n+1}\frac{6}{n\pi}\sin\frac{n\pi x}{3}\right\}$
    $(x \neq 3(2k+1), k = 0, \pm 1, \pm 2, \cdots)$.

习 题 十 二

1. (1) 发散； (2) 收敛； (3) $(1,5]$； (4) 1； (5) $-(2\pi-x)^2$.

2. (1) C； (2) D； (3) A； (4) C； (5) C.

3. 略.

4. $0<a\leqslant 1$ 时发散，$a>1$ 时绝对收敛.

5. $\lambda<1$ 时收敛，$\lambda\geqslant 1$ 时发散.

6. $f(x)=\sum\limits_{n=1}^{\infty}\dfrac{(-1)^{n-1}}{2n^2}x^{2n}\quad (-1\leqslant x\leqslant 1)$.

7. $(-1,1), s(x)=\begin{cases}\dfrac{x^2+1}{(1-x^2)^2}+\dfrac{1}{x}\ln\dfrac{1+x}{1-x},& x\in(-1,0)\cup(0,1),\\ 3,& x=0.\end{cases}$

8. (1) $f(x)=\dfrac{1+x}{(1-x)^3},-1<x<1$； (2) $\dfrac{80}{27}$.

9. $[-1,1], s(x)=x\arctan x$.

10. $[-1,1], s(x)=\begin{cases}1+\dfrac{1-x}{x}\ln(1-x),& 0<|x|<1,\\ 0,& x=0,\end{cases}\quad 1-\ln 2.$

11. $(-1,1), s(x)=\dfrac{x^2}{1+x^2}+2x\arctan x-\ln(1+x^2)\quad (-1<x<1)$.

12. (1) $f(x)=x-\dfrac{x^5}{2!}+\dfrac{x^9}{4!}-\cdots+(-1)^n\dfrac{x^{4n+1}}{(2n)!}+\cdots\quad (-\infty<x<+\infty)$；

    (2) $\dfrac{\sin 1}{2}$.

13. $f(x)=\sum\limits_{n=0}^{\infty}\dfrac{1}{3}\left[\left(\dfrac{1}{2}\right)^n-(-1)^n\right]x^n\quad (-1<x<1)$.

14. $f(x)=1-\dfrac{1}{3}\pi^2+\sum\limits_{n=1}^{\infty}(-1)^{n-1}\dfrac{4}{n^2}\cos nx\quad (0\leqslant x\leqslant \pi),\ \dfrac{\pi^2}{12}$.

15. 略.